21世纪高等院校工程管理专业教材

土木工程材料

TUMU GONGCHENG CAILIAO

汪振双 贾 援 主 编
沈 璐 刘 慧 胡 敏 副主编

东北财经大学出版社 大连
Dongbei University of Finance & Economics Press

图书在版编目（CIP）数据

土木工程材料/汪振双，贾援主编. 一大连：东北财经大学出版社，
2022.12
（21世纪高等院校工程管理专业教材）
ISBN 978-7-5654-4675-7

Ⅰ.土…　Ⅱ.①汪…②贾…　Ⅲ.土木工程-建筑材料-高等学校-教材
Ⅳ.TU5

中国版本图书馆CIP数据核字（2022）第225615号

东北财经大学出版社出版
（大连市黑石礁尖山街217号　邮政编码　116025）
网　　址：http：//www.dufep.cn
读者信箱：dufep@dufe.edu.cn
大连永盛印业有限公司印刷　　　东北财经大学出版社发行
幅面尺寸：170mm×240mm　字数：417千字　印张：20.25　插页：1
2022年12月第1版　　　　　　　　2022年12月第1次印刷

责任编辑：时　博　王　斌　　　　责任校对：孙　平
封面设计：张智波　　　　　　　　版式设计：原　皓

定价：45.00元

21世纪高等院校工程管理专业教材编写委员会

主 任

王立国 教授，博士生导师

委 员

（以姓氏笔画为序）

马秀岩 王全民 王来福 刘 禹 刘秋雁
李 岚 张建新 宋维佳 武献华 梁世连

总序

8年前，我们依照建设部高等院校工程管理专业学科指导委员会制定的课程体系，组织我院骨干教师编写了"21世纪高等院校工程管理专业教材"。目前，这套教材已出版的有《工程经济学》《可行性研究与项目评估》《工程项目管理学》《房地产经济学》《项目融资》《工程造价》《工程招投标管理》《工程建设合同与合同管理》《城市规划与管理》《国际工程承包》《房地产投资分析》《土木工程概论》《投资经济学》《建筑结构——概念、原理与设计》《物业管理理论与实务》等17部。

上述教材的出版，既满足了校内本科教学的需要，也满足了外院校和社会上实际工作者的需要。其中，一些教材出版后曾多次印刷，深受读者的欢迎；一些教材还被选入"普通高等教育'十一五'国家级规划教材"。从总体上看，"21世纪高等院校工程管理专业教材"已取得了良好的效果。

为进一步提升上述教材的质量，加大工程管理专业学科建设的力度，新一届编委会决定，对已出版的教材逐本进行修订，并适时推出本科教学急需的新教材。

组织修订和编写新教材的指导思想是：以马克思主义经济理论和现代管理理论为指导，紧密结合中国特色社会主义市场经济的实践，特别是工程建设的管理实践，坚持知识、能力、素质的协调发展，坚持本科教材应重点讲清基本理论、基本知识和基本技能的原则，不断创新教材编写理念，大力吸收工程管理的新知识和新经验，力求编写的教材融理论性、操作性、启发性和前瞻性于一体，更好地满足高等院校工程管理专业本科教学的需要。

多年来，我们在组织编写和修订"21世纪高等院校工程管理专业教材"的过程中，参考了大量的国内外已出版的相关书籍和刊物，得到国家发展和改革委员会、住房和城乡建设部等部门的大力支持，同时，东北财经大学出版社有限责任公司的领导、编辑为这套系列教材的及时出版提供了必要的条件，做了大量的工作，在此一并致谢。

编写一套高质量的工程管理专业的系列教材是一项艰巨、复杂的工作。由于编著者的水平有限，书中的缺点与不足在所难免，竭诚欢迎同行专家与广大读者批评指正。

21世纪高等院校工程管理专业教材编委会主任　王立国

前 言

　　"土木工程材料"课程是土木工程、工程管理和建筑材料类专业的必修课程，主要介绍不同品种土木工程材料的基本组成、性能、技术要求和应用范围，以及土木工程材料的测试方法和质量控制方法等内容。课程知识点多，内容分散。本书以教育部高等学校工程管理专业指导委员会制定的工程管理专业培养目标，以及工程管理专业课程设置方案为指导，以专业指导委员会审定的土木工程材料课程教学大纲为基本依据编写，符合高等教育的方向和社会对应用型人才的需求。

　　本书共11章，主要包括绪论、土木工程材料的基本性质、气硬性胶凝材料、水硬性胶凝材料、混凝土、砂浆、钢材、墙体材料、木材、合成高分子材料、沥青及沥青混合料。

　　本书由东北财经大学汪振双、华北理工大学贾援担任主编，大连海洋大学沈璐、黄河水利委员会黄河水利科学研究院刘慧、四川建筑职业技术学院胡敏担任副主编。具体分工如下：汪振双（第一章、第二章和第五章），贾援（第三章、第四章和第十章），沈璐（第六章和第七章），刘慧（第九章和第十一章），胡敏（第八章）。全书由汪振双负责最终的统稿工作。本书覆盖了所有常用的材料，设有本章重点、学习目标、本章小结和本章习题，并以二维码的形式列示本章习题答案。同时包含了工程实例分析，理论联系实际，并融入了课程思政内容，为课程思政的开展提供了基础。

　　本书可作为土木工程等相近专业的本科教材，也可作为从事土木工程勘察、设计、施工、科研和管理专业人员的参考书。

　　在写作中，作者参考了许多专家学者的著作，在此表示诚挚的谢意。

　　由于编者水平的局限性，本书难免有疏漏和不足之处，诚请广大读者提出宝贵意见，以便我们进一步修改和完善。

编　者

目录

第一章

绪　论

□ **本章重点**
　　土木工程材料的分类和土木材料的标准分类。
□ **学习目标**
　　了解土木工程材料在建设中的地位和作用；了解土木工程材料的发展趋势；掌握土木工程材料的分类；掌握土木工程材料相关标准的分类。

　　土木工程材料可分为广义土木工程材料和狭义土木工程材料。广义土木工程材料是指用于建筑工程中的所有材料，包括三个部分：一是构成建筑物、构筑物的材料，如石灰、水泥、混凝土、钢材、防水材料、墙体与屋面材料、装饰材料等；二是施工过程中所需要的辅助材料，如脚手架、模板等；三是各种建筑器材，如消防设备、给水排水设备、网络通信设备等。狭义土木工程材料是指直接构成土木工程实体的材料。本书所介绍的土木工程材料是指狭义土木工程材料。

第一节　土木工程材料在建设中的地位和现状

　　在我国现代化建设中，土木工程材料占有极其重要的地位。各项建设的开始，无一例外地首先都是土木工程基本建设，而土木工程材料则是一切土木工程的物质基础。土木工程材料在土木工程中应用量大，经济性强，直接影响工程造价。在我国，通常材料费用在工程总造价中占40%～70%，因此，材料质量的优劣和配制是否合理以及选用是否适当等，对土木工程的安全、实用、美观、耐久和造价具有重要意义。

土木工程材料与建筑结构和建筑施工之间存在着相互促进、相互依存的密切关系。一种新型材料的出现，必将促进建筑形式的改革与创新，同时结构设计和施工技术也将相应改进和提高。同样，新的建筑形式和新型结构的出现，也会促进土木工程材料的发展。例如，为保护土地、节约资源采用煤矸石制造矸石多孔砖替代实心黏土砖墙体材料，就要求相应的结构构造设计和施工工艺、施工设备的改进；各种高强性能混凝土的推广应用，要求钢筋混凝土结构设计和相关施工技术标准及规程的不断改进；同样，超高层建筑、超大跨度结构的大量应用，要求提供相应的轻质高强材料，以减小构件截面尺寸，减轻建筑物自重。又如，随着人们物质水平的提高，对建筑功能的要求也随之提高，需要提供同时具有满足力学及使用等性能的多功能土木工程材料等。

土木工程材料的质量直接影响到土木工程的安全性和耐久性。土木工程材料的组成、结构决定其性能，材料的性能在很大程度上决定了土木工程的功能和使用寿命。例如，地下室及卫生间防水材料的防水效果如果不好，就会出现渗漏情况，将影响建筑物的正常使用；建筑物使用的钢材如果锈蚀严重、混凝土的劣化严重，将造成建筑物过早破坏，降低其使用寿命。土木工程的质量在很大程度上取决于材料的质量控制，正确使用土木工程材料是保证工程质量的关键。例如钢筋混凝土结构的质量主要取决于混凝土强度、密实性和是否会产生裂缝。在材料的选择、生产、储运、使用和检验评定过程中，任何环节的失误都可能导致工程事故的发生。事实上，土木工程出现的质量事故，绝大部分与土木工程材料的质量缺损相关。

土木工程材料的发展具有明显的时代性。建筑艺术的发挥，建筑功能的实现，都需要新技术、新材料的发明和应用，每个时期都有这一时代材料所独有的特点，新型土木工程材料的出现推动了土木工程结构形式的变化、施工技术的进步、建筑物多功能性的实现。近年来，随着科技的不断进步以及人们对人居环境的需求不断提升，极大地促进了土木工程材料的创新发展。为了满足新时代人们高品质居住环境的要求，各种新型土木工程材料不断涌现，使得我国整体建筑环境明显改善。目前，土木工程材料正向着轻质、高性能、多功能的方向阔步前行，低碳绿色和环保的理念也渐入人心。新型复合材料、节能环保材料、利用工农业废料生产的再生材料等在科学的生产工艺、检测手段的促进下，正向着技术创新和可持续发展的方向发展，对我国土木工程行业的发展无疑具有重要作用。

第二节　土木工程材料的分类

土木工程材料可按不同的原则进行分类。根据材料的来源可分为天然材料和人工材料；根据材料在土木工程中的功能可分为结构材料、装饰材料、绝热材料、防水材料等；根据材料在土木工程中使用部位可分为承重构件材料、墙体材料、屋面材料、地面材料等。最常用的分类方法是根据材料的化学成分来分类，分为无机材料、有机材料和复合材料（见表1-1）。

表1-1 按化学成分分类

分类			实例
无机材料	金属材料	黑色金属	钢、合金钢、不锈钢、铁等
		有色金属	铜、铝及合金等
	无机非金属材料	天然石材	砂、石及各类石材制品等
		烧土制品	黏土砖瓦、陶瓷、玻璃等
		胶凝材料及制品	石灰、石膏、水玻璃、水泥及其制品、硅酸盐制品等
		无机纤维材料	玻璃纤维、矿棉纤维等
有机材料	植物类材料		木材、竹材、植物纤维及制品等
	沥青类材料		石油沥青、煤沥青、沥青制品等
	合成高分子材料		塑料、涂料、胶黏剂、合成橡胶等
复合材料	有机材料与无机非金属材料复合		聚合混凝土、沥青混凝土、玻璃纤维增强塑料等
	金属材料与无机非金属材料复合		钢筋混凝土（包括预应力钢筋混凝土）、钢纤维增强混凝土等
	金属材料与有机材料复合		PVC钢板、塑钢门窗等

无机材料：是由无机矿物单独或混合物制成的材料。通常指由硅酸盐、铝酸盐、硼酸盐、磷酸盐等原料和（或）氧化物、氮化物、碳化物、硼化物、硫化物、硅化物、卤化物等原料经一定的工艺制备而成的材料。包括非金属材料和金属材料。

非金属材料：如天然石材、砖、瓦、石灰、水泥及制品、玻璃、陶瓷等。

金属材料：如钢、铁、铝、铜及合金制品等。

有机材料：通常是由C、H、O等元素组成。一般来说，具有溶解性、热塑性和热固性、强度特性、电绝缘性；不过，有机材料更容易老化，如木材、沥青、塑料、涂料、油漆等。

复合材料：包括有机材料与无机非金属材料复合、金属材料与无机非金属材料复合、金属材料与有机材料复合等。如钢筋混凝土、沥青混凝土、树脂混凝土、铝塑板、塑钢门窗等。

第三节　土木工程材料的有关标准规定

在古代，进行建筑物建造时，选用材料主要凭经验，就近取材，能用即可。随着技术及经济的发展，建筑业迅速发展，在现代社会中形成了行业分工协作的格局。为确保工程质量，建材及相关行业需要建立完善的质量保证体系。土木工程材料的标准，是土木工程材料的生产、销售、采购、验收和质量检验的法律依据，是企业生产的产品质量是否合格的技术依据和供需双方对产品质量进行验收的依据。根据标准的属性又分为国家标准、行业标准、地方标准、企业标准等。标准的一般表示方法是由标准名称、代号、编号和颁布年号等组成。标准的内容主要包括产品规格、分类、技术要求、检验方法、验收规则、标准、运输和储存等方面。

一、国家标准

国家标准是指在全国范围内统一实施的标准，包括强制性标准和推荐性标准。强制性标准，代号为"GB"，是指在一定范围内通过法律、行政法规等强制性手段加以实施的标准，具有法律属性。强制性标准主要是指涉及安全、卫生方面，保障人体健康、人身财产安全的标准和法律，行政法规规定强制执行的标准。强制性标准一经颁布，必须贯彻执行，否则造成恶劣后果和重大损失的单位和个人，要受到经济制裁或承担法律责任。强制性标准主要包括工程建设领域的质量、安全、卫生、环境保护及国家需要控制的其他工程建设标准。例如，国家标准《通用硅酸盐水泥》（GB 175—2007）。推荐性标准，代号为"GB/T"。推荐性标准又称非强制性标准或自愿性标准，是指生产、交换、使用等方面，通过经济手段或市场调节而自愿采用的一类标准，如《建设用碎石、卵石》（GB/T 14685—2011）等。

二、行业标准

行业标准是由我国各主管部、委（局）批准发布，并报国务院标准化行政主管部门备案，在该行业范围内统一使用的标准，包括部级标准和专业标准。建材行业技术标准代号为"JC"。铁道行业建筑工程技术标准代号为"TB"。交通行业建筑工程技术标准代号为"JTG"。城市建设标准代号为"CJJ"。中国工程建设标准化协会标准代号为"CECS"。

三、地方标准

地方标准由省、自治区、直辖市标准化行政主管部门制定，并报国务院标准化行政主管部门和国务院有关行政主管部门备案的有关技术指导性文件，适用于本地区，其技术标准不得低于国家有关标准的要求。其代号为"DB"，如《水污染物排放标准》（DB 44/26—2001，广东省地方标准）。

四、企业标准

企业标准是由企业制定，由企业法人代表或法人代表授权的主管领导批准、发布，并报当地政府标准化行政主管部门和有关行政主管部门备案，适应本企业内部生产的有关指导性技术文件。企业标准不得低于国家有关标准的要求。其代号为"QB"。

随着我国对外开放，常常还涉及一些与土木工程材料关系密切的国际或外国标准，其中主要有国际标准（ISO）、英国标准（BS）、美国材料试验协会标准（ASTM）、日本工业标准（JIS）、德国工业标准（DIN）、法国标准（NF）等。熟悉有关的技术标准，并了解制定标准的科学依据，对于更好地掌握土木工程材料知识，合理、正确地使用材料，确保建筑工程质量是非常必要的。

国家标准属于最低要求。对强制性国家标准，任何技术（或产品）不得低于其规定的要求。一般来讲，行业标准、企业标准等标准的技术要求通常高于国家标准，因此，在选用标准时，除国家强制性标准外，应根据行业的不同选用该行业的有关标准，无行业标准的选用国家推荐性标准或指定的其他标准。

第四节　土木工程材料课程的学习目的和要求

土木工程材料课程具有涉及面广、引用的知识点多、综合性强、章节独立性强、实践性要求较高等特点。学习本课程主要是使学生掌握常用土木工程材料的组成与构造、性质与应用、技术标准、检验方法及保管知识等。掌握土木工程材料所涉及的物理学（密度、变形、热以及水分传输等）、化学（酸、碱、盐侵蚀等）、力学（强度、硬度、刚度、弹性模量、徐变、韧性和耐疲劳特性等），甚至生物学（虫蛀等）学科诸多性质。通过学习，能按照使用目的与使用条件，安全合理地选择和使用材料，甚至创造新材料。为了更好地选择材料，必须确切地掌握土木工程本身的性质以及使用环境对材料性能的要求，掌握土木工程材料的检验方法、运输保管知识和基本试验技能，了解土木工程材料的成分、组分、构造以及矿物形成机理。由此，才能更深入地理解土木工程材料的基本性质，以便选择适宜的工艺条件和研究方法，进一步改进材料或开发新材料，为今后从事土木工程结构与材料等方向的科学研究准备好必要的基础知识。

第五节　土木工程材料的发展趋势

随着社会的发展进步，特别是环境保护和节能降耗的迫切需要，对土木工程材料提出了更高的要求，也促进了土木工程材料从以下几个方向健康可持续发展。

一、低碳化

低碳是时代提出的迫切要求。土木工程材料的低碳包括生产过程的低碳和使用过程的低碳，即以低的能耗和物耗生产优质的土木工程材料，而且在其使用过程中，具有好的使用性能及耐久性，并利于节能。

二、绿色生态化

绿色生态化的土木工程材料需符合 3R 原则，即减量化（reducing）、再利用（reusing）和再循环（recycling）。具体来说就是采用清洁生产技术，少用天然资源和能源，土木工程材料尽可能重复利用，可方便拆卸易地再装配使用，达生命周期后可回收再利用。

【素质拓展 1-1】

建筑垃圾的资源化利用

随着大规模的建设，产生了大量的建筑垃圾，采用露天堆放或填埋的方式处理，既浪费了自然资源，又占用了大量的土地、污染了环境。为此，建筑垃圾的资源化利用意义重大。建筑垃圾的资源化有多种途径，主要还是利用其作为土木工程材料。除利用建筑垃圾进行建设场地平整、洼地压实填充，以及用于公路、铁路、市政路基等填筑和基底处理外，还可将建筑垃圾破碎成不同粒径的再生粗细骨料，进而制备出各种再生混凝土制品，如再生护坡砖、再生空心砌块、再生路缘石等。另外，近几年还开展了建筑垃圾为原料煅烧水泥熟料和再生微粉技术研究。

三、高性能、多功能与智能化

土木工程材料的高性能是指需满足其一些主要性能，如结构材料的轻质高强。复合多功能是指在满足某一主要功能的基础上，附加了其他使用功能，使之具有更高的价值。土木工程材料的智能化包括多方面，特别是材料本身的自我诊断、自我修复功能。

四、装配式建筑与土木工程材料的融合发展

装配式建筑，是指运用现代工业手段和现代工业组织，对住宅工业化生产的各个阶段的各个生产要素通过技术手段集成和系统地整合，达到建筑的标准化；是指在工厂里预先生产好梁柱、墙板、阳台、楼梯等部件部品，运到工地后作简单的组合、连接、安装，类似于"搭积木"。此种建筑方式有利于降低损耗、改善施工环境、缩短工期和提高工程质量。装配式建筑与土木工程材料的融合过程中，也必将促进土木工程材料向标准化、绿色化和部品化的方向发展。

【素质拓展1-2】

在建筑工程中，材料费占总造价的60%～70%，在金属结构中所占的比重还要大，是直接费的主要组成部分，因此，合理地确定材料的预算价格构成，正确计算材料的预算单价，有利于合理确定和有效控制工程造价。

材料（包括原材料、辅助材料、构配件、零件、半成品及成品）单价，是材料由来源地（供应者仓库或提货地点）运到工地仓库或施工现场存放地点后的出库价格。根据现行制度的规定，材料的单价由材料的基价（包括材料的原价、包装费、运杂费、采购及保管费等）和单独列项计算的检验试验费用构成。

■ 本章小结

土木工程材料可按不同的原则进行分类。根据材料的来源可分为天然材料和人工材料；根据材料在土木工程中的功能可分为结构材料、装饰材料、绝热材料、防水材料等；根据材料在土木工程中使用部位可分为承重构件材料、墙体材料、屋面材料、地面材料等。最常用的分类方法是根据材料的化学成分来分类，分为无机材料、有机材料和复合材料。土木工程材料的标准，是土木工程材料的生产、销售、采购、验收和质量检验的法律依据，是企业生产的产品质量是否合格的技术依据和供需双方对产品质量进行验收的依据。根据标准的属性又分为国家标准、行业标准、地方标准、企业标准等。标准的一般表示方法是由标准名称、代号、编号和颁布年号等组成。

■ 本章习题

1.判断题

（1）随着我国加入WTO，国际标准ISO也已经成为我国的一级技术标准。（ ）

（2）企业标准只能适用于本企业。（ ）

2.单项选择题

材料按其化学组成可以分为（ ）。

A.无机材料、有机材料

B.金属材料、非金属材料

C.植物质材料、高分子材料、沥青材料、金属材料

D.无机材料、有机材料、复合材料

3.简答题

为什么许多土木工程材料为复合材料？

第一章习题答案

第二章
土木工程材料的基本性质

□ **本章重点**

材料的组成及其对材料性质的影响。建议通过学习了解材料科学的基本概念，理解材料的组成结构与性能的关系及其在工程实践中的意义。

□ **学习目标**

了解土木工程材料的基本组成、结构和构造及其与材料基本性质的关系；熟练掌握土木工程材料的基本力学性质；掌握土木工程材料的基本物理性质；掌握土木工程材料耐久性的基本概念。

土木工程材料是土木工程的物质基础，材料的性质与质量很大程度上决定了工程性质与质量。土木工程材料的基本性质是指材料处于不同使用条件和使用环境时必须考虑的最基本的、共有的性质。在工程实践中，选择、使用、分析和评价材料，通常是以其性质为基本依据的。例如，用于受力构件的材料，其承受各种外力作用，因此所用的材料必须具有所需的力学性质；墙体材料应具有隔热、隔声的性能；屋面材料应具有抗渗防水的性能等；由于土木工程在长期的使用过程中，经常受到风吹、雨淋、日晒、冰冻和周围各种有害介质的侵蚀，故还要求材料具有很好的耐久性。另外，为了确保工程项目能安全、经济、美观、经用耐久，并有利于节约资源和生态环境保护，实现建筑与环境的和谐共存，创造健康、舒适的生活环境，要求生产和选用的土木工程材料是绿色的和生态的。因此，需要我们掌握材料的性质，并了解它们与材料的组成、结构的关系，从而合理地选用材料。

【课程思政2-1】

万里长城所用的建筑材料

万里长城飞越崇山峻岭，是我国古代劳动人民的杰作，也是建筑史上的丰碑。万里长城选用材料因地制宜，堪称典范。

居庸关、八达岭一段，采用砖石结构。墙身用条石砌筑，中间填充碎石黄土，顶部再用三四层砖铺砌，以石灰作砖缝材料，坚固耐用。平原黄土地区缺乏石料，则用泥土垒筑长城，将泥土夯打结实，并以锥刺夯打土以检查是否合格。在西北玉门关一带，既无石料又无黄土，以当地芦苇或柳条与砂石间隔铺筑，共铺20层。

在万里长城的建造中，因地制宜地使用建筑材料，展现了我国劳动人民的勤劳、智慧和创造力。

土木工程材料的性质，可分为基本性质和特殊性质两部分。材料的基本性质是指土木工程中通常必须考虑的最基本的、共有的性质，主要包括物理性质、力学性质和耐久性等；材料的特殊性质是指材料本身的不同于别的材料的性质，是材料的具体使用特点的体现。

第一节　材料的物理性质

材料的物理性质包括表示材料物理状态特征的性质和各种物理过程有关的性质。

一、材料的密度、表观密度和堆积密度

（一）密度

密度（又称真密度）是材料在绝对密实状态下单位体积的质量，即材料质量m与其密实体积V之比，通常以ρ表示，其计算公式为：

$$\rho = \frac{m}{V}$$

（2-1）

式中：ρ——材料密度（g/cm³或 kg/m³）；

　　　m——材料质量（g 或 kg）；

　　　V——材料绝对密实体积（cm³或 m³）。

材料绝对密实体积是指不含有任何孔隙的固体体积。土木工程材料中除了钢材、玻璃等少数材料外，绝大多数材料都含有一定的孔隙，如砖、石材等常见的块状材料。对于这些有孔隙的材料，测定其密度时，须先把材料磨成细粉（排除孔隙），经干燥至恒重后用李氏瓶测定其体积，然后按上式计算得到密度值。材料磨得越细，测得的数值就越准确。

工程上还经常用到相对密度，相对密度用材料质量与同体积水（4℃）质量的比值表示。工程中也可通过查表了解材料的密度值，常用土木工程材料的密度见表2-1。

表2-1　　　　　常用土木工程材料的密度、表观密度、堆积密度

材料名称	密度（g/cm³）	表观密度（kg/m³）	堆积密度（kg/m³）
钢材	7.85	7 800 ~ 7 850	—
铝合金	2.7 ~ 2.9	2 700 ~ 2 900	—
水泥	2.8 ~ 3.1	—	1 600 ~ 1 800
烧结普通砖	2.6 ~ 2.7	1 600 ~ 1 900	—
石灰石（碎石）	2.48 ~ 2.76	2 300 ~ 2 700	1 400 ~ 1 700
砂	2.5 ~ 2.6	—	1 500 ~ 1 700
普通水泥混凝土	—	2 000 ~ 2 800	—
粉煤灰（气干）	1.95 ~ 2.40	—	550 ~ 800
普通玻璃	2.45 ~ 2.55	2 450 ~ 2 550	—
红松木	1.55 ~ 1.60	400 ~ -600	—
泡沫塑料	—	20 ~ 50	—

（二）表观密度

表观密度（体积密度）是材料在自然状态下，不含开口孔时单位体积的质量，即材料质量 m 与其表观体积 V_0 之比，通常以 ρ_0 表示，其计算公式为：

$$\rho_0 = \frac{m}{V_0} \tag{2-2}$$

式中：ρ_0——材料表观密度（g/cm³或 kg/m³）；

　　　m——材料质量（g 或 kg）；

　　　V_0——材料表观体积（cm³或 m³）。

　　材料中的孔隙可分为闭口孔和开口孔（如图 2-1（a）所示）。单个材料内部有孔隙，包括开口孔和闭口孔，这样一个整体材料的外观体积称为材料的表观体积。规则外形材料的表观体积，可通过测量体积尺度或蜡封法用静水天平置换法得到。不规则外形材料的表观体积，如砂石类散粒材料，可用排水法测得，它实际上扣除了材料内部开口孔隙体积，故称用排水法测得材料的体积为近似表观体积，也称为视体积，按公式（2-2）计算得到的表观密度也称视密度。

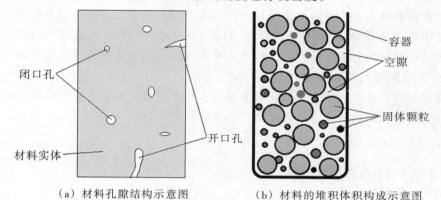

闭口孔

材料实体

开口孔

容器

空隙

固体颗粒

（a）材料孔隙结构示意图　　　（b）材料的堆积体积构成示意图

图2-1　材料的孔隙与空隙结构示意图

　　表观密度是反映整体材料在自然状态下的物理参数，材料在不同的含水状态下（干燥状态、气干状态、饱和面干、湿润状态），其表观密度会不同，干燥状态下测得的值称为干表观密度，如未注明，通常指气干状态的表观密度。由于表观体积中包含了材料内部孔隙的体积，材料干表观密度值通常小于其密度值。几种常见土木工程材料的表观密度见表 2-1。

　　土木工程中所用的粉状材料，如水泥、粉煤灰、磨细生石灰粉等，其颗粒很小，与一般块体材料测定密度时所研碎制作的试样粒径相近似，因而它们的表观密度，特别是干表观密度值与密度值可视为相等。

（三）堆积密度

　　堆积密度是指粉状或散粒材料在自然堆积状态下单位堆积体积的质量，即材料质量 m 与其堆积体积 V_0' 之比，通常以 ρ_0' 表示，其计算公式为：

$$\rho_0' = \frac{m}{V_0'} \tag{2-3}$$

式中：ρ_0'——材料堆积密度（g/cm³ 或 kg/m³）；

　　　　m——材料质量（g 或 kg）；

　　　　V_0'——材料堆积体积（cm³ 或 m³）。

　　材料的堆积体积是指在自然、松散状态下，按一定方法装入一定容器的容积，包括材料实体体积、内部所有孔体积和颗粒间的空隙体积（如图 2-1（b）所示）。堆积体积可以通过测量其所占有容器的容积，或通过测量其规则堆积形状的集合尺寸计算求得。同一种材料堆积状态不同，堆积体积大小也不一样，松散堆积下的体积较大，密实堆积状态下的体积较小。按自然堆积体积计算的密度为松堆积密度，以振实体积计算的则为紧堆密度。对于同一种材料，由于材料内部存在的孔隙和空隙，故一般密度>表观密度>堆积密度。常用土木工程材料的堆积密度见表2-1。

二、材料的孔隙率、空隙率与密实度

孔是大多数材料中一个重要的组成部分。它的存在不会影响材料物理、化学性质，但它会影响大多数材料的功能特性。土木工程材料中，常以规定条件下水能否进入孔中来区分开口孔和闭口孔两类（如图2-1（a）所示）。绝对的闭口孔是不存在的。孔对材料的力学性质、热工性质、声学性质、耐久性等有很大的影响。

（一）孔隙率与密实度

材料中所含孔隙的多少常以孔隙率表示，它是指材料所含孔隙的体积占材料自然状态下总体积的百分率，以P表示，其计算公式为：

$$P = \frac{V_0 - V}{V_0} \times 100\% = \left(1 - \frac{\rho_0}{\rho}\right) \times 100\% \tag{2-4}$$

式中：P——材料孔隙率（%）；

V_0——材料表观体积（cm^3或m^3）；

V——材料绝对密实体积（cm^3或m^3）；

ρ_0——材料表观密度（g/cm^3或kg/m^3）；

ρ—材料密度（g/cm^3或kg/m^3）。

材料孔隙率的大小反映了材料的密实程度，孔隙率大，则密实度小。密实度是与孔隙率相对应的概念，指材料的体积内被固体物质充实的程度，用D表示，其计算公式为：

$$D = \frac{V}{V_0} \times 100\% = \frac{\rho_0}{\rho} \times 100\% \tag{2-5}$$

式中：D——材料的密实度（%）。

显然，P + D = 1。材料的孔隙率与密实度成对应关系。对于非常密实的材料，如钢材、玻璃等其孔隙率近似为零，则密实度为100%。

材料的许多性质也都与其孔隙率有关，比如强度、热工性质、声学性质、吸水性、吸湿性、抗冻性及抗渗性等。开口孔隙是材料内部孔隙不仅彼此互相贯通，并且与外界相通，如常见的毛细孔。闭合孔隙是指材料内部孔隙彼此不连通，而且与外界隔绝。开口孔隙能提高材料的吸水性、透水性、吸声性，并降低材料的抗冻性。闭口孔隙能提高材料的保温隔热性能和材料的耐久性。材料的孔隙率也分为开孔孔隙率和闭孔孔隙率。因此，当孔隙率相同时，材料的开口孔越多，材料具有较好的吸水性、透水性、吸声性，但材料的抗渗性、抗冻性变差。材料的闭口孔越多，可增强其保温隔热能力和材料的耐久性。一般情况下，闭口孔越细小、分布越均匀对材料越有利。

材料中孔隙的种类、孔径大小、孔的分布状态也是影响其性质的重要因素，通常称之为孔隙特征。除了孔隙率以外，孔径大小、孔隙特征对材料的性能影响具有重要的影响作用。

（二）空隙率与填充率

材料的空隙率与填充率是仅适用于粉状或散粒材料的两个术语。散粒材料在堆积状态下颗粒间空隙体积占总堆积体积 V' 的百分率称为空隙率，以 P' 表示，其计算公式为：

$$P' = \frac{V_0' - V}{V_0'} \times 100\% = \left(1 - \frac{\rho_0'}{\rho_0}\right) \times 100\% \tag{2-6}$$

式中：P'——材料空隙率（%）；

$\quad\quad V_0'$——材料堆积体积（cm^3 或 m^3）；

$\quad\quad V$——材料绝对密实体积（cm^3 或 m^3）；

$\quad\quad \rho_0'$——材料堆积密度（g/cm^3 或 kg/m^3）；

$\quad\quad \rho_0$——材料表观密度（g/cm^3 或 kg/m^3）。

空隙率反映了堆积材料中颗粒间空隙的多少，它对于研究堆积材料的结构稳定性、填充程度及颗粒间相互接触连接的状态具有实际意义。工程实践表明，堆积材料的空隙率较小时，说明其颗粒间相互填充的程度较高或接触连接的状态较好，其堆积体的结构稳定性也较好。

在配制混凝土、砂浆时，空隙率可作为控制集料的级配、计算配合比的依据，其基本思路是粗集料空隙被细集料填充，细集料空隙被细粉填充，细粉空隙被胶凝材料填充，以达到节约胶凝材料的效果。

与空隙率对应的概念是填充率，指散粒材料在堆积状态下颗粒的填充程度，即颗粒体积占总堆积体积 V' 的百分率，以 D' 表示，可用下式计算，显然 $P' + D' = 1$。

$$D' = \frac{V_0}{V_0'} \times 100\% = \frac{\rho_0'}{\rho_0} \times 100\% \tag{2-7}$$

式中：D'——材料的填充率（%）。

三、材料与水有关的性质

（一）亲水性与憎水性

材料在使用过程中，常与水或大气中的水汽接触，但材料和水的亲和情况是不同的。材料与水接触时，有些材料能被水润湿，而有些材料则不能被水润湿，对这两种现象来说，前者称为亲水性，后者称为憎水性。材料具有亲水性或憎水性的根本原因在于材料的分子结构（是极性分子或非极性分子），亲水性材料与水分子之间的分子亲合力大于水本身分子间的内聚力；反之，憎水性材料与水分子之间的亲合力小于水本身分子间的内聚力。

工程实际中，材料通常以润湿角的大小来划分亲水性或憎水性。润湿角是水与材料接触时，在材料、水和空气三相交点处，沿水表面的切线与水和固体接触面所成的夹角，其值愈小，材料浸润性越好，越易被水润湿。如果润湿角 θ 为 0，表示材料完全被水所浸润。当材料的润湿角 θ≤90°时，为亲水性材料（如图2-2（a）所示）；当材料的润湿角 θ>90°时，为憎水性材料（如图2-2（b）所示）。

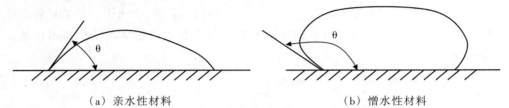

（a）亲水性材料　　　　　　　　（b）憎水性材料

图2-2　材料润湿示意图

亲水性材料可以被水润湿，即水可以在材料表面铺展开，而且当材料存在孔隙时，水分能通过孔隙的毛细作用自动渗入材料内部；而憎水性材料则不能被水润湿，水分不易渗入材料毛细管中。常见土木工程材料中，水泥制品、玻璃、陶瓷、金属材料、石材等无机材料和部分木材等为亲水性材料；塑料、沥青、油漆、防水油膏等为憎水性材料。憎水性材料表面不易被水润湿，适宜作防水材料和防潮材料；此外还可以用于涂覆亲水性材料表面，以改善其耐水性能，这样外界水分难以渗入材料的毛细管中，从而能降低材料的吸水性和渗透性。

（二）吸水性

材料与水接触时吸收水分的性质，称为材料的吸水性，并以吸水率表示该能力。材料吸水率的表达方式有两种，即质量吸水率和体积吸水率。

（1）质量吸水率，是指材料在吸水饱和时所吸水量占材料干燥质量的百分比，以 W_m 表示。质量吸水率 W_m 的计算公式为：

$$W_m = \frac{m_b - m}{m} \times 100\% \tag{2-8}$$

式中：W_m——材料质量吸水率（%）；

　　　m_b——材料吸水饱和状态下的质量（g 或 kg）；

　　　m——材料在干燥状态下的质量（g 或 kg）。

（2）体积吸水率，是指材料在吸水饱和时所吸水的体积占干燥材料表观体积的百分率，以 W_v 表示。体积吸水率 W_v 的计算公式为：

$$W_v = \frac{m_b - m}{V_0 \cdot \rho_w} \times 100\% \tag{2-9}$$

式中：W_v——材料体积吸水率（%）；

　　　m_b——材料吸水饱和状态下的质量（g 或 kg）；

　　　m——材料在干燥状态下的质量（g 或 kg）；

　　　V_0——材料在自然状态下的体积（cm³ 或 m³）；

　　　ρ_w——水的密度（cm³），常温下取 $\rho_w = 1.0$（cm³）。

材料的质量吸水率与体积吸水率之间的关系为：

$$W_v = W_m \cdot \rho_0 \tag{2-10}$$

式中：ρ_0——材料在干燥状态下的表观密度（g/cm³）。

材料吸水率的大小主要取决于材料的亲水性、孔隙率及孔隙特征。亲水性材料吸水率高；孔隙率大、孔隙微小且连通的材料吸水率较大；具有粗大孔隙的材料，虽然水分容易渗入，但仅能润湿孔壁表面而不易在孔内存留，因而其吸水率不高；密实材料以及仅有闭口孔的材料基本上不吸水。所以，不同材料或同种材料不同内部构造，其吸水率会有很大的差别。

材料吸水会使材料的强度降低，表观密度和导热率增大，体积膨胀。因此，吸水这种行为往往可对材料性质产生不利影响。

（三）吸湿性

材料的吸湿性是指材料吸收潮湿空气中水分的性质，用含水率表示。当较干燥的材料处于较潮湿的空气中时，便会吸收空气中的水分；而当较潮湿的材料处在较干燥的空气中时，便会向空气中释放水分。前者是材料的吸湿过程，后者是材料的干燥过程（此性质也称为材料的还湿性）。在任一条件下材料内部所含水的质量占干燥材料质量的百分率称为材料的含水率，以 W_h 表示，其计算公式为：

$$W_h = \frac{m_s - m}{m} \times 100\% \tag{2-11}$$

式中：W_h——材料的含水率（%）；

　　　m_s——材料吸湿后的质量（g 或 kg）；

　　　m——材料在干燥状态下的质量（g 或 kg）。

显然，材料的含水率不仅与材料本身的孔隙有关，还受所处环境中空气温度和湿度的影响。在一定的温度和湿度条件下，材料与空气湿度达到平衡时的含水率称为材料的平衡含水率。处于平衡含水率的材料，如果环境的温度和湿度发生变化，平衡将会被破坏。一般情况下，环境的温度上升或湿度下降，材料的平衡含水率会相应降低。当材料处于某一湿度稳定的环境中时，材料的平衡含水率只与其本身的性质有关。一般亲水性较强的材料，或含有开口孔隙较多的材料，其平衡含水率就较高，它在空气中的质量变化也较大。材料吸水或吸湿后，除了本身的质量增加外，还会降低其绝热性、强度及耐久性，造成体积的增加和变形，这些多会给工程带来不利的影响。当然，在特殊的情况下，我们也可以利用材料的吸水或吸湿特性实现除湿效果，保持环境的干燥。

四、材料的热工性质

（一）导热性

导热性是指材料两侧有温差时材料将热量由温度高的一侧向温度低的一侧传递的能力，简称传导热的能力。材料的导热性以导热系数（也称热导率）λ 表示，其含义是当材料两侧的温差为 1K（开尔文，热力学温度单位）时，在单位时间（1s 或 1h）内，通过单位面积（1m²）并透过单位厚度（1m）的材料所传导的热量。以公式表示为：

$$\lambda = \frac{Q \cdot a}{(T_1 - T_2) \cdot A \cdot Z} \tag{2-12}$$

式中：λ——材料的导热系数（W/（m·K））；

Q——传导的热量（J）；

a——材料的厚度（m）；

A——材料的传热面积（m^2）；

Z——传热时间（s或h）；

$(T_1 - T_2)$——材料两侧的温度差（K）。

材料的导热系数是建筑物围护结构（墙体、屋盖）热工计算时的重要参数，是评价材料保温隔热性能的参数。材料的导热系数越大，则其导热性越强，绝热性越差；土木工程材料的导热性差别很大，通常把$\lambda \leqslant 0.23$W/（m·K）的材料称为绝热材料。

材料的导热性与其结构和组成、含水率、孔隙率及孔特征等有关，且与材料的表观密度有很好的相关性。固体热导率最大，液体次之，气体最小，一般非金属材料的绝热性优于金属材料；材料的表现密度小，孔隙率大，闭口孔多，孔分布均匀，孔尺寸小，含水率小时，其导热性差，则绝热性好。通常所说的材料导热系数是指干燥状态下的导热系数，当材料一旦吸水或受潮时，导热系数会显著增大，绝热性变差。

单位时间内通过单位面积的热量，称为热流强度，以q表示，则式（2-12）可改写成：

$$q = \frac{(T_1 - T_2)}{a/\lambda} = \frac{(T_1 - T_2)}{R} \tag{2-13}$$

在热工设计中，将a/λ称为材料层的热阻，用R表示，其单位为（m^2·K）/W，热阻R可用来表明材料层抵抗热流通过的能力，在同样温差条件下，热阻越大，通过材料层的热量越少。热阻或热导率是评定材料绝热性能的主要指标。

（二）热容量和比热容

热容量是指材料受热时吸收热量或冷却时放出热量的能力，可用下式表示：

$$Q = m \cdot c \cdot (T_1 - T_2) \tag{2-14}$$

式中：Q——材料的热容量（kJ）；

m——材料的质量（kg）；

$(T_1 - T_2)$——材料受热或冷却前后的温度差（K）；

c——材料的比热容（kJ/（kg·K））。

其中比热容c是真正反映不同材料间热容性差别的参数，其物理意义是指质量为1kg的材料，在温度改变1K时所吸收或放出热量的大小。

比热容c与材料质量m的乘积，称为热容量。材料的热容量是建筑物围护结构（墙体、屋盖）热工计算的另一重要参数，设计计算时应选用热容量较大而导热系数较小的建筑材料，以提高建筑物室内温度的保温稳定性。材料的热容量对保持室内温度的稳定、减少能耗、冬季施工等有很重要的作用。

热导率表示热通量通过材料传递的速度，热容量或比热容表示材料内部储存热量的能力。对于建筑围护结构所用的材料，设计时应选择热导率较小而热容量较大的材料，来达到冬季保暖、夏季隔热的目的。

（三）导温系数

在工程结构温度变形及温度场研究时，还会用到另外一个材料热物理参数——导温系数，表示材料被加热或冷却时，其内部温度趋于一致的能力，是材料传播温度变化能力大小的指标。导温系数的定义式为：

$$\alpha = \frac{\lambda}{\rho \cdot c} \tag{2-15}$$

式中：α——材料的导温系数，又称热扩散率或热扩散系数（m^2/s 或 m^2/h）；

　　　λ——材料的导热系数（$W/(m \cdot K)$）；

　　　c——材料的比热（$kJ/(kg \cdot K)$）；

　　　ρ——材料的密度（kg/m^3）。

导温系数越大，表明材料内部的温度分布趋于均匀越快。导温系数也可作为选用保温隔热材料的指标，导温系数越小，绝热性能越好，越容易保持室内温度的稳定性。泡沫塑料一类轻质保温材料的热物理性能的特点就是导热系数很小，静态空气的导温系数非常大，结合两者特点可以使房间温度快速变冷或变热。空调制冷或制热就是利用这项原理。

（四）材料的温度变形性

材料的温度变形是指温度升高或降低时材料体积变化的特性。除个别材料（如 277K=3.85℃以下的水）以外，多数材料在温度升高时体积膨胀，温度下降时体积收缩。这种变化表现在单向尺寸时，为线膨胀或线收缩，相应的表征参数为线膨胀系数（α）。材料温度变化时的单向线膨胀量或线收缩量可用下式计算：

$$\Delta L = (T_2 - T_1) \cdot \alpha \cdot L \tag{2-16}$$

式中：ΔL——线膨胀或线收缩量（mm 或 cm）；

　　　$(T_2 - T_1)$——材料升（降）温前后的温度差（K）；

　　　α——材料在常温下的平均线膨胀系数（1/K）；

　　　L——材料原来的长度（mm 或 cm）。

在土木工程中，对材料的温度变形大多关心其某一单向尺寸的变化，因此，研究其平均线膨胀系数具有实际意义。材料的线膨胀系数与材料的组成和结构有关，通常会通过选择合适的材料来满足工程对温度变形的要求。

（五）耐热性、耐燃性与耐火性

耐热性是指材料长期在高温作用下，不失去使用功能的性质。材料在高温作用下发生性质的变化会影响材料的正常使用。材料在高温下可能发生的变化有受热质变和受热变形，如石英温度上升至 573℃时会由 α 石英转变为 β 石英，同时体积增大 2% 而导致破坏；普通钢材的最高允许使用温度为 350℃，超过该温度时，钢材强度显著降低，使钢材产生过大的变形导致结构失去稳定性。

耐燃性是指在发生火灾时，材料抵抗和延缓燃烧的性质，又称防火性。根据耐燃性，可将材料分为非燃烧材料（如混凝土、钢材、石材）、难燃材料（如沥青混凝土、水泥刨花板）和可燃材料（如木材、竹材）。在建筑物的不同部位，根据其使用特点和重要性可选择不同耐燃性的材料。

耐火性是指建筑构件、配件或结构，在一定时间内满足标准耐火试验中规定的稳定性、完整性、隔热性和其他预期功能的能力。耐火性是材料在火焰和高温作用下，保持其不破坏、性能不明显下降的能力，用其耐受时间（h）来表示，称为耐火极限。

这里要注意耐燃性和耐火性概念的区别。材料有良好的耐燃性不一定有良好的耐火性，但材料有良好的耐火性一般都具有良好的耐燃性。如钢材是非燃烧材料，但其耐火极限仅有0.25h，故钢材虽为重要的建筑结构材料，但其耐火性较差，使用时须进行特殊的耐火处理。

【工程实例分析2-1】

加气混凝土砌块吸水分析

现象：某施工队原使用普通烧结黏土砖，后改为表观密度为700kg/m³的加气混凝土砌块。在抹灰前采用同样的方式往墙上浇水，发现原使用的普通烧结黏土砖易吸足水量，但加气混凝土砌块表面看来浇水不少，但实际吸水不多，请分析原因。

原因分析：加气混凝土砌块虽多孔，但其气孔大多数为"墨水瓶"结构，肚大口小，毛细管作用差，只有少数孔是水分蒸发形成的毛细孔，因此吸水及导湿均缓慢。材料的吸水性不仅要看孔数量多少，还需看孔的结构。

五、材料与声有关的性质

（一）吸声性能

当声波遇到材料表面时，一部分被反射，另一部分穿透材料，其余的声能转化为热能而被吸收，声能穿透材料和被材料消耗的性质称为材料的吸声性，评定材料的吸声性能好坏的主要指标称为吸声系数（α_s）。吸声系数是指声波遇到材料表面时，被吸收的声能与入射能之比，即：

$$\alpha_s = \frac{E}{E_0} \tag{2-17}$$

式中：α_s——吸声系数（%）；

E——材料吸收的声能；

E_0——入射到材料表面的全部声能。

假如入射声能的70%被吸收，30%被反射，则该材料的吸声系数就等于0.7。一般材料的吸声系数在0~1之间，当入射声能100%被吸收而无反射时，吸声系数等于1。

吸声材料的基本特征是多孔、疏松、透气。对于多孔材料，由于声波能进入材料内相互连通的孔隙中，受到空气分子的摩擦阻滞，由声能转化为热能。对于纤维材料，由于引起细小纤维的机械振动而转变为热能，从而把声能吸收掉。

任何材料都具有一定的吸声能力，只是吸收的程度有所不同，材料的吸声特性与声波的方向、频率，以及材料的表观密度、孔隙构造、厚度等有关。通常取 125，250，500，1 000，2 000，4 000（Hz）等六个频率的吸声系数来表示材料的吸声频率特性。从不同方向入射，测得六个频率的平均吸声系数大于 0.2 的材料，称为吸声材料。

（二）隔声性能

材料隔绝声音的性质，称为隔声性。对于要隔绝的声音按声波的传播途径可分空气声（由于空气的振动）和固体声（由于固体撞击或振动）两种。对空气声，根据声学中的"质量定律"，墙或板传声的大小，主要取决于其单位面积的质量，质量越大，越不易振动，则隔声效果越好，因此应选择密实、沉重的材料作为隔声材料，如黏土砖、钢板、钢筋混凝土等。

对于隔空气声，常以隔声量 R 表示：

$$R = 10 \cdot \lg \frac{E_0}{E'} \tag{2-18}$$

式中：R——隔声量（dB）；

E₀——入射到材料表面的全部声能；

E′——透过材料的声能。

对固体声，隔声最有效的措施是采用不连续的结构处理，即在墙壁和承重梁之间、房屋的框架和墙板之间加弹性衬垫，如毛毡、软木、橡皮等材料或在楼板上加弹性地毯、木地板等柔软材料。

目前噪声已成为一种严重的环境污染，建筑物的声环境问题越来越受到人们的关注和重视。选用适当的材料对建筑物进行吸声和隔声处理是建筑物噪声控制过程中最常用也是最基本的技术措施之一。材料吸声和材料隔声的区别在于，材料的吸声着眼于声源一侧反射声能的大小，目标是反射声能要小。材料隔声着眼于声源另一侧的透射声能的大小，目标是透射声要小。吸声材料对入射声能的衰减吸收，一般只有十分之几，因此，其吸声能力即吸声系数可以用小数来表示；而隔声材料是透射声能衰减到入射声能的比例，为方便表达，其隔声量用分贝的计量方法表示。

第二节　材料的基本力学性质

材料的力学性质是指材料受外力作用时的变形行为及抵抗变形和破坏的能力，是选用土木工程材料时优先考虑的基本性质，通常包括强度、弹性、塑性、脆性、韧性、硬度、耐磨性等。土木工程材料的力学性质可以采用相应的试验设备和仪器，按照相关标准规定的方法和程序测出。材料力学性质的表征指数与材料的化学组成、晶体排列、晶粒大小、结构构成、外力特性、温度、加工方式等一系列内、外因素有关。

一、材料的强度与强度等级

（一）强度

强度指材料抵抗力破坏的能力。当一个物体受到拉或压作用时，就认为该物体受到力的作用。如果力是来自于物体的外部，则称为荷载。当材料受荷载作用时，内部就会产生抵抗荷载作用的内力叫作应力，在数值上等于荷载除以受力面积，单位是 N/mm² 或 MPa。荷载增大时，材料内部的抵抗力即应力也相应增加，当该应力值达到材料内部质点间结合力的最大值时材料破坏。因此，材料的强度即为材料内部抵抗破坏的极限荷载。

不同材料在力作用下破坏时表现出不同的特征，一般情况下可能出现下列两种情况之一：（1）一种是应力达到一定值时出现较大的不可恢复的变形，则认为该材料被破坏，如低碳钢的屈服；（2）另一种是应力达到极限值而出现材料断裂，几乎所有脆性材料的破坏都属于这种情况。

材料强度与材料组成、结构以及构造有很大关系，决定固体材料强度的内在因素是材料结构质点（原子、离子或分子）之间的相互作用力。如以共价键或离子键结合的晶体，其质点间结合力很强，因而具有较高的强度。以分子键结合的晶体，其结合力较弱，强度较低。材料的最高理论抗拉强度，可用下式表示：

$$f_{max} = \sqrt{\frac{E\gamma}{d}} \tag{2-19}$$

式中：f_{max}——最高理论抗拉强度（MPa）；

E——纵向弹性模量（MPa）；

γ——材料的表面能（J/m²）；

d——原子间的距离（m）。

对于土木工程材料而言，其实际强度总是远小于理论强度。这是由于材料实际结构都存在着许多缺陷，如晶格的位错、杂质、孔隙、微裂缝等。当材料受外力作用时，在裂缝尖端周围产生应力集中，局部应力将大大超过平均应力，导致裂缝扩展而引起材料破坏。这些都会导致工程处于不安全状态。因而，在土木工程材料设计中必须有一个与材料有关的安全系数。

根据外力作用方式的不同，材料强度有抗压强度、抗拉强度、抗弯强度及抗剪强度等（材料受力如图 2-3 所示）。材料的抗压、抗拉及抗剪强度（如图 2-3（a）、图 2-3（b）、图 2-3（c）所示）按下式计算：

$$f = \frac{F}{A} \tag{2-20}$$

式中：f——材料抗压、抗拉或抗剪强度（MPa）；

F——材料能承受的最大荷载（N）；

A——材料的受力面积（mm²）。

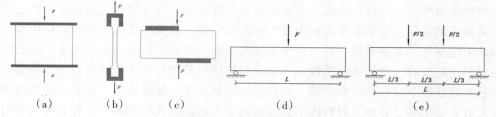

（a）　　（b）　　（c）　　　　（d）　　　　　（e）

图2-3　材料受力示意图

矩形材料的抗弯强度与受力情况有关，当外力是作用于构件中央一点的集中荷载，且构件有两个支点（如图2-3（d）所示），材料截面为矩形时，抗弯强度按下式计算：

$$f_m = \frac{3FL}{2bh^2} \qquad (2-21)$$

式中：f_m——材料的抗弯（抗折）强度（MPa）；

F——材料能承受的最大荷载（N）；

L——两支点间距离（mm）；

b——试件截面宽度（mm）；

h——试件截面高度（mm）。

抗弯强度试验的方法在跨度的三分点上作用两个相等的集中荷载（如图2-3（e）所示），这时材料的抗弯强度按下式计算：

$$f_m = \frac{FL}{bh^2} \qquad (2-22)$$

结构类型与状态不同的材料，对不同受力形式的抵抗能力可能不同，特别是材料的宏观构造不同时，其强度差别可能很大。对于内部构造非均质的材料，其不同方向的强度，或不同外力作用形式下的强度表现会有明显的差别。例如水泥混凝土、砂浆、砖、石材等非均质材料的抗压强度较高，而抗拉、抗折强度却很低。土木工程常用结构材料的强度值范围见表2-2。

表2-2　　　　　　　　　　土木工程常用结构材料的强度值范围

材料	抗压强度 （MPa）	抗拉强度 （MPa）	抗弯（折）强度（MPa）	抗剪强度 （MPa）
钢材	215～1 600	215～1 600	—	200～355
普通混凝土	10～60	1～4	1～10	2.0～4.0
烧结普通砖	7.5～30	—	1.8～4.0	1.8～4.0
花岗岩	100～250	7～25	10～40	13～19
石灰岩	30～250	5～25	2～20	7～14
玄武岩	150～300	10～30	—	20～60
松木（顺纹）	30～50	80～120	60～100	6.3～6.9

材料的强度本质上就是其内部质点间结合力的表现。不同的宏观或微观结构，往往对材料内质点间结合力的特性具有决定性的作用，从而使材料表现出大小不同的宏观强度或变形特性。影响材料强度的内在因素有很多，首先材料的组成决定了材料的力学性质，不同化学组成或矿物组成的材料，具有不同的力学性质。其次是材料结构的差异，如结晶体材料中质点的晶型结构、晶粒的排列方式、晶格中存在的缺陷情况等；非结晶体材料中的质点分布情况、存在的缺陷或内应力等，凝胶结构材料中凝胶粒子的物理化学性质、粒子间黏结的紧密程度、凝胶结构内部的缺陷等；宏观状态下材料的结构类型、颗粒间的接触程度、黏结性质、孔隙等缺陷的多少及分布情况等。通常，材料内质点间的结合力越强，孔隙率越小，孔分布越均匀或内部缺陷越少时，材料的强度可能越高。此外，有很多测试条件会对强度结果产生影响，主要包括：

（1）含水状态：大多数材料被水浸湿后或吸水饱和状态下的强度低于干燥状态下的强度。这是由于水分被组成材料的微粒表面吸附，形成水膜，增大材料内部质点间距离，材料体积膨胀，削弱微粒间的结合力。

（2）温度：温度升高，材料内部质点的振动加强，质点间距离增大，质点间的作用力减弱，材料的强度降低。

（3）试件的形状和尺寸：相同的材料及形状，小尺寸试件的强度高于大尺寸试件的强度；相同的材料及受压面积，立方体试件的强度要高于棱柱体试件的强度。

（4）加荷速度：加荷速度快时，由于变形速度落后于荷载增长速度，故测得的强度值偏高；反之，因材料有充裕的变形时间，测得的强度值偏低。

（5）受力面状态：试件受力表面不平整或表面润滑时，所测强度值偏低。

由此可知，材料的强度是在特定条件下测定的数值。为了使试验结果准确，且具有可比性，各个国家均制定了统一的材料试验标准。在测定材料强度时，必须严格按照规定的试验方法进行。强度是大多数材料划分等级的依据。

（二）强度等级

土木工程材料常按其强度值的大小划分为若干个强度等级，即材料的强度等级。将土木工程材料划分为若干强度等级，对掌握材料性质、合理选用材料、正确进行设计和控制工程质量都非常重要。同时，根据各种材料的特点，组成复合材料，扬长避短，对产品质量和经济效益是非常有益的。混凝土、砌筑砂浆、普通砖、石材等脆性材料，主要用于抗压，因而以抗压强度来划分等级；建筑钢材主要用于抗拉，以表示抗拉能力的屈服点作为划分等级的依据。

强度是材料的实测极限应力值，是唯一的；而每一个强度等级则包含一系列实测强度。如烧结普通砖按抗压强度分为 MU10～MU30 共五个强度等级；硅酸盐水泥按 28d 的抗压强度和抗折强度分为 42.5 级～62.5 级共三个强度等级，普通混凝土按其抗压强度分为 C10～C100 共 19 个强度等级。通过标准规定将土木工程材料划分强度等级，对生产者和使用者均有重要意义，它可使生产者在控制质量时有据可依，从而保证产品质量；对使用者则有利于掌握材料的性能指标，以便于合理选用材料，正确地进行设计和便于控制工程施工质量。

　　比强度是指按单位体积质量计算的材料强度，即材料强度与其表观密度之比（f/ρ_0），它是衡量材料轻质高强特性的参数。比强度是评价材料是否轻质高强的指标，比强度越高，表明材料越轻质高强。应注意的是，不同材料主要承受外力作用的方式不同，所采用的强度也不同。如钢材比强度采用了屈服强度，而混凝土、砂浆等采用抗压强度。用比强度评价材料时应特别注意所采用的强度类型。

　　结构材料在土木工程中的主要作用就是承受结构荷载。对多数结构物来说，相当一部分的承载能力用于抵抗本身或其上部结构材料的自重荷载，只有剩余部分的承载能力才能用于抵抗外荷载。为此提高材料承受外荷载的能力，不仅应提高其强度，还应减轻其本身的自重；材料必须具有较高的比强度值，才能满足高层建筑及大跨度结构工程的要求。几种土木工程结构材料的参考比强度值见表2-3。

表2-3　　　　　　　　　　几种土木工程结构材料的参考比强度值

材料（受力状态）	强度（MPa）	表观密度（kg·m⁻³）	比强度
玻璃钢（抗弯）	450	2 000	0.225
低碳钢	420	7 850	0.054
铝合金	450	2 800	0.160
铝材	170	2 700	0.063
花岗岩（抗压）	175	2 550	0.069
石灰岩（抗压）	140	2 500	0.056
松木（顺纹抗拉）	100	500	0.200
普通混凝土（抗压）	40	2 400	0.017
烧结普通砖（抗压）	10	1 700	0.006

二、弹性与塑性

　　在土木工中，外力作用下材料的断裂就意味着工程结构的破坏，此时材料的极限强度就是确定工程结构承载能力的依据。但是，有些工程中即使材料本身并未断开，但在外力作用下质点间的相对位移或滑动过大，也可能使工程结构丧失承载能力或正常使用状态，这种质点间相对位移或滑动的宏观表现就是材料的变形。

　　微观或细观结构类型不同的材料在外力作用下所产生的变形特性不同，相同材料在承受外力的大小不同时所表现出的变形也可能不同。弹性变形和塑性变形通常是材料的两种最基本的力学变形。

（一）弹性与弹性变形

　　材料在外力作用下产生变形，外力去除后能恢复为原来形状和大小的性质称为弹性，这种可恢复的变形称为弹性变形（如图2-4（a）所示）。弹性变形的大小与其所受外力的大小成正比，其比例系数对某些弹性材料来说在一定范围内为一常数，这个常数被称为该材料的弹性模量，并以 E 表示，其计算公式为：

$$E = \frac{\sigma}{\varepsilon}$$　　　　　　　　　　　　　　　　　　　　　　　　　　（2-23）

式中：σ——材料所承受的应力（MPa）；

　　　ε——材料在应力 σ 作用下的应变。

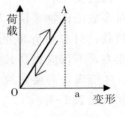
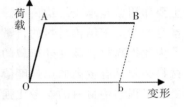
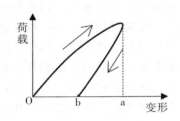

（a）弹性变形曲线　　　　（b）塑性变形曲线　　　　（c）弹塑性变形曲线

图2-4　材料在荷载作用下的变形曲线

弹性模量是反映材料抵抗变形能力的指标，其值越大，表明材料抵抗变形的能力越强，相同外力作用下的变形就越小，即刚性好。有些材料受力时应力与应变不成比例关系，但去除外力后变形也能完全恢复，这种物体叫作非虎克体，非虎克体的弹性模量不是一个定值。材料的弹性模量是土木工程结构设计和变形验算所依据的主要参数之一，几种常用土木工程材料的弹性模量值见表2-4。

表2-4　　　　　　　　　**几种常用土木工程材料的弹性模量值**　　　　　　单位：10^4MPa

材料	低碳钢	普通混凝土	烧结普通砖	木材	花岗岩	石灰岩	玄武岩
弹性模量	21	1.45 ~ 3.60	0.3 ~ 0.5	0.6 ~ 1.2	200 ~ 600	60 ~ 100	100 ~ 800

（二）塑性与塑性变形

材料在外力作用下产生变形，在其内部质点间不断开的情况下外力去除后仍保持变形后形状和大小的性质就是塑性，这种不可恢复的变形称为塑性变形（如图2-4（b）所示）。

一般认为，材料的塑性变形是因为内部的剪应力作用致使某些质点间相对滑移的结果。当所受外力很小时，材料几乎不产生塑性变形，只有当外力的大小足以使材料内质点间的剪应力超过其相对滑移所需的应力时，才会产生明显的塑性变形；当外力超过一定值时，外力不再增加时变形继续增加。在土木工程中，当材料所产生的塑性变形过大时，就可能导致其丧失承载能力。

许多材料的塑性往往受温度的影响较明显，通常较高温度下更容易产生塑性变形。有时，工程实际中也可利用材料的这一特性来获得某种塑性变形。例如在土木工程材料的加工或施工过程中，经常利用塑性变形而使材料获得所需要的形状或使用性能。

理想的弹性材料或塑性材料很少见，大多数材料在受力时的变形既有弹性变形，又有塑性变形。有的材料在受力一开始，弹性变形和塑性变形便同时发生，除去外力后，弹性变形可以恢复（ab），而塑性变形（Ob）不会消失，这类材料被称为弹塑性材料（如图2-4（c）所示）。弹塑性材料发生在不同的材料，或同一材料的不同受力阶段，可能以弹性变形为主，也可能以塑性变形为主。

三、脆性与韧性

（一）脆性

外力作用下，材料未产生明显的变形而发生突然破坏的性质称为脆性（如图2-5所示），具有这种性质的材料称为脆性材料。一般脆性材料的抗压强度较高，但抗冲击能力、抗振动能力、抗拉及抗折（弯）强度很差。土木工程中常用的无机非金属材料多为脆性材料，例如天然石材、普通混凝土、砂浆、普通砖、玻璃及陶瓷等。

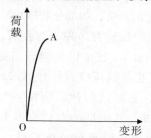

图2-5　脆性材料的变形曲线

脆性材料有三个特征：（1）具有很高的弹性模量，这样在外力作用下变形较小；（2）塑性变形很小；（3）会发生低应力破坏，即破坏时应力明显低于材料强度。有很多表示材料脆性的方法，如抗拉强度与抗压强度之比、极限应变与弹性应变之比，以及材料破坏时单位面积所需要的断裂能等。

脆性是很多材料都会出现的问题，如钢铁材料在强度不断提高的同时也发现脆性越来越大，混凝土材料在强度提高时也表现出更为明显的脆性。很多情况下，不仅要求材料弹性模量高、强度高，还要求破坏时不是立即失效而是保持有一定的承载能力，这对于比较重要的结构体系是非常重要的。

（二）韧性

材料在振动或冲击等荷载作用下，能吸收较多的能量，并产生较大的变形而不突然破坏的性质称为韧性。材料韧性的主要特征表现就是在荷载作用下能产生较明显的变形，破坏过程中能够吸收较多的能量。衡量材料韧性的指标是材料的冲击韧性值，即破坏时单位断面所吸收的能量，并以 α_k 表示，其计算公式为：

$$\alpha_k = \frac{A_k}{A} \qquad (2-24)$$

式中：α_k——材料的冲击韧性值（J/mm^2）；

　　　A_k——材料破坏时所吸收的能量（J）；

　　　A——材料受力截面积（mm^2）。

对于韧性材料，在外力的作用下会产生明显的变形，并且变形随着外力的增加而增大，在材料完全破坏之前，施加外力产生的功被转化为变形能而被材料所吸收。显然，材料在破坏之前所产生的变形越大，且所能承受的应力越大时，它所吸收的能量就越多，表现为材料的韧性就越强。

桥梁、路面、工业厂房等土木工程的受振结构部位，应选用韧性较好的材料。常用的韧性材料有低碳钢、低合金钢、铝材、橡胶、塑料、木材、竹材等，玻璃钢等复合材料也具有优良的韧性。

四、硬度与耐磨性

（一）硬度

硬度是指材料表面抵抗硬物压入或刻划的能力。土木工程中为保持建筑物的使用性能和外观，常要求材料具有一定的硬度，如部分装饰材料、预应力钢筋混凝土锚具等。

工程中用于表示材料硬度的指标有多种，对金属、木材等材料常以压入法检测其硬度，其方法有洛氏硬度（HR，它是以金刚石圆锥或圆球的压痕深度计算求得的硬度值）、布氏硬度（HB，它是以压痕直径计算求得的硬度值）等。天然矿物材料的硬度常用摩氏硬度表示，它是以两种矿物相互对刻的方法确定矿物的相对硬度，并非材料绝对硬度的等级，其硬度的对比标准分为十级，由软到硬依次分别为：滑石、石膏、方解石、萤石、磷灰石、正长石、石英、黄玉、刚玉、金刚石。磨光天然石材的硬度常用肖氏硬度计检测。

（二）耐磨性

材料的耐磨性是指材料表面抵抗磨损的能力，材料的耐磨性常以磨损率G表示，其计算公式为：

$$G = \frac{m_1 - m_2}{A} \qquad (2-25)$$

式中：G——材料的磨损率（g/cm^2）；

　　　m_1，m_2——材料磨损前后的质量损失（g）；

　　　A——材料试件受磨面积（cm^2）。

材料的磨损率G值越低，表明该材料的耐磨性越好，一般硬度较高的材料，耐磨性也较好。土木工程中有些部位经常受到磨损的作用，如路面、地面等。选择这些部位的材料时，其耐磨性应满足工程的使用寿命要求。

材料的硬度和耐磨性均与其内部结构、组成、孔隙率、孔特征、表面缺陷等有关。

第三节　材料的耐久性

材料在使用过程中，除受到各种外力作用外，还要受到环境中各种自然因素的破坏作用。材料在使用过程中抵抗各种环境因素的长期作用，并保持其原有性能而不破坏的性质称为耐久性。耐久性是土木工程材料的一种综合性质。随着社会的发展，人们对土木工程材料的耐久性越加重视，提高土木工程材料耐久性就是延长工程结构的使用寿命。工程实践中，要根据材料所处的结构部位和使用环境等因素，综合考虑其耐久性，并根据各种材料的耐久性特点，合理地选用。

一、环境对材料的作用

土木工程材料时刻处在自然环境中，环境对材料具有一定的破坏作用，主要分为物理作用、化学作用、生物作用和机械作用。

（一）物理作用

物理作用主要有干湿交替、温度变化、冻融循环等，这些变化会使材料体积产生膨胀或收缩，或导致内部裂缝的扩展，长期反复作用将使材料产生破坏。

（二）化学作用

化学作用是指酸、碱、盐等物质的水溶液或有害气体对材料产生的侵蚀作用，化学作用可使材料的组成成分发生质的变化，从而引起材料的破坏，如钢材锈蚀等。

（三）生物作用

生物作用是指材料受到虫蛀或菌类的腐朽作用而产生的破坏。如木材等有机质材料，常会受到这种破坏作用的影响。

（四）机械作用

机械作用是指材料在使用过程中受到各种冲击、磨损等作用，机械作用的本质是力的作用。

土木工程中材料的耐久性与破坏因素的关系见表2-5。

表2-5　　　　　　　　　土木工程材料耐久性与破坏因素的关系

破坏因素分类	破坏原理	破坏因素	评定指标
渗透	物理	压力水、静水	渗透系数、抗渗等级
冻融	物理、化学	水、冻融作用	抗冻等级、耐久性系数
冲磨气蚀	物理	流水、泥砂	磨蚀率
碳化	化学	CO_2、H_2O	碳化深度
化学侵蚀	化学	酸、碱、盐及其溶液	*
老化	化学	阳光、空气、水、温度交替	*
钢筋锈蚀	物理、化学	H_2O、O_2、氯离子、电流	电位锈蚀率
碱集料反应	物理、化学	R_2O、H_2O、活性集料	膨胀率
腐朽	生物	H_2O、O_2、菌	*
虫蛀	生物	昆虫	*
热环境	物理、化学	冷热交替、晶型转变	*
火焰	物理	高温、火焰	*

注：*表示可参考强度变化率、开裂情况、变形情况、破坏情况等进行评定。

从上述导致材料耐久性不良的作用来看，影响材料耐久性的因素主要有外因与内因两个方面。影响材料耐久性的内在因素主要有：材料的组成与结构、强度、孔隙率、孔特征、表面状态等。当材料的组成和结构特点不能适应环境要求时便容易过早地产生破坏。

在进行土木工程结构设计中，必须充分考虑材料的耐久性，根据实际情况和材料特点采取相应的措施来延长工程结构的使用寿命。工程中改善材料耐久性的主要措施有：根据使用环境选择材料的品种；采取各种方法控制材料的孔隙率与孔特征；改善材料的表面状态，增强抵抗环境作用的能力。

二、耐水性

材料的耐水性是指材料长期在水作用下不破坏，强度也不显著降低的性质。衡量材料耐水性的指标是材料的软化系数，通常用下式计算：

$$K_R = \frac{f_b}{f_g} \tag{2-26}$$

式中：K_R——材料的软化系数；

　　　f_b——材料吸水饱和状态下的强度（MPa）；

　　　f_g——材料干燥状态下的强度（MPa）。

软化系数可以反映材料吸水饱和后强度降低的程度，它是材料吸水后性质变化的重要特征之一。与此同时，材料吸水还会对材料的力学性质、光学性质、装饰性产生影响。许多材料吸水（或吸湿）后，即使未达到饱和状态，其强度也会下降，原因在于材料吸水后，水分会分散在材料内微粒的表面，削弱了微粒间的结合力。当材料内含有可溶性物质时（石膏、石灰等），吸入的水还可能使其内部的部分物质被溶解，造成内部结构的解体及强度的严重降低。耐水性与材料的亲水性、可溶性、孔隙率、孔特征等均有关，工程中常从这几个方面改善材料的耐水性。

软化系数值一般在 0~1 之间，软化系数越小，表示材料的耐水性越差，工程中通常把 $K_R > 0.85$ 的材料作为耐水性材料。根据建筑物所处的环境，软化系数成为选择材料的重要依据。长期受水浸泡或处于潮湿环境的重要建筑物，必须选择软化系数不低于 0.85 的材料建造，用于受潮较轻或次要结构时，材料的 K_R 值也不得小于 0.75。

三、抗渗性

材料的抗渗性通常是指材料抵抗压力水渗透的能力。长期处于有压水中时，材料的抗渗性就是决定其工程使用寿命的重要因素。表示材料抗渗性的指标有两个，即渗透系数和抗渗等级。

对于防潮、防水材料，如油毡、瓦、沥青、沥青混凝土等材料，常用渗透系数表示其抗渗性。渗透系数是指在一定的时间 t 内透过的水量 Q，与材料垂直于渗水方向的渗水面积 A、材料两侧的水压差 H 成正比，与渗透距离（材料的厚度 d）成反比，以下式表示为：

$$K_s = \frac{Q \cdot d}{A \cdot t \cdot H}$$
(2-27)

式中：K_s——材料的渗透系数（cm/h）；

　　　Q——时间 t 内的渗水总量（cm³）；

　　　A——材料垂直于渗水方向的渗水面积（cm²）；

　　　H——材料两侧的水压差（cm）；

　　　t——渗水时间（h）；

　　　d——材料的厚度（cm）。

材料的 K_s 值愈小，则说明其抗渗能力愈强。

土木工程中，对一些常用材料（如混凝土、砂浆等）的抗渗（防水）能力常以抗渗等级表示。材料的抗渗等级是指材料用标准方法进行透水试验时，规定试件在透水前所能承受的最大水压力，并以符号"P"及可承受的水压力值（以 0.1MPa 为单位）表示抗渗等级。如防水混凝土的抗渗等级为 P6，P8，P12，P16，P20，表示其分别能够承受 0.6MPa，0.8MPa，1.2MPa，1.6MPa，2.0MPa 的水压而不渗水。因此，材料的抗渗等级越高，其抗渗性越强。

材料的抗渗性与其亲水性、孔隙率、孔特征、裂缝等缺陷有关，在其内部孔隙中，开口孔、连通孔是材料渗水的主要通道。良好的抗渗性是材料满足使用性质和耐久性的重要因素。工程中一般采用降低孔隙率、改善孔特征（减少开口孔和连通孔）、减少裂缝及其他缺陷或对材料进行憎水处理等方法来提高其抗渗性。

四、抗冻性

材料的抗冻性是指材料在吸水饱和状态下，能经受多次冻融循环作用而不破坏，强度也不严重降低的性质。材料的抗冻性用抗冻等级来表示，材料的抗冻等级是材料在吸水饱和状态下，经一定次数的冻融循环作用，其强度损失率不超过 25%且质量损失率不超过 5%，并无明显损坏和剥落时所能抵抗的最多冻融循环次数来确定。材料的抗冻等级，以字符"F"及材料可承受的最大冻融循环次数表示，如 F25，F50，F100 等，分别表示此材料可承受 25 次、50 次、100 次的冻融循环。抗冻等级越高，材料的抗冻性越好。通常根据工程的使用环境和要求，确定对材料抗冻等级的要求。

材料在冻融循环作用下产生破坏力主要是因为材料内部孔隙中的水分结冰引起的。水结冰时体积膨胀约 9%，对材料孔壁产生巨大的压力而使孔壁开裂，使材料内部产生裂纹，强度下降。所以，材料的抗冻性主要与其孔隙率、孔特征、吸水性、抵抗胀裂的强度以及内部对局部变形的缓冲能力等有关，工程中常从这些方面改善材料的抗冻性。

五、耐候性

暴露于大气中的材料，经常受阳光、风、雨、露、温度变化和腐蚀气体（如二氧化硫、二氧化碳、臭氧）等因素的侵蚀。材料对这些自然侵蚀的耐受能力称为耐候性。如在土木工程中经常使用的各种防水材料、外墙涂料等要求具有良好的耐候性。根据材料的使用环境和要求，其他的耐久性指标还有很多，如耐化学腐蚀性、防锈性、防霉性等。

谈到建筑的安全性，人们首先想到的是结构物的承载能力和整体牢固性，即强度。所以，长期以来人们主要依据结构物将要承受的各种荷载，包括静荷载、动荷载进行结构设计。但是，结构物是较长时间使用的产品，环境作用下的材料性能的劣化最终会影响结构物的安全性。耐久性是衡量材料以至结构在长期使用条件下的安全性能。只有采用了耐久性良好的土木工程材料，才能保证工程的使用寿命。

材料的耐久性与结构的使用年限直接相关，耐久性好，就可以延长结构物的使用寿命，减少维修费用，因耐久性不好带来的庞大维修费用也使一些国家的财政不堪重负。另外，由于土木工程所消耗材料的用量巨大，生产这些材料不但破坏生态、污染环境，而且有的资源已经枯竭，随着可持续发展观念的日益强化，土木工程的耐久性也日益受到重视。提高材料的耐久性对结构物的安全性和经济性均有重要的意义。

提高材料的耐久性，要根据使用情况和材料特点采取相应的措施，如减轻环境的破坏作用、提高材料本身的密实性等以增强抵抗性，或对材料表面采取保护措施等，这对控制工程造价、保证工程长期正常使用、减少维修费用、延长使用寿命等，均具有十分重要的意义。

【工程实例分析2-2】

水池壁崩塌

现象：某市自来水公司一号水池建于山上，交付使用9年半后的一天，池壁突然崩塌，造成39人死亡、6人受伤的特大事故。该水池使用的是冷却水，输入池内水温达41℃。该水池为预应力装配式钢筋混凝土圆形结构，池壁由132块预制钢筋混凝土板拼装，接口外部分有泥土。板块间接缝处用细石混凝土二次浇筑，外绕钢丝，再喷射砂浆保温层，池内壁设计未做防渗层，只要求在接缝处向两侧各延伸5cm范围内刷两道素水泥浆。

原因分析：

（1）池内水温高，增强了对池壁的腐蚀能力，导致池壁结构过早破损。

（2）预制板接缝面未打毛，清洗不彻底，故部分留有泥土；且接缝混凝土振捣不实，部分有蜂窝麻面，其抗渗能力大大降低，使水分浸入池壁，并对钢丝产生电化学反应。事实上所有钢丝已严重锈蚀，有效截面减少，抗拉强度下降，以致断裂，使池壁倒塌。

（3）设计方面亦存在考虑不周，且存在对钢丝严重锈蚀未能及时发现等问题。

第四节　材料的组成、结构和构造

材料的组成、结构和构造是决定材料性质的内在因素。要了解材料的性质，必须先了解材料的组成、结构与材料性质之间的关系。

一、材料的组成

材料的组成包括材料的化学组成、矿物组成和相组成，它是决定材料的化学性质、物理性质、力学性质和耐久性的最基本因素。

（一）化学组成

化学组成是指构成材料的化学元素及化合物的种类与数量。金属材料的化学组成是以主要元素的含量表示，无机非金属材料以各种氧化物的含量表示，有机高分子材料采用基元（由一种或几种简单的低分子化合物重复连接而成，例如聚氯乙烯由氯乙烯单体聚合而成）来表示。

当材料处于某种环境中，材料与环境中的物质必然按化学变化规律发生作用，这些作用是由材料的化学组成决定的。例如钢材在空气中放置，空气中的水分和氧在时间的作用下与钢材中的铁元素发生反应形成氧化物造成钢材锈蚀破坏。但是，在钢材中加入铬和镍的合金元素改变其化学元素组成就可以增强钢材的抗锈蚀能力。土木工程中可根据材料的化学组成来选用材料，或根据工程对材料的要求，调整或改变材料的化学组成。

（二）矿物组成

通常将无机非金属材料具有一定化学成分、特定的晶体结构以及物理力学性能的单质或化合物称为矿物。矿物组成是指构成材料的矿物种类和数量。材料的矿物组成是决定材料性质的主要因素。无机非金属材料通常是以各种矿物的形式存在，而非以元素或化合物的形式存在。化学组成相同时，若矿物组成不同，材料的性质也会不同。例如化学成分组成为二氧化硅、氧化钙的原料，经加水搅拌混合后，在常温下硬化成石灰砂浆，而在高温高湿下将硬化成灰砂砖，由于二者的矿物组成不同，其物理性质和力学性质也截然不同。又如水泥，即使化学组成相同，如果其熟料矿物组成不同或含量不同，会使水泥的硬化速度、水化热、强度、耐腐蚀性等硬质产生很大的差异。

（三）相组成

材料中结构相近、性质相同的均匀部分称为相。自然界中的物质可分为气相、液相、固相三种形态。同种物质在不同的温度、压力等环境条件下，也常常会转变其存在的状态，一般称为相变。土木工程材料中，同种化学物质由于加工工艺的不同，温度、压力等环境条件的不同，可形成不同的相，例如气相转变为液相或者固相；例如铁碳合金中就有铁素体、渗碳体、珠光体。土木工程材料大多数是多相固体材料，这种有两相或两相以上的物质组成的材料称为复合材料。例如混凝土可认为是由集料颗粒（集料相）分散在水泥浆体（基相）中所组成的两相复合材料。

复合材料的性质与构成材料的相组成和界面特性有密切关系。所谓界面是指多相材料中相与相之间的分界面。在实际材料中，界面是一个各种性能尤其是强度性能较为薄弱的区域，它的成分和结构与相内的部分是不一样的，可作为"相界面"来处理。因此，对于土木工程材料，可通过改变和控制其相组成和界面特性来改善和提高材料的技术性能。

二、材料的结构

材料的性质除与材料组成有关外，还与其结构有密切关系。材料的结构泛指材料各组成部分之间的结合方式排列分布的规律。材料的宏观结构是可用肉眼或一般显微镜就能观察到的外部和内部的结构。通常，按材料结构的尺寸范围，可分为宏观结构和细观结构。

（一）宏观结构

材料的宏观结构是指用肉眼或放大镜可直接观察到的结构和构造情况，其尺度范围在 10^{-3}m 级以上。材料的性质与其宏观结构有着密切的关系，材料结构可以影响材料的体积密度、强度、导热系数等物理力学性能。材料的宏观结构不同，即使材料的组成或微观结构相同或相似，材料的性质与用途也不同，例如玻璃和泡沫玻璃的组成相同，但宏观结构不同，其性质截然不同，玻璃用作采光材料，泡沫玻璃用作绝热材料。

孔是材料中较为奇特的组成部分，它的存在并不会影响材料的化学组成和矿物组成，但明显影响材料的使用性能。按材料宏观孔隙特征的不同，可将材料划分为如下宏观结构类型：

1.致密结构

致密结构是指基本上无宏观层次孔隙存在的结构。建筑工程中所用材料属于致密结构的主要有金属材料、玻璃、沥青等，部分致密的石材也可认为是致密结构。这类材料强度和硬度高，吸水性小，抗冻性和抗渗性好。

（2）多孔结构

多孔结构是指孔隙较为粗大，且数量众多的结构。如加气混凝土砌块、泡沫混凝土、泡沫塑料及其他人造轻质多孔材料等。这类材料质量轻，保温隔热，吸声隔声性能好。

（3）微孔结构

微孔结构是指具有微细孔隙的结构，如石膏制品、蒸压灰砂砖等。

按材料存在状态和构造特征的不同，可将材料划分为如下宏观结构类型：

（1）纤维结构

纤维结构是指由木纤维、玻璃纤维、矿物纤维等纤维状物质构成的材料结构。其特点在于主要组成部分为纤维状。如果纤维呈规则排列则具有各向异性，即平行纤维方向与垂直纤维方向的强度、导热系数等性质都具有明显的方向性。平行纤维方向的抗拉强度和导热系数均高于垂直纤维方向。木材、玻璃钢、岩棉、钢纤维增强水泥混凝土、纤维增强水泥制品等都属于纤维结构。

（2）层状结构

层状结构是指天然形成或采用黏结等方法将材料叠合成层状的材料结构。它既具有聚集结构黏结的特点，又具有纤维结构各向异性的特点。这类结构能够提高材料的强度、硬度、保温及装饰等性能，扩大材料使用范围。胶合板、纸面石膏板、蜂窝夹芯板、各种新型节能复合墙板等都是层状结构。

（3）散粒结构

散粒结构是指松散颗粒状的材料结构。其特点是松散的各部分不需要采用黏结或其他方式连接，而是自然堆积在一起。如用于路基的黏土、砂、石，用于绝缘材料的粉状或粒状填充料等。

（4）聚集结构

聚集结构是指散、粒状材料通过胶凝材料黏结而成的材料结构。其特点在于包含了胶凝材料和散、粒状材料两部分，胶凝材料的黏结能力对其性能有较大影响。水泥混凝土、砂浆、沥青混凝土、木纤维水泥板、蒸压灰砂砖等均可视为聚集结构。

（二）细观结构

材料的细观结构（亚微观结构）是指用光学显微镜所能观察到的结构，是介于宏观和微观之间的结构。其尺度范围在 $10^{-3} \sim 10^{-6}$m。土木工程材料的细观结构，应针对具体材料分类研究。对于水泥混凝土，通常是研究水泥石的孔隙结构及界面特性等；对于金属材料，通常是研究其金相组织、晶界及晶粒尺寸等；对于木材，通常是研究木纤维、导管、髓线组织等。

材料细观结构层次上各种组织的特征、数量、分布和界面性质对材料的性能有重要影响。例如，钢材的晶粒尺寸越小，钢材的强度越高。又如，混凝土中毛细孔的数量减少、孔径减小，将使混凝土的强度和抗渗性等提高。因此，对于土木工程材料而言，从显微结构层次上研究并改善材料的性能十分重要。

（三）微观结构

材料的微观构造是指原子或分子层次的结构。在微观结构层次上的观察和研究，需借助电子显微镜、X射线、震动光谱和光电子能谱等来分析研究该层次上的结构特征。一般认为，微观结构尺寸范围在 $10^{-6} \sim 10^{-10}$m。在微观结构层次上，固体材料可分为晶体、玻璃体、胶体等。

1.晶体

晶体是指材料的内部质点（离子、原子、分子）呈现规则排列的、具有一定结晶形状的固体。因其各个方向的质点排列情况和数量不同，故晶体具有各向异性，如结晶完好的石英晶体各方向上导热性能不同。然而，许多晶体材料是由大量排列不规则的晶粒组成，因此，所形成的材料在宏观上又具有各向同性的性质，如钢材。

按晶体质点及结合键的特性，可将晶体分为原子晶体、离子晶体、分子晶体和金属晶体四种类型。不同类型的晶体所组成的材料表现出不同的性质。

（1）原子晶体是由中性原子构成的晶体，其原子间由共价键来联系。原子之间靠数个共用电子结合，具有很大的结合能，故结合比较牢固。这种晶体的强度、硬度与熔点都是比较高的，密度小。石英、金刚石、碳化硅等属于原子晶体。

（2）离子晶体是由正、负离子所构成的晶体。离子是带电荷的，它们之间靠静电吸引力（库伦引力）所形成的离子键来结合。离子晶体一般比较稳定，其强度、硬度、熔点较高，但在溶液中会离解成离子，密度中等，不耐水。$NaCl$、KCl、CaO、$CaSO_4$等属于离子晶体。

（3）分子晶体是依靠范德华力进行结合的晶体。范德华力是中性的分子由于电荷的非对称分布而产生的分子极化，或是由于电子运动而发生的短暂极化所形成的一种结合力。因为范德华力较弱，故分子晶体硬度小、熔点低、密度小。大部分有机化合物属于分子晶体。

（4）金属晶体是由金属阳离子排列成一定形式的晶格，如体心立方晶格、面心立方晶格和紧密六方晶格。金属晶体质点间的作用力是金属键。金属键是晶格间隙中可自由运动的电子（自由电子）与金属正离子的相互作用（库伦引力）。自由电子使金属具有良好的导热性及导电性，其强度、硬度变化大，密度大。钢材、铸铁、铝合金等金属材料均属于金属晶体。金属晶体在外力作用下具有弹性变形的特点，但当外力达到一定程度时，由于某一晶面上的剪应力超过一定限度，沿该晶面将会发生相对的滑动，因而会使材料产生塑性形变。低碳钢、铜、铝、金、银等有色金属都是具有较好塑性的材料。

晶体内质点的相对密集程度，质点间的结合力和晶粒的大小，对晶体材料的性质有着重要的影响。以碳素钢材为例，因为晶体内的质点相对密集程度高，质点间又以金属键连接，其结合力强，所以钢材具有较高的强度和较大的塑性变形能力。如再经热处理使晶粒更细小、均匀，则钢材的强度还可以提高。又因为其晶格间隙中存在有自由运动的电子，所以使钢材具有良好的导电性和导热性。

硅酸盐在土木工程材料中占有重要地位，它的结构主要是由硅氧四面体单元SiO_4和其他金属离子结合而成，其中既有共价键，也有离子键。在这些复杂的晶体结构中，化学键结合的情况也是相当复杂的。SiO_4四面体可以形成链状结构，如石棉，其纤维与纤维之间的作用力要比链状结构方向上的共价键弱得多，所以容易分散成纤维状；云母、滑石等则是由SiO_4四面体单元互相连结成片状结构，许多片状结构再叠合成层状结构，层与层之间是通过范德华力结合的，故其层间作用力很弱（范德华力比其他化学键力弱），此种结构容易剥成薄片；石英是由SiO_4四面体形成的立体网状结构，所以具有坚硬的质地。

2. 玻璃体

玻璃体是熔融的物质经急冷而形成的无定形体。如果熔融物冷却速度慢，内部质点可以进行有规则地排列而形成晶体；如果冷却速度较快，降到凝固温度时，它具有很大的黏度，致使质点来不及按一定规律进行排列，就已经凝固成固体，此时得到的就是玻璃体结构。玻璃体是非晶体，质点排列无规律，因而具有各向同性。玻璃体没有固定的熔点，加热时会出现软化。

在急冷过程中，质点间的能量以内能的形式储存起来。因而，玻璃体具有化学不稳定性，即具有潜在的化学活性，在一定条件下容易与其他物质发生化学反应。粉煤灰、火山灰、粒化高炉矿渣等都含有大量玻璃体成分，这些成分赋予它们潜在的活性。

3. 胶体

胶体是指以粒径为 $10^{-7} \sim 10^{-9}$ m 的固体颗粒作为分散相（称为胶粒），分散在连续相介质中所形成的分散体系。

胶体根据其分散相和介质的相对含量不同，分为溶胶结构和凝胶结构。若胶粒较少，连续相介质的性质对胶体结构的强度及变形性质影响较大，这种胶体结构称为溶胶结构。若胶粒数量较多，胶粒在表面能的作用下发生凝聚作用，或由于物理、化学作用使胶粒产生彼此相连，形成空间网络结构，从而使胶体结构的强度增大，变形性减小，形成固体或半固体状态，这种胶体结构称为凝胶结构。

胶体的分散相（胶粒）很小，比表面积很大，因而胶体表面能大，吸附能力很强，质点间具有很强的黏结力。凝胶结构具有固体性质，但在长期应力作用下会具有黏性液体的流动性质。这是由于胶粒表面有一层吸附膜，膜层越厚，流动性越大。如混凝土中含有大量水泥水化时形成的凝胶体，混凝土在应力作用下具有类似液体的流动性质，会产生不可恢复的塑性变形。

与晶体及玻璃体结构相比，胶体结构强度较低、变形能力较大。

近十几年来，纳米结构开始成为技术人员关注的焦点。纳米（nanometer）是一种几何尺寸的度量单位，简写为 nm。$1nm = 10^{-9}$ m，相当于 10 个氢原子排列起来的长度。纳米结构是指至少在一个维度上尺寸介于 $1 \sim 100nm$ 之间的结构，属于微观结构范畴。纳米结构的基本结构单元有团簇、纳米微粒、人造原子等。由于纳米微粒和纳米固体有小尺寸效应、表面界面效应等基本特性，纳米微粒组成的纳米材料具有许多独特的物理和化学性能，因而得到了迅速发展，在土木工程中也得到了应用，如纳米涂料。

三、材料的构造

材料的构造是指组成物质的质点是以何种形式联结在一起的，物质内部的这种微观构造，与材料的强度、硬度、弹塑性、熔点、导电性、导热性等重要性质有着密切的联系。

【工程实例分析 2-3】

硅灰与磨细石英粉

概况：某工程灌浆材料采用水泥净浆，为了达到较好的施工性能，配合比中要求加入硅粉，并对硅粉的化学组成和细度提出要求，但施工单位将硅粉误解为磨细石英粉，生产中加入的磨细石英粉的化学组成和细度均满足要求，在实际使用中效果不好，水泥浆体成分不均，请分析原因。

原因分析：硅粉又称硅灰，是硅铁厂烟尘中回收的副产品，其化学组成为SiO_2，微观结构为表面光滑的玻璃体，具有高的反应活性，且能改善水泥净浆施工性能。一般的磨细石英粉颗粒粗于硅粉，且表面粗糙，对水泥净浆的施工性能有副作用。硅粉和磨细石英粉虽然化学成分相同，但细度不同，微观结构不同，导致材料的性能差异明显。

■ 本章小结

土木工程材料的基本物理性质包括材料的密度、表观密度和堆积密度；材料的孔隙率与密实度；材料的空隙率与填充率等。对于同种材料来说：密度>表观密度>堆积密度。土木工程材料的基本力学性质指标主要有材料的强度和比强度、弹性与塑性、脆性与韧性、硬度和耐磨性等。土木工程材料与水有关的性质主要有材料的亲水性与憎水性、材料的含水状态、材料的吸水性与吸湿性、材料的耐水性、材料的抗渗性以及材料的抗冻性等。土木工程材料的热性质参数主要包括导热性、热阻、热容量和比热容、热变形性以及耐燃性等。土木工程结构物的工程特性与土木工程材料的基本性质直接相关，且用于构筑物的材料在长期使用过程中，需具有良好的耐久性。在构筑物的设计及材料的选用中，必须根据材料所处的结构部位和使用环境等因素，并根据各种材料的耐久性特点合理地选用，以利于节约材料、减少维修费用、延长构筑物的使用寿命。

■ 本章习题

1.判断题

（1）材料的构造所描述的是相同材料或不同材料间的搭配与组合关系。　（　　　）

（2）材料的绝对密实体积是指固体材料的体积。　（　　　）

（3）所有建筑材料均要求孔隙率越低越好。　（　　　）

（4）材料吸湿达到饱和状态时的含水率即为吸水率。　（　　　）

（5）若材料的强度高、变形能力大、软化系数小，则其抗冻性较高。　（　　　）

（6）建筑物的围护结构（墙体、屋盖）应选用导热性和热容量都小的材料。　（　　　）

（7）高强建筑钢材受外力作用产生的变形是弹性变形。　（　　　）

（8）同类材料，其孔隙率越大，保温隔热性能越好。　（　　　）

（9）温暖地区常采用抗冻性指标衡量材料抗风化能力。　（　　　）

2.单项选择题

（1）亲水性材料的润湿边角θ≤（　　　）。

A.45°　　　　　　　　B.75°　　　　　　　　C.90°　　　　　　　　D.115°

（2）受水浸泡或处于潮湿环境中的重要建筑物所选用的材料，其软化系数应（　　）。

　　A.>0.5　　　　　　　B.>0.75　　　　　　C.>0.85　　　　　　D.>1

（3）对于同一材料，各种密度参数的大小排列为（　　）。

　　A.密度>堆积密度>体积密度　　　　　　B.密度>体积密度>堆积密度

　　C.堆积密度>密度>体积密度　　　　　　D.体积密度>堆积密度>密度

（4）下列有关材料强度和硬度的内容，哪一项是错误的？（　　）。

　　A.材料的抗弯强度与试件的受力情况、截面形态及支承条件等有关

　　B.比强度是衡量材料轻质高强的性能指标

　　C.石料可用刻痕法或磨耗来测定其硬度

　　D.金属、木材、混凝土及石英矿物可用压痕法测其硬度

（5）材料在空气中能吸收空气中水分的能力称为（　　）。

　　A.吸水性　　　　　　B.吸湿性　　　　　　C.耐水性　　　　　　D.渗透性

（6）选择承受动荷载作用的结构材料时，要选择下述哪一类材料？（　　）。

　　A.具有良好塑性的材料　　　　　　　　B.具有良好韧性的材料

　　C.具有良好弹性的材料　　　　　　　　D.具有良好硬度的材料

（7）对于某一种材料来说，无论环境怎样变化，其（　　）都是一定值。

　　A.密度　　　　　　B.体积密度　　　　　　C.导热系数　　　　　　D.堆积密度

（8）材料的弹性模量是衡量材料在弹性范围内抵抗变形能力的指标。E越小，材料受力变形（　　）。

　　A.越小　　　　　　B.越大　　　　　　C.不变　　　　　　D.E和变形无关

（9）材料的实际强度（　　）材料理论强度。

　　A.大于　　　　　　B.小于　　　　　　C.等于　　　　　　D.无法确定

（10）材料的抗渗性是指材料抵抗（　　）渗透的能力。

　　A.水　　　　　　B.潮气　　　　　　C.压力水　　　　　　D.饱和水

（11）关于比强度说法正确的是（　　）。

　　A.比强度反映了在外力作用下材料抵抗破坏的能力

　　B.比强度反映了在外力作用下材料抵抗变形的能力

　　C.比强度是强度与其体积密度之比

　　D.比强度是强度与其质量之比

3.多项选择题

（1）下列材料属于致密结构的是（　　）。

　　A.玻璃　　　　　　B.钢铁　　　　　　C.玻璃钢　　　　　　D.黏土砖瓦

（2）材料的体积密度与（　　）因素有关。

　　A.微观结构与组成　　　　　　　　　　B.含水状态

　　C.内部构成状态　　　　　　　　　　　D.抗冻性

（3）按常压下水能否进入材料中，可将材料的孔隙分为（　　）。

　　A.开口孔　　　　　　B.球形孔　　　　　　C.闭口孔　　　　　　D.非球形孔

（4）影响材料的吸湿性的因素有（　　　）。

A.材料的组成　　　　B.微细孔隙的含量　C.耐水性　　　　　　D.材料的微观结构

（5）影响材料的冻害因素有（　　　）。

A.孔隙率　　　　　　B.开口孔隙率　　　　C.导热系数　　　　　D.孔的充水程度

（6）土木工程材料与水有关的性质有（　　　）。

A.耐水性　　　　　　B.抗剪性　　　　　　C.抗冻性　　　　　　D.抗渗性

4.简答题

（1）哪些因素会对材料的强度产生影响？

（2）针对我国出现的大量"短寿"建筑，说明提高材料耐久性的主要措施和意义。

5.计算题

一块烧结普通砖的外形尺寸为240mm×115mm×53mm，吸水饱和后重为2 940g，烘干至恒重为2 580g。将该砖磨细并烘干后取50g，用李氏瓶测得其体积为18.58cm³。试求该砖的密度、体积密度、孔隙率、质量、吸水率、开口孔隙率及闭口孔隙率。

第二章习题答案

第三章

气硬性胶凝材料

□ **本章重点**

　　气硬性胶凝材料的分类及其性质的影响机理。建议通过学习了解气硬性胶凝材料的基本概念，理解气硬性胶凝材料的制备过程和反应机理。

□ **学习目标**

　　了解气硬性胶凝材料的基本组成、生产制备和化学反应过程及其与材料基本性质的关系；熟练掌握气硬性胶凝材料的制备工艺和基本物理化学性质；掌握气硬性胶凝材料耐久性的基本概念。

　　气硬性胶凝材料是非水硬性胶凝材料的一种。只能在空气中硬化，也只能在空气中保持和发展其强度的称为气硬性胶凝材料，如石灰、石膏、菱苦土和水玻璃等；气硬性胶凝材料一般只适用于干燥环境中，而不宜用于潮湿环境，更不可用于水中。

【课程思政3-1】

石灰吟

　　《石灰吟》是一首托物言志诗，作者是明代诗人于谦。于谦是一位与岳飞齐名的民族英雄，又是一位廉洁、正直的清官。

　　作者以石灰作比喻，抒发自己坚强不屈、洁身自好的品质和不同流合污的情怀。石灰，经过千万次锤打出深山，熊熊烈火焚烧也视作平常事一样。即使粉身碎骨又何所畏惧，只为把一片青白（就像石头的颜色那样青白分明，现在多用"清白"）长留人间。

千锤万凿出深山，
烈火焚烧若等闲。
粉骨碎身浑不怕，
要留清白在人间。

石灰吟

　　这是一首托物言志诗，若只是事物的机械实录而不寄寓作者的深意，那就没有多大感染力。这首诗的价值就在于处处以石灰自喻，咏石灰即是咏自己磊落的襟怀和崇高的人格。

　　作为材料人，要坚守职业道德和社会公德，绝不触及道德红线，做一个与石灰一样的清白之人。

第一节　石灰基胶凝材料

　　广义而言，石灰一词既指石灰石，也指生石灰和熟石灰。而正确的理解，石灰一词仅指经过煅烧的制品，因此可以定义为：石灰是将以碳酸钙为主要成分的原料（如石灰石），经过适当的煅烧，尽可能分解和排出二氧化碳后所得到的成品。生石灰，主要成分为氧化钙，通常制法为：将主要成分为碳酸钙的天然岩石，在高温下煅烧，分解生成二氧化碳以及氧化钙（化学式：CaO，即生石灰，又称云石）。凡是以碳酸钙为主要成分的天然岩石，如石灰岩、白垩、白云质石灰岩等，都可用来生产石灰。有时为了方便起见，也可以把生石灰消化以后的产物——熟石灰包括在"石灰"这一范畴中。石灰如图3-1所示。

图3-1　石灰

一、石灰的分类

（一）根据使用性质不同，石灰可以分为两种

1.气硬性石灰

　　目前使用的石灰大多数是气硬性石灰。它是由碳酸钙含量较高、黏土杂质含量<8%的石灰石煅烧而成的。

2.水硬性石灰

　　水硬性石灰是用黏土杂质含量>8%的石灰石煅烧而成的，具有明显的水硬性质。

（二）根据成品加工方法的不同，石灰可分为四种

1.块状生石灰

块状生石灰是由原料煅烧而得的原产品，主要成分为CaO。

2.磨细生石灰

磨细生石灰是由块状生石灰磨细而得的细粉，其细度一般要求为4 900孔/cm²筛的筛余≤15%，其主要成分也为CaO。

3.消石灰

消石灰是将生石灰用适量的水消化而得的粉末，亦称熟石灰，主要成分为$Ca(OH)_2$。

4.石灰浆

石灰浆是将生石灰用多量水（约为生石灰体积的三至四倍）消化而得的可塑浆体，称石灰膏，主要成分为$Ca(OH)_2$和水。如果水分加得更多，所得到的是白色悬浊液，称为石灰乳。在15℃时溶有0.3%$Ca(OH)_2$的透明液体，称为石灰水。

（三）根据MgO含量的多少，石灰可分为三种

1.低镁石灰

镁石灰MgO含量≤5%。

2.镁质石灰

镁质石灰MgO含量在5%～20%之间。

3.白云石质石灰

白云石质石灰亦称高镁石灰，MgO含量在20%～40%之间。

（四）根据消化速度不同，石灰可分为三种

1.快速消化石灰

消化速度在10min以内。

2.中速消化石灰

消化速度在10～30min之间。

3.慢速消化石灰

消化速度在30min以上。

石灰的消化速度，是根据石灰与水作用时的放热速度确定的。上文所说的消化时间是指在一定的标准条件下，从石灰与水混合起，达到最高温度所需的时间。根据最高的温度值，石灰又可分为低热石灰和高热石灰两种，前者消化温度<70℃，后者则>70℃。

二、石灰的基本性质

（一）保水性

保水性是指固体材料与水混合时，能够保持水分不易泌出的能力。由于石灰膏中氢氧化钙粒子极小，比表面积很大，颗粒表面能吸附一层较厚的水膜，所以，石灰膏具有良好的可塑性和保水性。在水泥砂浆中掺入石膏，可提高砂浆的保水性。

（二）凝结硬化慢，强度低

石灰浆体的凝结硬化所需时间较长。体积比为 1∶3 的石灰砂浆，其 28 d 抗压强度为 0.2~0.5 MPa。

（三）硬化后体积收缩大

在石灰浆体的硬化过程中，大量水分蒸发使内部网状毛细管失水收缩，石灰产生较大的体积收缩，导致表面开裂。因此，纯石灰浆一般不单独使用，通常需要在石灰膏中加入砂、纸筋、麻刀或其他纤维材料，以防止或减少收缩裂缝。

（四）吸湿性强，耐水性差

生石灰在存放过程中，会吸收空气中的水分而熟化。如存放时间过长，还会发生碳化而使石灰的活性降低。硬化后的石灰如果长期处于潮湿环境或水中，氢氧化钙就会逐渐溶解而导致结构破坏。

（五）放热量大，腐蚀性强

生石灰的熟化是放热反应，熟化时会放出大量的热。熟石灰中的氢氧化钙是一种中强碱，具有较强的腐蚀性。

三、石灰的基本应用

石灰石、生石灰和熟石灰在许多行业中都是不可缺少的。这些材料的用途已十分广泛，诸如钢铁工业、化学工业、建材工业、建筑工程和农业等行业。在钢铁工业中，冶炼时加入石灰，以结合不需要的伴生元素，如硅、铝、硫和磷制成碱性炉渣。没有氧化钙载体，现代冶炼过程是不堪设想的。在化学工业中，有大量各式各样的流程都需要石灰，其中，有些石灰为最终产品的组成部分，如碳化钙等；有些仅在生产工艺过程中作为辅助剂，如制糖、制苏打等。工业废水和生活废水的净化处理主要用石灰作沉淀剂。在农业上，石灰可防止土壤的酸化，而且是一种很好的肥料。在生物上，在钙质饲料中，以碳酸钙加入的钙有利于骨骼的生长。

在建筑工程上，石灰主要用于粉刷和砌筑砂浆中，使用前，先将煅烧好的块状生石灰加水消化，除去未消化的颗粒，沉淀后即得到以 $Ca(OH)_2$ 为主体的石灰膏，然后再按其用途或是加水稀释成石灰乳用于室内粉刷；或是掺入适量的砂子或水泥，配制成石灰砂浆或水泥石灰混合砂浆用于墙体砌筑或饰面。在筑路工程中，石灰石可作为碎石和填料。在建筑工程中，石灰石作为混凝土集料则十分普遍。在修筑简易道路以及对重荷载道路的路基进行加固时，在黏性土质中加入生石灰或熟石灰，可使路基稳固化。建筑工程中使用的石灰品种主要有块状生石灰、磨细生石灰、消石灰和熟石灰膏。除块状生石灰外，其他品种均可在工程中直接使用。而建筑工程中常用的石灰有建筑生石灰和建筑消石灰粉。

石灰在建筑领域的应用：

（一）配置建筑砂浆

石灰可配置石灰砂浆、混合砂浆等，用于砌筑、抹灰等工程。

（二）配置三合土和灰土

三合土是采用石灰粉（或消石灰）、黏土、砂为原材料，按体积比为1:2:3的比例加水拌和均匀夯实而成；用石灰、黏土或粉煤灰、碎砖或砂等原材料均可以配置石灰粉煤灰土、碎砖三合土等。灰土是生石灰和黏土按1:（2~4）的体积比，加水拌和夯实而成。三合土和灰土主要用于建筑物的基础、路面或地面的垫层，其强度比石灰和黏土都高，其原因是黏土颗粒表面的少量活性SiO_2、Al_2O_3与石灰发生反应生成水化硅酸钙和水化铝酸钙等不溶于水的水化矿物。

（三）生产硅酸盐矿物

以石灰为原料，可生产硅酸盐制品（以石灰和硅质材料为原料，加水拌和，经成型、蒸养或蒸压处理等工序而制成的建筑材料），如蒸压灰砂砖、碳化砖、加气混凝土砌块等。

（四）磨制成石灰粉

采用块状生石灰磨细制成的磨细生石灰粉，可不经熟化直接应用于工程中，具有熟化速度快、体积膨胀均匀、生产效率高、硬化速度快、消除了欠火石灰和过火石灰的危害等优点。

另外，石灰还可以用来加固软土地基，制造膨胀剂和静态破碎剂等。

在建筑材料工业中，小水泥工业、玻璃工业广泛使用磨细生石灰作为无熟料水泥及硅酸盐制品：可将磨细生石灰与具有活性的材料（如天然火山灰质材料、烧黏土、粉煤灰、煤矿石、炉渣以及高炉矿渣等）混合，并掺入适量的石膏制作无熟料水泥；也可将磨细生石灰与含SiO_2的材料加水混合，经过消化、成型、养护等工序制作硅酸盐制品。此外，用磨细生石灰在人工碳化条件下，生产石灰碳化制品也逐渐得到人们的重视。

由此可知，石灰在许多行业中有其重要的地位，限于篇幅及大纲要求，本章仅介绍在建筑工程和在建材工业上所使用的石灰。必须指出，石灰作为一种胶凝材料很早就为人们所使用，然而人们对它的一些固有特性还认识不够，在实际使用中也存在一些问题，因此在学习这一章时，不仅要了解石灰的一般性能，还应该掌握石灰的结构特性以及$CaO-H_2O$体系中结构形成与破坏的一般规律，从而正确地认识石灰、合理地使用石灰，同时也有助于认识其他胶凝材料的某些特性。

四、石灰的制备工艺

（一）制备石灰的原料

制备石灰的原料是含碳酸钙（$CaCO_3$）为主的天然岩石，即石灰石等。

在自然界中，有两种碳酸钙矿物，即方解石和文石。纯净的方解石无色透明，一般为白色，六角形晶体，属三方晶系，比密度2.715，莫氏硬度3，性脆。文石呈无色或白色，菱形晶体，属斜方晶系，比密度2.94，莫氏硬度3.5~4。

石灰石是沉积岩，它的形成是有碳酸钙成分的细小生物残骸沉入海底，形成由贝壳、甲壳、骨骼等组成的岩层，经千年后，岩层逐渐致密而成为坚硬的岩石。因此，石灰石的化学成分、矿物组成以及物理性质变动极大，其致密程度亦随形成时间的长短而变动。形成时间愈久，石灰石愈致密而坚硬；形成时间愈近，结构愈松软，成为具有不同性质和种类的石灰石。作为制造胶凝材料原料的石灰石，其质量决定于它的结构、杂质的成分和含量以及这些杂质在石灰石中分布的均匀程度。而石灰石的质量直接影响石灰的生成过程及成品的性质。

常用的石灰原料有下述几种：

1.致密石灰石

致密石灰石即普通石灰石，是煅烧石灰的主要原料。致密石灰石含 $CaCO_3$ 较高，一般≥90%，其中有一定量的黏土等杂质。

2.大理石

凡属于由石灰岩变质生成的白色大理石，是含 $CaCO_3$ 最多的岩石，它主要直接用于装饰工程。某些不适宜作装饰材料的大理石以及大理石碎块，可用来烧制石灰，所得成品几乎是化学纯的 CaO。

3.鲕状石灰石

鲕状石灰石又称鱼卵石，是由一些球形石灰石粒黏结而成，其机械强度远比致密石灰石低，比较少见，也可以用来生产石灰。

4.石灰华

石灰华是一种多孔性石灰石，系由碳酸氢钙分解而成：

$$Ca（HCO_3）_2+H_2O= CaCO_3\downarrow +2H_2O+CO_2\uparrow \qquad (3-1)$$

由于反应时生成大量的 CO_2 气体，因此这种沉积物具有多孔结构。

5.贝壳石灰

贝壳石灰是各种大小不同的贝壳由碳酸钙黏合而成的松软石灰岩，因其机械强度和硬度均低，很难在立窑中进行煅烧，故应注意选择适当的煅烧设备。我国有些地方，直接利用贝壳烧制石灰。

6.白垩

白垩是一种松软石灰岩，由小动物的外壳、贝壳堆积而成，其中也含有硅海绵的足和水草藻的骨，含 $CaCO_3$ 高，但因结构疏松，容易粉碎，故在立窑中煅烧也有困难，如在旋窑内煅烧，则较方便。

除上述天然原料外，还可以利用有机合成工厂中消化电石而得的电石渣（主要成分为氢氧化钙）以及用氨碱法制碱的残渣（主要成分为碳酸钙）来生产石灰。

（二）煅烧工艺

1.石灰石分解原理

石灰是石灰石在煅烧过程中，由碳酸钙分解而成。分解反应的进行要吸收热量，其反应式如下：

$$CaCO_3+1.78\times105 \ J/mol\rightleftharpoons CaO+CO_2 \qquad (3-2)$$

　　碳酸钙分解时，每100份质量的$CaCO_3$，可以得到56份质量的CaO，并失去44份质量的CO_2。

　　实际上，由于煅烧石灰的体积比原来石灰石的体积一般只缩小10%～15%，故石灰具有多孔结构。图3-2是石灰石在空气中950℃下经过1h煅烧后的显微照片，它清楚地表明了CaO的多孔结构。

图3-2　CaO的扫描电镜图像

　　碳酸钙的分解作用是吸热反应，从反应式可知，分解1kg的$CaCO_3$理论上需要热量17.8×105J。实际上，煅烧石灰石所需要的热量比这个数值要高得多，因为还有其他方面的热量消耗。例如原料中水分蒸发的耗热量，废气带起的热量，窑体的热损失以及出窑石灰带走的热量等。

　　所以实际生产中，由于石灰石的致密程度、杂质含量及尺寸大小不同，并考虑到煅烧中的热损失，实际的煅烧温度为1 000℃～1 200℃或者更高。当煅烧温度达到700℃时，石灰岩中的次要成分碳酸镁开始分解为氧化镁。

　　石灰窑如图3-3所示。

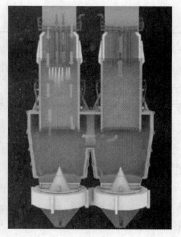

图3-3　石灰窑

入窑石灰石的尺寸不宜过大，并应力求均匀，以保证煅烧质量的均匀。石灰石越致密，要求的煅烧温度越高。当入窑石灰石块度较大、煅烧温度较高时，石灰石块的中心部位达到分解温度时，其表面已超过分解温度，得到的石灰石晶粒粗大，遇水后熟化反应缓慢，称其为过火石灰；若煅烧温度较低，则使煅烧周期延长，而且大块石灰石的中心部位不能完全分解，此时称其为欠火石灰。过火石灰熟化十分缓慢，其细小颗粒可能在石灰使用后熟化，体积膨胀，致使硬化的砂浆产生"崩裂"或"鼓泡"现象，影响工程质量。欠火石灰降低了石灰的质量，也影响了石灰石的产量。

2.石灰石的煅烧过程

在热作用下，每块石灰石的分解是以一定速度由表及里逐渐进行的。据有关文献介绍，比较纯净的石灰石，当温度为900℃时，石灰石块以3mm/h的分解速度向内移动：而当温度为1 100℃时，则以14mm/h的速度向内移动，即这时的分解速度为900℃时分解速度的4.77倍。因此，为了提高煅烧石灰的产量，同时考虑到热损失，实际煅烧温度都高于理论分解温度。

碳酸钙在各种温度下的分解压力见表3-1。

表3-1   碳酸钙在各种温度下的分解压力

温度（℃）	分解压力		温度（℃）	分解压力	
	mmHg	Pa		atm	MPa
550	0.41	55	898	1.000	0.100
605	2.30	307	960.5	1.151	0.117
701	23.0	3 066	937	1.770	0.179
800	180.0	23 998	1 082.5	8.892	0.900
852	381.0	50 796	1 157.2	16.687	1.681
891	684.0	91 193	1 220.3	34.333	3.479

在实际生产中，石灰石的致密程度、料块大小以及杂质的含量，对其煅烧温度都有较大的影响。石灰石越致密，则其煅烧温度越高；小块度的石灰石比大块度的石灰石煅烧得快。

碱对石灰石煅烧性能也有影响，较高的碱含量导致较小的收缩，某些情况下甚至石灰石或生石灰在煅烧时出现膨胀。石灰石中所含的菱镁矿杂质及其分解温度比$CaCO_3$低得多，前者在600℃～650℃时分解很快，此时所得的MgO具有良好的消化性能；但随着温度的升高，MgO变得紧密，甚至成为方镁石结晶体，其消化能力大大降低。故当原料中菱镁矿含量增加时，在保证$CaCO_3$分解完全的前提下，应尽量降低煅烧温度。对于硅酸盐制品，为避免其体积安定性不良，应限制石灰石中菱镁矿的含量。

综上所述，石灰石的煅烧温度并不是一成不变的，应随着石灰石成分、质量、块度的不同而作相应的改变。一般来说，石灰石的煅烧温度波动在 1 000～1 200℃之间或者更高一些。在硅酸盐制品中，还需要根据对石灰消化性能的要求，对其煅烧温度做必要的调整。

五、石灰的水化反应

石灰与水作用后，迅速水化生成氢氧化钙，并放出大量热量，其反应式如下：

$$CaO + H_2O \rightleftharpoons Ca(OH)_2 \pm 6.19 \times 104 \text{ J/mol} \tag{3-3}$$

上式是可逆反应，反应方向决定于温度及周围介质中水蒸汽的压力。在常温下，反应向右方进行，在547℃时，反应向左方进行，即 $Ca(OH)_2$ 分解为 CaO 和 H_2O，当其水蒸汽分解压力达到 latm 时，在较低温度下，也能部分分解。因此，石灰水化时，要注意控制温度及周围介质中蒸气压，才能保证反应向右方进行。

在一般条件下，石灰与其他胶凝材料比较具有强烈的水化反应能力，石灰水化时放出的热量是半水石膏的10倍。在最初 1h 所放出的热量几乎是普通硅酸盐水泥 1d 放出热量的9倍，是 28d 放出热量的3倍。

人们对生石灰消化后是否形成稳定的水化物是有争议的。锶和钡的氢氧化物在正常条件下形成稳定的8个水的水合物，有人认为氢氧化钙没有稳定的水合物，但是 B.考斯曼（B. Kosmann）认为，根据 CaO 消化时的体积状态看，形成了达 8 mol H_2O/1mol CaO 的水合物，然而这一观点未能得到证实。倘若根据目前的知识水平仍不能肯定有氢氧化钙的稳定水合物存在，那么可以肯定几乎所有的消石灰都有一定量的、超出 $CaO \cdot H_2O$ 成分的过剩水。这是由于表面吸附所致，且在加热时不断放出。吸附结合的水量取决于比表面积、沉淀条件等。

A.巴克曼（A. Backmann）认为，生石灰水化时生成一种亚稳态中间产物 $CaO \cdot 2H_2O$ 或 $Ca(OH)_2 \cdot H_2O$，但亦未能明确证明其存在，他将消石灰形成过程分成以下几个反应步骤，而实际上这些步骤是交替进行的：

（1）吸水；

（2）中间产物 $CaO \cdot 2H_2O$；

（3）转化反应 $CaO \cdot 2H_2O \rightarrow Ca(OH)_2 + H_2O$；

（4）凝聚、硬化。

影响石灰水化反应能力的因素很多，如煅烧温度、水化温度以及掺入外加剂等。

（一）煅烧条件对石灰水化反应能力的影响

如前所述，在不同温度条件下煅烧的石灰，其结构的物理特征有很大的差异，主要表现在 CaO 的内比表面积和晶粒大小上，因此其水化反应过程就呈现出差别来。实验表明：有15%过烧的石灰，当它与水拌和 5min 后就能达到最高温度，而有15%过烧的石灰，经 27min 才能达到最高温度，而且后者的最高温度远远低于前者。

含有一定量"欠烧"的石灰，其水化反应能力比含有一定量"欠烧"石灰的水化反应能力大得用，并不是因为"欠烧"的那一部分有水化反应能力（该部分仍然

是 $CaCO_3$，不具备任何水化能力），而是因为在实际生产中，入窑石灰石的粒度较大，表面达到分解温度时，其中心温度不一定达到，如果石灰石中心达到分解温度，其表面部分就可能超过。因此，含有一定量"欠烧"的石灰，往往是在较低温度下煅烧的，具有较大的内比表面积。CaO 晶粒较小，其水化反应能力就大。相反，含有一定量"过烧"的石灰，往往是在较高温度下煅烧的，具有较小的内比表面积，CaO 晶粒较大，其水化反应能力就小。在石灰分类中，根据石灰的水化速度，分为快速、中速和慢速石灰，实质上就是由于其煅烧温度不同，从而其结构具有不同的物理特性。实验表明，CaO 晶粒大小显著地影响石灰水化反应速度。根据维列尔的资料，在室温下，$0.3\mu m$ 的 CaO 晶体的消化速度要比 $10\mu m$ 颗粒的消化速度大 120 倍左右，而颗粒为 $1\mu m$ 的石灰的水化要比颗粒为 $10\mu m$ 的快 30 倍。

（二）水化温度对石灰水化反应能力的影响

石灰水化反应速度随着水化温度的提高而显著增加。在 $0\sim100℃$ 的范围内进行的试验表明，温度每升高 $10℃$，其消化速度增加上一倍，即当反应温度由 $20℃$ 提高到 $100℃$ 时，石灰的水化反应速度加快 256 倍。

（三）外加剂对石灰水化反应能力的影响

在水中加入各种外加剂，对石灰的水化反应速度也具有明显的影响。例如氯盐（NaCl、$CaCl_2$ 等）就能加快石灰的消化速度，而磷酸盐、草酸盐、硫酸盐和碳酸盐等就能延缓石灰的消化速度。通常，某种外加剂和石灰互相作用时，生成比 $Ca(OH)_2$ 易溶的化合物，这种外加剂就能加速石灰的消化，同时它还有助于消除 CaO 颗粒周围的局部过饱和现象，从而进一步加速石灰的水化反应。反之，某种外加剂和石灰相互作用时，生成比 $Ca(OH)_2$ 难溶的化合物，这种外加剂就会延缓石灰的消化。因为难溶的化合物沉淀在 CaO 颗粒的表面上从而阻碍 CaO 和水的相互作用，但是，假如所形成的化合物其溶解度大大超过 $Ca(OH)_2$ 的溶解度时，则由于钙离子在这种石灰溶液中的浓度和在饱和石灰溶液中的浓度差别不大，钙离子进入溶液的能力减小，从而使石灰的消化速度反而减慢，这一点是应该注意的。

正确认识石灰所具有的强烈水化反应能力，并注意控制它在水化反应过程中的水化速度和放出大量的水化热，有实际的意义。长期以来，人们在使用石灰时，总是先将它排水消化形成消石灰或石灰膏，然后再使用。石灰之所以不能像其他胶凝材料那样凝结和硬化，原因之一就是当石灰和水作用后，往往由于石灰浆体激烈放热，使水变成水蒸气而沸腾，从而破坏了石灰的凝聚－结晶结构，致使石灰浆体变成松散毫无联系的消石灰。

在研究石灰这种水化迅速和放热量大的特性时，不应该仅看到它的破坏作用，还应该看到它的有利作用，正是由于石灰具有这种大的放热量，用石灰制作的加气混凝土与用水泥制作的加气混凝土相比，前者坯体强度发展较快，缩短了切割时间。所以，必须认真研究石灰的这种大的放热量和加热速度。应学会在一些情况下有效地利用石灰的热量，而在另一些情况下又要有效地控制放热过程，从而达到多方面有效地利用石灰这种地方性的胶凝材料。

六、石灰浆体的干燥硬化和碳酸化

石灰是一种最古老的建筑材料，自古以来就对建筑业起着重要作用，诸如石灰三合土、砌筑砂浆和抹面砂浆，都是以消石灰作为胶结料。许多历史时代，尤其是罗马时代流传下无数建筑物，显示出石灰高超的制造水平以及作为砌筑和抹面砂浆的良好强度，人们不禁要问，石灰砂浆硬化强度从何而来。

（一）石灰浆体的干燥硬化

生石灰在水的作用下，迅速溶解于水，水化成氢氧化钙，形成消石灰浆，这个过程称为石灰的"熟化"或"消化"。当它与集料——砂子拌和使用后，由于水分的蒸发，引起溶液某种程度的过饱和。氢氧化钙再结晶成较粗的颗粒，将砂子黏结在一起，促使浆体硬化。但是，从溶液内析出的氢氧化钙晶体数量较少，因此这种结晶引起强度增长并不显著。

应该引起重视的是干燥硬化，石灰浆体在干燥过程中，由于水分的蒸发形成孔隙网，这时，留在孔隙内的自由水，由于水的表面张力，在最窄处具有凹形弯月面，从而产生毛细管压力，使石灰粒子更加紧密而获得附加强度。这种强度类似于黏土失水后而获得的强度，这个强度值不大，而且，当浆体再遇水时，其强度又会丧失。

（二）硬化石灰浆体的碳酸化

硬化石灰浆体从空气中吸收二氧化碳，可以生成实际上不溶解的碳酸钙。碳酸钙的晶粒或是互相共生或与石灰粒子及砂粒共生，从而提高了强度。此外，当发生碳酸化反应时，碳酸钙固相体积比氢氧化钙固相体积稍微增大一些，使硬化石灰浆体更加紧密，从而使它坚固起来。

石灰从水化到凝结，硬化继而使之碳酸化，这就完成了物相的转变循环（如图3-4所示）。

图3-4　石灰浆体硬化的物相循环

碳酸钙在自然条件下具有较大的稳定性，因此，石灰浆体在碳酸化后获得最终强度，这个强度可以称为碳酸化强度。由此不难理解，用气硬性石灰制造的石灰三合土地坪能够抗水，正是因为石灰三合土地坪表面有一层碳化膜；古代留下的一些石灰砌筑的建筑物，至今仍有很高的强度，并不是因为古代石灰质量特别好，只是由于长年累月的碳化所致。

虽然碳酸化早就被认为是石灰硬化的基础，但是对这个过程的反应机理，还缺乏足够的研究。为了正确地阐明石灰浆体在碳酸化期间的硬化过程，首先，必须放弃过去广泛使用的、表明这个反应的方程式：

$$Ca(OH)_2 + CO_2 = CaCO_3 + H_2O \qquad (3-4)$$

实验表明，碳酸化反应，只是在有水的存在下才能进行，当使用干燥 CO_2 作用于完全干燥的石灰水合物粉末时，碳酸化作用几乎不进行。所以，这个反应应该用下式表达较为正确：

$$Ca(OH)_2 + CO_2 + nH_2O = CaCO_3 + (n+1)H_2O \qquad (3-5)$$

如果对保存在露天中的石灰水进行观察，可以发现，随着时间推移石灰水逐渐为很薄的碳酸钙硬皮所覆盖。这是石灰水中的 $Ca(OH)_2$ 和空气中的 CO_2 在其接触面上进行碳酸化反应的结果。如把这层皮去掉，则在石灰水表面上又生成新的碳酸钙硬皮，此过程一直重复到最后差不多所有溶解的石灰都消耗完为止。

如果用石灰悬浊液（在器皿底部有固体石灰沉淀）代替石灰水，则随着溶液内石灰消耗在碳酸化反应上，并从液体表面上除去碳酸盐皮，新的石灰水合物将进入浴液中。当从水面上再次除去碳酸盐皮时，新的循环又将开始。这样一直到整个储存的石灰不再从器皿底的沉淀内向溶液内转移，以及以后不再从溶液向固体碳酸钙内转移为止。

但是，在上述试验中，当不除去表面碳酸钙薄层时，溶液内向表面碳酸盐转移的速度显著减慢。由此可知，石灰碳酸化反应的速率主要取决于环境中 CO_2 的浓度、溶解石灰的浓度以及石灰溶液和空气接触面积的大小。

众所周知，空气中 CO_2 的含量很低，按体积计算仅占整个空气的0.03%，这样，要使1体积的石灰砂浆全部碳酸化，大约需要100万体积的空气通过。在自然条件下，这么多的空气，通过扩散的方法使之通过试件，显然是一个很缓慢的过程。特别是当表面生成一层碳酸钙层后，碳酸气通过这一层碳酸盐，继续向石灰浆体深处渗透，要比通过多孔的 CaO 困难得多，因此，碳酸化的过程更加缓慢。

为了加速石灰浆体的碳酸化过程，获得较高的强度，可以通过人工的方法来加强。事实上人工碳酸化的可能性是很大的。例如，从石灰煅烧窑排出的气体，大约含有30%的碳酸气，这一浓度比空气中 CO_2 的浓度高一千倍。因此，用石灰窑排出的气体处理石灰制品，可以大大提高碳酸化速度，从而尽快获得较高的强度。

众所周知，化学反应速度与两个反应物质的浓度有关。因此，对石灰浆体进行碳酸化的速度，除了与环境中 CO_2 的浓度有关外，还与溶液中石灰的浓度有关，向石灰中掺入能提高石灰溶解度的外加剂，也可以人工加速碳酸化反应。

由于碳酸化反应是在"溶液－空气"界面上进行，因此，其反应速率显然与界面的大小有关。当石灰浆体水分含量一定时，固体－液体－气体三相系统具有最大界面，也即，使材料具有最适宜的湿度，可以增大溶液－气体的界面，从而加速人工碳酸化过程。

综上所述，人工加速石灰浆体碳酸化的硬化过程，可以是增大空气中 CO_2 的浓度（利用煅烧石灰燃烧燃料排出的气体），可以是提高溶解石灰的浓度（采用提高石灰溶解度的外加剂），也可以是增大"溶液－气体"的界面（使材料具有最适宜的湿度）而获得。

【工程实例分析3-1】

"能呼吸"的建筑材料

概况：石膏板是公认的绿色环保的智能型建筑材料。

分析：石膏墙板的厚度虽然有 $9.5\sim15mm$，但是它的重量一般只有 $6\sim12kg/m^3$，仅仅只有普通砖墙的 1/10 而已，而且石膏墙板是覆在轻钢龙骨上的，它的强度还会比一般的隔墙高。石膏墙板的造型多样，也可以兼容许多种材料，不仅满足了大部分人的使用要求，而且有着非常好的装饰效果。这种墙面装修材料不需要找平，所以避免了剔凿、腻子粉刷等作业，从而让工程造价降低，不仅缩短了工期，还大大节省了资源。石膏墙板的伸缩率较小，它的化学性能比较稳定，不会出现接缝开裂问题，它还可以设置变形缝，便于易位移动。这种材料不仅有很好的隔音、隔热等性能，耐火候的性能也会比较好，耐火超过4小时，很适合作为建筑的一级防火墙材料使用。石膏墙板是市场上公认的绿色环保建材，不存在对人体有害气体污染，并不存在放射性、重金属等的问题。

第二节　石膏基胶凝材料

石膏较之石灰具有一系列更为优越的建筑性能，其资源丰富，生产工艺简单，不仅是一种有着悠久历史的古老的胶凝材料，也是一种有发展前途的新型建筑材料。特别是近年来在建筑中广泛采用框架轻质板材结构，作为轻质板材主要品种之一的石膏板受到普遍重视，其生产和应用得到迅速发展。同时，因为它是由硫酸钙单一化合物组成，而且这些化合物的状态和结晶结构又有着多种形态，因此，无论从应用或理论的角度，许多学者对石膏都进行过大量的研究。我国在这方面的研究较为薄弱，但是随着石膏胶凝材料及其制品工业的发展，随着石膏在水泥和硅酸盐制品工业以及其他方面更广泛地应用，随着人们对石膏材料的再认识，很多工作者正在大力开展这方面的研究与实践。

石膏有着广泛的用途，如塑制工艺品，制作牙科、陶瓷和机械模型。在建筑材料工业中石膏应用也十分广泛，例如，在生产普通硅酸盐水泥时要加入适量的石膏作为缓凝剂；在生产膨胀水泥时，石膏也是一种不可缺少的组成材料；在硅酸盐建筑制品的生产中，石膏作为外加剂能有效地提高产品的性能。在建筑等工业中，由于石膏制品具有质量轻，生产效率高，耐火性好，隔热、隔音性能好以及资源丰富等优点，用量不断增加。应用较多的是纸面石膏板、建筑饰面板、隔声板、纤维石膏板和各种砌块等。早在公元前2000—3000年埃及就出现了煅烧石膏的工艺，如图3-5所示。

图3-5　埃及金字塔

一、石膏基胶凝材料分类

石膏是一种气硬性胶凝材料，它作为建筑材料已有悠久的历史，且分布广泛。石膏及制品具有轻质、耐火、绝热、隔声、易于加工等优良的性能，是一种比较理想的高效节能材料。生产建筑石膏的原料主要是天然石膏，其包括二水石膏（$CaSO_4 \cdot 2H_2O$）、硬石膏（$CaSO_4$）和混合石膏等。通常，将天然二水石膏在不同的压力和温度下加热、脱水，即可生产出不同性质的石膏品种（如图3-6所示）。

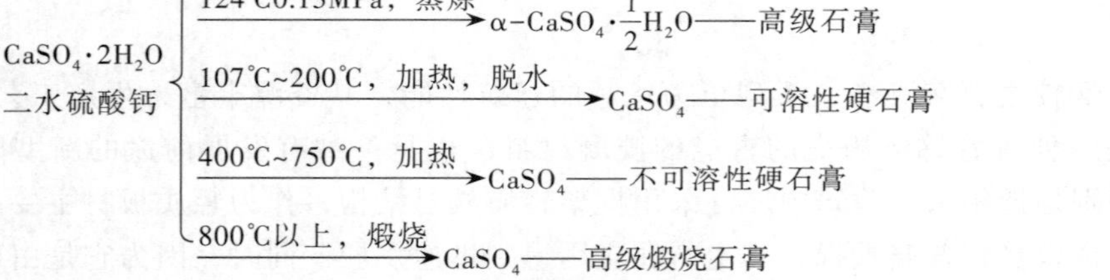

$$CaSO_4 \cdot 2H_2O \text{（二水硫酸钙）}
\begin{cases}
\xrightarrow{107℃\sim170℃，加热，脱水} \beta\text{-}CaSO_4 \cdot \frac{1}{2}H_2O \longrightarrow \text{建筑石膏（熟石膏）} \\
\xrightarrow{124℃\,0.13MPa，蒸炼} \alpha\text{-}CaSO_4 \cdot \frac{1}{2}H_2O \longrightarrow \text{高级石膏} \\
\xrightarrow{107℃\sim200℃，加热，脱水} CaSO_4 \longrightarrow \text{可溶性硬石膏} \\
\xrightarrow{400℃\sim750℃，加热} CaSO_4 \longrightarrow \text{不可溶性硬石膏} \\
\xrightarrow{800℃以上，煅烧} CaSO_4 \longrightarrow \text{高级煅烧石膏}
\end{cases}$$

图3-6　石膏分类

（一）天然石膏

1.二水石膏

天然二水石膏是由含两个结晶水的硫酸钙（$CaSO_4 \cdot 2H_2O$）所复合而成的层积岩石，常简称为石膏，也称为原生二水石膏或软石膏等。石膏的化学组成的理论质量（%）为：CaO：32.57，SO_3：46.50，H_2O：20.93。常含黏土、细砂等机械混入物。

二水石膏属于单斜晶系，Ca^{2+}联结［SO_4］$^{2-}$四面体构成双层的结构层，而H_2O分子则分布于双层结构层之间。Ca^{2+}的配位数为8，除属于相邻的四个［SO_4］$^{2-}$中的6个O^{2-}相联结外，还与2个H_2O分子联结。

纯石膏为无毒无色或白色，有时透明，硬度2，密度2.30～2.37g/cm³。透明而呈月白色反射光的石膏晶体称透石膏。纤维状集合体而呈丝绢光泽的石膏称纤维石膏。细粒致密块状的石膏称雪花石膏。由于天然产出的石膏常含有砂、黏土、碳酸盐矿物等而呈灰、褐、赤、灰黄及淡红等各种颜色。天然石膏可以其硬度低和具有〔010〕极完全解理为鉴定特征。与碳酸盐矿物的区别在于遇HCl时不产生气泡。

2.无水石膏

无水石膏（$CaSO_4$）又称硬石膏。化学组成的理论质量（%）为CaO：41.19，SO_3：58.81。属正交晶系。晶体参数为：a=6.97Å，b=6.98Å，c=6.23Å。其晶体结构中，Ca^{2+}和［SO_4］$^{2-}$在（100）和（010）面上呈层状分布，而在（001）面上［SO_4］$^{2-}$则不呈层。Ca^{2+}处于四个［SO_4］$^{2-}$之间而为八个O^{2-}所包围，故配位数为8。每个O^{2-}的配位数为3。单晶体呈等轴状或厚板状。集合体常呈块状或粒状，有时呈纤维状，纯净透明，无色或白色，常因含杂质而呈暗灰色，有时微带红色或蓝色。三组解理面相互垂直，可裂成火柴盒小块。硬度3～3.5，密度2.9～3.0g/cm³。硬石膏可以三组互相垂直解理作为鉴定特征。与方解石等碳酸盐矿物的区别是，解理的分布方向不同，且遇HCl不发生气泡。

3.石膏矿石

石膏矿石中，除石膏外，还含有不同的杂质，主要为黏土物质和碳酸盐类（黏土石膏、渣膏等）。这里矿石本身常为细分散的机械混合物，或者是一种具有微弱胶结作用的呈灰色、淡黄色或棕色的生成物。石膏矿石的化学矿物组成是很不相同的，甚至在同一产地，也常有变化。如二水硫酸钙的含量可在30%～60%之间波动。由石膏矿石制成的胶结材料的性能，大大低于由相对纯的二水石膏制成的胶结材料。

（二）合成石膏

随着化学工业的发展，如何充分利用石膏类化工废渣，也成为建材工业的一项任务。通过反复实践，我国在充分利用化工厂含有$CaSO_4$成分的废渣（如氟石膏、磷石膏）等方面已取得显著效果。

我国目前化工石膏的主要来源及化学成分见表3-2。

表3-2 化工（废渣）石膏主要来源及化学成分

石膏名称	石膏来源	化学成分（%）			
		化合水	SO_3	CaO	$CaSO_4 \cdot 2H_2O$
磷石膏	磷酸盐矿与硫酸反应制造磷酸时的副产品	18.~20.2	40.3~44.4	33.0~35.0	64.0~96.0
氟石膏	氟化物与硫酸反应制造HF时的副产品	18.~19.4	41.0~44.5	28.0~32.0	88.4~95.2
盐石膏	由海水制造NaCl时钙化合物与硫酸盐反应而成	0.50	46.0	31.7	98.0
乳石膏	制造乳酸时的副产品	—	45.0~50.0	37.0	77.0~80.0
黄石膏	染化厂生产氧化剂、染化中间体、扩散剂等的副产品	—	35.0~48.9	22.0~36.0	67.0~84.0
苏打石膏	苏打石灰产业与人造丝工业中$CaCl_2$与Na_2SO_4反应生成	18.~20.5	44.0~46.9	31.0~33.0	99.0
	硫酸铵与Ca（OH）$_2$反应生成	19.~20.0	44.0~45.0	32.0~33.0	95.0~96.0
	硫酸铜或硫酸锌提纯过程中，用钙化物和废硫酸作用而成	18.~19.5	41.0~44.0	32.0~33.0	88.0~94.0

1.磷石膏

磷石膏是合成洗衣粉厂、磷肥厂等制造磷酸时的废渣，它是用磷酸酚$Ca_5F（PO_4）_3$和硫酸反应而得的产物之一，其反应如下：

$$CaF（PO_4）_3 + 5H_2SO_4 + 2H_2O \xrightarrow{65\sim80℃} 3H_3PO_4 + 5CaSO_4 \cdot 2H_2O + HF \tag{3-6}$$

磷酸粉与硫酸作用后，生成的是一种泥浆状的混合物，其中含有液体状态的磷酸和固体状态的硫酸钙残渣，再经过滤和洗涤，可将磷酸和硫酸钙分离。所得硫酸钙残渣就是磷石膏，其主要成分是二水石膏（$CaSO_4 \cdot 2H_2O$），磷石膏中含$CaSO_4 \cdot 2H_2O$约64%~69%，磷酸2%~5%，氟（F）约1.5%，还有游离水和不溶性残渣，是酸性的粉状物料。每生产1t磷酸要排出5t磷石膏，随着化学工业的发展，磷石膏的产量是很大的，因此回收和综合利用磷石膏有重要意义。磷石膏除了能代替天然石膏生产硫酸铵以及农业废料外，也可以作为水泥的缓凝剂，还可以用它来生产建筑石膏及制品。

2.氟石膏

氟石膏是采用萤石粉和硫酸制造氟化氢时所产生的废渣，萤石粉（CaF_2）和浓硫酸（H_2SO_4）按质量比1：1.3配料，在回转炉内加热（气体出口温度250~280℃）产生下列反应：

$$CaF_2 + H_2SO_4 = CaSO_4 + 2HF \uparrow \tag{3-7}$$

HF气体经冷凝收集成氢氟酸，$CaSO_4$残渣就是氟石膏，为白色粉末状。残渣从炉内排出时，往往还带有5%氟化氢和3%的硫酸，它们仍然在缓慢进行反应，因此氟石膏中含有1%左右的氟化氢。所以氟石膏呈酸性.腐蚀性很强，为了便于氟石膏残渣的利用，近来各化工厂都采用掺加石灰的办法以中和氟石膏的酸性残留物。因此目前各化工厂排出的氟石膏均可代替天然石膏直接用于水泥等建筑材料工业，使用效果均比较好。

3.盐石膏

俗称硝皮子，是我国沿海盐厂制盐时的副产品，含二水硫酸钙80%～99%，可以代替天然石膏作水泥的缓凝剂，也可以经过脱水制成建筑石膏用。

4.黄石膏及其他

氟石膏及磷石膏是在化学反应中直接生成的，但是在化工过程中为了中和过多的硫酸而加入含钙物质时，也会形成以石膏为主要成分的废渣。例如，在生产供印染用的氧化剂——染盐S（又名硝基苯磺酸）时，采用苯和硫酸作为原料，它们相互作用后，过剩的硫酸就可另加熟石灰中和而生成石膏：

$$H_2SO_4 + Ca(OH)_2 = CaSO_4 \downarrow + 2H_2O \tag{3-8}$$

石膏沉淀经过滤后与产品分离。这种石膏是中性黄色粉末，因此习惯上又称为"黄石膏"，属无水石膏类型，但因存在大量吸附水和游离水等，所以也有二水石膏成分。

此外，用萘和硫酸生产染料中间体（克利夫酸）时，利用白云石粉（$CaCO_3 \cdot MgCO_3$）进行中和，此时过剩的硫酸与白云石所含的碳酸钙反应，生成石膏：

$$H_2SO_4 + CaCO_3 = CaSO_4 \downarrow + H_2O + CO_2 \uparrow \tag{3-9}$$

这种石膏是黄白色中性粉末，含有较多的游离水。

以上各类化工石膏经适当处理后都可代替天然石膏矿，应用于建筑材料的各个方面。

5.脱硫石膏

脱硫石膏又称排烟脱硫石膏、硫石膏或FGD石膏，主要成分和天然石膏一样，为二水硫酸钙$CaSO_4 \cdot 2H_2O$，含量≥93%。脱硫石膏是FGD过程的副产品，FGD过程是一项采用石灰-石灰石回收燃煤或油的烟气中的二氧化硫的技术。该技术是把石灰-石灰石磨碎制成浆液，使经过除尘后的含SO_2的烟气通过浆液洗涤器而除去SO_2。石灰浆液与SO_2反应生成硫酸钙及亚硫酸钙，亚硫酸钙经氧化转化成硫酸钙，得到工业副产石膏，称为脱硫石膏，广泛用于建材等行业。其加工利用的意义非常重大。它不仅有力地促进了国家环保循环经济的进一步发展，而且还大大降低了矿石膏的开采量，保护了资源。

二、石膏物相组成和转变过程

目前，在$CaSO_4-H_2O$系统中一般公认的石膏有五种形态，七个变种，它们是：二水石膏（$CaSO_4 \cdot 2H_2O$）；α型与β型半水石膏（α-、β-$CaSO_4 \cdot 1/2H_2O$）；α型与β型硬石膏（α-、β-$CaSO_4$），硬石膏（$CaSO_4$ Ⅱ）及硬石膏Ⅰ（$CaSO_4$ Ⅰ）。除此，有一些研究者还发现在上述变种之间还存在一些中间相。二水石膏既是脱水物的原始材料，又是脱水石膏再水化的最终产物。半水石膏有α型和β型两个变种。当二水石膏在加压水蒸气条件下，或在酸和盐的溶液中加热时，可以形成α型半水石膏。如果二水石膏的脱水过程是处于缺少水蒸气的干燥环境中进行，则可以形成β型半水石膏。硬石膏Ⅲ也称为可溶性硬石膏。一般它也存在α型与β型两个变种，它们分别由α型与β型半水石膏加热脱水形成。如以二水石膏脱水时，水蒸气分压过低二水石膏也可以不经过半水石膏直接转变为Ⅲ型石膏。硬石膏Ⅱ是难溶的或不溶的硬石膏，它是二水石膏、半水石膏和硬石膏Ⅲ经高温脱水后在常温下稳定的最终产物。另外，Benseted等人在400℃~600℃加热$CaSO_4$Ⅲ时，还发现了不同于$CaSO_4$Ⅲ和Ⅱ的中间相，即低温型$CaSO_4$Ⅱ′。硬石膏Ⅰ只有在温度高于1 180℃时才能存在，如果低于此温度，会转化为硬石膏Ⅱ，所以硬石膏Ⅰ在常温下是不存在的。

三、石膏基胶凝材料水化机理

半水石膏加水后进行的化学反应可用下式表述：

$$CaSO_4 \cdot \frac{1}{2}H_2O + \frac{1}{2}H_2O = CaSO_4 \cdot 2H_2O + Q \quad (46J/gSO_3)$$
$$(3-10)$$

石膏胶凝材料的价值在于半水石膏或者脱水石膏能够水化、硬化。因此，许多研究者是对脱水石膏的水化过程与机理进行了大量的研究。关于半水石膏的水化机理又有多种说法，但是归纳起来，主要有两个理论：一个是溶解析晶理论；另一个是局部化学反应理论。

半水石膏水化的溶解析晶或称溶解沉淀理论目前得到了比较普遍的承认，它首先由Chatelier于1900年提出，后来又得到许多学者的论证与支持。这个理论普遍认为：半水石膏与水拌和后，首先是半水石膏在水溶液中的溶解，因为其饱和溶解度（例如在20℃时为8g/L左右）对于二水石膏的平衡溶解度（例如在20℃时为2g/L左右）来说是高度饱和的，所以在半水石膏的溶液中二水石膏的晶核会自发地形成和长大。正是由于这种析出的二水石膏结晶互相交叉连生而形成网络结构使石膏浆体硬化并具有强度。

四、石膏基胶凝材料的硬化机理

石膏胶凝材料在水化过程中，仅形成水化产物。浆体并不一定能形成具有强度的人造石，而只有当水化物晶体相形成网状结构时，才能硬化并形成具有强度的人造石。因此可以认为，石膏浆体的硬化过程就是网状晶体结构的形成过程。浆体结晶结构网的形成过程一定伴随着强度的发展。为了方便，这里用塑性强度P_m来表征浆体的结构强度，而塑性强度P_m就是浆体的极限剪应力。极限剪应力的物理概念是：当浆体在外力作用下产生的剪应力等于或大于极限剪应力时，浆体将产生可以觉察到的流动，其形变随时间而变化，如果剪应力小于极限剪应力，则浆体表现出固体的性质。因此，极限剪应力越大，也就是塑性强度P_m值越大，则浆体的结构强度也越大。

石膏浆体的硬化过程，伴随着结构强度的发展过程，β型半水石膏浆体的结构强度随时间发展的过程。塑性强度发展的第一阶段，即5min以前，浆体的塑性强度P_m很低，而且增长得相当慢。到第二阶段，即5min到30min，强度迅速增大，并发展到最大值。第三阶段，如果已形成的结构处于正常的干燥状态下，则其强度将保持相对稳定；如果硬化浆体在潮湿的条件下养护，则观察到强度逐渐下降。上述三个不同的阶段，表明了不同的结构特征。

第一阶段，相应于在石膏浆体中形成凝聚结构。在这一阶段，石膏浆体中的微粒彼此之间存在一个薄膜，粒子之间通过水膜以范德华分子引力互相作用，因此它们具有低的强度；但是这种结构具有触变复原的特性，也就是说在结构遭到破坏后，能够逐渐自动恢复。

第二阶段，相当于结晶结构网的形成和发展。在这个阶段，水化物晶核的大量生成、长大以及晶体之间互相接触和连生，使得在整个石膏浆体中形成一个结晶结构网，它具有较高的强度，并且不再具有触变复原的特性。

第三阶段，反映了石膏结晶结构网中结晶接触点的特性。在正常干燥条件下，已形成的结晶接触点保持相对稳定，因此，结晶结构网完整，所获得的强度相对恒定。若结构处于潮湿状态，则强度下降。其原因一般认为是由于结晶接触点的热力学不稳定性引起的。通常，在结晶接触点的区段，晶格不可避免地发生歪曲和变形，因此，它与规则晶体比较，具有高的溶解度。所以，在潮湿条件下，产生接触点的溶解和较大晶体的再结晶。伴随着这个过程的发展，则产生石膏硬化体结构强度的不可逆降低。

五、石膏基胶凝材料的结构与性质

石膏制品的工程性质，主要决定于其内部结构。半水石膏的硬化体，主要是由水化新生成物（二水石膏）结晶体彼此交叉连生而形成的一个多孔的网络结构。

这种硬化浆体的性质，主要决定于下列结构特征：（1）水化新生成物晶粒之间相互作用力的性质；（2）水化新生成物结晶结构粒子之间结晶接触点的数量与性质；（3）硬化浆体中间空隙的数量以及孔径大小的分布规律。下面分别加以讨论。

石膏硬化浆体中的网状结构可以按粒子之间相互作用力的性质分为两类：一是粒子之间以范德华分子力的相互作用形成的凝聚结构；另一类是粒子之间通过结晶接触点以化学键相互作用而形成的结晶结构。前者具有很小的结构强度，后者具有较高的结构强度。石膏浆体硬化初期（5分钟以内），即形成凝聚结构的阶段，此时水化颗粒表面被水薄膜所包裹，因此粒子之间是由范德华分子力相互作用，故强度较低。随后在形成结晶结构网的过程中，如果使已形成的网状结构受到破坏（这种破坏可以是由于外力引起的，也可以是由于内应力引起的），此时，若浆体中半水石膏的进一步水化，又不能形成足够的过饱和度，因而不能建立新的结晶结构基网而使粒子之间重新达到以接触相结合的程度，则水化物粒子之间也只能是以分子力相互作用而使制品强度降低。另外，如果在半水石膏中加入较多的二水石膏时，二水石膏在浆体中作为晶胚而迅速长大，因此大量消耗了液相中已溶解了的离子而使溶液的不饱和度降低。当过饱和度降低至某一数值后，在液相中不能形成晶核，因而也不可能产生结晶接触，在这种情况下，尽管浆体中二水石膏的数量很多，但由于不能形成结晶结构网，因此，它们之间的作用也只能是分子力，而制品的强度和抗水性较差，随着二水石膏掺量的增加结构强度下降。

石膏硬化浆体在形成结晶结构网以后，它的许多性质为接触点的特性和数量所决定。一方面，石膏硬化浆体的强度为单个接触点的强度及单位体积中接触点的多少所决定；另一方面，由于结晶接触点在热力学上是不稳定的，所以，在潮湿环境中会产生溶解和再结晶，因而又会削弱结构强度，而且接触点的数目愈多，接触点的尺寸愈小，接触点晶格变形愈厉害，引起的结构强度降低也可能愈大。这里所指的接触点的性质，主要是其晶格变形的程度以及掺杂的情况，它们决定了接触点的强度和溶解度。因此，结晶接触点的性质和数量也是石膏浆体的一个很重要的结构特征。

由于石膏浆体是一个多孔体，因此，孔隙率及其孔径分布情况也是一个十分重要的结构因素。

不同加水量的 α 型和 β 型半水石膏硬化浆体的微孔分布情况也会有所不同：α 型半水石膏由于内表面积小，其标准稠度时的需水量较低，因此 β 型半水石膏具有较小的孔隙率和较小的微孔孔径。同时，随着水固比的增大，孔隙率和孔径的尺寸都增大。孔隙率愈小，孔径愈小，则浆体的强度和抗水性都会得到提高。

六、建筑石膏的应用

石膏是一种用途很广的工业和建筑材料，可用于水泥缓凝剂、石膏建筑制品、模型制作等。建筑石膏在建筑工程中可用作室内抹灰、粉刷、油漆打底等材料，还可以制造建筑装饰制品和石膏板。

（一）室内抹灰和粉刷

由于建筑石膏具有的优良特性，其常被用于室内高级抹灰和粉刷。具体来说，在建筑石膏中加水、砂及缓凝剂拌和成石膏浆体，可用于室内抹灰或作为油漆打底使用。

由于石膏砂浆具有隔热、保温性能好，热容量大，吸湿性大的特点，因此能够调节室内温度和湿度，经常保持均衡状态，给人以舒适感。用石膏粉刷后的抹灰墙表面光滑、细腻、洁白、美观，还具有绝热、阻火、吸声以及施工方便、凝结硬化快、黏结牢固等特点，所以，称其为室内高级抹灰和粉刷材料。石膏抹灰的墙面及顶棚，可以直接涂刷油漆及粘贴墙纸。

（二）建造建筑装饰制品

以模型石膏为主要原料，掺加少量纤维增强材料和胶料，加水搅拌成石膏浆体，将浆体注入各种各样的金属（或玻璃）模具中，就获得了花样、形状不同的石膏装饰制品，如平板、多孔板、花纹板、浮雕板等。石膏装饰板具有色彩鲜艳、多种多样、造型美观、施工方便等优点，是公用建筑物和顶棚常用的装饰制品。

（三）制作石膏板

近年来，随着框架轻板结构的发展，石膏板的生产和应用也迅速发展起来。石膏板具有轻质、隔热保温、吸声、防火、尺寸稳定及施工方便等性能，在建筑中得到广泛的应用，是一种很有发展前途的新型建筑材料。常用石膏板有以下几种：

1.纸面石膏板

纸面石膏板以建筑石膏为主要原料，掺入适量的纤维材料、缓凝剂等作为芯材，并以纸板作为增强护面材料，经加水搅拌、浇筑、辊压、凝结、切断、烘干等工序制得。纸面石膏板主要用于隔墙、内墙等，自重仅为砖墙的1/5。耐水型可用于厨房、卫生间等潮湿场合，耐火型用于耐火性要求高的场合。安装时必须采用龙骨（固定石膏板的支架，通常由木材或铝合金、薄钢等制成）安装固定。纸面石膏板的生产效率高，但纸板用量大，成本较高。

2.纤维石膏板

纤维石膏板是以纤维材料（多使用玻璃纤维）为增强材料，与建筑石膏、缓凝剂、水等混合经特殊工艺制成的石膏板。纤维石膏板的强度高于纸面石膏板，规格基本相同，但生产效率低。纤维石膏板除可用于隔墙、内墙外，还可用来代替木材制作家具。

3.空心石膏板

空心石膏板以建筑石膏为主，加入适量的轻质多孔材料、纤维材料和水经搅拌、浇筑、振捣成型、抽芯、脱模、干燥而成。空心石膏板主要用于隔墙、内墙等，使用时不需要龙骨。

【工程实例分析3-2】

3D打印技术

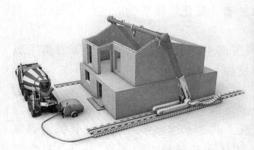

概况：目前水泥基3D打印材料可以选择水玻璃激发材料进行制备。

特点：3D打印建筑技术与传统建筑相比，其优势在于：速度快，不需要使用模板，可以大幅节约成本；不需要数量庞大的建筑工人，大大提高了生产效率；可以非常容易地打印出其他方式很难建造的高成本曲线建筑；具有低碳、绿色、环保的特点。3D打印建筑技术可能改变建筑业的发展方向，对环保、建筑业、预拌混凝土行业带来的改变是显而易见的。

第三节　水玻璃基胶凝材料

水玻璃是由碱金属氧化物和二氧化硅结合而成的一种能溶于水的金属硅酸盐材料，俗称泡花碱，是一种矿黏合剂。其化学式为 $R_2O \cdot nSiO_2$，式中 R_2O 为碱金属氧化物，n 为二氧化硅与碱金属氧化物摩尔数的比值，称为水玻璃的摩数。水玻璃是无色正交双锥结晶或白色至灰白色块状物或粉末，能风化，在100℃时失去6分子结晶水，易溶于水，溶于稀氢氧化钠溶液，不溶于乙醇和酸，熔点1 088℃，低毒性。水玻璃的黏结力强，强度较高，耐酸性、耐热性好，耐碱性和耐水性差。

一、水玻璃的制备方法

建筑上常用的水玻璃是硅酸钠的水溶液，其生产有干法和湿法两种。

干法是以石英砂（SiO_2）、纯碱（Na_2CO_3）磨细后均匀混合，高温煅烧至1 300℃～1 400℃，使其在熔融状态下发生反应，冷却后得到固体水玻璃，再在4个大气压（0.4MPa）的沸水中溶解成液态水玻璃。其化学反应为：

$$Na_2CO_3 + nSiO_2 \rightarrow Na_2O \cdot nSiO_2 + CO_2 \tag{3-11}$$

湿法是将石英砂与氢氧化钠溶液放入蒸压锅中，通入2～3个大气压的高压蒸汽，在搅拌中直接生成液态水玻璃。其化学反应为：

$$2NaOH + nSiO_2 \rightarrow Na_2O \cdot nSiO_2 + H_2O \tag{3-12}$$

水玻璃因所含的杂质不同而呈现青灰色、黄绿色，以无色透明的液体为最佳。

水玻璃分子式中的系数 n 称为水玻璃模数，其是水玻璃中的氧化硅和碱金属氧化物的分子比或摩尔比。水玻璃模数越大，固体水玻璃越难溶于水，n 为1时常温水即能溶解，n 加大时需热水才能溶解，水玻璃模数越大，氧化硅含量越多，水玻璃黏度增大，易于分解硬化，黏结力增大。建筑工程中常用的水玻璃模数一般为2.5～2.8，其密度为1.3～1.4g/cm^3。

二、水玻璃中硅酸钠的分类

（一）按照化学式可分为正硅酸钠和偏硅酸钠两大类

硅酸钠分两种，一种为正硅酸钠（原硅酸钠），化学式 Na_4SiO_4，相对分子质184.04；另一种为偏硅酸钠，化学式 Na_2SiO_3，式量122.00。偏硅酸钠别名"三氧硅酸二钠"。

1.正硅酸钠

正硅酸钠是无色晶体，熔点1 361 K（1 088℃），不多见。水玻璃溶液因水解而呈碱性（比纯碱稍强）。因为是弱酸盐，所以遇盐酸，硫酸、硝酸、二氧化碳都能析出硅酸。保存时应密切防止二氧化碳进入，并应使用橡胶塞以防粘住磨口玻璃塞。工业上常用纯碱与石英共熔制取，$Na_2CO_3+SiO_2 \rightarrow Na_2SiO_3+CO_2\uparrow$，制品常因含亚铁盐而带浅蓝绿色。可用来作为无机黏结制剂（可与滑石粉等混合共用）、肥皂填充剂，调制耐酸混凝土，加入颜料后可做外墙的涂料，灌入古建筑基础土壤中使土壤坚固以防倒塌。

2.偏硅酸钠

偏硅酸钠是普通泡花碱与烧碱水热反应而制得的低分子晶体，商品有无水、五水和九水合物，其中九水合物只有我国市场上存在，是在20世纪80年代急需偏硅酸钠而仓促开发的技术含量较低的应急产品，因其熔点只有42℃，贮存时很容易变为液体或膏状，正逐步被淘汰，但由于一些用户习惯和一些领域对结晶水不是很在意，九水偏硅酸钠还是有一定市场。

（二）按照物态可分为液态硅酸钠和固态硅酸钠两大类

1.液态硅酸钠

液态 $Na_2O \cdot nSiO_2$ 是根据石英砂与碱的不同比例及碱的不同种类加以区分的，外观呈现黏稠液体，不同牌号颜色有明显差异，从无色变化到灰黑。种类有中性 $Na_2O \cdot nSiO_2$、碱性 $Na_2O \cdot nSiO_2$、弱碱性 $Na_2O \cdot nSiO_2$、复合 $Na_2O \cdot nSiO_2$。

2.固态硅酸钠

固态 $Na_2O \cdot nSiO_2$ 是一种中间产品，外观大多呈现淡蓝色。干法浇铸成型的 $Na_2O \cdot nSiO_2$ 为块状且透明，湿法水淬成型的 $Na_2O \cdot nSiO_2$ 为颗粒状，转化成液体 $Na_2O \cdot nSiO_2$ 才能使用。常见的 $Na_2O \cdot nSiO_2$ 固体产品有：块状固体、粉状固体、速溶硅酸钠、零水偏硅酸钠、五水偏硅酸钠、原硅酸钠。

三、水玻璃的用途及应用

水玻璃是一种气硬性胶凝材料，在建筑工程中常用来配制水玻璃胶泥和水玻璃砂浆、水玻璃混凝土，以及单独使用水玻璃为主要原料配制涂料。水玻璃在防酸工程和耐热工程中的应用很多，并广泛应用于普通铸造、精密铸造、造纸、陶瓷、黏土、选矿、高岭土、洗涤等众多领域。

（一）水玻璃的用途

（1）水玻璃涂在金属表面会形成碱金属硅酸盐及 SiO_2 凝胶薄膜，使金属免受外界酸、碱等的腐蚀；

（2）用作胶黏剂来黏结玻璃、陶瓷、石棉、木材、胶合板等；

（3）用于制造耐火材料、白炭黑、耐酸水泥；

（4）在纺织工业用作浆料、浸渍剂，在纺织物染色和压花纹时用作固染剂和媒染剂，以及用于丝绸织物加重；

（5）在皮革生产中加入水玻璃，它的分散的胶体 SiO_2 用于生产软皮革；

（6）在食品工业可用于保存蛋类，防止微生物进入蛋壳空隙造成变质；

（7）在制糖工业，水玻璃可以脱除糖液中的色素和树脂质。

（二）水玻璃的应用

1.涂刷材料表面

将水玻璃溶液涂刷于混凝土、砖、石、硅酸盐制品等材料的表面，使其渗入材料缝隙，可提高材料的密实性、强度和耐久性等；但不能用水玻璃涂刷石膏制品，因为硅酸钠能与硫酸钙反应生成硫酸钠，其结晶时体积膨胀，使制品破坏。水玻璃还可用于配制内、外墙涂料。

2.加固土壤

将水玻璃溶液与氯化钙溶液通过金属管道交替灌于地基中，反应生成的硅酸胶体将土壤颗粒包裹并填实其空隙，起胶结作用，因此，不仅可以提高基础的承载力，而且可增强不透水性。用这种方法加固的砂土地基，抗压强度可达3～6 MPa。

3.配制特殊砂浆及特殊混凝土

用水玻璃与耐酸填料和集料复合可配制耐酸砂浆和耐酸混凝土。水玻璃的耐热性较好，可用于配制耐热砂浆和耐热混凝土。

4.修补砖墙裂缝

将液体水玻璃、粒化高炉矿渣粉、砂和氟硅酸钠按适当比例配合，压入砖墙裂缝。粒化高炉矿渣粉不仅起填充及减少砂浆收缩的作用，还能与水玻璃发生化学反应，成为增进砂浆强度的一个因素。

【工程实例分析3-3】

荷叶效应

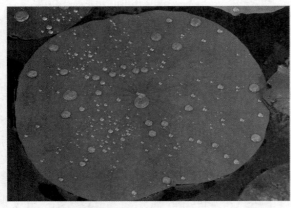

概况：利用荷叶效应原理制备防水材料，对气硬性胶凝材料进行改性。

原因分析：气硬性胶凝材料的耐水性能较差，可以利用改性技术对其性能进行提升。胶凝材料属于高吸水无机材料，进行浸渍操作，可使之具有显著的防水、防潮效果。

第四节　气硬性镁质胶凝材料

气硬性镁质胶凝材料，大约是在1867年由Sorel（索瑞尔，法国或瑞典人）发明，因此，也有人称之为Sorel（索瑞尔）水泥。但是，就"水泥"的定义而言，它是气硬性的材料，不适合称之为"水泥"。

采用菱镁矿或是采用白云石为原料制作的镁质胶凝材料，若不经改性，则都是气硬性的胶凝材料，而按照确切的定义，它们都不能被称为"水泥"，因此，采用"镁质胶凝材料"来命名这类胶凝材料，既可以概括各种以MgO为主要成分的胶凝材料——无论是以菱镁矿或白云石为原料，无论是采用$MgCl_2$或$MgSO_4$（或混合的）为调和剂，都可以用这个名称概括，又可以表明它是属于气硬性的胶凝材料。有人认为，"镁质胶凝材料"只适用于以菱镁矿为原料制作的胶凝材料，而采用白云石为原料制成的胶凝材料，就不能称之为"镁质胶凝材料"。这可能是误解。因为，一方面，不论是采用菱镁矿还是白云石为原料，在制成的成品中，都是以MgO为主要成分，而且都是气硬性的，它们的改性措施和方向也基本相同；另一方面，就材料一般的命名方法来看，常以其中的主要成分为代表，例如，硅酸盐水泥、铝酸盐水泥、硫铝酸盐水泥等。因此，本书就以"镁质胶凝材料"的名称来统称这类胶凝材料。

一、氯氧镁基胶凝材料的制备

制备镁质胶凝材料主要的原料是MgO和$MgCl_2$，后者一般采用工业化学产品或盐卤，调制成一定浓度的溶液；MgO则是由菱苦土或白云石经煅烧而得到，因此，它的煅烧温度和物料的颗粒大小，将会对材料的性能产生影响。不同煅烧温度下MgO的晶粒粒径与比表面积见表3-3。

表3-3　　　　　　　　不同煅烧温度下MgO的晶粒粒径和比表面积

煅烧温度（℃）	600	700	800	900
晶粒粒径（nm）	20.50	46.50	65.80	92.70
比表面积（㎡）	81.3	35.9	25.7	17.9

在制备镁质胶凝材料时，需要特别注意MgO与$MgCl_2$的物质的量比$[n（MgO）/n（MgCl_2）]$，但是，各研究者的结论也有很大的差别。多数研究者认为，合适的比值为4～6；另一些研究者认为，比值以6～9较为合适；更有人认为，比值最好为9～12。

二、氯氧镁基胶凝材料的特性

如前所述，MgO与水作用虽然也形成Mg（OH）$_2$，但是反应慢，而且胶凝性不够好，需要采用MgCl$_2$或其他镁盐溶液作调和剂。例如，采用MgCl$_2$就形成镁质胶凝材料。它虽然仍是气硬性的胶凝材料，但是，却有一系列的特质和优点。例如，当MgCl$_2$与MgO的分子计量恰当时，也可以有很好的水硬性。这就提示了气硬性的胶凝物质在适当的条件下也可以向水硬性转化。镁质胶凝材料的主要性能如下：

（一）凝结快与强度高

当煅烧适宜的轻烧MgO粉与镁盐的配比适当，例如，其比例为1：1时，在加入调和剂后4～8h就可以脱模，一般初凝时间为35～45min，终凝时间为50～60min，这相当于快硬硅酸盐水泥的凝结时间。它1d的抗压强度可达到34MPa、抗折强度达9MPa，28d的抗压强度与抗折强度分别达142MPa与28MPa。这样的高强和早强即使在高强的硅酸盐水泥中也是很难有的。

（二）耐高温与耐低温

镁质胶凝材料同时具有耐高温和耐低温的两种性质，这在无机胶凝材料中是很独特的性质和优点，因为其他胶凝材料或只耐高温，或只耐低温。MgO的耐火度达2 800℃，制成镁质胶凝材料后，MgO的高耐火性能仍可有一定程度的保持。据称，即使是复合玻璃纤维，材料的耐火度仍可达到300℃。镁质胶凝材料具有耐低温性能，是由于采用MgCl$_2$作为调和剂的原因。一方面，MgCl$_2$与NaCl一样，都是胶凝材料的抗冻剂，因此，使镁质胶凝材料具有耐低温性能；另一方面，镁质胶凝材料在调和及硬化时产生大量的热量，可达1 000～1 350J（以1gMgO计），体系中心温度可达到140℃，夏季甚至可达到150℃，这一性能为镁质胶凝材料在低温条件下浇注、生产和施工创造了有利条件。然而，它也会产生不利影响，若体系的温度过高，则可能会引起制品开裂。

（三）耐磨性与抗渗性好

闫振甲等曾将镁质胶凝材料与32.5等级的普通硅酸盐水泥各做成一块地面砖，在同样条件下养护28d，进行耐磨性试验。结果显示，镁质胶凝材料的磨蚀只有硅酸盐水泥的1/3，这应该归功于镁质胶凝材料的早强和高强。另外，由于镁质胶凝材料的强度高，试体致密，所以，它的抗渗透性能也很好，一般可以达到S25以上的抗渗标号。

（四）低碱度与抗盐卤腐蚀

由于镁质胶凝材料体系呈微碱性，通常pH值为8～9.5，所以，它对玻璃纤维以及其他植物纤维没有腐蚀作用；同时，由于它本身就含有盐卤，因此，不仅不怕盐卤的腐蚀，甚至外界的盐卤对它的强度还会带来有利的作用，可用于高盐碱地区的建筑工程。但是，这同时也引出了镁质胶凝材料的另一个问题，即对钢筋的腐蚀作用，而且腐蚀性极强，因此，它不能用于制作钢筋增强制品。

（五）轻质性与可加工性

镁质胶凝材料制品的密度小，为 1 600～1 900 kg·m⁻³，是水泥制品的70%。后者的密度一般为 2 400～4 500 kg·m⁻³。镁质胶凝材料制品的另一个优点就是可加工性好，因为它有类似于木材的韧性，可使用常规的加工方法进行加工，例如，可锯、刨、钉和钻等，这比一般水泥制品的加工更为方便。

（六）大气稳定性和耐候性

由于镁质胶凝材料是气硬性胶凝材料，在大气中有较好的稳定性，特别是在干燥的场合，镁质胶凝材料的强度与硅酸盐水泥一样，将随着时间而增长。有一组试验采用轻烧的 MgO 与无机集料以 1：1 的比例制成试体，其强度发展见表3-4。

表3-4　　　　　　　　　　氯氧镁基胶凝材料的强度发展

水化龄期（d）	1	3	7	14	28	180	234
抗压强度（MPa）	26.4	57.0	73.6	87.8	91.4	108.9	131.1
抗折强度（MPa）	6.8	9.9	13.5	18.0	16.6	19.1	—

从表3-4所列的数据看到，镁质胶凝材料的早期强度和后期强度都是很高的，而且不存在"强度倒缩"的问题，但是，必须注意的是，它是在干燥的环境下才能有这样的结果。如果空气潮湿、含 CO_2 较多，试体会发生变化，最终导致毁坏。

（七）耐水性差并会吸湿和返潮

镁质胶凝材料与石灰一样，不宜用于与水接触较多的工程。在环境潮湿的情况下，镁质胶凝材料会发生"反卤"和"泛霜起白"现象，制品的表面会出现水珠，当水珠较多时甚至会从制品表面流淌下来，这是镁质胶凝材料的一个较严重的缺点。因此，虽然气硬性的镁质胶凝材料可以代替木材，但是，当制成制品的使用环境较为潮湿的时候，特别在南方的"梅雨"季节，就会吸湿返潮，出现"白霜"。

这种现象在镁质胶凝材料中普遍存在，在材料成型、脱模、施工和养护过程中都会发生，在以后的硬化和使用过程中还会不断发生，持续时间可达数年之久。即使把已产生的"白霜"除去，它还将继续产生，最终会使产品毁坏。如果是彩色制品，"白霜"的出现无疑将对产品的外观和质量产生不利影响。这是镁质胶凝材料的一个较严重的缺点，是镁质胶凝材料改进的方向之一。有人认为，这是由于在制备材料时 MgO 与 $MgCl_2$ 的配比 [n（MgO）/n（$MgCl_2$）] 不当引起的，当 $MgCl_2$ 的量太多，则制品中存在多余量的 $MgCl_2$，使用过程中暴露在空气表面的部分将干燥，原来溶解在水中的 $MgCl_2$ 析出，沉淀在制品的表面，形成了"白霜"。因此，如果在制备材料时 MgO 与 $MgCl_2$ 的配比 [n（MgO）/n（$MgCl_2$）] 适当，即使不能完全避免"白霜"的发生，至少在较大程度上可以减轻此不良现象。

（八）制品的变形

制品的变形，主要发生在较大而且较薄的平板制品上，表现出的现象是中心部位拱起，边缘部分向下弯曲；长条状的制品更容易产生各种复杂的和大幅度的翘曲以至于不能使用。另一类变形，就是制品在硬化后的体积膨胀，这源于镁质胶凝材料在调和时产生大量的热量，如果 MgO 煅烧的温度较高，有一部分（哪怕是很小部分）MgO 过烧，在短时间内（也就是在浆体凝结以前）未反应的 MgO，在硬化以后还会继续反应，而 MgO 与 $MgCl_2$ 反应，使体积发生膨胀，于是，就导致了整个制品的体积膨胀，最终使制品碎裂。

在镁质胶凝材料（518相）中分别掺加矿渣、粉煤灰和硅灰后发现，只要加入任何矿物外加剂，都会使材料的性能有所降低。

三、氯氧镁基胶凝材料的应用

镁质胶凝材料虽然存在这些缺点，但是，它的优点还是很突出的，而且总的来看，其能耗较低，制品的制作工艺简单，在避免潮湿环境和不用钢筋的条件下，镁质胶凝材料的用途是很广泛的。根据已有的报道，镁质胶凝材料具有以下用途：

（1）制作一般的建筑材料，例如，制成轻瓦以代替石棉瓦、琉璃瓦、内墙板、外墙内保护板以及一些建筑零件，也可以制作装饰材料。

（2）制作包装材料，特别适用于制作大型的包装箱，其整体性好，不易散漏，还有防火、防腐蚀、防虫等优点，而且加工也较便宜。

（3）代替木材制作家具。南京化工学院（现南京工业大学）在建院初期，由于当时木料短缺，曾经用镁质胶凝材料制作课桌的面板，外观犹如白色的大理石，很美观。但是，它的吸湿性太强，南京气候的湿度又大，尤其在"梅雨"季节，桌面上容易出现水珠和返潮严重，影响了使用，不得不放弃。因此，若能够进行改性使之成为水硬性的材料，将会有很好的应用前景。

（4）制作磨料和磨具。

四、镁质凝胶材料的应用

MgO 是快硬胶凝材料，具有相当高的强度。镁质胶凝材料与植物纤维具有很好的黏结性，与硅酸盐类水泥、石灰等胶凝材料相比，其碱性较弱，所以，对有机材料和纤维没有腐蚀作用。在建筑工程中，常用的镁质胶凝材料制品有刨花板、木屑板、人造大理石、镁纤复合材料制品及多孔制品等。

（一）镁水泥刨花板与木丝板

镁水泥刨花板与木丝板，是将刨花、木丝、亚麻皮或其他纤维材料采用镁质胶凝材料拌和，经加压成型、硬化而成，可用作建筑内墙、隔墙、顶棚等。

镁水泥木丝板吸声性能良好，且吸声效果随板材厚度增加而提高。25mm 厚的氯氧镁水泥木丝板的吸声性能见表3-5。

表3-5　　　　　　　　25mm厚的氯氧镁水泥木丝板的吸声性能

频率（Hz）	250	500	1 000	2 000	4 000
吸声系数	0.67	0.48	0.44	0.72	0.73

（二）镁水泥地板

镁水泥与木屑、颜料及其他填料等配制而成的板材，用于铺设地面，即为镁水泥地板。它可压制成各种板材，也可直接铺于底层，经压实，修饰而成无缝地板。镁水泥地板保温性好，无噪声，不起灰，表面光滑，弹性良好，防火，耐磨，是民用建筑和纺织厂的车间地面材料，用以代替木地板。若掺加不同的颜料则可拼装成色彩鲜艳、图案美丽的地板。

（三）镁水泥混凝土及镁水泥制品

镁水泥与砂石集料或纤维材料拌和，可配成镁水泥混凝土，用于制作不重要的板材。在镁质胶凝材料中掺加适量泡沫剂，可制成泡沫镁水泥，它是一种多孔的轻质材料。

镁水泥的碱性较小，与木材等植物纤维胶结良好，但它与水泥的黏结较差，易脱落。拌制镁水泥的各种盐类溶液，对钢筋具有强烈的腐蚀作用，故镁水泥制品中不能配置钢筋，可配置竹、苇和玻璃纤维等。镁水泥制品不适用于潮湿环境，镁水泥地板也不适用于经常受潮、遇水和遭受酸类侵蚀的地面。

（四）镁纤复合材料

镁纤复合材料是以镁质胶凝材料为基料，玻璃纤维或竹筋为增强材料的复合材料。它具有强度高、耐腐蚀、气密性好、耐热（≥300℃）的特点。若采用耐高温的玻璃纤维配制，则可耐 900℃以上的高温，可制成烟筒、风道、形瓦及室内分隔墙板。

（五）镁水泥混凝土太阳灶

镁质胶凝材料还可用于制作太阳能灶壳。采用 1 份锯木屑、3 份镁质胶凝材料，并采用氯化镁溶液拌和而成的水泥，28d 的抗拉强度 R_m 可达 3～3.5 MPa，抗压强度 R_c 高达 40～60MPa。按上述比例再掺加少量植物纤维（例如剑麻），掺加氯化镁溶液拌和而制成混凝土，可用来制作太阳灶反射面底壳。与水泥灶比较，它具有质量轻、强度高的特点，其质量仅为同面积水泥灶的 1/3～1/2。但因其中的可溶性盐类 $MgCl_2$ 容易被水洗掉，在空气中有强烈的吸湿性，抗水性差，所以，若养护不好，容易变形。

■ 本章小结

气硬性胶凝材料主要指石灰基胶凝材料、石膏基胶凝材料、水玻璃基胶凝材料和氯氧镁基胶凝材料。石灰基胶凝材料、石膏基胶凝材料的制备工艺历史悠久，性能优良。传统气硬性胶凝材料防水性能较差，一般应用于干燥环境中，只有通过改性处理才能应对复杂环境。

■ 本章习题

1.判断题

（1）石灰石的化学成分、矿物组成以及物理性质稳定。　　　　　　（　　）

（2）水玻璃模数增大，黏度增大，易于分解硬化，黏结力增大。　　　（　　）

（3）水玻璃模数是水玻璃中的氧化硅和碱金属氧化物的分子比或摩尔比。（　　）

（4）氯氧镁基胶凝材料具有优良的耐热与抗冻性能。　　　　　　　　（　　）

2.单项选择题

（1）二水石膏加热至400℃～750℃时，主要的生成产物类型为（　　　）。

A.α型半水石膏　　B.β型半水石膏　　C.可溶性硬石膏　　D.不溶性硬石膏

（2）天然石膏不包括（　　　）。

A.二水石膏　　　　B.无水石膏　　　　C.石膏矿石　　　　D.脱硫石膏

（3）氯氧镁基胶凝材料表面泛霜物可能是（　　　）。

A.Na_2SO_4霜　　　B.$Mg(OH)_2$霜　　C.$MgCl_2 \cdot 6H_2O$霜　　D.$Ca(OH)_2$霜

（4）半水石膏的水化机理分为三个阶段，下面不属于的是（　　　）。

A.水分子在半水石膏表面上的吸附　　　B.所吸附水分子的溶解

C.反应体系放热　　　　　　　　　　　D.新相的形成

3.简答题

（1）简述石灰的基本性质。

（2）简述影响石膏水化过程的主要因素及作用。

（3）简述氯氧镁基胶凝材料的特性。

第三章习题答案

第四章

水硬性胶凝材料

□ **本章重点**

　　水硬性胶凝材料的化学组成、水化反应过程、反应产物组成、硬化基体结构与胶凝材料的宏观性能（工作性能、力学性能、耐久性能等）间的相互关系。通过了解不同水硬性胶凝材料的性能，掌握相应的工程应用场景。

□ **学习目标**

　　了解水硬性胶凝材料的基本组成、生产工艺和化学反应过程；熟练掌握水硬性胶凝材料的制备工艺和基本物理化学性质；掌握水硬性胶凝材料耐久性的基本概念；了解水硬性胶凝材料的工程应用问题以及解决方法。

　　加入适量水后可形成塑性浆体，既能在空气中硬化又能在水中硬化，并能将砂、石等材料牢固地胶结在一起的细粉状水硬性胶凝材料，统称为水泥。水泥的种类很多，按其用途和性能可分为通用水泥、专用水泥和特性水泥三大类。通用硅酸盐水泥为土木工程一般用途的水泥，包括硅酸盐水泥、普通硅酸盐水泥、矿渣硅酸盐水泥、火山灰质硅酸盐水泥、粉煤灰硅酸盐水泥和复合硅酸盐水泥。专用水泥指有专门用途的水泥，如油井水泥、砌筑水泥、道路水泥等。特性水泥则是某种性能比较突出的一类水泥，如快硬硅酸盐水泥、抗硫酸盐水泥、中热硅酸盐水泥、膨胀硫铝酸盐水泥、自应力铝酸盐水泥等。按所含的主要水硬性矿物不同，水泥又可分为硅酸盐水泥、铝酸盐水泥、硫铝酸盐水泥、氟铝酸盐水泥、石膏矿渣水泥、石灰火山灰水泥等。目前水泥的品种已达100多种。

【课程思政4-1】

利用水泥基胶凝材料进行建设的国家自主工程（民族自豪感）

课程中会列举大量有关的工程实例。这些世界瞩目的工程案例彰显了我国在土木建设领域的实力，不管是桥梁、道路，还是民用、核电工程建设技术都已经处于世界领先。我们作为材料人应该以祖国为荣，将建设祖国作为自己努力奋斗的目标，通过自己的努力不断丰富知识和技能储备，为祖国的发展尽一份自己的力量。作为关系到人民生命、财产安全的重大工程，建筑材料的稳定性是至关重要的。作为材料人，不管我们今后从事哪个行业，都要坚守诚实守信和坚持使用真材实料的信念。从我们手中所生产出来的产品与人们的生活息息相关，我们一定要保证从我们手中生产出来的产品是质量过硬的。

第一节　硅酸盐水泥

一、硅酸盐水泥的分类

硅酸盐水泥是以水泥熟料（硅酸钙为主要成分）、适量的石膏及规定的混合材料制成的水硬性胶凝材料。

硅酸盐类水泥是以硅酸钙为主要成分的各种水泥的总称。硅酸盐类水泥的分类如图4-1所示。这类水泥品种最多、生产量最大、应用最广。

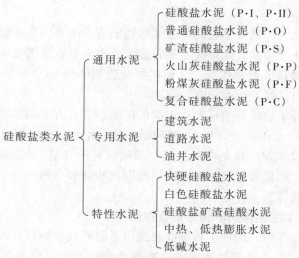

图4-1　硅酸盐类水泥的分类

二、硅酸盐水泥的生产过程

硅酸盐水泥的生产过程可简称为"两磨一烧"：①生料准备阶段（生料磨细）。石灰原料、黏土质原料和少量的校正原料按一定的比例配合、磨细，并调整为成分合适、适量均匀的生料。②熟料煅烧阶段（生料煅烧成熟料）。生料在水泥窑内煅烧至部分熔融，可得到以硅酸钙为主要成分的硅酸盐水泥熟料。③水泥粉磨阶段（熟料磨细）。将熟料、适量的石膏、混合材料混合后共同磨细成品，其中掺加石膏是为了调整硅酸盐水泥的凝结时间（延缓水泥的凝结时间）。硅酸盐水泥的生产工艺流程如图4-2所示。

图4-2　硅酸盐水泥的生产工艺流程

三、硅酸盐水泥熟料的矿物组成、含量、特征

（一）硅酸盐水泥熟料的矿物组成

生料在煅烧过程中，首先是石灰石和黏土分解出 CaO、SiO_2、Al_2O_3 和 Fe_2O_3，然后在 $800℃ \sim 1200℃$ 的温度范围内相互反应，经过一系列的中间过程后，生成硅酸二钙（$2CaO \cdot SiO_2$）、铝酸三钙（$3CaO \cdot Al_2O_3$）、铁铝酸四钙（$4CaO \cdot Al_2O_3 \cdot Fe_2O_3$）；在 $1400℃ \sim 1450℃$ 的温度范围内，硅酸二钙又与 CaO 在熔融状态下反应生成硅酸三钙（$3CaO \cdot SiO_2$）。

硅酸盐水泥中，硅酸三钙、硅酸二钙一般占总量的75%以上；铝酸三钙、铁铝酸四钙占总量的25%左右。硅酸盐水泥熟料除上述主要组成外，还含有以下少量成分：

（1）游离氧化钙。其含量过高将造成水泥安定性不良，危害很大。

（2）游离氧化镁。其含量过高，晶粒过大时也会导致水泥安定性不良。

（3）含碱矿物以及玻璃体等。含碱矿物及玻璃体中 Na_2O 和 K_2O 含量高的水泥，当遇有活性集料时，易产生碱-集料反应。

水泥是由多种矿物成分组成的，不同的矿物组成具有不同的特性，改变熟料中的矿物成分的含量比例，可以生产出不同性能的水泥。例如，提高硅酸三钙的含量，可制得高强度水泥；降低硅酸三钙、铝酸三钙的含量，提高硅酸二钙的含量，可以制得水化热低的低热水泥；提高铁铝酸四钙和硅酸三钙的含量，可以制得高抗折强度的道路水泥等。

（二）硅酸盐水泥熟料的矿物含量及特性

水泥在水化过程中，四种矿物组成表现出不同的反应特征，改变熟料中的矿物成分之间的比例关系，可以使水泥的性质发生相应变化（见表4-1）。例如，适当提高水泥中的 C_3S 及 C_3A 的含量，可得到快硬高强水泥；而水利工程所用的大坝水泥，则要尽可能降低 C_3A 的含量，降低水化热，提高耐腐蚀性能。

表4-1　　　　　　　　　　硅酸盐水泥熟料主要矿物组成

矿物名称	矿物成分	简称	含量（%）	密度（g·cm⁻³）	水化反应速率	水化放热量	强度
硅酸三钙	$3CaO \cdot SiO_2$	C_3S	37～60	3.25	快	大	高
硅酸二钙	$2CaO \cdot SiO_2$	C_2S	15～37	3.28	慢	小	早期低、后期高
铝酸三钙	$3CaO \cdot Al_2O_3$	C_3A	组分不定	3.04	最快	最大	低
铁铝酸四钙	$3CaO \cdot Al_2O_3 \cdot Fe_2O_3$	C_4AF	组分不定	3.77	快	中	低

四、硅酸盐水泥的水化及凝结硬化

硅酸盐水泥加水拌和后成为既有可塑性又有流动性的水泥浆，同时发生水化反应，随着水化反应的进行，逐渐失去流动能力达到"初凝"。待完全失去可塑性、开始产生强度时，即"终凝"。随着水化、凝结的继续，浆体逐渐转变为具有一定强度的坚硬固体水泥石，这一过程称为水泥的硬化。由此可见，水化是水泥产生凝结硬化的前提，而凝结是水泥水化的结果。

（一）硅酸盐水泥的水化

水泥加水拌和后，水泥颗粒立即分散于水中并与水发生化学反应，生成水化产物并放出热量。其反应式如下：

$$2（3CaO \cdot SiO_2）+6H_2O \rightarrow 3CaO \cdot 2SiO_2 \cdot 3H_2O+3Ca（OH）_2 \qquad (4-1)$$

（水化硅酸钙）（氢氧化钙）

$$2（2CaO \cdot SiO_2）+4H_2O \rightarrow 3CaO \cdot 2SiO_2 \cdot 3H_2O+Ca（OH）_2 \qquad (4-2)$$
（水化硅酸钙）（氢氧化钙）

$$3CaO \cdot Al_2O_3+6H_2O \rightarrow 3CaO \cdot Al_2O_3 \cdot 6H_2O \qquad (4-3)$$
（水化铝酸三钙）

$$4CaO \cdot Al_2O_3 \cdot Fe_2O_3+7H_2O \rightarrow 3CaO \cdot Al_2O_3 \cdot 6H_2O+CaO \cdot Fe_2O_3+H_2O \qquad (4-4)$$
（水化铝酸三钙）（水化铁酸一钙）

$$3CaO \cdot Al_2O_3 \cdot 6H_2O+3（CaSO_4 \cdot 2H_2O）+19H_2O \rightarrow 3CaO \cdot Al_2O_3 \cdot CaSO_4 \cdot 31H_2O \qquad (4-5)$$
水化硫铝酸钙（钙矾石）

经水化反应后生成的主要水化产物中水化硅酸钙和水化铁酸钙为凝胶体，氢氧化钙、水化铝酸钙和水化硫铝酸钙为晶体。在完全水化的水泥石中，水化硅酸钙约为70%，它不溶于水，并立即以胶体微粒析出；氢氧化钙约占20%，呈六方板状晶体析出。水化硅酸钙对水泥石的强度起决定作用。水化作用从水泥颗粒表面开始，逐步向内部渗透。

硅酸盐水泥水化反应为放热反应，其放出的热量称为水化热。硅酸盐水泥的水化热大，并且放热的周期较长，但大部分（50%以上）热量是在3d以内，特别是在水泥浆发生凝结硬化的初期放出。水化热量的大小与水泥的细度、水胶比、养护温度等有关，水泥颗粒越细，早期放热越显著。

（二）硅酸盐水泥的凝结硬化

硅酸盐水泥的凝结硬化过程是一个连续的、复杂的物理化学过程。当前，常把硅酸盐水泥凝结硬化看作经如下几个过程完成的，如图4-3所示。

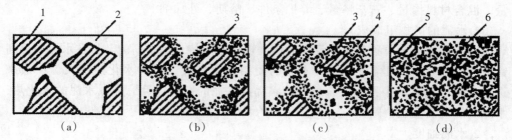

（a）分散在水中的水泥颗粒；（b）在水泥颗粒表面形成水化物膜层；

（c）膜层长大并互相连续（凝结）；（d）水化物进一步发展，填充毛细孔（硬化）

1——水泥颗粒；2——水分；3——凝胶；

4——晶体；5——未水化水泥颗粒；6——毛细孔

图4-3　硅酸盐水泥凝结硬化过程示意图

当水泥与水拌和后，水泥颗粒表面开始与水化合，生成水化物，其中，结晶体溶解于水中，凝胶体以极细小的质点悬浮在水中，成为水泥浆体。此时，水泥颗粒周围的溶液很快成为水化产物的过饱和溶液，如图4-3（a）所示。

随着水化的继续进行，新水化产物增多，自由水分减少，凝胶体变稠。包有凝胶层的水泥颗粒凝结成多孔的空间网络，形成凝聚结构。由于此时水化物尚不多，包有水化物膜层的水泥颗粒之间还是分离的，相互间引力较小，如图4-3（b）

所示。

水泥颗粒不断水化，水化产物不断生成，水化凝胶体含量不断增加，氢氧化钙、水化铝酸钙结晶与凝胶体各种颗粒互相连接成网，不断充实凝聚结构的空隙，浆体变稠，水泥逐渐凝结，也就是水泥的初凝，水泥此时尚未具有强度，如图4-3（c）所示。

水化后期，由于凝胶体的形成与发展，水化越来越困难，未水化的水泥颗粒吸收胶体内的水分水化，使凝聚胶体脱水而更趋于紧密，而且各种水化产物逐渐填充原来水所占的空间，胶体更加紧密，水泥硬化，强度产生，如图4-3（d）所示。

以上就是水泥的凝结硬化过程。水泥与水拌和凝结硬化后成为水泥石。水泥石是由凝胶、晶体、未水化水泥颗粒、毛细孔（毛细孔水）和凝胶孔等组成的不均质结构体。

由以上过程可以看出，硅酸盐水泥的水化是从颗粒表面逐渐深入内层，水泥的水化速度表现为早期快、后期慢，特别是在最初的3~7d内，水泥的水化速度最快，所以，硅酸盐水泥的早期强度发展最快，大致28d可完成这个过程的基本部分。随后，水分渗入越来越困难，所以，水化作用就越来越慢。实践证明，若温度、湿度适宜，未水化的水泥颗粒仍将继续水化，水泥石的强度在几年甚至几十年后仍缓慢增长。

（三）影响硅酸盐水泥凝结硬化的因素

影响水泥凝结硬化的主要因素有水泥的矿物组成成分、水泥细度、拌和用水量、混合材料掺量、石膏掺量、养护条件、龄期、外加剂。

1.水泥的矿物组成成分

不同矿物成分单独和水起反应时所表现出来的特点是不同的。如在水泥中提高铝酸三钙（C_3A）的含量，将使水泥的凝结硬化加快，同时水化热也大。一般来讲，若在水泥熟料中掺加混合材料，将提高水泥的抗侵蚀性，降低水泥的水化热，水泥的早期强度也会降低。

2.水泥细度

水泥颗粒的细度直接影响水泥的水化、凝结硬化、强度及水化热等。这是因为水泥颗粒越细，总表面积越大，与水的接触面积也越大，因此，水化速度迅速，凝结硬化相应增快，早期强度也高。但水泥颗粒越细，耗能越多，成本也越高。通常，水泥颗粒的粒径在7~200μm范围内。

3.拌和水用量

在水泥用量不变的情况下，增加拌和用水量，会增加水泥石的毛细孔，降低水泥石的强度，同时延长水泥的凝结时间。所以，在实际工程中水泥混凝土调整流动性大小时，通常通过在不改变水胶比的情况下，用增减水和水泥用量的方法来达到目的（为了保证混凝土的耐久性，规定了最小水泥用量）。

4.混合材料掺量

在水泥中掺入混合材料后，水泥熟料中矿物成分含量相对减少，凝结硬化变慢。

5.石膏掺量

石膏主要影响水泥的凝结硬化速度，具有缓凝作用，是水泥中不可缺少的组分。石膏的掺量不能太少，否则达不到延长水泥凝结硬化时间的作用。但是石膏掺量也不能太多，否则，不仅会促进水泥的凝结硬化，而且在水泥硬化的后期，过多的石膏继续与水泥中水化铝酸钙发生反应，生成水化硫铝酸钙，引起水泥石的膨胀，导致水泥石开裂，造成水泥体积安定性不良。石膏掺量一般为水泥重量的3%～5%。

6.养护条件

养护环境有合适的温度与湿度，有利于水泥的水化和凝结硬化过程，有利于水泥的早期强度发展。如果环境十分干燥，水泥中的水分蒸发，导致水泥不能充分水化，同时硬化也将停止，严重时会使水泥石发生裂缝。

通常，养护温度升高，水泥的水化加快，早期强度发展也快。若在较低的温度下硬化，虽然强度发展较慢，但最终强度不受影响。不过当温度低于0℃时，水泥的水化停止，强度不但不增长，甚至会因水结冰而导致水泥石结构破坏。在实际工程中，常通过蒸汽养护、蒸压养护来加快水泥制品的凝结硬化过程。

7.龄期

水泥的水化硬化是由表及里、逐渐深入进行的过程。随着水泥颗粒内各熟料矿物水化度的不断加深，凝胶体不断增加，毛细孔隙相应减少，从而随着龄期的增长，水泥石的强度逐渐提高。由于熟料矿物中对强度起决定性作用的 C_3S 在早期强度发展快，所以，水泥在3～14d内强度增长较快，在28d后增长较慢。

8.外加剂

硅酸盐水泥的水化、凝结硬化速度主要受硅酸三钙和铝酸三钙的制约，凡是对硅酸三钙和铝酸三钙的水化性能产生影响的外加剂，都能改变硅酸盐水泥的水化、凝结硬化性能。如加入促凝剂，就能促进水泥水化、硬化，提高水泥早期强度，相反，掺加缓凝剂，就会延缓水泥水化、硬化，影响水泥早期强度的发展。

五、硅酸盐水泥的技术指标

根据现行国家标准《通用硅酸盐水泥》（GB 175—2007）的规定，硅酸盐水泥的技术性质要求如下：

（一）化学指标

1.不溶物

不溶物是指水泥煅烧过程中存留的残渣，主要来自原料中的黏土和结晶 SiO_2，因煅烧不良、化学反应不充分而未能形成熟料矿物。不溶物含量高会影响水泥的黏结质量。P·I 型水泥中不溶物不得超过 0.75%，P·II 型水泥中不溶物不得超过 1.50%。

2.烧失量

烧失量是指水泥煅烧不佳或受潮使得水泥在规定温度加热时产生的质量损失。

烧失量常用来控制石膏和混合材料中的杂质，以保证水泥质量。

3.MgO、SO_3 或碱

水泥中的游离 MgO、SO_3 过高时，会引起水泥的体积安定性不良，其含量必须限定在一定的范围内。水泥中碱含量过高，在混凝土中遇到活性集料时，会发生碱–集料反应。碱含量（按 $Na_2O+0.685K_2O$ 计算值表示）不得大于 0.60% 或由供需双方商定。当使用活性集料时，需使用低碱水泥。

4.氯离子

水泥中 Cl^- 是引起混凝土中钢筋锈蚀的因素之一，要求限制其含量（质量分数）在 0.60% 以内。

（二）硅酸盐水泥的物理力学性质

1.细度

水泥细度是指水泥颗粒的粗细程度，细度是影响水泥性能的重要指标。水泥细度通常采用筛析法或比表面积法进行测定。

水泥与水的反应是从水泥颗粒表面开始，逐渐深入到颗粒内部的。水泥颗粒越细，其比表面积越大，与水的接触面越多，水化反应进行得越快、越充分。一般认为，粒径小于 40μm 的水泥颗粒才具有较高的活性；大于 90μm 的，则几乎接近惰性。因此，水泥的细度对水泥的性质有很大影响。通常水泥越细，凝结硬化越快，强度（特别是早期强度）越高，收缩也越大，但水泥越细，越易吸收空气中水分而受潮形成絮凝团，反而会使水泥的活性降低。因此，提高水泥的细度要增加粉磨时的能耗，降低粉磨设备的生产率，增加成本。

硅酸盐水泥的细度用比表面积表示，要求不小于 $300m^2/kg$；同时，规范中还规定水泥细度只是硅酸盐水泥技术要求中的选择性指标，不作为判定水泥合格与否的标准。

2.凝结时间

水泥从加水开始到失去流动性，即从可塑性状态发展到固体状态所需要的时间称为凝结时间。凝结时间又分为初凝时间和终凝时间。初凝时间是指从水泥加水拌和起到水泥浆开始失去塑性所需的时间；终凝时间为从水泥加水拌和时起到水泥浆完全失去可塑性，并开始具有强度的时间。

初凝时间不能过短，这是为了保证施工过程能从容地在水泥浆初凝前完成。因此，初凝不符合标准要求时应做废品处理。终凝时间不可过长，因为水泥终凝后才开始产生强度，而水泥制品遮盖浇水养护以及下面工序的进行，需待其具有一定强度后方可进行。

水泥终凝时间是以标准稠度的水泥净浆为基础，在规定的温度、湿度条件下，用凝结时间测定仪来测定的。硅酸盐水泥的初凝时间不小于 45min，终凝时间不大于 390min。

凝结时间的测定必须具备两个规定条件：一是在规定的恒温、恒湿环境中；二是受测水泥浆必须是标准稠度的水泥浆。各批水泥的矿物成分、粉磨细度不尽相同，拌成标准稠度的水泥浆时用水量各不相同。标准稠度用水量是指水泥净浆达到规定稠度（标准稠度）时所需的拌和水量，以占水泥质量的百分率表示。水泥标准稠度用水量一般为24%～33%。

3.体积安定性

水泥的体积安定性是指水泥在凝结硬化过程中体积变化的均匀性。当水泥浆体硬化过程发生不均匀变化时，会导致膨胀开裂、翘曲，成为安定性不良。安定性不合格的水泥应当作废品处理，不得用于建筑工程。

水泥安定性不良的主要原因是熟料中含有过量的游离氧化钙（f-CaO）、游离氧化镁（f-MgO）、三氧化硫（SO_3），或掺入的石膏过多。水泥中MgO的含量不得超过5.0%，水泥中SO_3的含量不得超过3.5%。对过量f-CaO引起的安定性不良，可以用沸煮法检验。沸煮法检验又分为两种：一种是试饼法，即将标准稠度的水泥净浆制成规定尺寸形状的试饼，凝结后经沸水煮3h，以不开裂、不翘曲为合格；另一种方法为雷氏法，即将标准稠度的水泥净浆装入雷氏夹，凝结并煮沸后，以雷氏夹张开幅度不超过规定为合格。雷氏法为标准方法，当两种方法测定结果发生争议时，以雷氏法为准。

4.标准稠度用水量

水泥的许多性质都与新拌制的水泥浆的稀稠程度有关，如凝结时间、体积安定性测定等。所谓标准稠度，是按规定的方法拌制的水泥净浆，用维卡仪测定试杆沉入净浆并距底板（6±1）mm时的水泥净浆的稠度（标准法）；或在水泥标准稠度测定仪上，试锥下沉（28±2）mm时的水泥净浆的稠度（代用法）。

水泥标准稠度用水量是指水泥净浆达到标准稠度时所需要的水，通常用水与水泥质量的比（百分数）来表示。硅酸盐水泥的标准稠度用水量一般为21%～28%。水泥的标准稠度用水量，主要与水泥的细度及其矿物成分有关。

5.强度和强度等级

水泥作为胶凝材料，强度是它最重要的性质之一，也是划分强度等级的依据。

水泥强度是指水泥胶砂强度，是评定水泥强度等级的依据。硅酸盐水泥的强度不但与熟料的矿物成分，混合材料的品种、数量及水泥的细度等有关，还与水泥的水胶比、试件的制作方法、养护条件等有关。

国家标准规定，将水泥、标准砂及水按规定比例（水泥：标准砂：水=1：3：0.5），用规定方法制成规格为40mm×40mm×160mm的标准试件，在标准条件［1d内为（20±1）℃、相对湿度90%以上的养护箱中，1d后放入（20±1）℃的水中］下养护，测定其3d和28d龄期时的抗折强度和抗压强度。根据3d和28d时的抗折强度和抗压强度划分硅酸盐水泥的强度等级，并按照3d强度的大小分为普通型和早强型（用R表示）。

硅酸盐水泥的强度等级有六个，即42.5、42.5R、52.5、52.5R、62.5、62.5R。各强度等级水泥的各龄期强度不得低于表4-2中的数值。如有一项指标低于表中的数值，则应降低强度等级，直到4个数值全部满足表4-2中规定。

表4-2   硅酸盐水泥各强度等级、各龄期的强度标准值（GB 175—2020）

品种	强度等级	抗压强度（MPa）		抗折强度（MPa）	
		3d	28d	3d	28d
硅酸盐水泥	42.5	≥17.0	≥42.5	≥3.5	≥6.5
	42.5R	≥22.0		≥4.0	
	52.5	≥23.0	≥52.5	≥4.0	≥7.0
	52.5R	≥27.0		≥5.0	
	62.5	≥28.0	≥62.5	≥5.0	≥8.0
	62.5R	≥32.0		≥5.5	

注："R"表示早强型。

6.水化热

水泥与水的水化反应是放热反应，所释放的热成为水化热。水化热的多少和释放速率取决于水泥熟料的矿物组成、混合材料的品种和数量、水泥细度和养护条件等。大部分水化热在水泥水化初期放出。硅酸盐水泥是六大通用水泥中水化放热量最大、放热速率最快的一种，普通硅酸盐水泥的水化热数量和放热速率居次，掺大量混合材料的水泥的水化热则较少。

水泥的水化热多，有利于冬期施工，可在一定程度上防止冻害，但不利于大体积工程。大量水化热聚集于内部，造成内部与表面有较大的温差，内部受热膨胀，表面冷却收缩，使大体积混凝土在温度应力下严重受损。尽管国家标准没有规定通用水泥的水化热限值，但选用水泥时应充分考虑水化热对工程的影响。

【工程实例分析4-1】
严酷环境对水泥基材料的要求

有很多在建和将要建设的工程处于严酷环境中，包括海洋环境和西部极端气候。

港珠澳大桥　　渤海湾大桥　　南海岛礁机场
雅鲁藏布江水电站　　青藏铁路　　兰新高铁

概况：很多大型工程都是在严酷环境下进行服役，对于性能有着不同的要求。

原因分析：这些工程中所涉及的主要工程材料就是水泥基材料，而且这些工程材料所处的环境也不尽相同，那么破坏的形式也是多种多样。水利和海洋工程以水冲击、硫酸盐腐蚀、碳酸化侵蚀、风力作用、生物侵蚀等破坏为主，深海工程（海底隧道）还会受到水压的长期作用，高层建筑以风力作用和地质运动为主要作用因素，西部工程多以风沙侵蚀和硫酸盐侵蚀为主，核电工程则包括化学及辐射腐蚀作用。这些环境因素都会对水泥基材料提出严峻考验。

第二节　复合型硅酸盐水泥

硅酸盐水泥是以硅酸盐水泥熟料为主要组分制得的水泥的总称。当掺入一定量的混合材料时，硅酸盐水泥名称前应冠以混合材料的名称，如矿渣硅酸盐水泥、火山灰质硅酸盐水泥、粉煤灰硅酸盐水泥等。硅酸盐水泥的制成是将硅酸盐水泥熟料与石膏、混合材料经粉磨、贮存、均化达到质量要求的过程，是水泥生产过程中的最后一个环节。

一、水泥混合材料

水泥生产用的混合材料品种很多，分类方法也不尽相同，根据来源可分为天然混合材料和人工混合材料（主要是工业废渣），但通常根据混合材料的性质及其在水泥水化过程中所起的作用，可分为活性混合材料和非活性混合材料两大类。

活性混合材料是指具有火山灰性或潜在水硬性，以及兼有火山灰性和水硬性的矿物质材料。主要品种有各种工业炉渣（粒化高炉矿渣、钢渣、化铁炉渣、磷渣等）、火山灰质混合材料和粉煤灰三大类，它们的活性指标均应符合有关的国家标准或行业标准。

所谓火山灰性，是指一种材料磨成细粉，单独不具有水硬性，但在常温下与石灰一起和水后能形成具有水硬性的化合物的性能；而潜在水硬性是指材料单独存在时基本无水硬性，但在某些激发剂的激发下，可呈现水硬性。常用的激发剂有两类：碱性激发剂（硅酸盐水泥熟料和石灰）；硫酸盐激发剂（各类天然石膏或以 $CaSO_4$ 为主要成分的化工副产品，如氟石膏、磷石膏等）。

非活性混合材料是指在水泥中主要起填充作用而又不损害水泥性能的矿物质材料，即活性指标达不到活性混合材料要求的矿渣、火山灰材料、粉煤灰以及石灰石、砂岩、生页岩等材料。一般对非活性混合材料的要求是对水泥性能无害。

水泥中掺加混合材料，一方面可以增加水泥的产量，降低水泥的生产成本，改善和调节水泥的某些性质；另一方面综合利用了工业废渣，减少了环境污染。

（一）粒化高炉矿渣

在高炉冶炼生铁时，所得以硅酸钙和铝酸钙为主要成分的熔融物，经淬冷成粒后，即为粒化高炉矿渣，简称矿渣，也称为水渣。它是目前国内水泥工业中用量最大、质量最好的活性混合材料。但若是经慢冷（缓慢冷却）后的产品则呈现块状或细粉状，不具有活性，属非活性混合材料。

在高炉中冶炼锰铁时产生的废渣成为锰铁渣，它除 MnO 含量较高外，其他成分及性能与一般冶炼生铁时的粒化高炉矿渣相似，故通常将锰铁矿渣包括在粒化高炉矿渣内。

高炉矿渣中主要的化学成分是：二氧化硅（SiO_2）、氧化钙（CaO）、氧化镁（MgO）、氧化亚锰（MnO）、氧化亚铁（FeO）和硫等。此外有些矿渣还有微量的二氧化钛（TiO_2）、五氧化二钒（V_2O_5）、氧化钠（Na_2O）、氧化钡（BaO）、五氧化二磷（P_2O_5）、三氧化二铬（Cr_2O_3）等。在高炉矿渣中氧化钙（CaO）、二氧化硅（SiO_2）、三氧化二铝（Al_2O_3）占重量的 90% 以上。根据矿渣中碱性氧化物（CaO+MgO）与酸性氧化物（$SiO_2+Al_2O_3$）的比值 M 的大小，可以将矿渣分为三种：M>1 的矿渣称为碱性矿渣；M=1 的矿渣称为中性矿渣；M<1 的矿渣称为酸性矿渣。根据冶炼生铁的种类，矿渣可分为铸铁矿渣、炼钢生铁矿渣、特种生铁矿渣（如锰铁矿渣、镁铁矿渣）。根据冷却方法、物理性能及外形，矿渣可分为缓冷渣（块状、粉状）和急冷渣（粒状、纤维状、多孔状、浮石状）。几种高炉矿渣的化学成分见表4-3。

表4-3　　　　　　　　　　高炉矿渣的化学成分

种类	CaO	SiO_2	Al_2O_3	MgO	MnO	Fe_2O_3	S	TiO_2	V_2O_5
炼钢、铸造高炉渣	32 ~ 49	32 ~ 41	6 ~ 17	2 ~ 13	0.1 ~ 4	0.2 ~ 4	0.2 ~ 2	—	—
锰铁渣	25 ~ 47	21 ~ 37	7 ~ 23	1 ~ 9	3 ~ 24	0.1 ~ 1.7	0.2 ~ 2	—	—
钒钛渣	20 ~ 31	19 ~ 32	13 ~ 17	7 ~ 9	0.3 ~ 1.2	0.2 ~ 1.9	0.2 ~ 1	6 ~ 25	0.06 ~ 1

高炉矿渣中各类氧化物成分以各种形式的硅酸盐矿物形式存在。碱性高炉渣中最常见的矿物有黄长石、硅酸二钙、橄榄石、硅钙石、硅灰石和尖晶石。酸性高炉渣由于其冷却速度的不同，形成的矿物也不一样。当快速冷却时全部凝结成玻璃体；当缓慢冷却时（特别是弱酸性的高炉渣）往往出现结晶的矿物相，如黄长石、假硅灰石、辉石和斜长石等。

高钛高炉矿渣的矿物成分中几乎都含有钛。锰铁矿渣中存在镁橄榄石（$2MnO \cdot SiO_2$）和蔷薇辉石（$MnO \cdot SiO_2$）矿物。高铝矿渣中存在大量的铝酸钙（$CaO \cdot Al_2O_3$）、三铝酸五钙（$5CaO \cdot 3Al_2O_3$）、二铝酸钙（$CaO \cdot 2Al_2O_3$）等。矿渣的活性主要取决于它的化学成分和成粒质量。从化学成分来说，其质量以 CaO、MgO、Al_2O_3 百分含量和与 SiO_2、MnO、TiO_2 百分含量之和的比来表示，所得比值称为"质量系数"，质量系数越大，矿渣活性也就越大。

$$质量分数 = \frac{CaO + MgO + Al_2O_3}{SiO_2 + MnO + TiO_2} \tag{4-6}$$

矿渣的质量，除用质量系数评定外，还可采用强度试验法加以验证。用同一种熟料，制成各种不同掺入量的矿渣水泥和用该种熟料制成的硅酸盐水泥，在严格控制比面积和石膏加入量的条件下，测定其28d的抗压强度。然后用下式评定矿渣质量：

$$R = \frac{矿渣水泥28d抗压强度}{硅酸盐水泥28d抗压强度 \times (1 - 矿渣掺量\%)} \tag{4-7}$$

R<1，则说明矿渣质量不佳，R越大说明矿渣质量越好。

矿渣按质量系数、化学成分、容积密度和粒度分为合格品和优等品。其质量系数和化学成分应符合表4-4的要求；放射性应符合GB 6763的规定，具体数值由水泥厂根据矿渣掺加量确定；松散容积密度和最大粒度应符合表4-4的要求；矿渣中不得混有外来夹杂物，如铁尘泥、未经充分冷却的矿渣等。

表4-4 火山灰质材料的质量要求

	合格品	优等品
质量系数 R = $\dfrac{矿渣水泥28d抗压强度}{硅酸盐水泥28d抗压强度 \times (1 - 矿渣掺量\%)}$	≥1.20	≥1.60
二氧化钛（TiO$_2$）含量，%	≤10.0	≤2.0
氧化亚锰（MnO）含量，%	≤4.0 ≤15.0（冶炼锰铁时）	≤2.0
氟化物含量（以F计），%	≤2.0	≤2.0
硫化物含量（以S计），%	≤3.0	≤2.0
松散容积密度，kg/L	≤1.20	≤1.00
最大粒度，mm	≤100	≤50
大于10mm颗粒含量（以重量计），%	≤8	≤3

（二）火山灰质混合材料

凡天然的或人工的以氧化硅、氧化铝为主要成分的矿物质原料，本身磨细加水拌合并不硬化，但与石灰混合后，再加水拌和，则不但能在空气中硬化，而且能在水中继续硬化者，称为火山灰质混合材料。其按成因可分为天然的和人工的两大类。火山灰质材料需要满足表4-4的要求。

天然的火山灰质混合材料包括：

（1）火山灰，火山喷发时的细粒碎屑的疏松沉积物。

（2）凝灰岩，由火山灰沉积形成的致密岩石。

（3）沸石岩，凝灰岩经环境介质作用而形成的一种以碱或碱金属的含水硅铝酸盐矿物为主要成分的岩石。

（4）浮石，火山喷出的多孔的玻璃质岩石。

（5）硅藻土和硅藻石，由极细致的硅藻外壳聚集、沉积而成的岩石。

人工的火山灰质混合材料包括：

（1）煤矸石，煤层中炭质页岩经煅烧或自燃后的产物。

（2）烧页岩，页岩后油母页岩经煅烧或自燃后的产物。

（3）烧黏土，黏土经煅烧后的产物。

（4）煤渣，煤炭燃烧后的残渣。

（5）硅质渣，由矾土提取硫酸铝的残渣。

（6）硅灰，炼硅或硅铁合金过程中得到的副产品。SiO_2含量通常在90%以上，主要以玻璃态存在，颗粒平均尺寸在0.1μm左右，其具有非常高的火山灰活性。

火山灰质混合材料的化学成分以SiO_2、Al_2O_3为主，其含量占70%左右。而CaO含量较低，其矿物组成随其成因变化较大。

火山灰质混合材料的活性即火山灰性，其评定方法通常有两种：一种是化学方法，另一种是物理方法。

化学方法即火山灰试验，根据GB/T 2847—2005的方法是：

（1）称取（20±0.01）g掺30%火山灰质混合材的水泥与100mL蒸馏水制成浑浊液，于（40±1）℃的条件下恒温8d后，将溶液过滤。

（2）取滤液测定其总碱度（mmol/L）。

（3）测定滤液的氧化钙含量（mmol/L）。

（4）以总碱度（OH^-浓度）为横坐标，以氧化钙含量（CaO浓度）为纵坐标，将试验结果点在评定火山灰活性的曲线图中（如图4-4所示）。

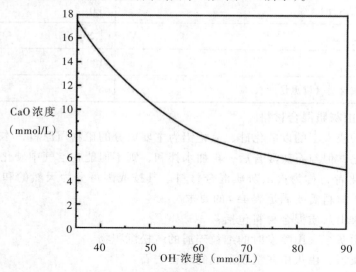

图4-4 火山灰活性的判定曲线

（5）结果评定：如果试验点在曲线（40℃氢氧化钙的溶解度曲线）的下方，则认为该混合材的火山灰性合格；如果试验点在曲线（40℃氢氧化七的溶解度曲线）的上方，则重做试验，但恒温为15d。如果此时测试点落在曲线下方，仍可认为火山灰性合格，否则不合格。

物理方法即胶砂28d抗压强度对比法，是利用掺30%火山灰质混合材的对比水泥，水泥应符合《强度检验用水泥标准样品》（GSB14-1510）标准，不加任何混合材，强度等级大于42.5MPa的硅酸盐水泥，用胶砂28d抗压强度与对比水泥28d抗压强度之比值R来评定。具体试验方法按《用于水泥混合材的工业废渣活性试验方法》（GB/T 12957—2005）进行。

用于水泥中的火山灰质混合材料，必须符合《用于水泥中的火山灰质混合材料》（GB/T 2847—2005）的技术条件。

（1）烧失量：人工火山灰质混合材料不大于10%。

（2）三氧化硫含量：不得超过3.5%。

（3）火山灰性试验：按 GB 2847—2005 标准附录 A 的试验方法进行，必须合格。

（4）水泥胶砂28d强度比不小于65%。

（5）放射性物质：应符合《建筑材料放射性核素限量》（GB 6566—2010）的规定。

符合上述质量要求的火山灰质混合材料为活性混合材料；仅符合上述（1）、（2）、（5）项要求的火山灰质混合材料为非活性混合材料；上述（1）、（2）、（5）项中任何一条不符合要求的火山灰质混合材料不能作为水泥混合材料使用。

（三）粉煤灰

从煤粉炉烟道气体中收集的粉称成为粉煤灰，按煤种分为F类和C类。F类粉煤灰是由无烟煤或烟煤煅烧收集的粉煤灰；C类粉煤灰是由褐煤或次烟煤煅烧收集的粉煤灰，其氧化钙含量一般大于10%。在火力发电厂，煤灰在锅炉内经1 100～1 500℃的高温煅烧后，一般有70%～80%呈粉状灰随烟气排出，经收尘器收集，即为粉煤灰；20%～30%呈烧结状落入炉底，成为炉底灰或炉渣。粉煤灰是最普遍而大宗的工业固废之一。

粉煤灰的化学成分随煤种、燃烧条件和收尘方式等条件的不同而在较大范围内波动，但以 SiO_2、Al_2O_3 为主，并含有少量 Fe_2O_3、CaO。其活性取决于可溶性的 SiO_2、Al_2O_3 和玻璃体，以及它们的细度。此外，烧失量的高低（烧失量主要显示含碳量的高低，亦即燃烧的完全程度）也影响其质量。粉煤灰的粒度一般在0.5～200μm之间，其主要颗粒的大小在1～50μm之间，80μm方孔筛筛余为3%～40%，质量密度为2.0～2.3g/cm³，体积密度为0.6～1.0g/cm³。

《用于水泥和混凝土中的粉煤灰》（GB/T 1596—2017）规定了拌制混凝土和砂浆用粉煤灰应符合的技术要求，见表4-5。水泥活性混合材料用粉煤灰技术要求见表4-6。

表4-5   拌制混凝土和砂浆用粉煤灰技术要求

项目		技术要求		
		I级	II级	III级
细度（45μm方孔筛筛余），%	F类粉煤灰	≤12.0	≤25.0%	≤45.0
	C类粉煤灰			
需水量比，%	F类粉煤灰	≤95	≤105	≤115
	C类粉煤灰			
烧失量，%	F类粉煤灰	≤5.0	≤8.0	≤15.0
	C类粉煤灰			
含水量，%	F类粉煤灰	≤1.0		
	C类粉煤灰			
三氧化硫，%	F类粉煤灰	≤3.0		
	C类粉煤灰			
游离氧化钙，%	F类粉煤灰	≤1.0		
	C类粉煤灰	≤4.0		
安定性，雷氏夹沸煮后增加距离，mm	C类粉煤灰	≤5.0		

表4-6   水泥活性混合材料用粉煤灰技术要求

项目		技术要求
烧失量，%	F类粉煤灰	≤8.0
	C类粉煤灰	
含水量，%	F类粉煤灰	≤1.0
	C类粉煤灰	
三氧化硫，%	F类粉煤灰	≤3.5
	C类粉煤灰	
游离氧化钙，%	F类粉煤灰	≤1.0
	C类粉煤灰	≤4.0
安定性，雷氏夹沸煮后增加距离，不大于，mm	C类粉煤灰	≤5.0
强度活性指数，%	F类粉煤灰	≥70.0
	C类粉煤灰	

需水量比采用1∶3的水泥胶砂流动度进行测定计算，将对比水泥（符合《强度检验用水泥标准样品》（GSB 14—1510）标准，不加任何混合材，强度等级大于42.5 MPa的硅酸盐水泥）砂浆和试验水泥（对比水泥加30%粉煤灰）砂浆分别加一定量的水，使二者的流动度均达到130～140mm，此时的加水量之比即为需水量比。

强度活性指数则按《水泥胶砂强度检验方法》（GB/T 17671—2021）测定试验胶砂强度和对比胶砂的抗压强度，以二者抗压强度之比确定试验胶砂的活性指数。试验胶砂配比为：对比水泥315g、粉煤灰135g、标准砂1350g、水225mL。对比胶砂配比为：对比水泥450g、标准砂1 350g、水225mL。

（四）其他混合材料

其他混合材料系指《用于水泥中的粒化高炉矿渣》（GB/T 203—2008）、《用于水泥中的火山灰质混合材料》（GB/T 2847—2005）、《用于水泥和混凝土中的粉煤灰》（GB/T 1596—2017）标准规定以外的可用作水泥混合材料的各种工业废渣，根据其活性大小同样分活性和非活性两类。水泥胶砂28d抗压强度比大于和等于75%的为活性混合材料；小于75%的为非活性混合材料。

1.化铁炉渣

化铁炉渣是钢铁厂化铁炉排出的废渣，在熔融状态下经水淬极冷成粒化状铁矿渣。其矿物组成与矿渣类似，含有 C_2AS、CAS_2、CS 等矿物及少量 $C_2S_3 \cdot CaF$（枪晶石）和 CaF_2，可用作水泥混合材料，也可和矿渣一样，用于生产无熟料和少熟料水泥或某些特种水泥。

2.精炼铬铁渣

精炼铬铁渣是电炉还原法冶炼铬铁的微碳或中低碳铬铁渣。主要矿物组成为 C_2S、C_2AS、CS、C_3S_2、$MgO \cdot Cr_2O_3$（铬尖晶石）等，并含有大量玻璃相，属于活性混合材。有关质量要求应符合《用于水泥中的粒化铬铁渣标准》（JC 417—1991（1996））。

3.粒化电炉磷渣

粒化电炉磷渣是采用磷矿石、硅石、焦炭在电炉内以电升华法制取黄磷所得的废渣在熔融条件下经水淬冷而成，简称磷渣。磷渣的化学成分与矿渣相似，不同点是 CaO、SiO_2 含量稍高，Al_2O_3 含量稍低，此外尚含有少量的 P_2O_5 和 CaF_2，活性稍次于矿渣。用作活性混合材使用时，其质量要求应符合《用于水泥中的粒化电炉磷渣》（GB/T 6645—2008）标准要求，所制得的水泥性能特点是早期强度稍低，但后期强度增进率大，凝结较慢。

4.粒化高炉钛矿渣

以钒钛磁铁矿为原料在高炉冶炼生铁时，所得以钛的硅酸盐矿物和钙钛矿为主要成分的熔融渣，经淬冷成粒后，成为粒化高炉钛矿渣。粒化高炉钛矿渣中 TiO_2 含量一般在20%以上，故其活性大大下降，不同于一般矿渣。它呈黑褐色，有时夹杂少量金属铁块，结晶能力较强，形成的玻璃质也很少，基本上没有活性，通常用作非活性混合材。有关质量要求应符合《用于水泥中的粒化高炉钛矿渣》（JC/T 418—2009）标准要求。

5.增钙液态渣

电厂燃煤掺加适量石灰石共同粉磨制成煤粉，在炉内所得煤灰呈熔融状态排出，经淬冷而成为增钙液态渣。与矿渣相比，其 CaO 含量较低，Al_2O_3 含量较高。当 CaO 含量大于25%时，其活性仅次于矿渣，而远远高于粉煤灰。经水淬的粒化增钙液态渣含有95%以上的玻璃相，属潜在水硬性材料，质量密度为 $2.7 \sim 3.0 g/cm^3$，松散体积密度为 $1.2 \sim 1.4 g/cm^3$。有关质量要求应符合《用于水泥中粒化增钙液态渣建筑材料》（JC 454—1992（1996））标准要求。

6.钢渣

钢渣主要是指平炉后期渣、转炉渣、电炉还原渣。其中平炉后期渣和转炉渣的主要化学成分与水泥熟料的成分接近，但 CaO、Al_2O_3 含量稍低，Fe_2O_3、MgO 含量稍高；电炉还原渣的 Al_2O_3 含量较高，而 FeO、Fe_2O_3 含量较低，与矿渣类似。它们均含有一定量的水硬性矿物 C_3S、C_2S 及铁铝酸钙等，故具有水硬性。采用钢渣作为混合材料，往往需配以其他材料，既起激发作用，又使所制水泥不发生安定性不良的现象，才能获得强度较好等性能。有关质量要求应符合《用于水泥中的钢渣》（YB/T 022—2008）标准要求。

7.窑灰

窑灰是指水泥回转窑生产熟料时从窑尾废气中收集下来的粉尘。窑灰分为两类：一类为一般中空干法、湿法和半干回转窑排出的窑灰，另一类为预分解窑旁路放风排出的窑灰。后者已经高温煅烧，游离石灰含量较高，R_2O、SO_3 和 Cl 含量也高，在水泥工业中目前尚难以充分利用。目前作为水泥混合材料组分之一的是前一类窑灰。窑灰的化学成分基本上介于生料和熟料之间，但随原料、燃料、煅烧设备、热工制度、收集装置的不同在成分上有较大差别。其中烧失量在10%～25%，游离石灰在10%左右，SO_3 含量主要取决于所用煤种的含硫量。

窑灰的矿物组成中主要有 $CaCO_3$、K_2SO_4、Na_2SO_4、$CaSO_3$、烧黏土物质、熟料矿物、煤灰玻璃球等。窑灰既不属于活性混合材，也不属于非活性混合材，它是作为水泥组分之一的材料。但窑灰通常被视作混合材料在水泥中使用，其理由一是窑灰中含有一定量的熟料矿物和具有火山灰性的烧黏土，这些矿物将随水泥一起水化，对水泥强度起到一定作用；二是窑灰中的 $CaCO_3$ 常以微粉状态存在，在水泥水化过程中能加速 C_3S 水化，与铝酸盐形成水化碳铝酸钙针状结晶，本身还起到填充密实的微集料作用，从而对早期强度有利；三是 K_2SO_4、Na_2SO_4 组分可起到早强剂作用，而 $CaSO_4$ 则起石膏的缓凝作用。尽管窑灰中的游离石灰含量较熟料高得多，但它主要是呈细分散状态的轻烧石灰，水化较快，对水泥的安定性不构成威胁，故国家标准规定在水泥中可掺入一定量的窑灰。有关质量要求应符合建材行业标准《掺入水泥中的回转窑窑灰》（JC/T 742—2009）的规定。

二、矿渣硅酸盐水泥

矿渣硅酸盐水泥是我国使用最多的水泥品种，根据我国国家标准GB 1344—85规定，凡由硅酸盐水泥熟料和粒化高炉矿渣、适量石膏磨细制成的水硬性胶凝材料称为矿渣硅酸盐水泥（简称矿渣水泥）。水泥中粒化高矿渣掺加量按质量百分比计为20%～70%。允许用不超过混合材总掺量1/3的火山灰质混合材（包括粉煤灰）、石灰石、窑灰来替代部分粒化高炉矿渣。若为火山灰质混合材，不得超过15%；若为石灰石，不得超过10%；若为窑灰，不得超过8%。允许用火山灰质混合材料与石灰石或与窑灰共同来代替矿渣，但代替总量最多不超过水泥质量的15%，其中石灰石仍不得超过10%，窑灰仍不得超过8%。替代后水泥中的粒化高炉矿渣不得少于20%。矿渣硅酸盐水泥共分为275、325、425、525和625等五个标号，其中425、525号水泥按早期强度分为两种类型，各标号、各类型水泥的龄期强度不得低于表4-7所列的数值，其中R为早强型。

表4-7　　　　　　　　　　　矿渣硅酸盐水泥的强度指标

标号	抗压强度，kgf/cm² （MPa）			抗折强度，kgf/cm² （MPa）		
	3d	7d	28d	3d	7d	28d
275	—	130（12.8）	275（27.0）	—	28（2.7）	50（4.9）
325	—	150（14.7）	325（31.9）	—	33（3.2）	55（5.4）
425	—	210（20.6）	425（41.7）	—	12（4.4）	64（6.3）
425R	193（19.0）	—	425（41.7）	看不清	—	64（6.3）
525	—	290（28.4）	525（51.5）	—	50（4.9）	72（7.1）
525R	234（23.0）	—	525（51.5）	看不清	—	72（7.1）
625R	285（28.0）	—	625（61.5）	看不清	—	80（7.8）

（一）矿渣水泥的生产

矿渣水泥的生产过程与普通硅酸盐水泥基本相同。水淬矿渣先在烘干机内进行烘干，再与硅酸盐水泥熟料及石膏，依一定比例送入磨内共同粉磨，即成矿渣水泥，变更熟料、矿渣和石膏的配比以及水泥的细度，即可对标号进行适当调节。

通常在回转窑熟料中掺入较多矿渣时，水泥标号会明显降低. 但在f-CaO含量较高的立窑熟料中掺入一定量（例如30%～55%）矿渣后，抗压强度虽减小，但抗折强度特别是28d抗折强度反而能有所提高，而且体积安定性也有改善，从调节水泥标号的角度出发，活性大的矿渣对水泥强度的不良影响较小，故掺杂量可较多，特别是Al₂O₃含量高的，掺量更可适当增加。

矿渣水泥中的石膏，既要调节水泥熟料的凝结时间，又要起硫酸盐激发剂的作用、有效地激发矿渣活性。因此，石膏的掺加量对于矿渣水泥的凝结时间与早期强度影响很大，石膏的掺量一般随矿渣掺量的增加而提高。尤其是熟料和矿渣中的 Al_2O_3 含量较高或者粉磨较细时，石膏掺量更宜相应多加。原则上，矿渣水泥中的石膏掺量要比普通水泥稍多，SO_3 最大限量达 4%。

矿渣水泥的最大缺点是早期强度比普通硅酸盐水泥低，因此，如何提高早期强度是改善矿渣水泥质量的主要环节。一般应注意在生产可能的情况下，适当提高水泥熟料中 C_3S 和 C_3A 的含量；尽可能选用质量系数大、水淬质量较好的矿渣以及合适的掺入量，且在生产中严加控制；结合工厂具体条件，根据综合技术经济指标，恰当地提高细度，并选择较佳的石膏掺入量，除此之外，在矿渣水泥中加入适量石灰石，也可能提高早期强度。这是因为 $CaCO_3$ 和水化铝酸钙会形成水化碳铝酸钙。

（二）矿渣水泥的水化硬化过程

矿渣水泥水化时，由于掺有较多矿渣，因此其水化过程也比硅酸盐水泥更为复杂，但大致可作如下归纳：矿渣水泥调水后，首先是熟料矿物水化，生成水化硅酸钙、水化铝酸钙、水化铁酸钙、氢氧化钙、水化硫铝酸钙或水化硫铁酸钙等水化产物，这与硅酸盐水泥的水化基本相同。这时所生成的氢氧化钙和掺入的石膏就分别作为矿渣的碱性激发剂和硫酸盐激发剂，并与矿渣中的活性组分相互作用，生成水化硅酸钙、水化硫铝酸钙或水化硫铁酸钙，有时还可能形成水化铝硅酸钙（C_2ASH_8）等水化产物。

根据电子显微镜观测可知，纤维状的水化硅酸钙和钙矾石是矿渣水泥石结构的主要组成，而且水化硅酸钙凝胶结构具有比硅酸盐水泥更为致密的特征。研究表明，矿渣颗粒在硬化早期大部分像核心一样参与结构形成的过程，钙矾石就在矿渣四周，围绕表面成长。所以，最好能使熟料矿物所产生的水化物恰恰能配列到矿渣颗粒的表面，如果水化产物量超过矿渣表面所能容纳的数量，则必须粉磨更细，才能增加水化产物和原始颗粒的接触机会，从而获得最佳的强度。所以确保熟料和矿渣比表面积的恰当比例，对于获得较好的水泥石结构，就成为一个比较重要的因素。

（三）矿渣水泥的性能和应用

矿渣水泥的比密度一般为 2.8~3.0，较硅酸盐水泥略小，颜色也较淡。由矿渣水泥的硬化过程可知，首先是水泥熟料矿物水化、然后矿渣才能参加反应。同时，在矿渣水泥中，水泥熟料矿物的含量比硅酸盐水泥少得多，因此凝结稍慢，早期（3d，7d）强度较低；但在硬化后期，28d 以后的强度发展将超过硅酸盐水水泥。在使用时对于矿渣水泥配制的混凝土要注意早期的潮湿养护。同时，外界温度对硬化速度的影响也比硅酸盐水泥敏感。所以，矿渣水泥不宜于寒冷季节的冬季施工；否则应采取保温措施，而采用蒸汽养护等湿热处理，对于加快硬化速度比硅酸盐水泥更为有效。

矿渣水泥具有较好的抗蚀性，对淡水、海水或者 Na_2SO_4、$MgSO_4$ 等硫酸盐介质以及氯盐溶液都有较强的抵抗能力。一般认为矿渣水泥中游离 $Ca(OH)_2$ 以及铝酸盐含量的显著减少，是矿渣水泥化学稳定性提高的主要原因。同时，矿渣水泥中的水化硅酸钙凝胶结构较为紧密，对于阻止侵蚀性介质的扩散也有一定帮助。但必须注意，矿渣水泥并不是对常见类型的侵蚀都有较好的抗蚀性。例如在酸性水和镁盐侵蚀方面，矿渣水泥因为能起缓冲作用的 Ca（OH）$_2$ 较少，其抵抗能力甚至比硅酸盐水泥还差。而且抗大气性及抗冻性、干湿交替循环等性能都不及硅酸盐水泥。

此外，矿渣水泥由于相对降低了 C$_3$S 和 C$_3$A 的含量，水化硬化过程又慢，因此水化热一般都比硅酸盐水泥小得多。矿渣水泥与钢筋的黏结力很好，保护钢筋不致锈蚀的能力也可与硅酸盐水泥相比。又因为硬化后 Ca（OH）$_2$ 含量较低，而矿渣本身即是水泥的耐火掺料，所以矿渣水泥还具有耐热性较强的特点。

不过，矿渣水泥的干缩性较大，如养护不当，较易产生表面裂缝，且泌水性较明显，易析出多余水分，形成毛细管通路或粗大孔隙，降低均匀性，施工时均须注意。

根据以上特点，矿渣水泥可以与硅酸盐水泥一样，广泛适用于地面及地下建筑物，配制各种混凝土及钢筋混凝土构件；适用于海港工程和要求耐淡水侵蚀的水工建筑物以及大体积工程，但不适宜用于受冻融或干湿交替的建筑部位。矿渣水泥最适用于蒸汽养护的混凝土预制构件，还适用于受热车间，另加耐热掺料后，可配制耐热混凝土，用于承受较高温度的工程。

三、粉煤灰硅酸盐水泥

依照《矿渣硅酸盐水泥、火山灰质硅酸盐水泥及粉煤灰硅酸盐水泥》（GB 1344—1999）的规定，凡由硅酸盐水泥熟料和粉煤灰，加入适量的石膏磨细制成的水硬性胶凝材料，称为粉煤灰硅酸盐水泥，简称粉煤灰水泥。粉煤灰的掺量为 20%～40%，并允许掺加不得超过 1/3 的粒化高炉矿渣，此时混合材料总掺量可达 50%，但粉煤灰掺量仍不得超过 40%。试验表明，如粉煤灰掺量超过规定，标准稠度用水量太大，则凝结时间过长，特别是早期强度降低的幅度太大；如矿渣的代替量太多，水泥性能将发生显著变化，影响使用，也是不适宜的。

粉煤灰水泥实质上也是一种火山灰水泥，但由于粉煤灰的化学组成和物理结构特征与其他火山灰质混合材料有一定差别，使粉煤灰水泥具有一系列的性能特点，因此我国将其另列为一个品种，其标号划分则与火山灰水泥、矿渣水泥相同，也分为 275、325、425、525 和 625 这 5 种。各龄期的强度要求也与上述矿渣水泥相同。

粉煤灰水泥的凝结硬化过程与火山灰水泥也极为相似，首先是水泥熟料矿物的水化，然后粉煤灰中的活性 SiO$_2$、Al$_2$O$_3$ 与熟料矿物水化所释放出的 Ca（OH）$_2$ 相反应，但也存在一定的特点。粉煤灰的玻璃体中的 SiO$_2$、Al$_2$O$_3$ 与 Ca（OH）$_2$ 反应形成水化硅酸钙和水化铝酸钙，但粉煤灰的球形玻璃体比较稳定，表面又相当致密，不易水化。在水泥水化 7d 后的粉煤灰颗粒表面，几乎没有变化，直至 28d，刚能见到表面开始初步水化，略有凝胶状的水化物出现，在水化 3 个月后，粉煤灰颗粒表面才开始生成大量的水化硅酸钙胶体。它们互相交叉连接，形成很好的黏结强度。所以检定粉煤灰的活性，要以 3 个月的抗压强度比值来表示。因此，粉煤灰的早期强度较硅酸盐水泥低，并且随粉煤灰掺入量的增加，水泥的3d强度剧烈下降，而28d强度变化较小，从表4-8数值可以看出这种规律。粉煤灰水泥的后期强度（6个月以后）可以超过硅酸盐水泥（见表4-9）。

表4-8　　　　　　　　　　粉煤灰掺入量对水泥强度的影响

粉煤灰掺入量，%	细度，%	抗折强度 kg/cm² （MPa）			抗压强度 kg/cm² （MPa）		
		3d	7d	28d	3d	7d	28d
0	6.0	6.3（64）	7.0（71）	7.2（73）	32.1（327）	41.5（423）	55.5（556）
25	5.6	4.7（48）	5.7（58）	6.5（66）	23.1（236）	29.1（297）	44.0（449）
35	5.6	4.2（43）	5.3（54）	6.4（65）	18.5（189）	24.9（254）	42.0（431）

表4-9　　　　　　　　　　粉煤灰水泥和硅酸盐水泥的后期强度

粉煤灰掺入量，%	抗折强度 kg/cm²（MPa）						抗压强度 kg/cm²（MPa）					
	3d	7d	28d	3月	6月	1年	3d	7d	28d	3月	6月	1年
硅酸盐水泥	6.4（65）	7.6（77）	8.7（89）	9.1（93）	9.4（96）	9.4（96）	29.8（304）	38.1（389）	46.5（474）	53.8（549）	57.0（582）	55.2（563）
粉煤灰水泥（30%电收尘收下的粉煤灰）	3.9（40）	5.1（52）	7.3（74）	9.6（98）	9.6（103）	10.4（109）	46.4（147）	23.5（240）	37.3（3384）	52.3（534）	65.7（670）	66.5（679）

　　粉煤灰与其他天然火山灰相比，结构比较致密，内比表面积较小，有很多球状颗粒，所以需水量较低，干缩性小，抗裂性好，另外，水化热低，抗蚀性也较好，因此，粉煤灰水泥可用于一般的工业和民用建筑，尤其适用于大体积水工混凝土以及地下和海港工程等。

【工程实例分析4-2】

特种修补材料

　　概况：飞机场跑道的完整度要求非常高，如果出现破损，需要及时修补，那么需要什么性能的修补材料？请说明原因。

　　原因分析：磷酸镁基胶凝材料具有水化迅速、早期强度高、工艺简单和环境适应性强等特点，有着非常重要的应用价值，在工程建筑、环保、生物医药、冶金方面具有非常好的前景。

第三节 水硬性镁质胶凝材料——磷酸镁水泥

磷酸镁水泥是由过烧氧化镁和磷酸盐类与水混合后在常温下形成的一种新型无机胶凝材料。它们在水化机理和实际应用方面，与硅酸盐水泥有许多不同之处。磷酸盐胶凝材料，可以用来制作多种耐热和热稳定性材料、防腐和电绝缘涂料、高效能胶等。磷酸盐材料的部分性能近似于陶瓷材料，同时还具有其他一系列宝贵的优点。例如，采用磷酸盐胶凝材料制取材料时不需要进行高温煅烧，这些材料在许多侵蚀性介质中都是稳定的。磷酸盐胶凝材料及其制品，包括耐火砖、砂浆、公路修补材料、水泥管、喷射的泡沫绝缘材料、耐热的覆盖层等。

磷酸镁水泥最早是在 19 世纪时被发现应用，此时的磷酸镁水泥原材料主要是硫酸锌，但是因为硫酸锌矿物比较稀少并且比较贵，仅是被局限在了作为牙科的胶黏剂上。磷酸镁水泥最早是由 Earnshaw 和 Prosen 在 20 世纪早期提出，并应用于铸造行业中。20 世纪后期磷酸镁水泥得到了快速发展并且开始应用于耐高温材料和生物医学牙科方面。接下来，美国 Brookhaven 国家实验室利用磷酸镁水泥的快速早强特点将其作为结构材料应用在了道路的快速修补上。

在接下来的几十年里，磷酸镁水泥在很多方面得到了广泛应用。磷酸镁水泥最大的优点是快硬早强，该特点决定了其可以广泛大量地应用于快速修补方面，如飞机跑道、公路和桥面以及 3D 技术打印材料等；以其特有的与人体骨骼良好的相容性被大量应用于外科整形、牙医和骨科等领域；除此以外，磷酸镁水泥还可以用于固化放射性物质和重金属污染物；轻质磷酸镁水泥可以作为泡沫外墙保温材料的结构面板。

一、制备磷酸镁胶凝材料的原料

磷酸镁胶凝材料，是 MgO、磷酸盐、缓凝剂及某些矿物掺和料经复合而组成的胶凝材料。其中，MgO 将为水化反应提供 Mg^{2+}，而水化反应发生所需要的酸环境及 PO_4^{2-} 由磷酸盐提供。但是与氯氧镁水泥和硫氧镁水泥不同的是，磷酸镁水泥所采用的 MgO 是经过重烧处理的，主要原因在于磷酸镁水泥反应速度较快，如果采用活性 MgO 的话，凝结时间难以控制，无法满足施工要求。

（一）镁质原料

一般选用重烧镁砂。重烧镁砂，由菱镁矿（$MgCO_3$）经约 1 700℃高温煅烧而成，是制砖及生产不定形耐火材料的原料，其成品用于炼钢、电炉炉底和捣打炉衬。在磷酸镁胶凝材料中采用重烧镁砂，主要是利用其较低的反应活性，防止 MgO 溶解度过大所导致的水化反应过快完成而无法实现其他操作。

（二）磷酸盐

主要采用磷酸二氢铵、磷酸二氢钾和磷酸氢二铵。其主要作用是为水化反应提供酸性环境和 PO_4^{2-}，磷酸盐的溶解速率和溶液的 pH 值，将会直接影响到水合矿物的形成，对材料的强度、高温性能等有着直接影响。

（三）缓凝剂

磷酸镁胶凝材料在应用时，必须能够提供足够的施工操作时间，所以需要在配比中掺加缓凝剂。缓凝剂，包括硼砂、硼酸、三聚磷酸钠和碱金属盐等，最常用的缓凝剂为硼砂，其主要作用是在 MgO 表面形成保护膜，从而阻止反应的进行，有效延缓磷酸镁胶凝材料的凝结时间。硼砂的掺加量需控制在一定范围内。若掺加量过多，则会造成磷酸镁胶凝材料的强度下降。

（四）掺合料

基于环保的要求，胶凝材料中通常掺加粉煤灰、矿渣粉、硅灰等作为矿物掺和料。粉煤灰的价格相对较低，其来源也十分广泛。研究表明，粉煤灰能够改善和调整磷酸盐胶凝材料的凝结时间、色泽、流动性、和易性，同时还可以提高胶凝材料的后期强度。其他矿物掺和料，包括矿渣、花岗岩、石英砂和石灰石等，用以改善磷酸镁胶凝材料的性能。

二、磷酸镁胶凝材料的主要化学反应

1996 年，美国 Argonne 国家实验室利用磷酸镁水泥开发了一种化学固结磷酸盐陶瓷材料（Chemically Bonded Phosphate Ceramic，以下简称 CBPC 材料），这种材料的制备方法和普通水泥混凝土的制备方法有些类似，但是它的力学性能却远远高于普通水泥混凝土，尤其是它的耐酸性和耐高温性能都可以和陶瓷材料相媲美。利用氧化镁与磷酸二氢钾制备 CBPC 材料的作用机理为：

$$MgO（s）+ KH_2PO_4（s）+ 5H_2O \rightarrow Mg\,KPO_4 \cdot 6H_2O（s） \tag{4-8}$$

CBPC 材料开发的最初用途是用于固化放射性物质和重金属污染物。其作用原理是与有害金属离子反应生成非常难溶的磷酸盐，同时这些盐类被封闭在坚固致密的磷酸盐固体材料中，因而具有化学固化和物理封装双重作用；同时，不需要高温煅烧处理，不存在对窑炉或其他设备造成二次污染问题。

由于具有快速凝结硬化、微膨胀、黏结力强、不需要养护、可低温施工等优良特性，CBPC 材料在建筑物和基础设施的应急抢修、恶劣条件下施工等领域应用也受到较多关注。作为一种快速修补材料，国内外研究更多的是采用磷酸二氢铵而不是钾盐，即用过烧氧化镁和磷酸二氢铵常温下反应得到的磷酸镁水泥，其作用机理为：

$$MgO（s）+ NH_4H_2PO_4（s）+ 5H_2O \rightarrow MgNH_4PO_4 \cdot 6H_2O（s） \tag{4-9}$$

Pera J 和 Ambroise J 进一步扩大了磷酸镁水泥的应用范围。利用磷酸镁水泥快硬早强的特点成功地将其应用在了固化有害物质和核废料上，不仅如此，他们在磷酸镁水泥中加入纤维成功实现了对其韧性和抗折强度的改善。缓凝剂对磷酸镁水泥凝结时间的影响显著。通过对快速修补用CBPC材料中各组分配方优化、力学强度发展规律、凝结时间及调控方法、水化产物、微观结构、与旧混凝土之间的黏结性、抗酸碱盐腐蚀耐久性和低温施工性能等进行的全面研究表明，大部分水化产物是最稳定的六水化合物鸟粪石（$MgNH_4PO_4 \cdot 6H_2O$）。

三、磷酸镁胶凝材料的力学性能

磷酸镁水泥的强度受MgO细度、镁磷（M/P）摩尔比、水胶比（W/B）的影响。降低MgO细度会促进早期抗压强度的发展，但对最终强度影响不大。也有研究显示，增大MgO比表面积可能会降低后期的抗压强度，粒径介于$30 \sim 60 \mu m$的MgO颗粒最有利于后期强度的发展。MgO颗粒自身的硬度很高，未反应的MgO颗粒能够发挥骨料的作用。当M/P摩尔比较低时，未反应的磷酸盐较多，容易引起风化、水侵蚀等问题，不利于后期强度、耐久性；但当M/P摩尔比过高时，水化反应过快，并放出大量热，可能破坏水化产物的结构，还会引起水化产物数量不足等问题。众多学者通过试验研究了M/P摩尔比对抗压强度的影响。随着M/P摩尔比的增加，抗压强度通常呈现先升高后降低的趋势，但不同研究中的最佳M/P摩尔比有所差别。通过建立磷酸镁水泥强度模型，发现磷酸镁水泥的最佳M/P摩尔比受水胶比W/B影响，随着W/B增大，最佳M/P摩尔比降低。

此外，随着W/B的增大，磷酸镁水泥的抗压强度逐渐降低。当W/B较高时，未反应的自由水增加，浆体硬化后，多余的水分扩散到环境中，形成孔隙。因此，随着W/B的增大，硬化浆体的孔结构逐渐变得疏松，例如，W/B从0.2增长至0.5时，硬化浆体的总孔隙率和>50nm的孔隙率均从不足10%增长至30%以上。

四、磷酸镁胶凝材料的养护

养护制度对磷酸镁胶凝材料的强度有十分显著的影响。在有水分存在的条件下，磷酸镁胶凝材料中少量未反应的磷酸盐和水化产物发生溶蚀和水解，导致胶凝材料的结构密实度下降、孔隙增多，材料强度下降。在干燥空气或充分密封条件下养护磷酸镁胶凝材料时，其强度持续增长。若增加养护环境的相对湿度，磷酸镁胶凝材料的胶凝能力则显著下降。因此，磷酸镁胶凝材料制品应在干燥空气中养护，或在养护时进行包覆以隔绝水分渗入。

五、磷酸镁胶凝材料的硬化过程

一般认为，磷酸胶凝材料的水化分5个阶段进行。磷酸镁水泥的凝结硬化过程如图4-5所示。

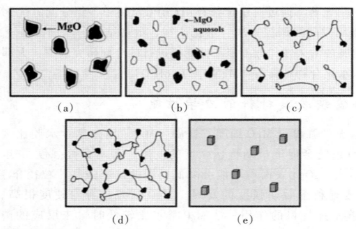

（a）氧化镁溶解；（b）溶胶形成；（c）凝胶形成；（d）凝胶网络化；（e）饱和结晶

图4-5　磷酸镁水泥的凝结硬化过程

第1阶段，为MgO与酸性溶液之间的反应，引起MgO溶解。其反应式如下：

$$MgO + 2H^+ = Mg^{2+}(aq) + H_2O \tag{4-10}$$

第2阶段，为溶胶的形成。这一过程主要为MgO与水反应而形成带正电荷的氢氧化物。通过本阶段反应速率的控制即可控制凝结时间，其反应式如下：

$$MgO + H^+ = Mg(OH)^+(aq) \tag{4-11}$$

第3阶段，为凝胶的形成。上一阶段所形成的溶胶在本阶段与磷酸根离子作用，形成相应的磷酸盐，并且放出热量。随着反应的不断进行，形成的凝胶数目越来越多。

第4阶段，为凝胶的网络化。本阶段主要是处于松散状态的凝胶随着反应的进行相互连接，最终网络化。

第5阶段，为凝胶的饱和、结晶过程，最终形成了具有陶瓷性的磷酸盐胶凝材料。在本阶段，浆体将逐步黏稠，凝胶将转变为结晶物而附着在未反应的MgO颗粒表面，使材料整体的强度逐渐增大。

六、磷酸镁胶凝材料的应用

磷酸镁胶凝材料的应用，目前集中于快速修补材料、人造板材、复合工业废料生产建筑材料、冻土及深层油井固化处理、喷涂建筑材料、固化有害及放射性核废料等领域。

（一）快速修补材料

目前磷酸镁胶凝材料应用最多的领域是快速修补材料，主要是利用磷酸镁胶凝材料凝结硬化快、强度高、与旧混凝土黏结强度高的特点，主要应用于道路、桥梁及飞机跑道的快速修补，也应用于军事工程的快速修复。磷酸镁胶凝材料与稻草、纸浆废液、纸屑残渣或森林采伐中的废料、木材加工过程产生的木屑及残余的边角料等混合而生产的人造板材，具有较高的抗机械冲击、抗热震和抗断裂性能。

（二）建筑材料领域

在建筑材料领域，磷酸镁胶凝材料的应用，主要是将工业固体废弃物大量掺入磷酸镁胶凝材料中，其强度可满足建筑材料的性能要求，因此，可以利用磷酸镁胶凝材料将工业固体废弃物转化为有用的建筑材料，这对环境保护有着突出的作用。磷酸镁胶凝材料也应用于冻土及深层油井固化处理。利用磷酸镁胶凝材料在低温下仍具有良好的施工性能及快凝快硬的特性，可解决传统的水泥材料在低温或高地热环境下无法施工或性能劣化的问题。

（三）复合材料领域

在木材或硬质泡沫聚苯乙烯板上喷涂一层磷酸镁胶凝材料，是利用其耐久性和耐高温性能，将其作为墙体的保温隔热材料。目前，我国仍大量采用高分子材料作为保温隔热材料，在发生意外火灾的情况下十分危险。因此，开发无机保温隔热材料，也是目前一个比较重要的研究方向，磷酸镁胶凝材料在其中可以发挥一定的作用。

（四）危废固封领域

磷酸镁胶凝材料对核废料中的中低放废料、重金属离子和城市生活垃圾焚烧灰等有害废弃物具有良好的固化效果，对有害物的阻滞能力较强。其主要原因是形成了难溶物质或离子直接进入了水化物晶格，或者对废弃物起到了包裹作用阻止其向环境中扩散，从而达到环境保护的目的。

【课程思政4-2】

水泥基材料耐久性问题（职业道德）

➢ 海洋环境中混凝土结构易发生钢筋锈蚀和劣化

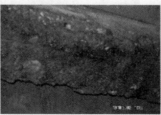

☐ 西部严酷环境中的开裂和表层劣化现象

作为关系到人民生命、财产安全的重大工程，建筑材料的稳定性是至关重要的。作为材料人，不管我们今后从事哪个行业，都要坚守诚实守信和真材实料的信念。从我们手中所生产出来的产品与人们的生活息息相关，我们一定要保证从我们手中生产出来的产品是质量过硬的。

第四节　水泥基材料应用中的常见问题与处理

一、水泥混凝土开裂

水泥混凝土成型硬化后往往会产生裂缝。水泥混凝土的裂缝有多种类型，有的影响结构安全，有的影响结构寿命，有的影响结构使用功能，有的则影响观感。开裂的原因有物理的，也有化学的，有建筑物设计不当造成的，也有混凝土施工不合理造成的，有水泥干缩大、温度高造成的，也有混凝土配合比不合理、砂石含泥量太大造成的，原因多种多样。因而遇到水泥混凝土开裂，应探究其产生的主要原因，并相应采取合理而有效的措施。下面阐述引起混凝土产生裂缝的主要原因。

（一）水泥方面的原因

（1）水泥混凝土出现开裂，最主要的原因是水泥混凝土的收缩。据统计，收缩裂缝约占水泥混凝土裂缝的80%，混凝土收缩的根本原因是水泥浆体的收缩。而水泥浆体之所以会产生收缩，是由于其在凝结硬化过程中，发生内部水分变化、化学反应和温度变化等，导致体积减小，从而引起收缩。水泥浆体收缩量的大小与水泥品种和细度有关，通常使用水泥需水量增加的混合材料会增加浆体收缩；另外水泥细度越细，通常收缩量越大。

（2）水泥温度和水化热的影响。水泥在水化反应过程中会产生大量的热量，如果水泥出厂时温度较高，会进一步加速水泥的水化并放出热量，这是大体积混凝土内部温升的主要热量来源，试验证明普通硅酸盐水泥放出的热量可达500J/g。由于大体积混凝土截面厚度大，水化热聚集在结构内部不易散发，所以会引起混凝土结构内部急骤升温。混凝土结构的厚度愈大，水泥用量愈多，水泥早期强度愈高，混凝土结构的内部温升愈快。混凝土本身的导热性能较差，浇筑初期混凝土强度都很低，对水泥水化热急剧温升引起的变形约束不大，温度应力自然也比较小，不会产生温度裂缝。随着混凝土龄期的增长，其强度不断提高，对混凝土降温收缩变形的约束也愈来愈强，即会产生很大的温度应力，当混凝土的抗拉强度不足以抵抗温度应力时，便产生温度裂缝。

（3）水泥凝结慢、早期强度低，或者混凝土中使用了高效缓凝减水剂，则会使水泥凝结时间变长，也使早期强度大大降低，由此会导致混凝土早期的水分蒸发量变大，干缩量增大，再加上混凝土早期强度低，将无法抵抗混凝土的干缩应力，因此，往往也容易造成开裂。

（二）混凝土配合比方面的原因

（1）混凝土单位用水量过大。混凝土单位用水量越大，干缩越大，越容易开裂。故为了满足混凝土坍落度的要求，应采用高效减水剂，以减少单位用水量，可显著改善干缩，避免出现裂缝。

（2）混凝土骨料种类的影响。不同骨料收缩率大小的顺序如下：砂岩>砾石>玄武岩>石灰岩>花岗岩>石英岩。为了减少混凝土的开裂，应选用坚硬的石英或花岗岩骨料。骨料在混凝土中所占的比例一般为混凝土绝对体积的80%~83%，应选择线膨胀系数小、岩石弹性模量较低、表面清洁无弱包裹层、级配良好的骨料。一般来说，可选用粒径4~40mm的粗骨料，尽量采用中砂，严格控制砂、石的含泥量（石子在1%以内，砂在2%以内）。

（3）砂子过细或含泥量过多。水泥混凝土中使用的砂子过细或者含泥量过多，必然会增加水泥的用量，使水泥混凝土干缩显著增大。特别是采用石灰石破碎后筛选下来的细颗粒代替砂子使用，含泥量特别高，而且颗粒形状不好，带有尖角，显著降低水泥混凝土的流动性。为了能使水泥混凝土顺利浇筑，就必须增加水的用量，从而使得水灰比过大，水泥混凝土干缩量显著增加，造成水泥混凝土开裂。

（4）水泥用量过大。在混凝土配合比中，水泥（包括胶凝材料）用量越大，混凝土的收缩量就越大，混凝土越容易开裂。在配制高强度等级的混凝土时，由于混凝土强度要求较高，为了能减少胶凝材料用量，应采用高强度等级的硅酸盐水泥或普通水泥，再掺入超细的矿渣微粉以提高水泥的后期强度，有利于减少混凝土中的水泥用量。通常混凝土胶凝材料用量在350~400kg/m³时，混凝土不容易开裂，当混凝土胶凝材料用量超过500kg/m³时，混凝土的收缩量明显增加，容易出现裂纹。

（5）混凝土外加剂的影响。混凝土出现收缩的原因是水泥浆体收缩引起，而引起水泥浆体收缩的根本原因和动力是水泥浆体中的毛细孔力。毛细孔力的大小与毛细孔内水的表面张力有关，表面张力越大，毛细孔力就越大，相应水泥浆体的收缩量也越大。许多外加剂均可使水泥混凝土毛细孔内水的表面张力增加，从而会增加混凝土的干缩。但也有少量外加剂能使毛细孔内水的表面张力下降，从而减少干缩。所以，在选择混凝土外加剂时，除了应考虑其减水率、坍落度损失、凝结时间及强度的影响外，还应考虑对水泥干缩量的影响。

（6）混凝土配合比计量控制的影响。在混凝土拌制过程中，应严格控制原材料计量正确，严格控制混凝土出机坍落度；同时在混凝土生产、浇筑中，对混凝土坍落度进行抽查，严防使用坍落度过大的混凝土。

（三）施工养护方面的原因

（1）施工工艺质量引起的裂缝。在混凝土结构浇筑、构件制作、起模、运输、堆放、拼装及吊装过程中，若施工工艺不合理、施工质量低劣，则容易产生纵向的、横向的、斜向的、竖向的、水平的、表面的、深进的和贯穿的各种裂缝，特别是细长薄壁结构更容易产生。

裂缝出现的部位和走向、裂缝宽度因产生的原因而异，比较典型的有以下一些情况：①混凝土保护层过厚，或乱踩已绑扎的上层钢筋，使承受弯矩的受力筋保护层加厚，导致构件的有效高度降低，形成与受力钢筋垂直方向的裂缝。②混凝土振捣不密实、不均匀，出现蜂窝、麻面、空洞，导致钢筋锈蚀引起荷载不均匀而产生的裂缝。③混凝土浇筑过快，混凝土流动性较低，在硬化前因混凝土沉实不足，硬化后沉实过大，容易在浇筑数小时后发生裂缝，即塑性收缩裂缝。④混凝土搅拌、运输时间过长，使水分蒸发过多，引起混凝土坍落度过低，使得在混凝土体积上出现不规则的收缩裂缝。⑤混凝土初期养护时急剧干燥，使得混凝土与大气接触的表面上出现不规则的收缩裂缝。⑥用泵送混凝土施工时，为保证混凝土的流动性，增加水和水泥的用量，或因其他原因加大了水灰比，导致混凝土凝结硬化时收缩量增加，使得混凝土体积上出现不规则裂缝。⑦混凝土分层或分段浇筑时，接头部位处理不好，易在新旧混凝土和施工缝之间出现裂缝。如混凝土分层浇筑时，后浇混凝土因停电、下雨等原因未能在前浇筑混凝土初凝前浇筑，引起层面之间的水平裂缝；采用分段现浇时，先浇混凝土接触面凿毛、清洗不好，新旧混凝土之间黏结力小，或后浇混凝土养护不到位，导致混凝土收缩而引起裂缝。⑧混凝土早期受冻，使构件表面出现裂纹，或局部剥落，或脱模后出现空鼓现象。⑨施工时模具刚度不足，在浇筑混凝土时，由于侧向压力的作用使得模板变形，产生与模板变形一致的裂缝。⑩施工时拆模过早，混凝土强度不足，使得构件在自重或施工荷载作用下产生裂缝。⑪施工前对支架压实不足或支架刚度不足，浇筑混凝土后支架不均匀下沉，导致混凝土出现裂缝。⑫装配式结构在构件运输、堆放时，支承垫木不在一条垂直线上，或悬臂过长，或运输过程中剧烈颠撞；吊装时吊点位置不当，T形梁等侧向刚度较小的构件，侧向无可靠的加固措施等，均可能产生裂缝。⑬安装顺序不正确，对产生的后果认识不足，导致产生裂缝。如钢筋混凝土连续梁满堂支架现浇施工时，钢筋混凝土墙式护栏若与主梁同时浇筑，拆架后墙式护栏往往产生裂缝；若拆架后再浇筑护栏，则裂缝不易出现。⑭施工质量控制差，任意套用混凝土配合比，水、砂石、水泥材料计量不准，结果造成混凝土强度不足和其他性能（和易性、密实度）下降，导致结构开裂。

（2）二次振捣和二次抹面。一般混凝土拌和好后，需停放 30～60min 进行预缩后，才进行振捣密实，或混凝土浇筑振捣密实后 30～60min，再进行第二次振捣，以使混凝土重具塑性为准。在混凝土初凝后、终凝前做好二次抹面，这样可以消除水泥水化过程中产生的大部分收缩量，从而防止收缩裂缝的产生。

（3）混凝土养护。防止水泥混凝土开裂的最有效办法是确保混凝土表面在完全硬化前一直保持湿润状态。水泥混凝土养护的目的，一是创造各种条件，使水泥充分与水进行化学反应，加速水泥混凝土的硬化；二是防止混凝土成型后因暴晒、风吹、干燥及寒冷等自然因素影响，出现不正常的收缩、开裂等破坏现象。混凝土在水中养护，不但不收缩，而且还会膨胀 $(100～200)×10^{-6}$m 左右。因此，延长潮湿养护期可以推迟收缩的开始，待水泥混凝土产生一定强度后再停止潮湿养护，就可以有效抵御干缩应力，防止出现裂缝。因此，水泥施工后必须马上对它进行养护，水泥凝结硬化前可以进行覆盖养护，水泥凝结硬化后可以进行浇水养护。气候变化时，用户要特别注意水泥混凝土的养护，确保水泥混凝土养护期间适宜的温度和湿度，养护最终应持续一个月。混凝土未达到设计强度前，严禁在楼面上堆放超过施工荷载允许值的施工材料，严禁有冲击荷载作用。

（4）浇筑工序进度。在混凝土浇筑完成后，强度未达到1.2MPa时，不准进行下道工序。

（5）拆模。混凝土拆模时间为：梁、柱侧模在15d后拆模；大梁底模30d后才拆除。如施工荷载大，在梁底模板拆除后，应每隔2m加木支撑保护。

（6）切割。通常混凝土预制板或道路施工，是采用长条形整体浇筑成型后再切割成所需的长度的方法。由于长度增加，总收缩量变大，又没有自由收缩的空间，因此，容易在预制板或道路中间出现裂缝。为了防止出现这种裂缝，应在潮湿养护到产生一定强度后，及时地进行切割，使每块预制板或路面都有自有收缩的空间，这样可以有效防止预制板或道路出现的裂缝。

（7）避免太阳暴晒。水泥温度太高，或者水泥水化热太大，使混凝土成型时温度太高而产生膨胀，冷却后又产生收缩，容易引起混凝土开裂。特别是在夏天的中午，砂、石温度很高，施工后水泥水化又快，水泥混凝土温度很高，到了傍晚或晚上温度下降，引起热胀冷缩，造成开裂。因此，夏天应避免砂、石在太阳下暴晒；水泥施工后也应马上覆盖，避免太阳直接暴晒。

（8）温度的影响。大体积混凝土结构在施工期间，外界气温的变化对防止大体积混凝土开裂有着重大影响。混凝土的内部温度是由浇筑温度、水泥水化热的绝热温升和结构的散热温度等温度的叠加之和组成。浇筑温度与外界气温有着直接关系，外界气温愈高，混凝土的浇筑温度也愈高；如果外界气温下降，会增加混凝土的温度梯度，特别是大体积混凝土出现裂缝。大体积混凝土由于厚度大，不易散热，其内部温度有时可高达90℃以上，而且持续时间较长。温差应力是由温差引起的变形所造成的，温差愈大，温差应力也愈大。因此，研究和采用合理的温度控制措施，控制混凝土表面温度与外界气温的温差，是防止混凝土裂缝产生的另一个重要措施。大体积混凝土施工时内部应适当预留一些孔道，在内部通循环冷水或冷空气冷却，降温速度不应超过0.5～1.0℃/h。对大型设备基础可采用分块分层浇筑（每层间隔时间5～7h），分块厚度为1.0～1.5m，以利于水化热散发和减少约束作用。当混凝土浇筑在岩石地基或厚大的混凝土垫层上时，在岩石地基或混凝土垫层上铺设防滑隔离层（浇二度沥青胶，撒铺5mm厚砂子或铺二毡三油），底板高起伏和截面突变处，做成渐变形式，以消除或减少约束作用。此外，还应加强混凝土的浇灌振捣，提高密实度。尽可能晚拆模，拆模后混凝土表面温度在短期内不应快速下降15℃以上。尽量采用两次振捣技术，以改善混凝土强度，提高抗裂性。

混凝土温度和温度变化对混凝土裂缝是极其敏感的，因此，应降低混凝土内水化热和混凝土初始温度，减少和避免裂缝风险。但是，人工控制混凝土温度的措施对早期因热量原因引起的裂缝作用不明显。比如表面保温材料保护可以减少内外温差，但不可避免地导致混凝土内温度升高，从受约束而导致贯穿裂缝的角度看，是一个潜在恶化裂缝的条件，因为体内热量迟早要散发掉。另外，人工控制混凝土温度还需注意的问题是防止过速冷却和超冷，过速冷却不仅会使混凝土温度梯度过大，而且早期的过速冷却会影响水泥-胶体体系的水化程度和早期强度，更易产生早期热裂缝。超冷会使混凝土温差过大，引起温差裂缝。浇筑时间尽量安排在夜间，最大限度地降低混凝土的初始温度。白天施工时要求在砂、石堆场搭设简易遮阳装置，或用湿麻袋覆盖，必要时向骨料喷冷水。混凝土泵送时，可在水平及垂直泵管上加盖草袋并喷冷水。

（9）薄膜密封。混凝土在振捣磨平后，即用密封性能好的薄膜材料（如塑料薄膜等）密封，既可不让水泥浆体的水分继续蒸发，又可减少水泥石内部与外部的温差，需要注意的是，薄膜材料的周边须用能密封的重物（如砂等）压实，若薄膜材料存在接头，则接头处须有不小于5cm的重叠量，且在覆盖后的14d内须确保薄膜的内表面附着有饱和水珠。若要求保湿效果更好，可在混凝土二次振捣抹平后，先覆盖上保湿材料（如湿的锯末、麻布或稻草等），再覆盖薄膜材料。如想进一步防止混凝土因内外温差应力引起的裂缝，可在保湿薄膜的上面再覆盖上干燥的保温材料（如土、稻草或泡沫塑料等），保温材料必须保持干燥，若遇雨天，则保温材料上面须盖上防水薄膜。

（四）混凝土设计方面的原因

（1）混凝土配合比设计不合理。在保证混凝土具有良好工作性能的情况下，应尽可能降低混凝土的单位用水量，采用"三低（低砂率、低坍落度、低水胶比）、二掺（掺高效减水剂和高性能引气剂）、一高（高粉煤灰掺量）"的设计准则，可生产出"高强、高韧性、中弹、低热和高抗拉值"的抗裂混凝土。

（2）混凝土配筋不合理。为了减少混凝土的开裂，应增配构造筋，提高混凝土的抗裂性能。配置的构造筋应尽可能采用小直径、小间距，例如配置直径6~14mm、间距控制在100~150mm。按全截面对称配筋是最合理的，这样可大大提高抗贯穿性开裂的能力。若进行全截面对称配筋，配筋率应控制在0.3%~0.5%之间。在常温和允许应力状态下，钢的性能是比较稳定的，其与混凝土的热膨胀系数相差不大。因而在温度变化时，钢与混凝土之间的内应力很小，而钢的弹性模量比混凝土的弹性模量大6~16倍。当混凝土的强度达到极限强度，变形达到极限拉伸值时，应力开始转移到钢筋上，从而可以避免裂缝的扩展。在构造方面进行合理配置钢筋，对提高混凝土结构的抗裂性有很大作用。工程实践证明，当混凝土墙板的厚度为400~600mm时，采取增加配置构造钢筋的方法，可使构造筋起到温差筋的作用，能有效地提高混凝土的抗裂性能。对于大体积混凝土，构造筋对控制贯穿性裂缝的作用不太明显，但沿混凝土表面配置钢筋，可提高面层抗表面降温的影响和干缩。

（3）混凝土结构上产生应力集中。在结构的孔洞周围、变断面转角部位、转角处等，由于温度变化和混凝土收缩，会产生应力集中而导致混凝土裂缝出现。为此，可在孔洞四周增配斜向钢筋、钢筋网片；在变断面处避免断面突变，可作局部处理使断面逐渐过渡，同时增配一定量的抗裂钢筋，这对防止裂缝的产生是有很大作用的。在易裂的边缘部位设置暗梁，可提高该部位的配筋率，，从而提高混凝土的极限拉伸强度，有效地防止裂缝产生。在结构设计中应充分考虑施工时的气候特征，合理设置后浇缝，在正常施工条件下，后浇缝间距为20～30m，保留时间一般不小于60d。如不能预测施工时的具体条件，也可临时根据具体情况作设计变更。

（4）滑动层的设置。混凝土由于边界存在约束才会产生应力，有应力就有可能产生开裂，如果在与外约束的接触面上全部设置滑动层，则可有效减少混凝土出现开裂的可能性。为此，若遇到约束强的岩石类地基、较厚的混凝土垫层时，可在接触面上设置滑动层，对减少应力将起到显著作用。滑动层的做法有：涂刷两道热沥青，加铺一层沥青油毡；或铺设10～20mm厚的沥青砂；或铺设50mm厚的砂或石屑层等。

（5）缓冲层的设置。设置缓冲层，即在高、低底板交接处、底板地梁等处，用30～50mm厚的聚苯乙烯泡沫塑料做垂直隔离，以缓冲基础收缩时的侧向压力。

（6）应力缓和沟的设置。设置应力缓和沟，是一种防止大体积混凝土开裂的新方法，即在混凝土结构的表面，每隔一定距离（结构厚度的1/5）设置一道沟。设置应力缓和沟后，可将结构表面的拉应力减少20%～50%，能有效地防止产生表面裂缝。

二、混凝土裂缝的处理

钢筋混凝土结构或构件出现裂缝，有的会破坏结构的整体性，降低构件的刚度，影响结构的承载力。有的虽对承载能力无多大影响，但会引起钢筋锈蚀，降低耐久性，或发生渗漏，影响使用，尤其是在住宅建筑中，现浇梁、板或剪力墙出现的裂缝会对居民造成不安全感，而且裂缝不仅会影响抗渗效果，也易造成水分侵蚀钢筋，影响使用耐久性。因此，应根据裂缝的性质、大小、结构的受力情况和使用情况，区别对待和及时治理。工程中常用的裂缝治理方法主要有：

（一）表面修补法

表面修补法适用于对承载能力没有影响的表面裂缝的处理，也适用于大面积细裂缝防渗、防漏的处理。

1.表面涂水泥砂浆

将裂缝附近的混凝土表面凿毛，或沿裂缝凿成深15～20mm、宽150～200mm的凹槽，扫净并洒水湿润，先刷水泥净浆一层，然后用1：2的水泥砂浆分2～3层涂抹，总厚度控制在10～20mm，并用铁抹抹平压光。有防水要求时应用2mm厚水泥净浆及5mm厚1：2的水泥砂浆交替抹压4～5层，刚性防水层涂抹3～4h后进行覆盖，洒水养护。在水泥砂浆中掺入占水泥质量1%～3%的氯化铁防水剂，可起到促凝和提高防水性能的效果。为了使砂浆与混凝土表面结合良好，抹光后的砂浆面应覆盖塑料薄膜，并用制成模板顶紧加压。

2.表面涂抹环氧胶泥

涂抹环氧胶泥前，先将裂缝附近80～100mm宽度范围内的灰尘、浮渣用压缩空气吹净，或用钢丝刷、砂纸、毛刷清除干净并洗净，油污可以用二甲苯或丙酮擦洗一遍，如表面潮湿，应用喷灯烘烤干燥、预热，以保证环氧胶泥与混凝土黏结良好。若基层难以干燥，则用环氧煤焦油胶泥涂抹。涂抹时，用毛刷或刮板均匀蘸取胶泥，并涂刮在裂缝表面。

3.采用粘贴玻璃布

玻璃布使用前应在碱水中沸煮 30～60min，然后用清水漂净并晾干，以除去油脂，保证黏结。一般贴 1～2 层玻璃布。第二层玻璃布的周边应比下面一层宽 10～12mm，以便压边。

4.表面涂刷油漆、沥青

涂刷前混凝土表面应干燥。

5.表面凿槽嵌补

沿混凝土裂缝凿一条浅槽，槽内嵌水泥砂浆或环氧胶泥、聚氯乙烯胶泥、沥青油膏等，表面做砂浆保护层。槽内混凝土面应修理平整并清洗干净，不平处用水泥砂浆填补，保持槽内干燥，否则应先导渗、烘干，待槽内干燥后再行嵌补。环氧煤焦油胶泥可在潮湿情况下填补，但不能有淌水现象。嵌补前先用素水泥浆或稀胶泥在基层刷一层，然后用抹子或刮刀将砂浆或环氧胶泥、聚氯乙烯胶泥嵌入槽内压实，最后用 1：2 水泥砂浆抹平压光。在侧面或顶面嵌填时，应使用封槽托板逐段嵌托并压紧，待凝固后再将托板去掉。

（二）内部修补法

内部修补法是采用压浆泵胶结料压入裂缝中，由于其后续的凝结、硬化而起到补缝作用，以恢复结构的整体性。这种方法适用于对结构整体性有影响，或有防水、防渗要求的裂缝修补。常用的灌浆材料有水泥和化学材料，可按照裂缝的性质、宽度、施工条件等具体情况选用。一般对宽度大于 0.5mm 的裂缝，可采用水泥灌浆；对宽度小于 0.5mm 的裂缝，或较大的温度收缩裂缝，宜采用化学灌浆。

1.水泥灌浆

一般用于大体积混凝土结构的修补，主要施工程序为钻孔、冲洗、止浆、堵漏、埋管、试水、灌浆。钻孔：采用风钻或打眼机进行，孔距为 1～1.5m，除浅孔采用骑缝孔外，一般钻孔轴线与裂缝呈 30°～45°斜角，孔深应穿过裂缝面 0.5m 以上，当有两排或两排以上的孔时，宜交错或呈梅花形布置，但应注意防止沿裂缝钻孔。冲洗：在每条裂缝钻孔完毕后进行，其顺序按竖向排列自上而下逐孔冲洗。止浆及堵漏：待缝面冲洗干净后，在裂缝表面用 1：2 的水泥砂浆或用环氧胶泥涂抹。埋管（一般用直径 19～38mm 的钢管作灌浆管，钢管上部加工丝扣）：安装前应在外壁裹上旧棉絮并用麻丝裹紧，然后旋入孔中，孔口管壁周围的孔隙用旧棉絮或其他材料塞紧，并用水泥砂浆或硫磺砂浆封堵，防止冒浆或灌浆管从孔口脱出。试水：用 0.098～0.196 MPa 压力水做渗水试验，采取灌浆孔压水、排气孔排水的方法，检查裂缝和管路的畅通情况，然后管壁排气孔，检查止浆堵漏效果，并湿润缝面以利于黏结。灌浆应采用 42.5 级以上的普通水泥，细度要求经 6 400 孔/cm² 的标准筛过筛，筛余量在 2% 以下，可使用 2：1、1：1、0.5：1 等集中水灰比的水泥净浆或 1：0.54：0.3（即水泥：粉煤灰：水）的水泥粉煤灰浆，灌浆压力一般为

0.294~0.491MPa，压浆完毕时浆孔内应充满灰浆，并填入湿净砂，用棒捣实，每条裂缝应按压浆顺序依次进行，当出现大量渗漏情况时，应立刻停泵堵漏，然后继续压浆。

2.化学灌浆

化学灌浆能控制凝结时间，有较高的黏结强度和一定的弹性，恢复结构整体效果较好，适用于各种情况下的裂缝修补及堵漏、防渗处理。灌浆材料应根据裂缝的性质、宽度和干燥情况选用。常用的灌浆材料有环氧树脂浆液（能修补缝宽0.2mm以下的干燥裂缝）、甲凝（能灌0.03~0.1mm的干燥细微裂缝）、丙凝（用于堵水、止漏及渗水裂缝的修补，能灌0.1mm以下的细裂缝）等。环氧树脂浆液具有黏结强度高、施工操作方便、成本低等优点，应用最广。灌浆操作主要工序是表面处理（布置灌浆嘴和试气）、灌浆、封孔，一般采取骑缝直接用灌浆嘴施灌，不用外钻孔。配置环氧浆液时，应根据气温控制材料的温度和浆液的初凝时间（1h左右）。灌浆时，操作人员要戴上防毒口罩，以防中毒。

（三）结构加固法

钢筋混凝土结构的加固，应在结构评定的基础上进行，加固的目的有结构强度加固、稳定性加固、刚度加固、抗裂性能加固四种。这四种加固之间既有联系又有区别，最常遇到的是结构强度加固（即结构补强）。

结构加固可分为不改变结构受力图形和改变结构受力图形两种方法，亦可分为非预应力加固和预应力加固两类。

对结构或构件存在的强度（拉、压、弯、剪、扭、疲劳）、刚度（挠曲）、裂缝（由受力、温度、沉降、安装引起的）、稳定（由倾斜、偏歪、长细比过小、支撑不妥引起的）、沉降（由不均匀荷重或不均匀地基、淤泥层、大孔土地基、回填土等引起的）、使用（净空尺寸不够、吊车卡轨、震动、钢筋锈蚀、结构腐蚀）等方面的问题，要区分是局部性还是全局性的，是关键部位还是次要部位的，通过分析明确了问题产生的主要原因后，分别根据处理的原则和界限，视工程具体情况和条件，有针对性地采取适当的加固方法。

三、水泥混凝土表面起砂

路面、地面、楼面等混凝土工程要求平整、美观、耐磨，而且不起砂、不起灰、不起皮，但实际上许多地面工程通常会出现表面起砂、起灰、起皮现象。虽然混凝土表面起砂、起灰、起皮现象并不影响其抗压强度等级，但会影响混凝土路面、地坪或楼面的美观性、耐磨性和抗渗性等，并会引起用户投诉，施工单位和水泥企业相互扯皮，特别是盖民房的用户，出现这种现象时都找水泥企业，实际上水泥混凝土起砂、起灰、起皮是受许多因素影响的。

水泥混凝土表面起砂的主要原因有：水泥混凝土配合比不当，水灰比过大；砂的粒径过细，含泥量过大；水泥强度低，或使用过期、受潮结块的水泥；水泥中熟料含量过低，施工后表面碱度低；水泥细度粗，泌水严重；水泥混凝土施工时没有按规定遍数抹压，在初凝前又没有适时压光；水泥混凝土表面施工中受冻，或未达到足够的强度就在地面上走动；水泥混凝土施工后洒水养护的时间过早或过迟，或养护天数不够；水泥混凝土表面碳化和风化等。以上这些情况都会降低水泥混凝土的强度和耐磨性，在其硬化后就会引起表面起砂、起灰，严重时还会导致表面起皮。

（一）水泥混凝土配合比不当，水灰比不当

砂浆或细石混凝土的水灰比过小，水泥用量较多，砂浆或细石混凝土比较干硬，施工困难，容易破坏面层强度，产生起砂现象；但砂浆或细石混凝土的水灰比过大，水泥用量过少，砂浆或细石混凝土强度降低，面层不耐磨也易产生起砂现象。水泥水化过程中需要水分，适当的水分是必需的，但水分过少、过多均有害。水泥混凝土表面起砂的多数原因是水灰比过大。

砂浆或细石混凝土的水灰比如果不是太大，待蒸发后，水泥砂浆空隙增加不大，密实度降低不多。但往往在施工中，为了增强混合料的和易性，随意加大水灰比，水分若太多，水泥混凝土因沉淀或抹压，水泥混凝土中的空隙存不下过多的水分，它将渗透到水泥混凝土表面形成一片清水，这时，水泥混凝土中的空隙就不是"点状"，而是渗流形成"线状"，这将明显降低水泥混凝土的表面强度，引起水泥混凝土表面起砂。水泥混凝土自行沉淀或抹压后，不应在表面渗出一片清水。水泥砂浆的踢脚线及墙裙从不起砂，其原因就在于施工时它们表面不可能渗出一片清水。

（二）砂的粒径过细、含泥量过大

砂的粒径过细，砂的表面积就越大，需要较多的水泥包裹，而且拌和时水灰比增大，因此，在水泥掺量一定的条件下，会降低水泥混凝土强度。

水泥混凝土在拌制时，砂、石的含泥量如果过大，会影响水泥混凝土的黏结力，降低了水泥混凝土的强度，造成水泥混凝土表面耐磨性降低，容易产生起砂现象。

（三）水泥强度低，或使用过期、受潮结块的水泥

（1）水泥强度偏低，混凝土的实际强度会低于设计值。

（2）水泥强度符合标准但存放时间过长，水泥活性受影响，实际强度下降，达不到设计要求。

（3）水泥保管不善，出现受潮、结块现象，仍用于水泥混凝土施工，达不到设计要求。

以上三种情况均等同于使用了活性较差、强度较低的水泥，对砂浆或细石混凝土的面层强度造成危害，导致其面层强度降低，引起水泥混凝土表面起砂。

（四）水泥中熟料含量过低，施工后表面碱度低

水泥混凝土施工后出现的起砂现象，一般更多见于矿渣水泥、火山灰水泥和无熟料水泥。这些水泥中熟料成分较少或没有熟料成分，因而在水化时其液相中的 $Ca(OH)_2$ 浓度比硅酸盐水泥或普通水泥低，这些水泥浇制的混凝土和砂浆表面层的 Ca（OH）$_2$ 浓度甚至低到不能使水泥混凝土表面层硬化，在构件硬化后就会产生构件表面起砂、起灰，严重时还会导致构件起皮。

（五）水泥细度粗，泌水严重

在搅拌水泥混凝土时，拌和用水往往要比水泥水化所需的水量多 1~2 倍。这些多余水分在混凝土输送、振捣过程中，以及在混凝土静止凝固之前，很容易渗到混凝土表面，在水泥混凝土表面形成一层水膜，使水泥混凝土表面的水灰比大大增加。由于水泥强度受水灰比影响很大，随着水灰比的增加，水泥强度直线下降。如果再加上水泥凝结慢，相当于延长了水泥混凝土施工后的沉淀时间，表面水量将更多，水泥混凝土的表面一层的强度变得很低，抵抗不了外力的摩擦，从而产生起砂现象。水泥的品种和细度不同，则泌水量不同，可以通过提高水泥的比表面积、掺入火山灰质混合材、掺入微晶填料、使用减水剂或引气剂等措施改善水泥的泌水性。

（六）搅拌不均匀、振捣不合要求

水泥混凝土搅拌一定要均匀，搅拌不均匀，水泥混凝土养护时浇水、吃水不一，水分过多处起砂、起皮。

水泥混凝土表面整平时，由于欠振而原浆不足，工人用纯砂浆找平，其表面缺少粗骨料，强度降低，且找平的纯砂浆与原结构黏结不紧密，成型后容易造成起砂甚至空鼓起皮。

过分振捣，会使混凝土产生离析现象，大颗粒骨料下沉，砂浆悬浮于混凝土表面，造成混凝土表面强度降低，也易造成起砂。

表面抹压的时机掌握不当，致使混凝土表面已终凝硬化，施工人员为了操作方便，洒水湿润并强行抹压，造成该处混凝土内部结构破坏，强度降低，导致起砂。

（七）水泥混凝土表面在施工中受冻，或未达到足够的强度就在其地面上走动

受冻影响：在温度低于 5℃ 的情况下，没有采取冬季施工措施进行水泥混凝土施工，面层容易受冻，因冻胀原因使其表面强度受到破坏，严重时会引起大面积起砂现象。

面层尚未达到一定强度就施工作业：在地面尚未达到一定强度就让人走动或进行上部结构施工，面层扰动较大，容易破坏面层强度，使表面耐磨性降低。

（八）洒水养护的时间过早或过迟，或养护天数不够

砂浆或细石混凝土的强度在水化作用下会不断增长，如果过早开始养护，过早浇水，此时面层强度较低，容易受到破坏引起起皮、起砂。如果过晚开始养护，则会因为水化热引起表层水分蒸发较快而缺水，减缓水泥的硬化速度，不利于其强度增长，也造成表面起砂。

（九）表面碳化和风化

水泥水化时空气中的 CO_2 与浆体中的 Ca（OH）$_2$ 作用生成 $CaCO_3$，从而使混凝土和砂浆表面碱度降低，使水泥不能很好地硬化；此外，已硬化的砂浆和混凝土经受风吹日晒、干式循环、碳化作用和反复冻融等也会使表面强度大幅度下降，引发起砂。

（十）养护不当

混凝土浇筑时遇雨，未能及时覆盖，雨水冲走水泥浆，严重影响混凝土表面的强度，轻者造成表面起砂，重者影响结构安全。

水泥混凝土或砂浆施工后，没有覆盖防护，太阳暴晒，天气干燥，表面水分大量蒸发而引起表面干燥脱水，使水泥无法水化硬化，会产生严重的起砂现象。

四、预防水泥混凝土表面起砂的简易措施

（一）施工材料的控制

细石集料应洁净，不含泥土，质地较密，具有足够的强度，表面粗糙、有棱角的较好。

砂子应清洗干净，粗细程度和颗粒级配应恰当。

水的 pH 值不得低于 4，含有油类、糖、酸或其他污浊物质的水，会影响水泥的正常凝结与硬化，不能使用。如果水中含有大量的氯化物和硫酸盐，不得使用。

水泥要有限选用 32.5 级以上的普通硅酸盐水泥，最好是 42.5 级水泥，同时，要避免水泥在运送过程中与糖类、食盐类物质接触。

（二）配合比的控制

根据水泥混凝土的强度等级确定配合比，并严格按配合比进行水泥混凝土施工。浇筑水泥混凝土时，必须限制物料高度和速度，使之均匀落入，避免分离现象，然后均匀捣实。

一般地面砂浆宜选用含泥量较少的粗砂，配合比一般为 1：2.5。如果是中砂偏细，一般宜用 1：2 的配合比，细砂、风化砂不得用于水泥地面，因为配合比中的水泥分量过大，虽易收光，但多用了水泥，容易引起地面龟裂现象。搅拌好的水泥砂浆夏天宜 2～3h 内用完，冬天宜 6～7h 内用完。

（三）水灰比的控制

水泥砂浆的稠度，以标准圆锥体沉入度不大于 35mm 计。但在一般的施工现场中很难有这样的条件去控制水灰比。有经验的施工人员，一般用肉眼观察也可以大致控制水灰比的适用范围：观察水泥砂浆的稠度，可用手抓捏水泥砂浆，刚拌好的水泥砂浆，干至成团，稀至不从手中滑掉；或者说干至抹压应有点浆，稀至比适合抹墙裙的水泥砂浆的稠度还干一点。在此范围内，还应有所区别，那就是普通硅酸盐水泥砂浆对吸水垫层，在夏天宜稍选稀一些，以便操作；矿渣水泥砂浆对不吸水垫层，冬天宜稍选干一些或干硬性的水泥砂浆。

（四）表面收光的控制

收光时机的选择要适宜。根据混凝土强度等级、温度、湿度等原因，掌握好表面抹压的时机，早了压不实，而且混凝土表面会出现不规则的干缩裂缝；晚了压不平，不出亮光。在初凝以前（混凝土表面用手按有凹坑且不粘手以前）对水泥砂浆进行抹压平，这是保证混凝土表面密实、提高混凝土表面强度和防止混凝土表面起

砂的重要步骤。终凝前进行压光，最后用力压出亮光来，以压3次为宜。在收光次数上，不宜超过3次，一般2次即可，在不利条件下，比如冬季施工水泥地面时，宜一次成型，砂浆应干一些。收光次数多，则时间长、费工又有害。

（五）施工人员的安排

在人员安排上应有足够的技术工人，因为混凝土表面适于抹压的时间较短，特别是大面积混凝土及商品混凝土，表面干燥速度较快，如果人手不足，前面在抹压，后面已经凝结硬化，就错过了抹压的最佳时机。

（六）事后的补救

工程施工后若局部表面渗出一小片清水，数量较少，如发现较早，可适量撒些干的水泥和砂，比例为1∶2并抹平；如果发现较晚，可在水分蒸发后，撒适量干的水泥，待吸潮后，先用木抹子搓，后用铁抹子收光。如果是大面积渗出清水，可考虑将水泥砂浆铲起，适量掺些干的1∶2的水泥和砂，搅拌均匀，重抹。

（七）加强水泥混凝土的养护

为使已施工完毕的水泥混凝土表面达到所需的力学性能，收光结束后，应根据实际情况及时对混凝土进行覆盖。水泥混凝土经过一段时间硬化后，应定时洒水进行养护，普通水泥养护不少于7d，其他水泥不少于14d。为保持水泥混凝土表面处于湿润状态，浇水频次为：前3d每天白天2h一次，夜间至少2次，以后每昼夜4次，并注意避免损坏水泥混凝土表面状态的情况发生。

五、水泥混凝土施工时表面出现泌水

新拌制混凝土是由大小不同、密度不同的水泥颗粒、砂、石等多种固体和水组成的混合料，混凝土浇筑后在凝结以前，新浇筑混凝土内悬浮的固体粒子在重力作用下下沉，当混凝土保水能力不足时，新浇筑的混凝土表面会出现一层水，这种现象称为泌水。

水泥混凝土出现泌水，会使混凝土的孔隙率提高，尤其是连通的毛细孔增多，造成混凝土的质量不均，抗渗、抗冻、耐蚀等性能变差，且由于泌水造成的混凝土薄弱层，使混凝土整体强度降低。从外观上观察，混凝土干硬后，表面易露出砂石，孔洞多，粗糙，发生起砂现象。影响水泥混凝土泌水的因素主要有如下几个方面。

对水泥生产厂家而言，改善水泥的泌水性，可采用如下一些简易的措施：

（一）提高水泥的比表面积

水泥的比表面积提高，颗粒级配更趋合理，水泥的保水性改善。在水泥化学组成、配比和试验条件相同的情况下，水泥的泌水性随着水泥比表面积的提高而显著下降。水泥比表面积提高，还可使初凝时间相对缩短，即水泥浆体形成稳定的凝聚结构的时间加快，泌水量显著减少，泌水性得到改善，3d抗压强度明显提高。但要注意防止水泥粉磨过细，浆体和易性变差，增加用水量，导致水泥性能变差。

（二）缩短水泥的凝结时间

水泥的凝结时间越长，所配置的混凝土的凝结时间就越长，且凝结时间的延长幅度比水泥净浆成倍地增长。在混凝土静置、凝结硬化前，水泥颗粒沉降的时间越长，混凝土越易泌水，所以应适当控制水泥的凝结时间，以改善水泥的泌水性。

（三）掺入火山灰质混合材

在粉磨水泥时，掺入火山灰质混合材，如硅藻土、膨润土、烧黏土、烧煤矸石等可使水泥泌水率和泌水量降低。通常，随着火山灰质混合材掺入量的逐渐增加，水泥的泌水率迅速下降，水泥砂浆或混凝土的和易性显著改善，便于施工操作。但必须注意火山灰质混合材掺量过多，将使水泥需水量过大，强度下降过多。因此，务必摸索最佳掺量，通常掺入 5.0% ~ 8.0% 较佳。

（四）掺入石灰石微晶填料

适当掺入石灰石能提高水泥的保水性和 3d 抗压强度。随着石灰石掺量的增加，水泥的泌水性有所改善，若同时能提高水泥的比表面积，则泌水性将显著改善。

据实验，在水泥比表面积相差不大时，掺入石灰石 5%、烧煤矸石 3% 的水泥比单掺石灰石 8% 的水泥泌水率下降 1.07%，但比单掺烧煤矸石 8.0% 的水泥泌水率提高了 1.08%，因此掺煤矸石比掺石灰石对改善水泥泌水性的效果更好。

（五）立窑熟料和回转窑熟料相互对掺

立窑熟料和回转窑熟料的性能往往具有互补性，两者对掺通常可改善水泥的一些性能。据实验，立窑熟料中掺入回转窑熟料 20% ~ 40%，以及少量烧煤矸石，可使立窑水泥的泌水性、凝结时间、强度等综合使用性能明显改善。再者，用 27% 的回转窑熟料和 5% 的烧煤矸石代替立窑熟料进行制样，试样的泌水率下降 3.6%，且 3d、28d 强度提高，能改善立窑水泥的综合性能。

（六）混凝土配合比

混凝土中的水除了与水泥发生水化作用外，还为了满足混凝土施工的要求。有部分施工单位为了赶进度或施工方便，将混凝土坍落度放大，增大混凝土的流动性，结果造成混凝土表面大量泌水。混凝土水灰比越大，水泥凝结硬化的时间越长，自由水越多，水与水泥分离的时间越长，混凝土越容易泌水。

混凝土中外加剂掺量过多，或者缓凝组分掺量过多，会造成新拌混凝土大量泌水和沉析，大量的自由水泌出混凝土表面，影响水泥的凝结硬化。为了保证混凝土强度，要有合理的配合比设计。在进行配合比设计时，首先要保证水泥用量、水灰比、粉煤灰掺量、砂率等技术指标满足规范的要求，不能随意增大或减少。外加剂掺量不能过量，否则容易造成泌水。

（七）混凝土的组成材料

砂、石集料含泥较多时，会严重影响水泥的早期水化，黏土中的细颗粒会包裹水泥颗粒，延缓及阻碍水泥的水化及混凝土的凝结，从而加剧了混凝土的泌水；砂的细度模数越大，砂越粗，越容易造成混凝土泌水，尤其是 0.315mm 以下及 2.5mm 以上的颗粒含量对泌水影响较大；细颗粒越少、粗颗粒越多，混凝土越易泌水；矿物掺合料的颗粒分布同样也影响着混凝土的泌水性能，若矿物掺合料的细颗粒含量较少、粗颗粒含量多，则易造成混凝土泌水。用细磨矿渣作掺合料，因配合比中水泥用量减少，矿渣的水化速度较慢，且矿渣玻璃体保水性能较差，往往会加大混凝土的泌水量；粉煤灰过粗，微细集料效应减弱，也会使混凝土泌水量增大。此外，减少加水量、掺用松香酸钠等外加剂可减少泌水性。

（八）局部过振

混凝土振捣的目的是使其密实，并便于收浆、抹面，因此不管哪种振捣设备，只要不漏振，混凝土表面平整、基本不再冒泡、表面出现浮浆即可。但有的施工人员不按规范施工，震动到一个位置不移动，而且振捣充分也不关闭，造成局部过振，组分分离或泌水，引起局部起皮、起砂。为避免这种现象，应不漏振、不过振，及时抹灰面；出现泌水时不能简单采用撒干水泥粉的抹灰处理方法。

（九）非正常的淋水、洒水

在浇筑地面混凝土之前，淋湿模板时应避免使用地面基础积水，这会使浇筑的混凝土水灰比过大，经过振捣后，过多的水会泌出表面。

（十）不适宜的压平收光时间

收光过早，混凝土表面会析出水，影响表层砂浆强度，有时还会由于修光阻断泌水通道，在收光压实层下形成泌水层，造成修光层脱落（即起皮）。收光时间过迟，则会扰动或损伤水泥胶凝体的凝聚结构，影响强度的增长，造成面层强度过低，也会出现起灰、起砂或起皮现象。

针对水泥混凝土泌水，无论采取什么措施，其总的目标是：提高混凝土的密实度，改善孔径分布。为此，必须正确设计混凝土的配合比，保证足够的用水量，适当降低水灰比，仔细选择集料级配，提高施工质量。

具体方法有：使用减水剂降低水灰比；或掺松香酸钠等一类引气剂，可降低混凝土的孔隙孔径，使其形成大量分散极细的气孔；相应采取尽快排出泌出水分的措施，如吸水模板、真空作业或离心成型等工艺；在泌水过程临近结束时，使用二次捣实的办法，则可使实际的水灰比降低，相应提高强度，而且混凝土的密实性、均匀性也将得到改善。

■ 本章小结

水泥是重要的建筑和工程材料。它应用面广，使用量大，是国家建设和人民生活中不可缺少的重要材料。水泥代替钢材、木材等的趋势有增无减。生产水泥虽然消耗较多能源，但水泥与砂、石等集料制成的混凝土则是一种低能耗型建筑材料。每吨混凝土消耗的能量仅为红砖的1/6，钢材的1/20，铝材的1/170。与普通钢铁相比，水泥制品不会生锈，也没有木材这类材料易于腐朽的缺点，更不会有塑料年久老化的问题。其耐久性好，维修工作量小，在代钢、代木方面，越来越显示出技术经济上的优越性。

水泥使各种特殊功能的建筑物和构筑物的出现成为现实。水泥与钢筋、砂、石等材料制成的钢筋混凝土、预应力钢筋混凝土远远超过钢筋或混凝土各自的性能，它坚固耐久、适应性强。它们的应用，使高层建筑、超高层建筑、大跨度桥梁及建（构）筑物、巨型水坝以及美丽多姿的公路、立交桥等具有特殊功能的建筑物、构筑物的出现成为可能，它对人们的日常生活和人类的文明产生了积极的影响。

　　水泥的应用已遍及工业和民用的各个方面并发挥了重要的作用，水泥工业是国民经济中不可忽视的一个产业。随着现代科学技术的发展，其他领域的新技术也必然会渗透到水泥工业中来，传统的水泥工业势必随着科学技术的迅猛发展而带来新的工艺变革和品种演变，应用领域也必将有新的开拓，从而使其在国民经济中起到更为重要的作用。

■ 本章习题

　1.判断题

　（1）硅酸三钙的水化速率快于硅酸二钙的水化速率。　　　　　　　　（　　　）

　（2）硅酸盐水泥水化凝结时间越长越好。　　　　　　　　　　　　　（　　　）

　（3）水泥用量越大，混凝土的收缩量就越小。　　　　　　　　　　　（　　　）

　（4）混凝土中外加剂掺量过多，或者缓凝组分掺量过多，会造成新拌混凝土大量泌水和沉析。　　　　　　　　　　　　　　　　　　　　　　　　　（　　　）

　2.单项选择题

　（1）水泥安定性不良的主要原因不包括熟料中含有过量的（　　　　）。

　A.游离氧化钙（f–CaO）　　　　　　　　B.游离氧化镁（f–MgO）

　C.SiO_2　　　　　　　　　　　　　　　D.三氧化硫（SO_3）

　（2）预防水泥混凝土表面起砂的简易措施不包括（　　　　）。

　A.细石集料应洁净，不含泥土，质地较密，具有足够的强度。

　B.水的pH值不得高于4

　C.一般地面砂浆宜选用含泥量较少的粗砂，配合比一般为1∶2.5

　D.水泥砂浆的稠度，以标准圆锥体沉入度不大于35mm计

　（3）磷酸镁基胶凝材料不具有（　　　）的特点。

　A.快速凝结硬化　　　B.微收缩　　　　　C.黏结力强　　　　　D.可低温施工

　（4）石膏掺量一般为水泥重量的（　　　）。

　A.1% ~ 2%　　　　　B.3% ~ 5%　　　　　C.6% ~ 8%　　　　　D.8% ~ 10%

　（5）硅酸盐水泥中四种矿物水化速度最快的是（　　　）。

　A.硅酸三钙　　　　　B.硅酸二钙　　　　　C.铝酸三钙　　　　　D.铁铝酸四钙

　3.简答题

　（1）硅酸盐水泥的矿物组成有哪几种？其各自水化特性如何？

　（2）磷酸镁水泥的水化过程如何？

　（3）水泥混凝土开裂的主要原因有哪几种？如何改善？

　（4）水泥混凝土施工时表面出现泌水有哪些原因？如何改善？

第四章
习题答案

第五章

混凝土

□ **本章重点**

    普通混凝土组成材料的技术要求及选用，混凝土拌合物的性质及其测定方法，硬化混凝土的力学性质、变形性质和耐久性，普通混凝土的配合比设计方法。

□ **学习目标**

    熟悉水泥混凝土的基本组成材料、分类和性能要求，了解普通混凝土组成材料的品种、技术要求及选用，掌握混凝土拌合物的性质及其测定和调整方法，掌握硬化混凝土的力学性质、变形性质和耐久性及其影响因素，了解混凝土质量控制与强度评定，掌握普通混凝土的配合比设计方法，熟悉水泥混凝土的外加剂和矿物掺和料，了解特种混凝土的性能及组成材料。

第一节 概述

    "混凝土"一词源于拉丁术语"Concretus"，原意是共同生长的意思。现代混凝土从广义上讲，是指无机胶凝材料（如石灰、石膏、水泥等）和水，或有机胶凝材料（如沥青、树脂等）的胶状物，与粗细集料（亦称为骨料）按一定比例配合、搅拌，并在一定温湿条件下养护一定时间硬化而成的坚硬固体。最常见的混凝土是以水泥为主要胶凝材料的普通混凝土，即以水泥、砂、石子和水为基本组成材料。根据需要掺入化学外加剂或矿物掺合料，经拌和制成具有可塑性、流动性浆体，浇筑到模具中去，经过一定时间硬化后形成的具有固定形状和较高强度的人造石材。

    混凝土是现代土木工程中应用最广、用量最大的工程材料，在房屋建筑、道路、桥梁、地铁、水利和港口等工程中，都离不开混凝土材料。它几乎覆盖了土木工程所有领域。可以说，没有混凝土就没有今天的世界。

【课程思政5-1】

中国混凝土材料科学的一代尊师、中国工程院首批院士吴中伟先生

吴中伟院士作为中国水泥与混凝土材料科学的开拓者、奠基人，他与"水泥"的结缘得从大学毕业后说起，从那以后他一步步推动着中国水泥混凝土行业向世界先进水平不断发展。

1940年6月，吴中伟在重庆中央大学毕业，赴四川綦江导淮委员会任职，担任綦江水道闸坝设计和小水电站的设计与建造工作。其间，参与研制石灰烧黏土水泥，开我国无熟料水泥研制应用之先河。

1945年5月，吴中伟公派赴美国进修，先后在美国垦务局丹佛材料研究所、陆军工程师团和加州大学重点学习混凝土技术，并在公路研究所、国家标准局等单位考察。他满怀深情地说："我此去非为个人名利，志在学习国外的先进技术，以期改变祖国落后的工业面貌。"

1946年10月，吴中伟学成回国，任职于南京淮河水利总局。1947年2月起，吴中伟执教于南京中央大学土木系，并在校园内建立了我国第一个混凝土研究室，第一个提出"混凝土科学技术"概念，组织起第一支混凝土科研队伍，开创了我国的混凝土科技事业。这期间，科学论断当时国内最大的混凝土工程——塘沽新港工程30吨大块混凝土崩溃的原因在于海水冻融循环，提出了采用引气混凝土的有效解决方案。

在中华人民共和国诞生后，他欣喜万分，看到了祖国光辉的前景，深感自己报国有门，决心献身于大规模经济建设热潮中。1949年8月，吴中伟欣然接受重工业部的邀请，赴京任职，参加新中国最早的建材科研机构、总院前身——重工业部华北窑业公司研究所筹建工作，相继担任研究组组长和混凝土室主任。1954年，建材工业部在北京管庄建立了水泥工业研究院，吴中伟任混凝土室主任。

20世纪50年代初，他结合国内迅速展开的基本建设，引进国外先进技术，在全国工业、交通、水电、城建、房建等大中型混凝土工程中大力推介科学配合比设计、质量控制、冬季施工技术等，取得巨大效益。同时，与他人合作研制国内最早的混凝土外加剂——引气剂，成功应用于塘沽新港、治淮工程等，获国家发明奖。另外，在国内首先提出大坝混凝土工程碱-集料反应问题，引起主管部门高度重视；协助长江科学院建立研究试验队伍，为预防我国水工混凝土病害作出了重要贡献。50年代中叶起，为满足经济建设中代钢代木的急迫要求，组织开展了混凝土与水泥制品的研究开发与推广工作，使混凝土与水泥制品工业在我国得到了方兴未艾的发展，其中，自应力混凝土输水管、水泥农船等产量居世界之首，成为极具中国特色的水泥制品产业标志。

1978年，他被清华大学聘任为土木系兼职教授、博士生导师。1979年聘任为建材研究院副院长兼总工程师。他深感自己责任重大，应加紧组建科研力量，培养

大量优秀人才,奋起直追,迎头赶上。他在一首自勉诗中写道"骥老志千里,负重又登程",在另一首诗中又写道"赤心报国苦时短,老骥奋蹄趁夕晖",充分表述了自己立志报国的急切心情。

在20世纪80年代与90年代,吴中伟以百倍的热忱投身于科教事业,以弥补科技滞后、人才断层的严峻局面。他殚精竭力,夜以继日,呕心沥血地忘我工作,将毕生奉行的"爱祖国、惜寸阴"发挥到极致。1994年当选为首届中国工程院院士,1998年任中国工程院资深院士,1999年荣获何梁何利基金科学与技术进步奖。

2000年2月,吴中伟院士因过于劳累,病情恶化,经医生多方抢救无效而与世长辞。吴中伟院士生前提出将其所获得何梁何利基金科学与技术进步奖奖金捐赠中国建材总院用于科学研究事业,夫人张凤棣为履行吴老遗愿,捐出全部奖金。

2013年,总院以此份极为珍贵的奖金设立吴中伟青年科技奖,授予能够传承吴中伟院士爱国、奉献、科学、严谨、谦虚的崇高精神,在科技创新、团队建设方面有突出表现,为国家、行业发展作出突出贡献,在行业中有一定影响力的青年科技领军人物。该奖项是总院深入传承吴中伟院士"爱祖国、惜寸阴"精神,建立矢志科研、鼓励创新、公平竞争的创新人才激励机制的重要举措。

吴中伟院士用他的一生诠释了"水泥",他致力于水泥混凝土行业的科技研究、创新和发展,为水泥混凝土行业培养了一大批人才,为中国水泥混凝土行业奠定了基础,引导中国水泥混凝土行业成为世界先进水平。

一、混凝土的分类

混凝土的种类很多,从不同的角度考虑,有以下几种分类方法:

(一)按表观密度分类

(1)轻混凝土。表观密度小于1 950kg/m³的混凝土,采用陶粒、页岩等多孔集料或掺加引气剂、泡沫剂形成多孔结构的混凝土,具有保温、隔热性能好、质量轻等优点,多用于保温材料或高层、大跨度建筑的结构材料。

(2)普通混凝土。表观密度为1 950~2 600 kg/m³的混凝土,是土木工程中应用最为普遍的混凝土,主要用作各种土木工程的承重结构材料。

(3)重混凝土。表观密度大于2 600 kg/m³的混凝土,常采用重晶石、铁矿石、钢屑等作集料和锶水泥、钡水泥共同配制防辐射混凝土,作为核工程的屏蔽结构材料。

(二)按所用胶凝材料分类

按照所用胶凝材料的种类,混凝土可以分为水泥混凝土、硅酸盐混凝土、石膏混凝土、水玻璃混凝土、沥青混凝土、聚合物混凝土、树脂混凝土等。

(三)按流动性分类

按照混凝土拌合物流动性的大小,可分为干硬性混凝土(坍落度小于10mm,且需要维勃稠度来表示)、塑性混凝土(坍落度为10~90mm)、流动性混凝土(坍落度为100~150mm)及大流动性混凝土(坍落度大于等于160mm)。

（四）按用途分类

混凝土按照用途不同可分为结构混凝土、防水混凝土、道路混凝土、膨胀混凝土、防辐射混凝土、耐酸混凝土、耐热混凝土、耐火混凝土、装饰混凝土等。

（五）按生产和施工方法分类

按生产方式混凝土可分为预拌混凝土和现场搅拌混凝土；按施工方法可分为泵送混凝土、喷射混凝土、碾压混凝土、挤压混凝土、离心混凝土、压力灌浆混凝土等。

（六）按强度等级分类

按混凝土抗压强度可分为低强混凝土（抗压强度小于 20 MPa）、中强混凝土（抗压强度 20～60 MPa）、高强混凝土（抗压强度大于 60 MPa）以及超高强混凝土（抗压强度大于等于 100MPa），而中强混凝土（即我们通常所说的普通混凝土）被广泛应用于大多数混凝土建筑结构中。

混凝土的品种虽然繁多，但在实际工程中还是以普通水泥混凝土应用最为广泛，若没有特殊说明，通常就将水泥混凝土称为混凝土，本章对其重点介绍。

二、混凝土的特点

（一）混凝土的优点

（1）原材料来源丰富，造价低廉。砂、石等地方性材料占80%左右，可以就地取材。

（2）可塑性好，混凝土材料利用模板可以浇铸成任意形状、尺寸的构件或整体结构。

（3）抗压强度较高，并可根据需要配制不同强度的混凝土。

（4）与钢材的黏结力强。可复合制成钢筋混凝土，利用钢材抗拉强度高的优势弥补混凝土脆弱性弱点，利用混凝土的碱性保护钢筋不生锈。

（5）具有良好的耐久性。木容易腐朽、钢材易生锈，而混凝土在自然环境下使用其耐久性比木材和钢材优越得多。

（6）耐火性能好，混凝土在高温下几小时仍然保持强度。

（二）混凝土的缺点

（1）自重大（这是超高层建筑的顶部结构多采用钢结构而非混凝土结构的重要原因之一）。

（2）抗拉能力差、易开裂（通常，混凝土的抗拉强度约为其抗压强度的 $1/20～1/10$，极限拉伸应变约为 $200\mu\varepsilon$，由最大拉应力理论和最大伸长线应变理论可知，混凝土是极易出现开裂现象和拉伸脆性断裂行为的）。

（3）收缩变形大（即体积稳定性较差，通常，水泥水化产物凝结硬化引起的自收缩和干燥收缩可达 500×10^{-6} m/m 以上，极易引起混凝土的收缩裂缝）。

（4）保温隔热性能差，生产周期长。

三、土木工程对混凝土质量的基本要求

（1）具有与施工条件相适应的和易性。

（2）具有符合设计要求的强度。

（3）具有与工程环境相适应的耐久性。

（4）材料组成经济合理，生产制作节约能源。

为达到上述四项基本要求，就需要了解原材料性能，分析可能影响到混凝土和易性及强度、耐久性等的因素；掌握配合比设计原理、混凝土质量波动规律及相关的检验评定标准等。

四、现代混凝土的发展方向

进入 21 世纪后，混凝土的研究和实践主要围绕着两个焦点展开：一是尽可能提高混凝土的耐久性，以延长其使用寿命，降低混凝土工程的重建率和拆除率；二是混凝土工业走上可持续发展的健康轨道。

（一）实现混凝土性能的优化

在长期的实际工程应用中，传统的水泥混凝土的缺陷越来越多地暴露出来，集中体现在耐久性方面。作为胶凝材料的水泥在混凝土中的表现，远没有人们希望的那么完美，过分地依赖水泥是导致混凝土耐久性不良的首要因素。所以，给水泥重新定位，合理控制混凝土中的水泥用量势在必行。主要的技术措施有：

（1）减少水泥用量，由水泥、粉煤灰或磨细矿渣共同组成合理的胶凝材料体系。

（2）使用高效减水剂实现混凝土的减水、增强效应，以减少水泥用量。

（3）使用引气剂减少混凝土内部的应力集中现象，使其结构更加均匀。

（4）通过改变加工工艺，提高砂石集料的质量，尽可能减少水泥用量。

（5）改进施工工艺，减少混凝土拌合物的单方用水量和水泥浆用量。

（二）混凝土工业走可持续发展道路

由于多年来的大规模建设，混凝土优质集料资源的消耗量惊人，生产水泥排放的二氧化碳导致的"温室效应"也日益明显，因此，使混凝土工业走上绿色低碳之路也是今后发展的主要方向，主要技术措施有：

（1）大量使用工业废弃资源，如利用尾矿资源作为集料，使用磨细矿渣和粉煤灰替代水泥。

（2）节约天然砂石资源，加强代用集料的研究开发，发展人工砂、海砂的应用技术。

（3）扶植再生混凝土产业，使越来越多的建筑垃圾作为集料循环使用。

（4）不追求高等级混凝土，应重视发展中、低等级耐久性好的混凝土。

（5）大力推广预拌混凝土，减少施工中的环境污染。

（6）开发生态型混凝土，使混凝土成为可调节生态平衡、美化环境景观、实现

人类与自然协调的绿色工程材料。

第二节　普通混凝土的组成材料

　　普通混凝土是由水泥、水和天然砂、石所组成，另外还常加入适量的掺合料和外加剂。混凝土和组成材料在混凝土中起着不同的作用。砂、石对混凝土起到骨架作用，水泥和水促成水泥浆，包裹在集料的表面并填充在集料的空隙中。在混凝土拌合物中，水泥浆起润滑作用，赋予混凝土拌合物流动性，便于施工；在混凝土硬化后起胶结作用，把砂、石集料胶结成为整体，使混凝土产生强度，成为坚硬的人造石材。混凝土的结构如图5-1所示。

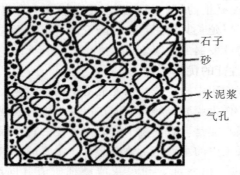

石子
砂

水泥浆
气孔

图5-1　混凝土的结构

一、水泥

　　水泥是混凝土胶凝材料，是混凝土中的活性组分，其强度大小直接影响混凝土强度的高低。配制混凝土时，如何正确选择水泥的品种及强度等级直接关系到混凝土的强度、耐久性和经济性。

（一）水泥品种的选择

　　配制混凝土时，应根据工程性质、部位、施工条件、环境状况等，按各品种水泥的特性做出合理的选择。配制混凝土一般可采用通用硅酸盐水泥，必要时也可采用专用水泥或特性水泥。在满足工程需求的前提下，应选择价格较低的水泥品种，以节约造价。

（二）水泥强度等级的选择

　　水泥强度等级与混凝土的设计强度等级相适应。原则上，配制高强度等级的混凝土，选用高强度等级水泥；配制低强度等级的混凝土，选用低强度等级水泥。一般水泥强度等级标准值（以MPa为单位）应为混凝土强度等级标准值的1.5～2.0倍为宜。水泥强度过高或过低，会导致混凝土内水泥用量过少或过多，对混凝土的技术性能及经济效果产生不利影响。

二、细集料

集料也称骨料。普通混凝土所用集料按粒径大小分为两种，公称粒径大于 5mm 的称为粗集料（按国家标准规定，砂的公称粒径为 5.00mm 时对应的砂筛筛孔的公称直径也是 5.00mm，对应的方孔筛筛孔长边长是 4.75mm），公称粒径小于 5.00mm 的称为细集料。

（一）细集料的种类及来源

普通混凝土中所用的细集料，一般是由天然岩石长期风化等自然条件形成的天然砂、由机械破碎形成的人工砂两大类。天然砂可分为山砂、河砂、海砂及特细砂；人工砂包括经除土处理的机制砂和混合砂。

（二）混凝土用砂的质量要求

我国标准《建筑用砂》（GB/T 14684－2011）规定，建筑用砂按技术质量要求分为I类、II类、III类。I类用于强度等级大于 C60 的混凝土；II类宜用于强度等级大于 C30 小于 C60 及有抗冻、抗渗或其他要求的混凝土；III类宜用于强度等级小于 C30 的混凝土。普通混凝土粗细骨料的质量标准和检验方法依据 JGJ 52—2006 进行。

1.砂子的粗细程度与颗粒级配

砂的粗细程度，是指不同粒径的砂粒，混合在一起后的总体粗细程度，通常有粗砂、中砂与细砂之分。在相同的条件下，细砂的总表面积最大，而粗砂的总表面面积较小。在混凝土中，砂子的表面需要有水泥浆包裹，砂子的总表面积越大，则需要包裹砂粒表面的水泥浆就越多。

砂的颗粒级配，即表示砂中大小颗粒的搭配情况。在混凝土中砂粒之间的空隙是由水泥浆所填充，为达到节省水泥和提高强度的目的，就应尽量减小砂粒之间的空隙。要减小砂粒间的空隙，就必须有大小不同的颗粒搭配。

因此，在拌制混凝土时，应同时考虑砂的颗粒级配和粗细程度。砂的颗粒级配和粗细程度，通常用筛分析的方法进行测定。用级配区表示砂的颗粒级配，用细度模数表示砂的粗细。砂的筛分方法是用一套孔径（净尺寸）为 5，2.50，1.25，0.63，0.315，0.16mm 的标准筛（圆孔筛），将质量为 500g 的干砂试样由粗到细依次过筛，然后称得余留在各筛上的细骨料重量，并计算出各筛上的分计筛余百分率 α_1，α_2，α_3，α_4，α_5 和 α_6（各筛上的筛余量占细骨料总重的百分率）及累计筛余百分率 β_1，β_2，β_3，β_4，β_5 和 β_6（各个筛和比该筛粗的所有分计筛余百分率相加在一起）。累计筛余和分计筛余的关系见表5-1。

细度模数（μ_m）按下式计算：

$$\mu_m = \frac{(\beta_2 + \beta_3 + \beta_4 + \beta_5 + \beta_6) - 5\beta_1}{100 - \beta_1}$$ (5-1)

细度模数 μ_m 愈大表示细骨料愈粗。普通混凝土用细骨料的 μ_m 范围一般在 3.7～0.7 之间，其中 μ_m 在 3.7～3.1 为粗砂；μ_m 在 3.0～2.3 为中砂；μ_m 在 2.2～1.6 为细砂；μ_m 在 1.5～0.7 为特细砂。对于 μ_m 在 3.7～1.6 的普通混凝土用砂，根据

表5-1   累计筛余与分计筛余的关系

筛孔尺寸（mm）	分计筛余（%）	累计筛余（%）
5.0	α_1	$\beta_1 = \alpha_1$
2.50	α_2	$\beta_2 = \alpha_1 + \alpha_2$
1.25	α_3	$\beta_3 = \alpha_1 + \alpha_2 + \alpha_3$
0.63	α_4	$\beta_4 = \alpha_1 + \alpha_2 + \alpha_3 + \alpha_4$
0.315	α_5	$\beta_5 = \alpha_1 + \alpha_2 + \alpha_3 + \alpha_4 + \alpha_5$
0.16	α_6	$\beta_6 = \alpha_1 + \alpha_2 + \alpha_3 + \alpha_4 + \alpha_5 + \alpha_6$

0.63mm筛孔的累计筛余量分成3个级配区（见表5-2与图5-2），混凝土用砂应处于表5-2或图5-2中的任何一个级配区以内。除μ_m=3.0～2.3外，还应使0.63mm筛孔的累计筛余量控制在41%～70%范围以内来作为中砂判据。

表5-2   砂的颗粒级配区

筛孔尺寸	级配区		
	1区	2区	3区
	累计筛余（%）		
10.00	0	0	0
5.00	10～0	10～0	10～0
2.50	35～5	25～0	15～0
1.25	65～35	50～10	25～0
0.63	85～71	70～41	40～16
0.315	95～80	92～70	85～55
0.16	100～90	100～90	100～90

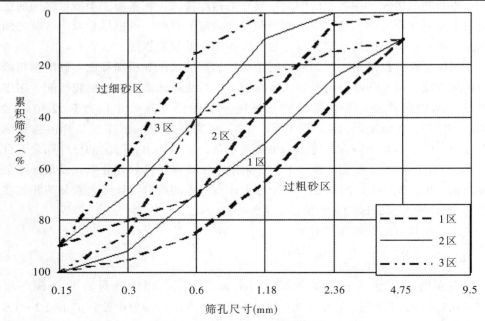

图5-2 砂的1，2，3级配区曲线

由图 5-2 看出，筛分曲线超过 1 区往右下偏时，表示细集料过粗；筛分曲线超过 3 区往左上偏时，表示细集料过细。拌制混凝土用砂一般选用级配符合要求的粗砂和中砂较为理想。一般说来，粗砂拌制混凝土比用细砂所需的水泥浆少。

砂过粗（细度模数大于 3.7）配成的混凝土，其拌合物的和易性不易控制，且内摩擦大，不易振捣成型；砂过细（细度模数小于 0.7）配成的混凝土，由于此时砂子的比表面积增大，将导致混凝土配制过程中既要增加较多的水泥，而且强度显著降低。所以这两种砂未包括在级配区内。

如果砂的自然级配不合适，不符合级配区的要求，这时就要采用人工级配的方法来改善。最简单的措施是将粗、细砂按适当比例进行试配，掺合使用。配制混凝土时宜优先选 2 区砂；若采用 1 区砂时，应提高砂率，并保持足够的水泥用量，以满足混凝土的和易性；若采用 3 区砂时，宜适当降低砂率，以保证混凝土的强度。

对于泵送混凝土，细集料对混凝土的可泵性影响很大。混凝土拌合物之所以能在输送管中顺利流动，主要是由于粗集料被包裹在砂浆中，且粗集料是悬浮于砂浆中的，由砂浆直接与管壁接触，起到润滑作用。故细集料宜采用中砂、细度模数为 2.5～3.2、通过 0.30mm 筛孔的砂不应少于 15%，通过 0.15mm 筛孔的含量不应少于 5%。如砂的含量过低，输送管容易堵塞，使拌合物难以泵送，但细砂过多以及黏土、粉尘含量太大也是有害的，因为细砂含量过大则需要较多的水，并形成黏稠的拌合物，这种黏稠的拌合物沿管道的运动阻力大大增加，从而需要较高的泵送压力，增加泵送施工的难度。

2.有害杂质含量

混凝土用砂要求洁净、有害杂质少。砂中含有的云母、泥块、轻物质、有机物、硫化物及硫酸盐等，都对混凝土的性能有不利影响。砂中的泥土包裹在颗粒表面，会阻碍水泥凝胶体与砂粒之间的黏结，降低界面强度，从而影响混凝土强度，并增加混凝土的开裂，易产生开裂，影响混凝土的质量。

天然砂的含泥量和泥块含量应符合表 5-3 的要求。

表5-3　　　　　　　　天然砂的含泥量及泥块含量要求

项目	指标		
	I 类	II 类	III 类
含泥量按重量计（%）	≤1.0	≤3.0	≤5.0
泥块含量按重量计（%）	0	≤1.0	≤2.0

人工砂或混凝土砂中的石粉含量应符合表 5-4 的规定。

表5-4　　　　　　　　　　　人工砂的石粉含量和泥块含量要求

项目			指标		
			I类	II类	III类
亚甲蓝试验	MB值≤1.40或合格	石粉含量（按质量计）（%）	≤10.0	≤10.0	≤10.0
		泥块含量（按质量计）（%）	0	≤1.0	≤2.0
	MB值>1.40或不合格	石粉含量（按质量计）（%）	≤1.0	≤3.0	≤5.0
		泥块含量（按质量计）（%）	0	≤1.0	≤2.0

注：MB值是用于判定机制砂中粒径小于0.08mm颗粒的吸附性能的指标，表示每千克0～2.5mm粒级式样所消耗的亚甲蓝质量。

砂中不应混有草根、树叶、树枝、塑料、煤块、炉渣等杂质。砂中如含有云母、轻物质、硫化物及硫酸盐等，其含量应符合表5-5要求。

表5-5　　　　　　　　　　　砂中的有害物质含量的限值

项目	指标		
	I类	II类	III类
云母含量，按质量计（%），≤	1.0	2.0	2.0
轻物质含量，按质量计（%），≤	1.0	1.0	1.0
有机物（用比色法试验）	合格	合格	合格
硫化物及硫酸盐含量，按质量计（折算成SO_3）（%），≤	0.5	0.5	0.5
氯化物（按氯离子质量计）（%），≤	0.01	0.02	0.06

注：1.对有抗冻、抗渗要求的混凝土，砂中云母含量不应大于1%。
2.砂中如含有颗粒状的硫酸盐或硫化物，则要求经专门检验，确认能满足混凝土耐久性要求时方能采用。

3.坚固性

砂的坚固性是指在自然风化和其他外界物理化学因素作用下，集料抵抗破坏的能力。规定通常采用硫酸钠溶液检验，试样经5次循环浸渍后，其质量损失应符合表5-6的规定。有抗疲劳、耐磨、抗冲击要求的混凝土用砂或有腐蚀介质作用或经常处于水位变化的地下结构混凝土用砂，其坚固性质量损失率应小于8%。

表5-6　　　　　　　　　　　砂的坚固性指标

项目	指标		
	I类	II类	III类
质量损失（%），<	8	8	10

4.砂的含水状态。砂的含水状态有四种，如图5-3所示。

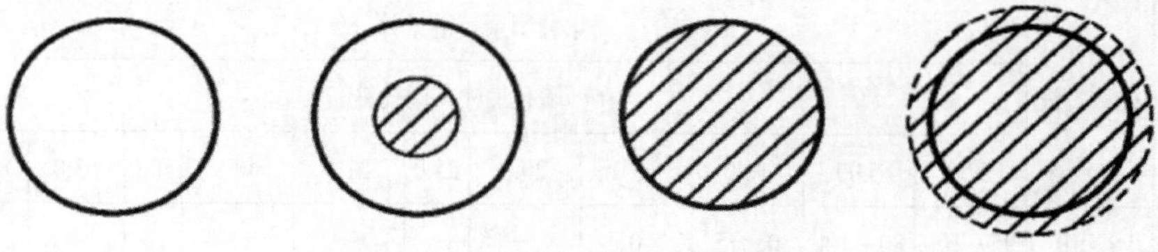

（a）绝干状态　　（b）气干状态　　（c）饱和面干状态　　（d）湿润状态

图5-3　砂的含水状态示意图

（1）绝干状态。砂的颗粒内外不含任何水，通常在（105±5）℃条件下烘干而得。

（2）气干状态。砂粒表面干燥，内部孔隙中部分含水，指室内或室外（天晴）空气平衡含水状态，其含水量的大小与空气相对湿度、温度密切相关。

（3）饱和面干状态。砂粒表面干燥，内部孔隙全部吸水饱和。

（4）湿润状态。砂粒内部吸水饱和，表面还有部分表面水。施工现场，特别是雨后常出现此种状况，搅拌混凝土中计量砂用量时，要扣除砂中的含水量；计算用水量时，要扣除砂中带入的水量。

三、粗集料

公称粒径大于5mm的称为粗集料。混凝土中常用的粗集料有碎石和卵石两大类。碎石为岩石（有时采用大块卵石，称为碎卵石）经破碎、筛分而得；卵石多为自然形成的河卵石经筛分而得。

（一）混凝土用石的质量标准

1.最大粒径

粗骨料以最大粒径D_M（即粗骨料公称粒级的上限）作为粗细程度的衡量指标。其D_M越大，骨料的总表面积愈小，则混凝土的用水量愈小，水泥用量也愈小，但最大粒径过大，混凝土的和易性变差，易产生离析。因此，在一定范围内，石子最大粒径越大，可因用水量的减少提高混凝土强度。

在普通混凝土中，集料粒径大于40mm并没有好处，有可能造成混凝土强度下降。另外，混凝土粗集料的最大粒径不得超过结构截面最小尺寸的1/4，同时不得大于钢筋间最小净距的3/4；对于混凝土实心板，集料的最大粒径不宜超过板厚的1/3，且不得超过40mm；对于泵送混凝土，集料的最大粒径与输送管内径之比，碎石不宜大于1：3，卵石不宜大于1：2.5。石子粒径过大，对运输和搅拌都不方便。

2.颗粒级配

粗集料的颗粒级配原理和要求与细集料基本相同。级配试验采用筛分法测定，其标准筛的孔径为2.5，5，10，16，20，25，31.5，40，50，63，80及100mm共12个标准筛。碎石或卵石的颗粒级配范围见表5-7。

表5-7　　　　　　　　　碎石或卵石的颗粒级配范围（mm）

级配情况	公称粒级	累计筛余按重量计（%）											
		筛孔尺寸（圆孔筛）											
		2.50	5.00	10.0	16.0	20.0	25.0	31.5	40.0	50.0	63.0	80.0	100.0
连续粒级	5~10	95~100	80~100	0~15	0	—	—	—	—	—	—	—	—
	5~16	95~100	90~100	30~60	0~10	0	—	—	—	—	—	—	—
	5~20	95~100	90~100	40~70	—	0~10	0	—	—	—	—	—	—
	5~25	95~100	90~100	—	30~70	—	0~5	0	—	—	—	—	—
	5~31.5	95~100	90~100	70~90	—	15~45	—	0~5	0	—	—	—	—
	5~40	—	95~100	75~90	—	30~65	—	—	0~5	0	—	—	—
单粒级	10~20	—	95~100	85~100	—	0~15	0	—	—	—	—	—	—
	16~31.5	—	95~100	—	85~100	—	—	0~10	—	—	—	—	—
	20~40	—	—	95~100	—	85~100	—	—	0~5	0	—	—	—
	31.5~63	—	—	—	95~100	—	—	75~100	45~75	—	0~10	0	—
	40~80	—	—	—	—	95~100	—	—	70~100	—	30~60	0~10	0

注：公称粒径上限为该粒级的最大粒径。

石子的颗粒级配可分为连续级配和间断级配。连续级配是石子粒级呈连续性，即颗粒由小到大，每级石子占一定比例。用连续级配的集料配制的混凝土混合料，和易性较好，不易发生离析现象。连续级配是工程上最常见的级配。

间断级配也称单粒级级配。间断级配是人为地剔除集料中某些粒级颗粒，从而使集料级配不连续，大集料空隙由小几倍的小粒径颗粒填充，以降低石子的空隙率。由间断级配配制成的混凝土，可以节约水泥。由于颗粒粒径相差较大，混凝土混合物容易产生离析现象，导致施工困难。

3.颗粒形状与表面特征

粗集料的颗粒形状及表面特征同样会影响其与水泥石的黏结及混凝土拌合物的流动性。碎石具有棱角，表面粗糙，水泥石与其表面黏结强度较大；而卵石多为圆形，表面光滑，黏结力小。因此在水泥强度和水胶比（水与胶凝材料的质量比）相同条件下，碎石混凝土强度往往高于卵石混凝土的强度，而卵石配制混凝土的流动性较好，但强度较低。

为了形成坚固、稳定的骨架，粗集料的颗粒形状以其三维尺寸尽量相近为宜，单用岩石破碎生产碎石的过程中往往会产生一定的针、片状颗粒。集料颗粒长度大于该颗粒平均粒径的2.4倍者为针状颗粒，颗粒的厚度小于平均粒径的0.4倍者为片状颗粒。针、片状颗粒使集料的空隙率增大，且在外力作用下容易折断，若其含量过多既降低混凝土的和易性和强度，又影响混凝土的耐久性。对于粗集料中针、片状颗粒质量分数的规定为：Ⅰ类集料≤5%，Ⅱ类集料≤10%，Ⅲ类集料≤15%。

4.坚固性

混凝土中粗集料要起到骨架作用，则必须有足够的坚固性和强度。粗集料的坚固性检验方法与细集料中的天然砂相同，即采用饱和硫酸钠溶液浸泡、烘干循环5次后，测量其质量损失，作为衡量坚固性的指标，其重量损失应满足表5-8中规定。

表5-8　　　　　　　　　　　　　　碎石或卵石的坚固性指标

混凝土所处的环境条件	循环后的重量损失（%）
在严寒及寒冷地区室外使用，并经常处于潮湿或干湿交替状态下的混凝土	≤8
在其他条件下使用的混凝土	≤12

注：1.严寒地区系指最寒冷月份里的月平均温度低于-15℃的地区，寒冷地区则指最寒冷月份里的月平均温度处在-5℃～-15℃之间的地区。

2.有腐蚀性介质作用或经常处于水位变化区的地下结构或有抗疲劳、耐磨、抗冲击等要求的混凝土用碎石或卵石，其重量损失应不大于8%。

5.强度

集料的强度一般指的是粗集料的强度，为了保证混凝土的强度，粗集料必须致密、具有足够的强度，碎石的强度可用抗压强度和压碎指标来表示，卵石的强度只用压碎指标值表示。

碎石的抗压强度测定，是将母岩制成5cm×5cm×5cm立方体（或Φ5×5cm圆柱体）试件，在水饱和状态下测得的极限抗压强度值。碎石的抗压强度一般在混凝土的强度等级大于或等于C60时才检验，其他情况如有怀疑或必要时可进行抗压轻度检验。

压碎指标是将一定质量气干状态下10～20mm的石子装入一定规格的圆筒内，在压力机上施加荷载到200kN卸荷后称取试样重量G，用孔径为2.5mm的筛筛除被压碎的细粒，称取试样的筛余量（G_1），则压碎指标：

$$Q = \frac{G - G_1}{G} \times 100\% \qquad\qquad (5-2)$$

式中，Q——压碎指标值（%）；

G——试样质量（g）；

G_1——压碎试验后试样的筛余量（g）。

压碎指标值越小，集料的强度越高。碎石的压碎指标值应符合表5-9的规定，卵石的压碎指标应符合表5-10的规定。

表5-9　　　　　　　　　　　碎石的压碎指标值

岩石品种	混凝土强度等级	碎石压碎指标值（%）
水成岩	C55～C40	≤10
	≤C35	≤16
变质岩或深成的火成岩	C55～C40	≤12
	≤C35	≤20
火成岩	C55～C40	≤13
	≤C35	≤30

注：水成岩包括石灰岩、砂岩等。变质岩包括片麻岩、石英岩等。深成的火成岩包括花岗石、正长岩、闪长岩和橄榄岩等。喷出的火成岩包括玄武岩和辉绿岩等。

表5-10　　　　　　　　　　　卵石的压碎指标值

混凝土强度等级	C55～C40	≤C35
压碎指标值（%）	≤12	≤16

6.含泥量、泥块含量和有害物质

粗集料的含泥量、泥块含量和有机物质的含量都不应超出国家标准的规定，具体见表5-11。

表5-11　　　　　粗集料的含泥量、泥块含量和有害物质含量要求

项目	指标		
	I类	II类	III类
含泥量，按质量计（%），≤	0.5	1.0	1.5
泥块含量，按质量计（%），≤	0	0.2	0.5
有机物（用比色法试验）	合格	合格	合格
硫化物及硫酸盐含量，按质量计（折算成SO_3）（%），≤	0.5	1.0	1.0

7.表观密度、堆积密度、空隙率

集料的表观密度应大于2 500 kg/m³；集料的松散的堆积密度应大于1 350 kg/m³；空隙率应小于45%。

8.碱活性物质

集料中若含有活性氧化硅、活性硅酸盐或活性碳酸盐类物质，在一定条件下会与水泥胶凝体中的碱性物质发生化学反应，其吸水即膨胀，导致混凝土开裂。这种反应称为碱-集料反应。集料的碱活性是否在允许的范围之内或者是否存在潜在的碱-集料反应的危害，可通过相应的试验方法进行检验以判定其合格性。

【案例分析5-1】

某中学一栋砖混结构教学楼，在结构完工后进行屋面施工时，屋面局部倒塌。审查设计方面未发现任何问题。对施工方面审查发现：所设计为C20的混凝土，施工时未留试块，事后鉴定其强度仅C7.5左右，在断口处可清楚看出砂石未洗净，骨料中混有鸽蛋大小的黏土块和树叶等杂质；此外梁主筋偏于一侧，受拉区1/3宽度内几乎无钢筋。

【原因分析】 骨料的杂质对混凝土强度有重大的影响，必须严格控制杂质含量。树叶等杂质固然会影响混凝土的强度，而泥块黏附在骨料表面，会妨碍水泥石与骨料的黏结，降低混凝土强度。还会增加拌和用水量，加大混凝土的干缩，降低抗渗性和抗冻性。泥块对混凝土性能影响严重。

四、水

与水泥、集料一样，水也是生产混凝土的主要成分之一。没有水就不可能生产混凝土，因为水是水泥水化和硬化的必备条件。然而，过多的水又势必影响混凝土的强度和耐久性等性能。多余的拌和用水还有以下两个特点：

（1）与水泥和集料不同，水的成本很低，可以忽略不计，因此用水量过多并不会增加混凝土的造价。

（2）用水量越多，混凝土的工作性越好，更适用于工人现场浇筑新混凝土拌合物。

实际上，影响强度和耐久性并不是高用水量本身，而是由此带来的高水胶比。换句话说，只要按比例增加水泥用量以保证水胶比不变，为了提高浇筑期间混凝土的工作性，混凝土的用水量也可以增大。

混凝土拌合用水的基本质量要求是，不能含影响水泥正常凝结与硬化的有害物质；无损于混凝土强度发展及耐久性；不能加快钢筋锈蚀；不引起预应力钢筋脆断；保证混凝土表面不受污染。

混凝土拌合用水按水源可分为饮用水、地表水、地下水、海水以及经适当处理或处置后的工业废水。混凝土拌合用水的质量要求应符合表5-12规定。

表5-12　　　　　　　　　　　**混凝土拌合水的质量要求**

项目	预应力混凝土	钢筋混凝土	素混凝土
pH值，≥	5	4.5	4.5
不溶物（mg/L），≤	2 000	2 000	5 000
可溶物（mg/L），≤	2 000	5 000	10 000
氯化物（以Cl^-计）/（mg/L），≤	500	1 000	3 500
硫酸盐（以SO_4^{2-}计）/（mg/L），≤	600	2 000	2 700
碱的质量面密度（mg/L），≤	1 500	1 500	1 500

未经处理的海水严禁用于钢筋混凝土和预应力混凝土。在无法获得水源的情况下，海水可用于素混凝土，但不宜用于装饰混凝土。

对于设计使用年限为100年的结构混凝土，氯离子适量密度不得超过500 mg/L；对使用钢丝或经热处理钢筋的预应力混凝土，氯离子质量密度不得超过350 mg/L。

五、混凝土外加剂

混凝土外加剂是指在拌制混凝土过程中，根据不同的要求，为改善混凝土性能而掺入的物质。其掺量一般不大于水泥质量的5%（特殊情况除外）。外加剂能显著改善混凝土的工作性、强度、耐久性或调节凝结时间及节约水泥。目前，外加剂已成为除水泥、水、砂子、石子以外的第五组分，应用越来越广泛。

（一）混凝土外加剂的分类

混凝土外加剂种类很多，按其主要功能可分为4类：能改善混凝土拌合物流变性能的外加剂（如减水剂、引气剂和泵送剂等）；能调节混凝土凝结时间、硬化性能的外加剂（如缓凝剂、早强剂和速凝剂等）；能改善混凝土耐久性的外加剂（如引气剂、防水剂和阻锈剂等）；能改善混凝土其他性能的外加剂（如引气剂、膨胀剂、防冻剂、着色剂、防水剂等）。各种外加剂适用范围见表5-13。

表5-13 混凝土外加剂的种类及适用范围

外加剂类型	主要功能	适用范围
普通减水剂	1.在保证混凝土工作性及强度不变条件下，可节约水泥用量 2.在保证混凝土工作性及水泥用量不变条件下，可减少用水量、提高混凝土强度 3.在保持混凝土用水量及水泥用量不变条件下，可增大混凝土流动性	1.用于日最低气温+5℃以上的混凝土施工 2.各种预制及现浇混凝土、钢筋混凝土及预应力混凝土 3.大模板施工、滑模施工、大体积混凝土、泵送混凝土以及流动性混凝土
高效减水剂	1.在保证混凝土工作性及水泥用量不变条件下，可大幅度减少用水量（减水率不小于14%），可制备早强、高强混凝土 2.在保持混凝土用水量及水泥用量不变条件下，可增大混凝土拌合物流动性，制备大流动性混凝土	1.用于日最低气温0℃以上的混凝土施工 2.用于钢筋密集、截面复杂、空间窄小及混凝土不易振捣的部位 3.凡普通减水剂适用的范围高效减水剂亦适用 4.制备早强、高强混凝土以及流动性混凝土
引气剂及引气减水剂	1.改善混凝土拌合物的工作性，减少混凝土泌水离析 2.增加硬化混凝土的抗冻融性	1.有抗冻融要求的混凝土，如公路路面、飞机路道等大面积易受冻部位 2.集料质量差以及轻集料混凝土 3.提高混凝土抗渗，用于防水混凝土 4.改善混凝土的抹光性 5.泵送混凝土

续表

外加剂类型	主要功能	适用范围
早强剂及早强减水剂	1.缩短混凝土的蒸养时间 2.加速自然养护混凝土的硬化	1.用于日最低温度-3℃以上时，自然气温正负交替的严寒地区的混凝土施工 2.用于蒸养混凝土、早强混凝土
缓凝剂及缓凝减水剂	降低热峰值及推迟热峰出现的时间	1.大体积混凝土 2.夏季和炎热地区的混凝土施工 3.用于日最低气温5℃以上的混凝土施工 4.预拌混凝土、泵送混凝土以及滑模施工
防冻剂	混凝土在负温条件下，使拌合物中仍有液相的自由水，以保证水泥水化，混凝土达到预期强度	冬季负温（0℃以下）混凝土施工
膨胀剂	使混凝土体积在水化、硬化过程中产生一定膨胀，以减少混凝土干缩裂缝，提高抗裂性和抗渗性能	1.补偿收缩混凝土，用于自防水屋面、地下防水及基础后浇缝、防水堵漏等 2.填充用膨胀混凝土，用于设备底座灌浆，地脚螺栓固定等 3.自应力混凝土，用于自应力混凝土压力管
速凝剂	速凝、早强	用于喷射混凝土
泵送剂	改善混凝土拌合物泵送性能	泵送混凝土

（二）常用混凝土外加剂

1.减水剂

减水剂是指在混凝土坍落度基本相同的条件下，以减少拌和用水量的外加剂。混凝土拌合物掺入减水剂后，可提高拌合物流动性，减少拌合物的泌水离析现象，延缓拌合物凝结时间，减缓水泥水化热放热速度，显著提高混凝土强度、抗渗性和抗冻性。

（1）普通减水剂作用机理。水泥加水后，由于水泥颗粒在水中的热运动，使其在分子凝聚力作用下形成絮凝结构，如图5-4（a）所示，此结构中包有部分拌和水，使混凝土拌合物流动性降低。当水泥浆中加入减水剂后，因减水剂属表面活性剂，受水分子作用，表面活性剂由憎水基团和亲水基团所组成，如图5-4（b）所示，憎水基团指向水泥颗粒，而亲水基团背向水泥颗粒，使水泥颗粒表面作定向排列而带有相同电荷。如图5-4（c）所示，这种电斥力作用远大于颗粒间的分子引力，从而使水泥颗粒形成的絮凝结构被分散。如图5-4（d）所示，半絮凝结构中包裹的那部分水释放出来，明显地起到减水作用，增加拌合物流动性。同时由于减水剂加入，在水泥颗粒表面形成溶剂化水膜，在颗粒间起润滑作用，也改善了拌合物的工作性。此外由于水泥颗粒被分散，增大了水泥颗粒的水化表面而使其水化比较充分，使混凝土强度显著提高。但由于减水剂对水泥颗粒的包裹作用也会使水泥初期的水化速度减缓。

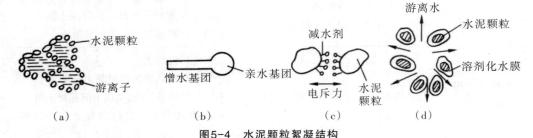

图5-4 水泥颗粒絮凝结构

（2）常用减水剂。减水剂是使用最广泛和效果最显著的一种混凝土外加剂。减水剂种类很多，按功能可分为普通减水剂、高效减水剂、早强减水剂、缓凝减水剂、缓凝高效减水剂和引气减水剂。目前使用较为广泛的减水剂种类为木质素系普通减水剂、萘系高效减水剂、三聚氰胺系高效减水剂以及聚羧酸系引气型高效减水剂，见表5-14。其中聚羧酸系引气型高效减水剂目前应用前景较好。这种由甲醛无水马来酸酐制造的减水剂，减水率高，一般为30%以上，1~2h基本无坍落度损失，后期强度提高20%。

表5-14   常用减水剂的品种

种类	木质素系	萘系	三聚氰胺系	聚羧酸系
类别	普通减水剂	高效减水剂	高效减水剂	引气型高效减水剂
主要品种	木质素磺酸钙（木钙粉、M型减水剂）木钠、木镁	NNO、NF建1、FDN、UNF、JN、HN、MF等	粉剂、液体	标准型缓凝型
适宜掺量（比重）	0.2%~0.3%	0.2%~1%	粉剂0.5%~1.5%液体1.5%~3%	0.4%~1.5%
减水率	10%左右	15%以上	15%以上	25%~45%
早强效果	—	显著	显著	显著
缓凝效果	1~3h	—	—	1.5h以上
引气效果	1%~2%	部分品种<2%	—	2%~5%
适用范围	一般混凝土工程及大模、滑模、泵送大体积及夏季施工的混凝土工程	适用于所有混凝土工程，更适于配制高强混凝土及流态混凝土	对胶凝材料适应性强，特别是对氯酸钙水泥及硫酸钙水泥适应性极强	早强、高强、流态、防水、蒸养、泵送混凝土，清水混凝土

2.早强剂

能加速混凝土早期强度发展的外加剂称早强剂。早强剂主要有氯盐类、硫酸盐类、有机胺三类以及它们组成的复合早强剂。常用的早强剂及增强效果见表5-15。

表5-15　　　　　　　常用早强剂凝结时间差及增强效果（与未掺相比）

早强剂		掺量（c×%）	凝结时间差 (h: min)		相对强度百分率 (%)		
			初凝	终凝	3d	7d	28d
氯盐早强剂	氯化钙（CaCl$_2$）	0.5～1	-3：35	-3：57	130	115	100
	氯化钠（NaCl）	0.5～1	—	—	134	—	110
	氯化亚铁（FeCl$_2$·6H$_2$O）	1.5	—	—	130	—	100～125
	三乙醇胺TEA［N（C$_2$H$_6$OH）$_3$］	0.05	—	—	105～128	105～129	102～108
	NaCl+TEA	0.5+0.05	-3：00	-3：50	150	—	104～116
	NaCl+TEA+亚硝酸钠（NaNO$_2$）	0.5+0.05+1	-3：03	-3：43	175	—	116
	NaCl+TEA+NaNO$_2$+萘系减水剂	0.5+0.02+0.5+0.75	—	—	205	—	159
	FeCl$_2$·6H$_2$O+TEA	0.5+0.05	—	—	140～167	—	108～140
硫酸钠早强剂	硫酸钠（Na$_2$SO$_4$）	2	—	—	143	132	104
	Na$_2$SO$_4$+TEA	2+0.05	-1：40	-2：00	167	147	118
	Na$_2$SO$_4$+TEA+NaNO$_2$	2+0.03+1	-2：00	-2：20	164	149	120
	Na$_2$SO$_4$+NaCl	2+0.5	-1：40	-1：40	168	152	123
	Na$_2$SO$_4$+NaCl+TEA	3+1+0.05	-1：30	-1：15	168	156	134
早强减水剂	MSF	5	+3：05	+0：36	177	148	120
	MZS	3	+1：15	+0：30	160	155	130
	NC	3	+1：55	+1：55	168	150	134
	NSZ	1.5	—	—	173	160	142
	UNF-4	2	—	—	237	187	144

注："-"表示提前，"+"表示延缓。

氯化物系主要有 NaCl、CaCl$_2$、ALCl$_3$·6H$_2$O。氯盐属强电解质，溶解于水后全部电离成离子，氯离子吸附于水泥熟料 C$_3$S 和 C$_2$S 表面，增加水泥颗粒的分散度，有利于水泥初期水化反应，其钙离子和氯离子的存在加速了水化物晶核形成和生长。氯化钙与 C$_3$A 作用生成不溶性水化氯铝酸钙和固溶体（C$_3$A·CaCl$_2$·10H$_2$O），与氢氧化钙作用生成氧氯化钙（3CaO·CaCl$_2$·12H$_2$O），使得水泥浆中固相比例增大，促进水泥凝结硬化，早期强度提高。氯化钠与硅酸钙水化物 Ca（OH）$_2$ 作用生成 CaCl$_2$ 加速 C$_3$A 与石膏 CaSO$_4$ 作用，生成钙矾石。当无石膏存在时 C$_3$A 与 CaCl$_2$ 形成氯铝酸钙，这种复盐发生体积膨胀，促使水泥石密实，加速凝结硬化，提高早期强度。但需要注意氯盐对钢筋的锈蚀，阻锈剂多采用亚硝酸钠。

硫酸盐系主要指 Na$_2$SO$_4$（又称元明粉、芒硝）、硫代硫酸钠 Na$_2$S$_2$O$_3$、石膏 CaSO$_4$、硫酸钾铝（又称明矾）Al·K（SO$_4$）$_3$·2H$_2$O。硫酸钠溶于水后与水化物 Ca（OH）$_2$ 作用生成 NaOH 和颗粒很细的 CaSO$_4$，这种 CaSO$_4$ 比外加石膏活性要高，再与 C$_3$A 反应生成水化硫铝酸钙的速度要快得多，而 NaOH 又是一种活性剂，能提高 C$_3$A 和 CaSO$_4$ 溶解度，加速硫铝酸钙的形成和数量，导致水泥凝结硬化和早期强度的提高。

三乙醇胺不改变水泥水化物，能促进 C_3A 与石膏之间形成硫铝酸钙反应，当与其他无机盐复合使用时能催化水泥水化，从而提高早期凝结硬化速度。

3.引气剂

在搅拌混凝土过程中能引入大量均匀分布的、稳定而封闭的微小气泡（直径在 $10 \sim 100 \mu m$）的外加剂，称为引气剂。主要品种有松香热聚物、松脂皂和烷基苯碳酸盐等。其中，以松香热聚物的效果较好，最常使用。松香热聚物是由松香与硫酸、石碳酸起聚合反应，再经氢氧化钠中和而得到的憎水性表面活性剂。

（1）引气剂具有引气作用的机理。引气剂一般都是阴离子表面活性剂。加入引气剂后，在水泥与水界面上水泥与其水化粒子与亲水基相吸附，而憎水基背离粒子，形成憎水吸附层，并力图靠近空气表面。

由于这种粒子向空气表面靠近和引气剂分子在空气与水界面上的吸附作用，将显著降低表面张力，使拌合物拌和过程中形成大量微小气泡，同时吸附层相排斥且分布均匀，因此在钙溶液中能更加稳定存在。引气剂能使混凝土含气量增加至 $3\% \sim 6\%$，气泡直径为 $0.025 \sim 0.25mm$，能显著改善混凝土拌合物工作性和混凝土的抗冻性。但掺入引气剂能使混凝土强度降低，对普通混凝土降低 $5\% \sim 10\%$；对高强混凝土可降低 20% 以上。

（2）常用引气剂品种。常用的引气剂为憎水性的脂肪酸皂类表面活性剂，如松香热聚物、松香皂、天然皂貳等，见表5-16。

表5-16   国产引气剂品种、成分及掺量

序号	名称	主要成分	一般掺量（占水泥重量%）
1	PC-2Y	松香热聚物	0.005 ~ 0.01
2	CON-A	松香皂	0.005 ~ 0.01
3	SJ-2	天然皂貳	0.005 ~ 0.01
砂 浆 微 沫 剂			
4	KF砂浆微沫剂	松香酸钠复合外加剂	0.005 ~ 0.01

4.缓凝剂

缓凝剂是指能延缓混凝土凝结时间，并对其后期强度无不良影响的外加剂。由于缓凝剂能延缓混凝土凝结时间，使拌合物能较长时间内保持塑性，有利于浇注成型，提高施工质量，同时还具有减水、增强和降低水化热等多种功能，且对钢筋无锈蚀作用，多用于高温季节施工、大体积混凝土工程、泵送与滑模方法施工以及商品混凝土等。

5.速凝剂

能使混凝土迅速凝结硬化的外加剂，称速凝剂。主要种类有无机盐类和有机物类。常用的是无机盐类。速凝剂加入混凝土后，其主要成分中的铝酸钠、碳酸纳在碱性溶液中迅速与水泥中的石膏反应生成硫酸钠，使石膏丧失其原有的缓凝作用，从而导致铝酸

钙矿物 C_3A 迅速水化，并在溶液中析出其水化产物晶体，致使水泥混凝土迅速凝结。

6.防冻剂

防冻剂是指在一定负温条件下，能显著降低冰点，使混凝土液相不冻结或部分冻结，保证混凝土不遭受冻害，同时保证水与水泥能进行水化，并在一定时间内获得预期强度的外加剂。实际上防冻剂是混凝土多种外加剂的复合，主要有早强剂、引气剂、减水剂、阻锈剂、亚硝酸纳等。

7.膨胀剂

膨胀剂是能使混凝土产生一定体积膨胀的外加剂。混凝土工程中采用的膨胀剂种类有硫铝酸钙类、硫铝酸钙-氧化钙类、氧化钙类等。

8.泵送剂

泵送剂是指能改善混凝土拌合物泵送性能的外加剂。泵送剂一般分为非引气剂型（主要组分为木质素磺酸钙、高效减水剂等）和引气剂型（主要组分为减水剂、引气剂等）两类。个别情况下，如对大体积混凝土，为防止收缩裂缝，掺入适量的膨胀剂。木钙减水剂除可使拌合物的流动性显著增大外，还能减少泌水，延缓水泥的凝结，使水泥水化热的释放速度明显延缓，这对泵送的大体积混凝土十分重要。引气剂能使拌合物的流动性显著增加，而且也能降低拌合物的泌水性及水泥浆的离析现象，这对泵送混凝土的和易性和可泵性很有利。

9.阻锈剂

阻锈剂是指能减缓混凝土中钢筋或其他预埋金属锈蚀的外加剂，也称缓蚀剂。常用的是亚硝酸钠。有的外加剂中含有氯盐，氯盐对钢筋有锈蚀作用，在使用这种外加剂的同时应掺入阻锈剂，可以减缓对钢筋的锈蚀，从而达到保护钢筋的目的。

（三）常用混凝土外加剂的适用范围

常用混凝土外加剂的适用范围见表5-17。

表5-17　　　　　　　　　　常用混凝土外加剂的适用范围

外加剂类别		使用目的或要求	适宜的混凝土工程	备　注
减水剂	木质素磺酸盐	改善混凝土拌合物流变性能	一般混凝土、大模板、大体积浇注、滑模施工、泵送混凝土、夏季施工	不宜单独用于冬季施工、蒸气养护、预应力混凝土
	萘系	显著改善混凝土拌合物流变性能	早强、高强、流态、防水、蒸养、泵送混凝土	
	水溶性树脂系	显著改善混凝土拌合物流变性能	早强、高强、流态、蒸养混凝土	
	聚羧酸系高效减水剂	显著改善混凝土拌合物流变性能、提高早期强度、坍落度损失小	早强、高强、流态、防水、蒸养、泵送混凝土、清水混凝土	
	糖类	改善混凝土拌合物流变性能	大体积、夏季施工等有缓凝要求的混凝土	不宜单独用于有早强要求、蒸养混凝土

外加剂类别		使用目的或要求	适宜的混凝土工程	备　注
早强剂	氯盐类	要求显著提高混凝土早期强度；冬季施工时为防止混凝土早期受冻破坏	冬季施工、紧急抢修工程、有早强要求或防冻要求的混凝土；硫酸盐类适用于不允许掺氯盐的混凝土	是否能使用氯盐类早强剂，以及氯盐类早强剂的掺量限制，均应符合 GB 50204—2002 的规定
	硫酸盐类			
	有机胺类			
引气剂	松香热聚物	改善混凝土拌合物和易性；提高混凝土抗冻、抗渗等耐久性	抗冻、抗渗、抗硫酸盐的混凝土，水工大体积混凝土，泵送混凝土	不宜用于蒸养混凝土、预应力混凝土
缓凝剂	木质素磺酸盐	要求缓凝的混凝土、降低水化热、分层浇注的混凝土过程中为防止出现冷缝等	夏季施工、大体积混凝土、泵送及滑模施工、远距离输送的混凝土	掺量过大，会使混凝土长期不硬化、强度严重下降；不宜单独用于蒸养混凝土；不宜用于低于 5℃ 下施工的混凝土
	糖类			
速凝剂	红星 I 型	施工中要求快凝、快硬的混凝土，迅速提高早期强度	矿山井巷、铁路隧道、引水涵洞、地下工程及喷锚支护时的喷射混凝土或喷射砂浆；抢修、堵漏工程	常与减水剂复合使用，以防混凝土后期强度降低
	711 型			
	782 型			
泵送剂	非引气型	混凝土泵送施工中为保证混凝土拌合物的可泵性，防止堵塞管道	泵送施工的混凝土	掺引气型外加剂的，泵送混凝土的含气量不宜大于 4%
	引气型			
防冻剂	氯盐类	要求混凝土在负温下能连续水化、硬化、增长强度，防止冰冻破坏	负温下施工的无筋混凝土	
	氯盐阻绣类		负温下施工的钢筋混凝土	如含强电解质的早强剂的，应符合混凝土外加剂应用技术规范 (GB 50119—2003) 中的有关规定
	无氯盐类		负温下施工的钢筋混凝土和预应力钢筋混凝土	如含硝酸盐、亚硝酸盐、磺酸盐不得用于预应力混凝土；如含六价铬盐、亚硝酸盐等有毒防冻剂，严禁用于饮水工程及与食品接触部位
膨胀剂	①硫铝酸钙类	减少混凝土干缩裂缝，提高抗裂性和抗渗性，提高机械设备和构件的安装质量	补偿收缩混凝土；填充用膨胀混凝土；自应力混凝土（仅用于常温下使用的自应力钢筋混凝土压力管）	①、③不得用于长期处于 80℃ 以上的工程中，②不得用于海水和有侵蚀性水的工程；掺膨胀剂的混凝土只适用于有约束条件的钢筋混凝土工程和填充性混凝土工程；掺膨胀剂的混凝土不得用硫铝酸盐水泥、铁铝酸盐水泥和高铝水泥
	②氧化钙类			
	③硫铝酸钙－氧化钙类			

（四）混凝土外加剂与水泥相容性

随着预拌混凝土的飞速发展，混凝土配合比设计除了考虑混凝土的强度、耐久性之外，还要注重其工作性能，水泥与减水剂的相容性是影响混凝土工作性的重要因素。水泥与外加剂作为混凝土的主要组分，有时候尽管所用的水泥与高效减水剂的质量都符合国家标准，但配制出的拌合物并不理想。拌合物的工作性不佳，极有可能影响混凝土强度从而导致严重的工程质量事故和重大经济损失。这时需要考虑水泥与减水剂的相容性。水泥与外加剂相容性不好，可能是外加剂、水泥品质、混凝土配合比的原因，也可能是使用方法造成的，或几种因素共同作用引起的。在实际工程中，必须通过试验，对不适应因素逐个排除，找出其原因。

混凝土中掺入适量的外加剂，可改变混凝土的多种性能。通常可采用先掺法、后掺法、同掺法和滞水法等方法掺入。在混凝土中掺入外加剂，应根据工程设计和施工要求，选择适宜的水泥品种，并应使用工程原材料通过试验和技术、经济比较，满足各项要求后，方可使用。

六、矿物掺合料

混凝土矿物掺合料是指在混凝土搅拌前或在搅拌过程中，与混凝土其他组分一起，直接加入的人造或天然的矿物材料以及工业废料，通常掺量一般应超过水泥质量的5%。常用的有粉煤灰、硅粉、磨细矿渣粉、石岩粉（天然火山灰质材料，又如凝灰岩粉等）、烧黏土及磨细自燃煤矸石等。其目的是改善混凝土的性能、调节混凝土的强度等级和节约水泥用量等。下面主要介绍前四种。

（一）粉煤灰

粉煤灰是从煤粉炉排出的烟气中收集到的细粉末。按其排放方式的不同，分为干排灰与湿排灰两种。湿排灰内含水量大，活性降低较多，质量不如干排灰。按收集方法的不同，分静电收尘灰和机械收尘灰两种。静电收尘灰颗粒细、质量好。机械收尘灰颗粒较粗、质量较差。经磨细处理的称为磨细灰，未经加工的称为原状灰。

1.粉煤灰的质量要求

粉煤灰有高钙灰（一般 $CaO > 10\%$）和低钙灰（$CaO < 10\%$）之分，由褐煤燃烧形成的粉煤灰呈褐黄色，为高钙灰，具有一定的水硬性；由烟煤和无烟煤燃烧形成的粉煤灰呈灰色或深灰色，为低钙灰，具有火山灰活性。

细度是评定粉煤灰品质的重要指标之一。粉煤灰中实心微珠颗粒最细、表面光滑，是粉煤灰中需水量最小、活性最高的成分，如果粉煤灰中实心微珠含量较多、未燃尽碳及不规则的粗粒含量较少时，粉煤灰就较细，品质较好。未燃尽的碳粒、颗粒较粗，可降低粉煤灰的活性，增大需水性，是有害成分，可用烧失量来评定。多孔玻璃体等非球形颗粒，表面粗糙、粒径较大，将增大需水量，当其含量较多时，使粉煤灰品质下降。SO_3是有害成分，应限制其含量。

我国粉煤灰质量控制、应用技术有关的技术标准、规范有《用于水泥和混凝土中的粉煤灰》（GB/T 1596—2017）、《硅酸盐建筑制品用粉煤灰》（JC/T 409—2016）和《粉煤灰混凝土应用技术规范》（GB/T 50146—2014）等。GB/T 1596—2017规定，粉煤灰按煤种分为F类（由无烟煤或烟煤煅烧收集的粉煤灰）和C类（由褐煤或次烟煤煅烧收集的粉煤灰，其氧化钙含量一般大于10%），分为I、II、III三个等级，相应的技术要求见表5-18。

表5-18　用于水泥和混凝土中的粉煤灰技术要求（GB/T 1596—2017）

项　目		粉煤灰等级		
		I	II	III
细度（0.045mm方孔筛筛余%），≤	F类粉煤灰 C类粉煤灰	12.0	25.0	45.0
烧失量（%），≤		5.0	8.0	15.0
需水量比（%），≤		95.0	105.0	115.0
三氧化硫（%），≤		3		
含水量（%），≤		1		
游离氧化钙（%）		F类粉煤灰≤1.0；C类粉煤灰≤4.0；		
安定性 雷氏夹沸煮后增加距离（mm）		C类粉煤灰≤5.0		

按《粉煤灰混凝土应用技术规范》（GB/T 50146—2014）的规定，I级粉煤灰适用于钢筋混凝土和跨度小于6m的预应力钢筋混凝土，II级粉煤灰适用于钢筋混凝土和无筋混凝土，III级粉煤灰主要用于无筋混凝土。对强度等级≥C30的无筋粉煤灰混凝土，宜采用I、II级粉煤灰。

2.粉煤灰掺入混凝土中的作用与效果

活性效应：粉煤灰在混凝土中，具有火山灰活性作用，它的活性成分SiO_2和Al_2O_3与水泥水化产物$Ca(OH)_2$反应，生成水化硅酸钙和水化铝酸钙，成为胶凝材料的一部分。

形态效应：微珠球状颗粒，具有增大混凝土（砂浆）的流动性、减少泌水、改善和易性的作用；若保持流动性不变，则可起到减水作用。

微集料效应：其微细颗粒均匀分布在水泥浆中，填充孔隙，改善混凝土孔结构，提高混凝土的密实度，从而使混凝土的耐久性得到提高。同时还可降低水化热、抑制碱-集料反应。

过去，往往只注意粉煤灰的火山灰活性，其实按照现代混凝土技术理念来衡量，粉煤灰致密作用的重要意义不逊于火山灰活性。另外，粉煤灰填充效应可减少混凝土中空隙体积和较粗大的孔隙，特别是填塞浆体的毛细孔道的通道，对混凝土的强度和耐久性十分有利，是提高混凝土性能的一项重要技术措施。

混凝土中掺入粉煤灰时，常与减水剂或引气剂等外加剂同时掺用，称为双掺技术。减水剂的掺入可以克服某些粉煤灰增大混凝土需水量的缺点；引气剂的掺用，可以解决粉煤灰混凝土抗冻性较差的问题；在低温条件下施工时，宜掺入早强剂或防冻剂。混凝土中掺入粉煤灰后，会使混凝土抗碳化性能降低，不利于防止钢筋锈蚀。为改善混凝土抗碳化性能，也应采取双掺措施，或在混凝土中掺入阻锈剂。

（二）硅粉

硅粉又称硅灰，是从生产硅铁合金或硅钢等所排放的烟气中收集的颗粒较细的烟尘，呈浅灰色；硅粉的颗粒是微细的玻璃球体，粒径为 $0.1 \sim 1.0 \mu m$，是水泥颗粒的 $1/50 \sim 1/100$，比表面积为 $18.5 \sim 20 m^2/g$；密度为 $2.1 \sim 2.2 g/cm^3$，堆积密度为 $250 \sim 300 kg/cm^3$。硅粉中无定形二氧化硅含量一般为 $85\% \sim 96\%$，具有很高的活性。

由于硅粉具有高比表面积，因而其需水量很大，将其作为混凝土掺合料必须配以高效减水剂方可保证混凝土的工作性。

硅粉掺入混凝土中，可取得以下几方面效果：

1.改善混凝土拌合物的黏聚性和保水性

在混凝土中掺入硅粉的同时又掺用了高效减水剂，保证了混凝土拌合物必须具有的流动性的情况下，由于硅粉的掺入，会显著改善混凝土拌合物的黏聚性和保水性，故适宜配制高流态混凝土、泵送混凝土及水下灌注混凝土。

2.提高混凝土强度

当硅粉与高效减水剂配合使用时，硅粉与水化产物 $Ca(OH)_2$ 反应生成水化硅酸钙凝胶，填充水泥颗粒间的空隙，改善界面结构及黏结力，形成密实结构，从而显著提高混凝土强度。一般硅粉掺量为 $5\% \sim 10\%$，便可配出抗压强度达 100MPa 的超高强混凝土。

3.改善混凝土的孔结构，提高耐久性

掺入硅粉的混凝土，虽然其总孔隙率与不掺时基本相同，但其大毛细孔减少，超细孔隙增加，改善了水泥石的孔结构。因此混凝土的抗渗性、抗冻性及抗硫酸盐腐蚀性等耐久性显著提高。此外，混凝土的抗冲磨性随硅粉掺量的增加而提高，故适用于水工建筑物的抗冲刷部位及高速公路路面。硅粉还同样有抑制碱-集料反应的作用。

（三）磨细矿渣粉

磨细矿渣粉是将粒化高炉矿渣经干燥、磨细达到相当细度且符合相应活性指数的粉状材料，细度大于 $350 m^2/kg$，一般为 $400 \sim 600 m^2/kg$。矿渣粉的主要化学成分为二氧化硅、氧化钙和三氧化二铝，这三种氧化物的质量分数约达 90%，故其活性比粉煤灰高。用作混凝土掺合料的粒化高炉矿渣，按其细度（比表面积）、活性指数，分为 S105、S95 和 S75 三个级别。各级别矿渣粉的技术性能指标应符合表 5-19 所示的要求。

粒化高炉矿渣是混凝土的优质掺料，因其活性较高，可以等量取代水泥，以降低水泥的水化热，并大幅度提高混凝土的长期强度。粉煤灰还具有提高混凝土的抗渗性和耐蚀性，抑制碱-集料反应等作用。

表5-19 粒化高炉矿渣粉技术要求

项目		级别		
		S105	S95	S75
密度（g/cm3）		≥2.8		
比表面积/（m²/kg）		≥500	≥400	≥300
活性指数（%）	7d	≥95	≥75	≥55
	28d	≥105	≥95	≥75
流动度比（%）		≥95		
含水率（质量分数）（%）		≤1.0		
三氧化硫（质量分数）（%）		≤4.0		
氯离子（质量分数）（%）		≤0.06		
烧失量（质量分数）（%）		≤3.0		
玻璃体含量（质量分数）（%）		≥85		
放射性		合格		

（四）沸石粉

沸石粉由天然的沸石岩磨细而成，颜色为白色。沸石岩是一种经天然燃烧后的火山灰质铝硅酸盐矿物，含有一定量的活性二氧化硅和三氧化二铝，能与水泥水化产物 $Ca(OH)_2$ 作用，生成胶凝物质。沸石粉具有很大的内表面积和开放性结构，细度为0.08mm筛筛余量＜5%，平均粒径为5.0～6.5μm。

沸石粉掺入混凝土后有以下几方面效果：

1. 改善混凝土拌合物的和易性

沸石粉与其他矿物掺合料一样，具有改善混凝土和易性及可泵性的功能，因此适于配制流态混凝土和泵送混凝土。

2. 提高温凝土强度

沸石粉与高效减水剂配合使用，可显著提高混凝土强度，因而适用于配制高强混凝土。

【案例分析5-2】

2006年5月20日14时，三峡坝顶上激动的建设者们见证了大坝最后一方混凝土浇筑完毕的历史性时刻。至此，世界规模最大的混凝土大坝终于在中国长江西陵峡全线建成。三峡大坝是钢筋混凝土重力坝，一共用了1 600多万立方米的水泥砂石料，若按1m的体积排列，可绕地球赤道三圈多。三峡大坝是三峡水利枢纽工程的核心。最后海拔高程为185m，总浇筑时间为3 080d。建设者在施工中综合运用了世界上最先进的施工技术。高峰期创下日均浇筑20 000m混凝土的世界纪录。如此巨型的混凝土工程在浇筑过程中控制内部温度，必须加入适量的掺和料。掺和料的合理选择直接影响了混凝土的多方面性能和工程质量。

【原因分析】在大坝混凝土中掺加适量的掺和料，可以增加混凝土胶凝组分含量，提高混凝土后期强度增长率；降低水化热温升，有利于降低大坝混凝土的温差。在一定程度上减轻开裂。当前最常用的掺和料是矿渣和粉煤灰，其中矿渣往往以混合材料掺入水泥中，磨细矿渣也可在混凝土搅拌时掺入。粉煤灰则往往在现场混凝土搅拌时掺入。粉煤灰的品质对大坝混凝土性能的影响很大。Ⅰ级粉煤灰在混凝土中可以起到形态效应、活化效应和微集料效应。它的需水量比值较小，具有减水作用，三峡大坝所用的Ⅰ级粉煤灰减水率达到 10%～15%。研究发现，Ⅰ级粉煤灰有改善骨料与浆体界面的作用，并降低水化热。用优质粉煤灰等量取代水泥后，混凝土的收缩值减小，可以显著降低混凝土的透水性。掺加粉煤灰将使混凝土的抗冻性能减低，但是引入适量气泡，可以使其抗冻性提高到与不掺粉煤灰的混凝土相同。但如果掺加量过高，有可能造成混凝土的贫钙现象，即混凝土中胶凝材料水化产物 Ca（OH），数量不足甚至没有 C-S-H 凝胶的 Ca 与 Si 的比值下降，从而造成混凝土抵抗风化和水溶蚀的能力减弱。试验测试，用中热水泥掺Ⅰ级粉煤灰配制的三峡大坝混凝土中，Ca（OH）数量随粉煤灰掺加量（50℃养护半年）的变化规律是：粉烘灰取代中热水泥数量每增加 10% 单位体积中 Ca（OH）数量减少 1/3。因此当粉煤灰取代 50% 以上中热水泥时，混凝土中的 Ca（OH）数量将非常少。考虑部分Ca（OH）会与拌和水中的 CO_2 反应，实际存在的 Ca（OH）数量将更少。因此，粉煤灰掺量以在 45% 以下为宜。

第三节　普通混凝土的技术性质

一、新拌混凝土的性能

由混凝土的组成材料拌和而成的尚未凝固的混合物，称为混凝土的拌合物。混凝土拌合物的性能不仅影响混凝土的制备、运输、浇筑、振捣等施工质量，而且还会影响硬化后混凝土的性能。

（一）工作性

在土木工程建设过程中，为获得密实而均匀的混凝土结构以方便施工操作（拌和、运输、浇注、振捣等过程），要求新拌混凝土必须具有良好的施工性能，如保持新拌混凝土不发生分层、离析、泌水等现象，并获得质量均匀、成型密实的混凝土。这种新拌混凝土施工性能被称为新拌混凝土的工作性。工作性有时亦称和异性。

混凝土拌合物的工作性是一项综合技术性能，包括流动性、黏聚性和保水性三方面的含义。

流动性是指混凝土拌合物在本身自重或施工机械振捣的作用下能产生流动，并均匀密实地填满模板的性能。黏聚性是指混凝土拌合物在施工中其各组分之间有一定的黏聚力，不致产生分层离析现象。保水性是指混凝土拌合物在施工中具有一定的保水能力，不产生严重的泌水现象。黏聚性好的新拌混凝土，往往保水性也好，但其流动性可能较差；流动性很大的新拌混凝土，往往黏聚性和保水性有变差的趋势。混凝土拌合物的流动性、黏聚性和保水性具有各自含义，它们之间又相互联系，直接影响混凝土的密实性及性能。随着现代混凝土技术的发展，混凝土目前往往采用泵送施工方法，对新拌混凝土的工作性要求很高，三方面性能必须协调统一，才能既满足施工操作要求，又确保后期工程质量良好。

（二）工作性指标

目前，尚没有能全面评价混凝土拌合物工作性的测定方法。通常只能测定拌合物的流动性，而黏聚性和保水性也只能靠直观经验评定。国际标准化组织（ISO）把混凝土拌合物的工作性，统称为稠度，并以此区分混凝土拌合物。通常采用坍落度试验和维勃试验测试混凝土稠度。

坍落度试验测定流动性的方法：将混凝土拌合物按规定方法装入标准圆锥筒（无底）内，装满后刮平，然后垂直向上将筒提起，移至一旁，混凝土拌合物由于自重将产生坍落现象。量出向下坍落尺寸（mm）就叫作该混凝土拌合物的坍落度，作为流动性指标。坍落度愈大表示流动性愈大。在测定坍落度时，应观察新拌混凝土的黏聚性和保水性，从而全面评价其和易性。用捣棒轻轻敲击已坍落新拌混凝土拌合物的椎体。若锥体四周逐渐下沉，则黏聚性良好；若锥体倒塌或部分崩裂，或发生离析现象，则表示黏聚性不好。若坍落度筒提起后混凝土拌合物失去浆液而集料外露，或较多稀浆由底部析出，则表明新拌混凝土的保水性良好。混凝土拌合物坍落度的测定如图5-5所示。混凝土稠度按坍落度分级，见表5-20。

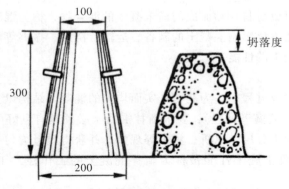

图5-5　混凝土拌合物坍落度的测定

表5-20　　　　　　　　　　　　　　　　稠度按坍落度分级

名　称	级　别	坍落度值（mm）	允许测试偏差（mm）
低塑性混凝土	S_1	10～40	±10
塑性混凝土	S_2	50～90	±20
流动性混凝土	S_3	100～150	±30
大流动性混凝土	S_4	≥160	±30

　　当混凝土拌合物的坍落度大于220mm时，用钢直尺测量混凝土扩展后最终的最大直径和最小直径，在这两个直接之差小于50mm的条件下，用其算数平均值作为坍落扩展度值。坍落扩展度适用于泵送高强混凝土和自密实混凝土。

　　图5-6为维勃稠度测试仪。维勃稠度测试方法：开始在坍落度筒中按规定方法装满拌合物，提起坍落度筒，在拌合物试体顶面放一透明圆盘，开启振动台，同时用秒表计时，到透明圆盘的底面完全为水泥浆所布满时，停止秒表，关闭振动台。所读秒数（s）称为维勃稠度。此法适用于集料最大粒径不超过40mm，维勃稠度在5～30s之间的混凝土拌合物稠度测度（见表5-21）。维勃时间（VC值）超过31s的拌合物，称为超干硬性混凝土。

图5-6　维勃稠度仪

表5-21　　　　　　　　　　　　　　　　稠度按维勃时间分级

名称	级别	维勃稠度（s）	允许测试偏差（mm）
特干硬性混凝土	V_1	30～21	±6
干硬性混凝土	V_2	20～11	±4
半干硬性混凝土	V_3	10～5	±3

（三）坍落度选择

坍落度选择要根据混凝土构件截面大小、钢筋疏密和捣实方法确定。如果混凝土构件截面尺寸较小，或钢筋间距较密，或采用人工插捣时，坍落度应选择大一些。反之可选择小一些。一般情况下，混凝土浇筑时坍落度可按照表5-22所示选用。若混凝土从搅拌机出料口至浇筑地点的运输距离较远，特别是预拌混凝土，应考虑运输途中的坍落度损失，则搅拌时的坍落度宜适当大些。当气温较高、空气相对湿度较小时，因水泥水化速度的加快及水分蒸发加速，坍落度损失较大，搅拌时坍落度也应选大些。

表5-22　　　　　　　　　　　　　　　混凝土浇筑时的坍落度

项次	结构种类	坍落度（mm）
1	基础或地面等的垫层、无配筋的厚大结构(挡土墙、基础或厚大的块体等)或配筋稀疏的结构	10～30
2	板、梁和大型及中型截面的柱子等	30～50
3	配筋密列的结构(薄壁、斗仓、筒仓、细柱等)	50～70
4	配筋特密的结构	70～90

注：1.本表系指采用机械振捣的坍落度，采用人工捣实时可适当增大。

2.需要配制大坍落度混凝土时，应掺用外加剂。

3.曲面或斜面结构的混凝土，其坍落度值应根据实际需要另行选定。

4.轻集料混凝土的坍落度，宜比表中数值减少10～20mm。

对于泵送混凝土，选择坍落度时，除应考虑上述因素外，还要考虑其可泵性。若拌合物的坍落度较小，泵送时的摩擦阻力较大，会造成泵送困难，甚至产生阻塞；若拌合物坍落度过大，拌合物在管道中滞留时间较长，则泌水较多，容易产生集料离析而形成阻塞。泵送混凝土的坍落度，可根据不同泵送高度按表5-23所示选用。

表5-23　　　　　　　　　　　不同泵送高度混凝土入泵时的坍落度

泵送高度（mm）	30以下	30～60	60～100	100以上
坍落度（mm）	100～140	140～160	160～180	180～200

（四）影响工作性的主要因素

工作性是混凝土拌合物最重要的性能，其影响因素很多，主要有单位体积用水量、砂率、集胶比、集料、水泥品种和细度以及外加剂、时间和温度及其他影响因素。

1.单位体积用水量

单位体积用水量是指在单位体积水泥混凝土中所加入水的质量，它是影响水泥混凝土工作性的最主要因素。混凝土拌合物的水泥浆，赋予混凝土拌合物一定的流动性。单位用水量多少直接影响水与胶凝材料用量的比例关系，即水胶比 W/B。水胶比不变的情况下，单位体积拌合物内，如果水泥浆愈多，则拌合物的流动性愈大。在胶凝材料用量不变的情况下，用水量愈大，水泥浆就愈稀，混凝土拌合物流动性愈大，反之流动性愈小，但这样会使施工困难，不能保证混凝土的密实性。用水量过大会造成混凝土拌合物的黏聚性和保水性不良，产生流浆和离析现象，并影响混凝土强度。

实践证明，在配制混凝土时，当所用粗细集料的种类及比例一定时，为获得要求的流动性，所需拌和用水量基本是一定的，即使水泥用量有所变动（1m³混凝土水泥用量增减 50～100kg）时，也无甚影响。这一关系被称为"恒定用水量法则"，它为混凝土配合比设计时确定拌和用水量带来很大方便。

混凝土拌合物用水量应根据所需坍落度和粗集料最大粒径进行选择，见表 5-24。

表5-24 　　　　　　　　　　　混凝土用水量与坍落度的关系

所需坍落度（mm）	卵石最大粒径（mm）			碎石最大粒径（mm）		
	10	20	40	15	20	40
10～30	190	170	160	205	185	170
30～50	200	180	170	215	195	180
50～70	210	190	180	225	205	190
70～90	215	195	185	235	215	200

2.砂率

砂率是指混凝土中砂的重量占砂、石总重量的百分率。砂率的变动会使集料的空隙率和集料的总表面积有显著改变，因而对混凝土拌合物的工作性产生影响。

水泥砂浆在混凝土拌合物中起润滑作用。砂率过大时，集料的总表面积及空隙率都会增大，在水泥浆含量不变的情况下，相对地水泥浆显得少了，减弱了水泥浆润滑作用，使拌合物流动性减小。如果砂率过小，又不能保证在粗集料之间有足够的砂浆层，也会降低拌合物的流动性，且影响其黏聚性和保水性，容易产生离析和流浆现象。可见砂率存在一个合理值，即合理砂率或称最佳砂率。采用最佳砂率时，在用水量及水泥用量一定情况下，能使混凝土拌合物获得最大的流动性且能保持良好的黏聚性、保水性（如图5-7所示），或者能使拌合物获得所要求的流动性及良好的黏聚性与保水性，而水泥用量（或用水量）为最少（如图5-8所示）。混凝土砂率选用见表5-25。

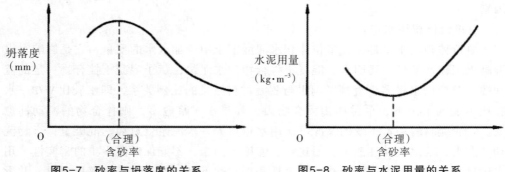

图5-7 砂率与坍落度的关系
（水与水泥用量一定）

图5-8 砂率与水泥用量的关系
（达到相同坍落度）

表5-25 混凝土砂率选用表（%）

水胶比	碎石最大粒径（mm）			卵石最大粒径（mm）		
	15	20	40	10	20	40
0.4	30～35	29～34	27～32	26～32	25～31	24～30
0.5	33～38	32～37	30～35	30～35	29～34	28～33
0.6	36～41	35～40	33～38	33～38	32～37	31～36
0.7	39～44	38～43	36～41	36～41	35～40	34～39

注：表中数值系中砂的选用砂率。对细砂或粗砂，可相应减少或增加。

3.集料与集胶比

集料颗粒形状和表面粗糙度直接影响混凝土拌合物流动性。形状圆整、表面光滑，其流动性就大；反之，由于使拌合物内摩擦力增加，使其流动性降低。故卵石混凝土比碎石混凝土的流动性好。

级配良好的集料空隙率小。在水泥浆相同时，其包裹集料表面的润滑层增加，使拌合物工作性得到改善。其中集料粒径小于10mm，而大于0.3mm的颗粒对工作性影响最大，含量应适当控制。

当给定水胶比和集料时，集胶比（集料与胶凝材料用量的比值）减少意味着胶凝材料量相对增加，从而使拌合物工作性得到改善。

4.水泥品种和细度

水泥品种对混凝土拌合物和易性影响，主要表现在不同品种水泥的需水量不同。常用水泥中普通硅酸盐水泥配制的混凝土拌合物，其流动性和保水性较好；矿渣水泥拌合物流动性较大，但黏聚性差，易泌水；火山灰水泥拌合物，在水泥用量相同时流动性显著降低，但其黏聚性和保水性较好。水泥颗粒越细，用水量越大。

5.外加剂与掺合剂

外加剂能使混凝土拌合物在不增加水泥用量的条件下获得良好和易性，即增大流动性、改善黏聚性、降低泌水性，尚能提高混凝土耐久性。

掺入粉煤灰能改善混凝土拌合物的流动性。研究表明：当粉煤灰的密度较大，标准稠度用水量较小和细度较细时，掺入10%～40%粉煤灰，可使坍落度平均增大15%～70%。

6.时间与温度

拌合物拌制后，随时间增长而逐渐变得干稠，且流动性减小，出现坍落度损失现象（通常称为经时损失）。这是因为水泥水化消耗了一部分水，有一部分水被集料吸收，还有部分水被蒸发之故。

拌合物和易性也受温度影响。随着温度升高，混凝土拌合物的流动性随之降低。这也是因为温度升高加速水泥水化之故。

7.搅拌条件

在较短时间内，搅拌得越完全彻底，混凝土拌合物的工作性越好。

（五）改善混凝土和易性的措施

（1）采用合理砂率，有利于改善和易性，同时可以节约水泥、提高混凝土强度。

（2）改善砂、石集料的颗粒级配，特别是石子的级配，尽量采用较粗的砂、石。

（3）当拌合物坍落度较小时，可保持水胶比不变，适当增加水和水泥的用量；当坍落度较大而黏聚性良好时，可保持砂率不变，适当增加砂、石集料的用量。

（4）掺加适宜的外加剂及矿物掺合料，改善拌合物的和易性，以满足施工要求。

二、混凝土浇筑后的性能

混凝土浇筑后至初凝的时间约几小时，此时拌合物呈塑性和半流动状态，各组分由于密度的不同，在自重作用下将产生相对运动，集料与水泥下沉而水分上浮，于是会出现泌水、塑性沉降和塑性收缩等现象。这些都会影响硬化混凝土后的性能，应引起足够重视。

（一）凝结时间

凝结是混凝土拌合物固化的开始，由于各种因素的影响，混凝土的凝结时间与配制混凝土所用水泥的凝结时间不一致（指凝结快些的水泥配制出的混凝土拌合物，在用水量和水泥用量比不一样的情况下，未必比凝结慢些的水泥配出的混凝土凝结时间短）。

混凝土拌合物的凝结时间通常是用贯入阻力法进行测定的。所用的仪器为贯入阻力仪。先用5mm筛孔的筛从拌合物中筛取砂浆，按一定方法装入规定的容器中，然后每隔一定时间测定砂浆贯入到一定深度时的贯入阻力，绘制贯入阻力与时间关系的曲线，以贯入阻力 3.5MPa 及 27.6MPa 画两条平行于时间坐标的直线，直线与曲线交点的时间即分别为混凝土的初凝和终凝时间。这是从实用角度人为确定的，用该初凝时间表示施工时间的极限，终凝时间表示混凝土力学强度的开始发展。了解凝结时间所表示的混凝土特性的变化，对制订施工进度计划和比较不同种类外加剂的效果很有用。

影响混凝土凝结时间的主要因素有：胶凝材料组成、水胶比、温度和外加剂。一般情况下，水胶比越大，凝结时间越长。在浇筑大体积混凝土时为了防止冷缝和温度裂缝，应通过调节外加剂中的缓凝成分延长混凝土的初、终凝时间。当混凝土拌合物在 10℃ 拌制和养护时，其初凝时间和终凝时间比 23℃ 时分别延缓约 4h 和 7h。

（二）塑性裂缝

新拌混凝土浇筑在柱子或墙体等具有相当高度的模板中时，浇筑以后的几小时内，其顶面会有下沉。短小的水平裂缝的出现，也证明了这种下沉的趋势。当混凝土还处于塑性状态时，由于干燥，水分可能从混凝土表面散失。水也可能因为毛细管吸力从干燥混凝土基层散失。这种类型的收缩一般发生在浇筑的 10~12h，而且是暴露在不饱和空气环境下（相对湿度小于95%）、风速较大、气温较高时才会发生。这些因素会引起水分蒸发，使新拌混凝土的长度减小。新拌混凝土这种体积的减缩，称为硬化前或凝结前收缩，又叫作塑性收缩，因为这种收缩是发生在混凝土仍处于塑性状态的时候。

（三）含气量

任何搅拌好的混凝土都有一定量的空气，它们是在搅拌过程中带进混凝土的，占其体积的 0.5%~2%，称为混凝土的含气量。如果在配料中还掺有一些外加剂，含气量可能会更大。由于含气量对硬化混凝土的性能有重要影响，所以在实验室和施工现场要对它进行测定与控制。测定混凝土含气量的方法有多种，通常采用压力法。影响含气量的因素包括水泥品种、水胶比、砂颗粒级配、砂率、外加剂、气温、搅拌机的大小及搅拌方式等。

三、混凝土的强度

混凝土的力学性能包括在外力作用下发生变形和抵抗破坏的能力，包括受力变形、强度与韧性。由于混凝土属于脆性材料，其主要长处是承受压力。所以，混凝土受压破坏过程与抗压强度是应掌握的混凝土基本知识。

（一）混凝土受力破坏过程

混凝土内微观结构研究表明，荷载前混凝土内部已存在微裂纹。这种微裂纹一般首先在较大集料颗粒与砂浆或水泥石接触面处形成，通常称为黏结裂缝。微裂纹的产生主要是混凝土硬化过程中混凝土内部的物理化学反应以及混凝土的湿度变化造成混凝土收缩，这些收缩变形常为干缩、化学收缩和碳化收缩等几种变形的叠加。由于集料有较大刚度，所以这些收缩使集料界面上的水泥石中产生拉应力和剪应力。如果这些应力超过水泥石与集料的黏结强度，就会出现这种微裂纹。在界面，缝隙尖端产生应力集中现象，其最大拉应力远超过水泥石的抗拉强度，导致原始黏结裂缝进一步扩展，经不断延伸、汇合形成连通，最后导致结构破坏。

混凝土受压破坏的本质，是混凝土在纵向压力荷载作用下引发横向拉伸变形，当横向拉伸变形达到混凝土的极限拉应变时，混凝土发生破坏。

为了简化起见，假设混凝土处于单轴受压状态，混凝土在单轴受压状态下典型的荷载变形曲线如图5-9所示。混凝土内裂缝发展分四个阶段及其相应裂缝形态如图5-10所示。

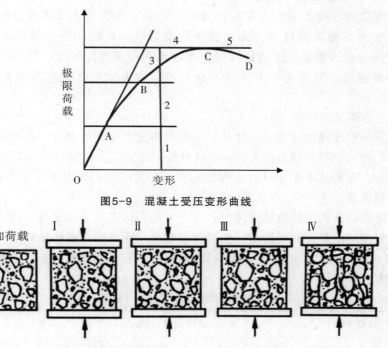

图5-9　混凝土受压变形曲线

Ⅰ——OA段界面裂缝无明显变化；Ⅱ——AB段界面裂缝增长；
Ⅲ——BC段出现砂浆裂缝和连续裂缝；Ⅳ——CD段连续裂缝迅速发展。

图5-10　混凝土受力状态

第Ⅰ阶段（OA段，如图5-9所示）直线变化阶段，荷载在破坏荷载30%～50%以下，特点是当荷载保持不变或卸载时，即不再产生新的裂缝，混凝土基本处于弹性工作阶段，亦称局部断裂的稳定裂缝阶段。

第Ⅱ阶段（AB段，如图5-9所示）曲线逐渐偏离直线变化阶段，荷载在破坏荷载30%～50%以上，已有裂缝的长度和宽度随之传播延伸扩展，但只要荷载不超过其破坏荷载的70%～90%，这种裂缝的传播延伸，就会随荷载保持不变甚至卸载时马上停止，属稳定裂缝传播阶段。

第Ⅲ阶段（BC段，如图5-9所示）荷载加至破坏荷载70%～90%，主要是裂缝急剧增加发展，并与邻近黏结裂缝联成通缝，成为常值荷载下可以自行继续传播扩展的非稳定裂缝。

第Ⅳ阶段（CD段，如图5-9所示）达到破坏荷载C点以后通缝急速发展，承载能力下降，变形迅速增大直至破坏。

图中B、A点可分别作为混凝土破坏准则的上限和下限的依据，分别称为临界点和比例极限点。一般来讲，混凝土在B水平以下的长期荷载作用不会发生破坏，在A水平以下的重复荷载作用下不会破坏。C点为曲线峰值点，D点为下降段与收敛段的反弯点。

（二）混凝土强度与强度等级

通常说的混凝土强度是指抗压强度。这是因为混凝土强度所包括的抗压、抗拉、抗弯和抗剪等强度中，尤以抗压强度为最大。在工程中混凝土主要承受压力，特别是在钢筋混凝土的设计中，有效地利用着抗压强度，此外根据抗压强度还可判断混凝土质量好坏和估计其他强度。因此，抗压强度系混凝土最重要的性质。

1.立方体抗压强度

立方体抗压强度是指立方体单位面积上所能承受的最大值，亦称立方体抗压强度，用 f_{cu} 表示，其计量单位为 N/mm^2 或 MPa。它是以边长为150mm的立方体试件为标准试件，在标准养护条件（温度20±2℃，相对湿度95%以上）下养护28d，测得的抗压强度值。

测定混凝土立方体抗压强度时，也可采用非标准尺寸的试件，其尺寸应根据混凝土中粗集料的最大粒径而定，但其测定结果应乘以相应系数换算成标准试件，见表5-26。试件的尺寸不同，会影响其抗压强度值，试件尺寸越小，测得的抗压强度值越大。

表5-26　　　　　　　**混凝土试件尺寸及强度的尺寸换算系数**

骨料最大粒径（mm）	试件尺寸（mm）	强度的尺寸换算系数
≤31.5	100×100×100	0.95
≤40	150×150×150	1.00
≤63	200×200×200	1.05

注：对强度等级为C60及以上的混凝土试件，其强度的尺寸换算系数可通过试验确定。

2.混凝土立方体抗压强度标准值与强度等级

混凝土的强度等级按立方体抗压强度标准值划分。混凝土的强度等级采用符号C与立方体抗压强度标准值 $f_{cu,k}$ 表示，计量单位仍为MPa。立方体抗压强度标准值系指按标准方法制作、养护的边长为150mm的立方体试件在28d龄期，用标准试验方法测得的具有95%保证率的抗压强度。普通混凝土强度等级分为 C_{15}、C_{20}、C_{25}、C_{30}、C_{35}、C_{40}、C_{45}、C_{50}、C_{55}、C_{60}、C_{65}、C_{70}、C_{75} 和 C_{80} 共14个等级。例如强度等级 C_{30} 表示立方体抗压强度标准值为30MPa的混凝土。

3.轴心抗压强度

混凝土的立方体抗压强度只是评定强度等级的一个标志，不能直接用来作为设计依据。在结构设计中实际使用的是混凝土轴心抗压强度，即棱柱体抗压强度 $f_{c,p}$。此外，在进行弹性模量、徐变等项试验时也需先进行轴心抗压强度试验以定出试验所必需的参数。

测定轴心抗压强度，采用 150mm×150mm×300mm 的棱柱体试件作为标准试件。当采用非标准尺寸的棱柱体试件时高宽比 h/a 应在 2～3 范围内。大量试验表明，立方体抗压强度 f_{cu} 为 10～55MPa 时，轴心抗压强度 f_{cp} 与立方体抗压强度 f_{cu} 之比为 0.7～0.8，一般为 $f_{cp}=0.76f_{cu}$。

4.圆柱体试件抗压强度

国际上有不少国家以圆柱体试件的抗压强度作为混凝土的强度特征值。我国虽然采用立方体强度体系，但在检验结构物实际强度而钻芯取样时仍然要遇到圆柱体试件的强度问题。圆柱体抗压强度试验一般采用高径比为 2：1 试件。钻芯法是直接从材料或构件上钻取试样而测得抗压强度的一种检测方法。常规芯样直径为 Φ100mm 和 Φ150mm。

5.抗拉强度

混凝土在轴向拉力作用下，单位面积所能承受的最大拉应力，称轴心抗拉强度，用 f_{ts} 表示。

混凝土是种脆性材料，抗拉强度比抗压强度小得多，仅为 1/10～1/20。混凝土工作时一般不依靠其抗拉强度，但混凝土抗拉强度对抵抗裂缝的产生有重要意义，是混凝土抗裂度的重要指标。

目前，我国仍无测定抗拉强度的标准试验方法。劈裂强度是衡量混凝土抗拉性能的一个相对指标，其测值大小与试验所采用的垫条形状、尺寸、有无垫层、试件尺寸、加荷方向和粗集料最大粒径有关。其强度计算按式（5-3）计算。

$$f_{ts} = \frac{2F}{\pi A} = 0.637 \frac{F}{A} \qquad (5-3)$$

式中：f_{ts}——混凝土劈裂强度（Mpa）；

　　　F——破坏荷载（N）；

　　　A——试件劈裂面面积（mm^2）。

标准件为 150mm 边长的立方体。轴心抗拉强度 f_{ts} 与 150mm 边长立方体抗压强度关系为式（5-4）。

$$f_{ts} = 0.56f_{cu}^{2/3} \qquad (5-4)$$

6.抗折强度

路面、桥面和机场跑道用水泥混凝土以抗弯拉强度（或称抗折强度）作为主要强度设计指标。测定混凝土的弯拉强度采用 150mm×150mm×600mm（或 550mm）小梁作为标准试件，在标准条件下养护 28d 后，按照三分点加荷方式测得其抗弯拉强度，按下式计算：

$$f_{ef} = \frac{PL}{bh^2}$$ (5-5)

式中：f_{ef}——混凝土抗折强度（Mpa）；

P——破坏荷载（N）；

L——支座距离，L=450（mm）；

b 和 h——试件的宽度和高度（mm）。

当采用100mm×100mm×400mm非标准试验时，取得抗折强度值应乘以尺寸换算系数0.85。此外，抗折强度是由跨中单点加荷方式得到的，也乘以折算系数0.85。

7.影响混凝土强度的因素

由混凝土破坏过程分析可知，混凝土强度主要取决于集料与水泥石间的黏结强度和水泥石的强度，而水泥石与集料的黏结强度和水泥石本身强度又取决于水泥的强度、水灰比及集料等，此外还与外加剂、养护条件、龄期、施工条件，甚至试验测试方法有关。

（1）水泥强度。水泥是混凝土胶凝材料，是混凝土中的活性组分，其强度大小直接影响混凝土强度的高低。在配合比相同条件下，所用水泥强度愈高，水泥石的强度以及它与集料间的黏结强度也愈大，进而制成的混凝土强度也愈高。

（2）水胶比。当水泥品种及强度等级一定时，混凝土强度主要取决于水胶比。根据混凝土结构特征分析可知，多余的水会在水泥硬化后在混凝土内部形成各种不同尺寸的孔隙。这些孔隙会大大地减少混凝土抵抗荷载作用的有效断面，特别是在孔隙周围易产生应力集中现象。因此，水胶比愈小，水泥石强度及其与集料的黏结强度愈大，混凝土强度愈高。但水胶比过小，混凝土拌合物过于干硬，不易浇筑，反而使混凝土强度下降。

大量的试验表明：混凝土的强度随着胶水比的增大而降低，呈双曲线变化关系（如图5-11（a）所示）；而混凝土的强度和胶水比则呈直线关系（如图5-11（b）所示）。

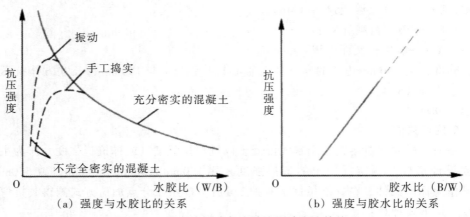

（a）强度与水胶比的关系   （b）强度与胶水比的关系

图5-11　混凝土强度与水胶比及胶水比的关系

$$f_{cu} = \alpha_a f_{ce} \left(\frac{B}{W} - \alpha_b \right) \tag{5-6}$$

式中：f_{cu}——混凝土28d龄期的抗压强度（MPa）；

　　　f_{ce}——水泥的实际强度（Mpa）；

　　　B/W——胶水比，水胶比倒数，即每立方米混凝土中胶凝材料的用量与水用量之比；

　　　α_a，α_b——回归系数，与集料种类及水泥品种有关。

当无水泥实测强度数据时，f_{ce}的值可按下式确定：

$$f_{ce} = \gamma_c f_{ce, k} \tag{5-7}$$

式中：$f_{ce, k}$——水泥28d抗压强度标准值（MPa）；

　　　γ_c——水泥强度富裕系数，可按实际统计资料确定。

回归系数 α_a 和 α_b 应根据工程所使用的水泥、集料，通过试验由建立的水胶比与混凝土强度关系确定；当不具备试验统计资料时，其回归系数可按照 JGJ 55—2011《普通混凝土配合比设计规程选用》，见表5-27。

表5-27　　　　　　　　　　　　回归系数α_a和α_b选用表

石子品种		碎石	卵石
回归系数	α_a	0.53	0.49
	α_b	0.20	0.13

（3）集料。集料本身的强度一般比水泥石强度高（轻集料除外），所以一般不会直接影响混凝土的强度，但集料的含泥量、有害物质含量、颗粒级配、形状及表面特征等均影响混凝土强度。若集料的含泥量过大，将使集料与水泥石的黏结强度大大降低；集料中的有机物会影响水泥的水化反应，从而影响水泥石的强度；颗粒级配影响骨架的强度、集料的空隙率；有棱角且三维尺寸相近的颗粒有利于骨架受力；表面粗糙的集料有利于与水泥石的黏结，故用碎石配制的混凝土比用卵石配制的混凝土强度高。

（4）混凝土工艺。工艺条件是确保混凝土结构均匀密实、正常硬化、达到设计强度的基本条件。只有把拌合物搅拌均匀、浇注成型后捣固密实，且经过良好的养护才能使混凝土硬化后达到预期强度。

搅拌机的类型和搅拌时间对混凝土强度有影响。干硬性拌合物宜用强制式搅拌机搅拌，塑性拌合物则宜用自落式搅拌机。采用多次投料、工艺配制造壳混凝土是近年来新发展的搅拌工艺。所谓造壳，就是在细集料或粗集料表面裹上一层低水灰比的薄壳，加强水泥与集料的黏结以达到增强目的。净浆裹石法就属这种工艺。

采用振动方法捣实混凝土可使强度提高20%~30%。如采用真空吸水、离心、辊压、加压振动、重复振动等操作都会使混凝土更加密实，从而提高强度。

混凝土强度的发展取决于养护龄期、养护的湿度和温度等条件。采用自然养护时，对硅酸盐水泥或普通硅酸盐水泥，或矿渣水泥制成的混凝土，浇水润湿养护不得小于7d；对火山灰质硅酸盐水泥，或粉煤灰硅酸盐水泥等制成的混凝土，浇水养护不得小于14d。

　　潮湿状态下持续养护时，混凝土强度随龄期增长；如先潮湿而后干燥养护，则强度增长减缓，最后逐渐下降（如图5-12所示）；如先在空气干燥养护后又在潮湿状态下持续养护，则强度又继续增长，且与湿养龄期有关（如图5-13所示）。

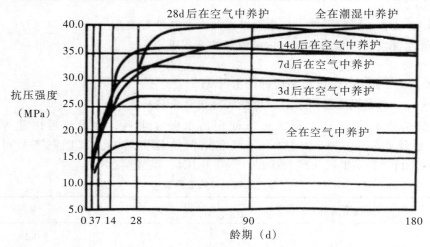

图5-12　潮湿养护对混凝土强度的影响

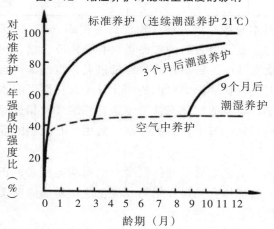

图5-13　干燥放置后又重新潮湿养护时的抗压强度

　　混凝土强度随温度增加而增高。温度高，早期强度增长快，但后期强度增长较小。

　　普通硅酸盐水泥制成的塑性混凝土，在标准养护条件下，其强度发展大致与其龄期可用式（5-8）计算。

$$f_{cu,\,n} = f_{cu,\,28} \frac{\lg n}{\lg 28}$$
　　　　　　　　　　　　　　　　　　　　　　　　　　　　　　　（5-8）

式中：$f_{cu,\,n}$——龄期为nd的混凝土抗压强度（MPa）；

　　　　$f_{cu,\,28}$——龄期为28d的混凝土抗压强度（MPa）；

lgn，lg28——n和28的常用对数（n≥3d）。

根据上式可由已知龄期的混凝土强度，估算28d内任一龄期的强度。

（5）测试条件。试验条件不同，会影响混凝土强度的试验值。试验条件主要指试件尺寸、形状、表面状态、混凝土含水程度测试方法等。实践证明，即使混凝土的原材料、配合比、工艺条件完全相同，但因试验条件不同，所得的强度试验结果差异很大。

试件尺寸和形状不同，会影响混凝土抗压强度值。试件尺寸愈小，测得的抗压强度值愈大。这是因为试件在压力机上加压时，在沿加荷方向发展纵向变形同时，也按泊松比效应产生横向变形。压力机上下两块压板的弹性模量比混凝土大5~15倍，而泊松比不大于2倍，致使压板的横向应变小于混凝土试件的横应变，上下压板相对试件的横向膨胀产生约束作用。愈接近试件断面，约束作用就愈大。试件破坏后，其上下部分呈现出棱锥体就是这种约束作用的结果，通常称之为环箍效应。如果在压板与试件表面之间施加润滑剂，使环箍效应大大减小，试件将出现直裂破坏，测得强度也低。试件尺寸较大时，环箍效应相对较小，测得的抗压强度就偏低。反之，试件尺寸较小时，测得的抗压强度就偏高。

另外，大尺寸试件中裂缝、孔隙等缺陷存在的概率增大，由于这些缺陷减少受力面和引起应力集中，使得测得的抗压强度偏低。试件尺寸对抗压强度值影响如图5-14所示。

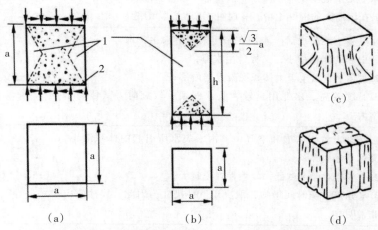

（a）立方体试件；（b）棱柱体试件；（c）试块破坏后的棱柱体；
（d）不受压板约束时试块破坏情况
1——破裂部分；2——摩擦力
图5-14　混凝土试件的破坏状态

【案例分析5-3】

某工程施工单位试验人员成型了两组不同强度等级的混凝土试块，脱模后发现其中一组试块由于流动性很差而未能密实成型。将两组试块置于水中养护28d后，送试验室进行强度检验。一般认为，混凝土密实度较差将导致其强度下降，然而，检验发现，该密实度较差的混凝土试块强度反而比其中密实度很好的混凝土试块强度高，试分析原因。

【原因分析】这是由于密实度较差的混凝土水胶比很小，硬化水泥石强度很高，而密实度较好的混凝土水胶比较大，其硬化水泥石强度较低。

四、混凝土的变形性能

混凝土在硬化和使用过程中，受多种因素影响而产生变形。这些变形或使结构产生裂缝，从而降低其强度和刚度；或使混凝土内部产生微裂缝，破坏混凝土微观结构，降低其耐久性。

（一）收缩

混凝土材料物理化学作用而产生的体积缩小现象总称为收缩。按收缩原因分类见表5-28。混凝土收缩是指从成型后算起，经过3d标准养护后在恒温恒湿条件下，不同龄期所测得的收缩值，主要包括沉缩、物理收缩、化学收缩和碳化收缩。只有在大体积混凝土中，化学收缩才有实际意义。

表5-28　　　　　　　　　　　　　　　　**混凝土收缩的分类**

种类	主 要 特 征	可能数值
沉缩	1.混凝土拌合物在刚成型之后，固体颗粒下沉，表面产生泌水而形成混凝土体积减小，故又称"塑性收缩"； 2.在沉缩大的混凝土中，有时可能产生沉降裂缝	一般为1%左右
化学收缩	1.混凝土终凝之后，水泥在密闭条件下水化，水分不蒸发时所引起的体积缩小，又称自生收缩； 2.实际上它发生于大体积混凝土的内部； 3.温度较高、水泥用量较大及水泥细度较细时，其值趋于增大	$(4 \sim 100) \times 10^{-6}$
物理收缩	1.混凝土置于未饱和空气中，由于失水所引起的体积缩小，又称干燥收缩； 2.空气相对湿度越低，收缩发展得越大； 3.水分损失随时间增加，取决于试件尺寸。因此，尺寸效应非常明显	$(150 \sim 1\,000) \times 10^{-6}$
碳化收缩	1.由于空气中二氧化碳的作用而引起体积缩小； 2.空气相对湿为55%的情况下，碳化最激烈，碳化收缩也最显著； 3.碳化作用后混凝土重量和收缩同时增加	干燥碳化产生的总收缩比物理收缩大

（二）弹性模量

混凝土是种多相复合体系，其加荷和卸荷时表现出明显弹塑性性质，这种性质常用其应力-应变的全曲线表达。但用以描述在荷载作用下的变形、裂缝和破坏全过程的全曲线，必须采用适宜的试验方法，用足够刚度的试验机（即试验机回弹变形小于试件的压缩变形），缓慢和平稳的加载过程，量测试件的纵向和横向应变，绘制出典型应力-应变全曲线，如图5-15所示。

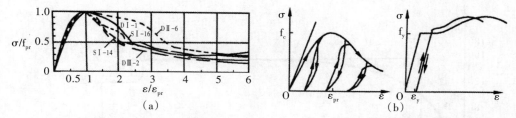

（a）多种形式的应力-应变曲线；　（b）钢材混凝土应力-应变曲线比较

图5-15 混凝土的应力-应变全曲线

至今已有不少学者提出多种混凝土受压应力-应变全曲线方程，其数学函数形式常有多项式、指数式、三角函数式和有理分式等，但通常采用分段式表达，令 $y=\sigma/f_{pr}$，$x=\varepsilon/\varepsilon_{pr}$，则如式（5-9）与（5-10）。

$$y = ax + (3 - 2a)x^2 \quad x \leqslant 1 \tag{5-9}$$

$$y = \frac{x}{a(x - 1)^2 + x} \quad x > 1 \tag{5-10}$$

式中：f_{pr}——曲线峰点棱柱强度；

ε_{pr}——与 f_{pr} 相应的峰值应变；

a——$a = \dfrac{dy}{dx}\bigg|_{x=0} = \dfrac{d\sigma/d\varepsilon}{f_{pr}\varepsilon_{pr}}\bigg| = \dfrac{E_0}{E_P}$，为初始切线模量和峰值割线模量的比值。

对C20~C40而言，a取值为2.0。初始切线模量是应力-应变曲线原点处切线的斜率，不易测准。切线模量是该曲线上任意一点的切线斜率，但它仅适用于很小的荷载变化范围，割线弹性模量是应力-应变曲线上任一点与原点连线的斜率，表示选择点的实际变形，并且较易测准，常被工程上采用。根据我国有关标准规定，取40%轴心抗压强度应力下的割线模量作为混凝土弹性模量值（见公式（5-11））。

$$E_c = \frac{10^2}{2.2 + \dfrac{34.7}{f_{cu}}} \tag{5-11}$$

式中：E_c——混凝土弹性模量（kN/mm^2）；

f_{cu}——混凝土强度等级值（N/mm^2）。

混凝土的弹性模量与其强度有关，强度越高，弹性模量越大。通常，C40以下混凝土的弹性模量为 $1.75\times10^4 \sim 2.30\times10^4 MPa$，C40以上混凝土的弹性模量为 $2.30\times10^4 \sim 3.60\times10^4 MPa$。

（三）徐变

在持续的恒定荷载作用下，混凝土的变形随时间变化（如图5-16所示）。从图中看出，加荷载后立即产生一个瞬时弹性变形，而后随时间增长变形逐渐增大。这种在恒定荷载作用下依赖时间而增长的变形，称为徐变，有时亦称蠕变。当卸荷时，混凝土立即产生一反向的瞬时弹性变形，称为瞬时恢复，其后还有一个随时间而减少的变形恢复称为徐变恢复。最后残留不能恢复的变形称为残余变形。徐变恢复有时亦称弹性后效。

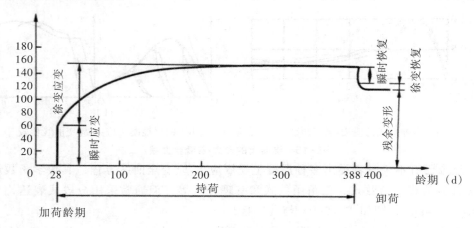

图5-16 混凝土徐变与徐变恢复

混凝土徐变主要是水泥石的徐变，集料起限制作用。一般认为，混凝土徐变是由于水泥石中凝胶体在长期荷载作用下的黏性流动引起。加载初期，由于毛细孔较多，凝胶体在荷载作用下移动，故初期徐变增长较快，以后由于内部移动和水化的进展，毛细孔逐渐减少，同时水化物结晶程度也不断提高，使得黏性流动困难，造成徐变越来越慢。混凝土徐变一般可达数年，其徐变应变值一般可达 $(3 \sim 15) \times 10^{-4}$，即 $0.3 \sim 1.5 \text{mm/m}$。

对于水泥混凝土结构来说，徐变是一个很重要的性质。徐变可使钢筋混凝土构件截面中应力重新分布，从而消除或减少内部应力集中现象；对于大体积混凝土能消除一部分温度应力；但对于预应钢筋混凝土构件，要求尽可能少的徐变值，因为徐变会造成预应力损失。

五、混凝土耐久性

混凝土耐久性，是混凝土在实际使用条件下抵抗各种破坏因素作用，长期保持强度和外观完整性的能力。混凝土的耐久性是一个综合性指标，它包括的内容很多，如抗冻融、抗碳化、抗腐蚀以及抗碱集料反应等。这些性能决定着混凝土经久耐用的程度。

（一）抗冻性

混凝土抗冻性是指混凝土在水饱和状态下经受多次冻融循环作用，能保持强度和外观完整性的能力。通常混凝土是多孔材料，毛细孔里的水分结冰时，体积会随之增大，需要空隙扩展冰水体积的9%，或者把多余的水沿试件边界排除，有时二者同时发生，否则冰晶将通过挤压毛细管壁或产生水压力使水泥浆体受损。这个过程所形成的水压力，其大小取决于结冰处至"逸出边界"的距离、材料的渗透性以及结冰速率。经验表明：饱和的水泥浆体试件中，除非浆体里每个毛细孔距最近的逸出边界不超过 75～100um，否则就会产生破坏压力。而这么小的间距可以通过掺用适当的引气剂来达到。需要注意的是，水泥浆基体引气的混凝土仍可能受到损伤，这种情况是否会发生主要取决于骨料对冰冻作用的反应，亦即取决于骨料颗粒的孔隙大小、数量、连通性和渗透性。一般来说，在一定的孔径分布、渗透性、饱和度与结冰速率条件下，大颗粒骨料可能会受冻害，但小颗粒的同种集料则不会。密实的混凝土和具有封闭孔隙的混凝土抗冻性较高。由于冻融是破坏混凝土最严重因素之一，因此抗冻性是评定混凝土耐久性主要指标。由于抗冻试验方法不同，试验结果评定指标也不相同。我国常采用慢冻法、快冻法两种。慢冻法是我国常用的抗冻试验方法，采用气冻水融的循环制度，每次循环周期 8～12h；快冻法每次冻融循环所需时间只有 2～4h，特别适用于抗冻要求较高的混凝土。试验结果评定指标有：

1. 抗冻标号（适于慢冻法）

它是以同时满足强度损失率不超过 25%、重量损失率不超过 5% 时最大循环次数来表示。混凝土抗冻标号有 F_{25}，F_{50}，F_{100}，F_{150}，F_{150}，F_{200}，F_{250}，F_{300} 7 个等级，表示混凝土能承受冻融循环的最大次数不小于 25，50，100，150，200，250，300 次。

2. 混凝土耐久性指标

它是以混凝土经受快速冻融循环，同时满足相对动弹性模值不小于 60% 和重量损失率不超过 5% 时的最大循环次数来表示。

3. 耐久性系数

耐久性系数可用式（5-12）计算（适于快冻法）。

$$K_n = \frac{P \cdot N}{300}$$　　　　　　　　　　（5-12）

式中：K_n——混凝土耐久性系数；

　　　　N——达到要求（冻融循环 300 次，或相对动弹模量值下降到 60%，或重量损失率达到 5%，停止试验）的冻融循环次数；

　　　　P——经 N 次冻融循环的试件的相对动弹性模量。

抗冻混凝土应选用硅酸盐水泥或普通硅酸盐水泥，不宜使用火山灰硅酸盐水泥。且宜用连续级配的粗集料，其含泥量不得大于 1.0%，泥块含量不得大于 0.5%；细集料含泥量不得大于 3%，泥块含量不得大于 1.0%。F_{100} 以上混凝土粗细集料应进行坚固性试验，并应掺引气剂。

（二）抗渗性

混凝土抗渗性是指混凝土抵抗压力水渗透的能力。混凝土渗透性主要是内部孔隙形成连通渗水通道所致。因此，它直接影响混凝土抗冻性和抗侵蚀性。混凝土的渗透能力主要取决于水胶比（该比值决定毛细孔的尺寸、体积和连通性）和最大集料粒径（影响粗集料和水泥浆体之间界面过渡区的微裂缝）。影响混凝土渗透性的因素与影响混凝土强度的因素有着相似之处，因为强度和渗透性都是通过毛细管孔隙率而相互建立联系的。通常来说，减小水泥浆体中大毛细管空隙（如大于100nm）的体积可以降低渗透性；采用低水胶比、充足的胶凝材料用量以及正确的振捣和养护也有可能做到这一点。同样，适当地注意骨料的粒径和级配、热收缩和干缩应变，过早加载或过载都是减少界面过渡区微裂缝的必要步骤；而界面过渡区的微裂缝正是施工现场的混凝土渗透性大的主要原因。最后，还应该注意流体流动途径的曲折程度也决定渗透性的大小，渗透性同时还受混凝土构件厚度的影响。

混凝土抗渗性用抗渗标号表示。它是以28d龄期的标准试件，按规定方法试验，所能承受的最大静水压力表示，有 P_2，P_4，P_6，P_8，P_{10}，P_{12} 6个标号，分别表示能抵抗0.2，0.4，0.6，0.8，1.0，1.2MPa的静水压力而不渗透。抗渗混凝土最大水灰比要求见表5-29。

表5-29　　　　　　　　　　抗渗混凝土最大水灰比

抗渗等级	C20～C30	>C30
P_6	0.6	0.55
$P_8 \sim P_{12}$	0.55	0.50
$>P_{12}$	0.50	0.45

影响混凝土抗渗性的根本因素是孔隙率和空隙特征，混凝土孔隙率越低，连通孔越少，抗渗性越好。所以，提高混凝土抗渗性的主要措施是降低水胶比、选择好的集料级配、充分振捣和养护、掺用引气剂和优质粉煤灰掺合料。

（三）碳化

空气中的 CO_2 气体渗透到混凝土内，与其碱性物质起化学反应后生成碳酸盐和水，使混凝土碱度降低的过程，称为混凝土碳化，亦称中性化。水泥水化生成大量的氢氧化钙，pH值为12～13。碱性介质对钢筋有良好的保护作用，在钢筋表面生成难溶的 Fe_2O_3，称为钝化膜。碳化后，使混凝土碱度降低，pH值为8.5～10。混凝土失去对钢筋的保护作用，造成钢筋锈蚀。

在正常的大气介质中，混凝土的碳化深度可用式（5-13）表示。

$$D = a\sqrt{t} \qquad\qquad (5-13)$$

式中：D——碳化深度（mm）；

a——碳化速度系数，对普通混凝土a=±2.32；

t——碳化龄期（d）。

影响混凝土碳化的因素很多，不仅有材料、施工工艺、养护工艺还有周围介质因素等，碳化作用只有在适中的湿度下才会较快进行。

（四）碱集料反应

混凝土中的碱性氧化物（Na_2O 和 K_2O）与集料中二氧化硅成分产生化学反应时，由于所生成的物质不断膨胀，导致混凝土发生裂纹、崩裂和强度降低，甚至混凝土破坏现象称为碱集料反应（简称AAR）。一般分为碱-硅反应、碱-硅酸盐反应和碱-碳酸盐反应三种。

控制碱集料反应关键在于控制水泥及外加剂或掺合料的碱含量（一般控制每立方米混凝土不大于0.75kg碱量）和可溶性集料。

碱集料反应对混凝土破坏主要特征是引起混凝土膨胀、开裂，但与常见的干缩干裂、荷载引起裂缝以及其耐久性引起的破坏不同，其主要特点是：

（1）碱集料反应引起混凝土开裂、剥落，在其周围往往聚集较多白色浸出物，当钢筋锈露时，其附近有棕色沉淀物。从混凝土芯样看，集料周围有裂缝、反应环与白色胶状泌出物。

（2）碱集料反应产生的裂缝形貌与分布，与结构中钢筋形成限制和约束作用有关，其裂缝往往发生在顺筋方向，裂缝呈龟背状或地图形状。

（3）碱集料反应引起的混凝土裂缝，往往发生在断面大，受雨水或渗水区段、受环境温度与湿度变化大的部位。对同一构件或结构，在潮湿部位出现裂缝有白色沉淀物，而干燥部位无裂缝症状，应考虑碱集料反应破坏。

（4）碱集料反应引起混凝土开裂速度和危害比其他耐久性因素引起的破坏都快，更为严重。一般不到2年就有明显裂缝出现。

（五）提高混凝土耐久性措施

耐久性对混凝土工程来说具有非常重要的意义，若耐久性不足，将会产生极为严重的后果，甚至对未来社会造成极为沉重的负担。影响混凝土耐久性的因素很多，而且各种因素间相互联系、错综复杂，但是主要包括前述的抗冻性、抗渗性、抗碳化性和抗碱集料反应，此外还有温湿度变化、氯离子侵蚀、酸气（SO_2、NO_x）侵蚀、硫酸盐腐蚀、盐类侵蚀以及施工质量等因素。

虽然混凝土在不同环境条件破坏过程各不相同，但对于提高其耐久性措施来说，却有许多共同之处。概括来说，以耐久性为主的混凝土配合比设计应考虑如下基本法则：

（1）低用水量法则，指在满足工作性条件下尽量减少用水量。混凝土用水量大的直接后果就是混凝土的吸水率和渗透性增大，干缩裂缝更易出现，集料与水泥石界面黏结力减小，混凝土干湿体积变化率增大，抗风化能力降低。一般高耐久性混凝土的用水量要求不大于$165kg/m^3$。

（2）低水泥用量法则，指在满足混凝土工作性和强度的条件下，尽量减小水泥用量，这是提高混凝土体积稳定性和抗裂性的重要措施。

（3）最大堆积密度法则，指优化混凝土中集料的级配，获取最大堆积密度和最小空隙率，尽可能减少水泥浆用量，以达到降低砂率、减少用水量和水泥量的目的。

（4）适当的水胶比法则，在一定范围内混凝土的强度与拌合物的水胶比成正比，但是为了保证混凝土的抗裂性能，其水胶比应适当，不宜过小，否则易导致混凝土自身收缩增大。

（5）活性掺和料与高效减水剂双掺法则，高耐久性混凝土的配制必须发挥活性掺和料与高效减水剂的叠加效应，以减少水泥用量和用水量、密实混凝土内部结构，使耐久性得以改善。

【案例分析5-4】

对挪威海岸20～50年历史的混凝土结构的调查表明，在潮汛线下限以下及上限以上的混凝土支承桩，全都处于良好状态，而潮汛区只有约50%的支承桩处于良好状态。试分析原因。

【原因分析】在海工混凝土中，在潮汐区，由于毛细管力的作用，海水沿混凝土内毛细管上升，并不断蒸发，于是盐类在混凝土中不断结晶和聚集，使混凝土开裂。干湿循环加剧了这种破坏作用，因此在高低潮位之间(潮汛区)的混凝土破坏特别严重。而完全浸在海水中，特别是在没有水压差情况下的混凝土，侵蚀却很小。

第四节　混凝土质量控制与评定

一、混凝土的质量控制

混凝土材料是典型的多相复合材料，影响其性能的因素众多，因此，实际工程中的质量控制则较为困难。为确保混凝土材料在工程中的质量稳定与性能可靠，应严格控制影响其质量的诸因素，如原材料、计量、搅拌、运输、成型、养护等。对于已经生产或使用的混凝土，准确评定其质量状况则更为重要，因为混凝土的实际性能是确定工程质量的最基本保障。评定混凝土质量最常用的指标是强度。

混凝土的质量控制包括初步控制、生产控制和合格控制。其中初步控制主要包括组成材料的质量控制和混凝土配合比的确定与控制；生产控制主要包括生产过程中各组分的准确计量，混凝土拌合物的搅拌、运输、浇筑和养护等；合格控制主要包括按照生产批次对浇筑成型的混凝土的强度或其他性能指标进行检验评定和验收。

（一）强度分布规律——正态分布

影响混凝土强度的因素众多，比如原材料因素、生产工艺因素、试验因素等，而且许多影响因素是随机的，故混凝土的强度也呈现出一定幅度内的随机波动性。大量试验结果表明，混凝土强度的概率密度分布接近正态分布，如图5-17所示。以混凝土强度的平均值为对称轴，距离对称轴越远的强度值出现的概率越小，曲线与横轴包围的面积为1。曲线高峰为混凝土强度平均值的概率密度。概率分布曲线窄而高，则说明混凝土的强度测定值比较集中，波动小，混凝土的均匀性好，施工水平较高。反之，如果曲线宽而扁，说明混凝土强度值离散性大，混凝土的质量不稳定，施工水平低。

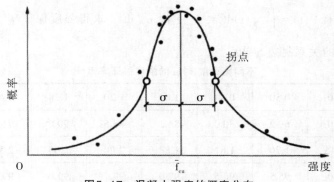

图5-17　混凝土强度的概率分布

（二）强度平均值、标准差、变异系数

在生产中常用强度平均值、标准差、强度保证率和变异系数等参数来评定混凝土质量。

强度平均值为预留的多组混凝土试块强度的算术平均值，如式（5-14）所示。

$$\overline{f_{cu}} = \frac{1}{n}\sum_{i=1}^{n} f_{cu,\,i} \tag{5-14}$$

式中：n——预留混凝土试块组数（每组3块）；

$f_{cu,\,i}$——第 i 组试块的抗压强度（MPa）。

标准差又称均方差，其数值表示正态分布曲线上拐点至强度平均值（亦即对称轴）的距离，可用式（5-15）计算：

$$\sigma = \sqrt{\frac{\sum_{i=1}^{n} n\,\overline{f}_{cu,\,i}^{\,2}}{n-1}} \tag{5-15}$$

变异系数又称离散系数，以强度标准差与强度平均值之比来表示，如式（5-16）所示。

$$C_v = \frac{\sigma}{\overline{f_{cu}}} \tag{5-16}$$

强度平均值只能反映强度整体的平均水平，而不能反映强度的实际波动情况。通常用标准差反映强度的离散程度，对于强度平均值相同的混凝土，标准差越小，则强度分布越集中，混凝土的质量越稳定，此时标准差的大小能准确地反映出混凝土质量的波动情况；但当强度平均值不等时，适用性较差。变异系数也能反映强度的离散程度，变异系数越小，说明混凝土的质量水平越稳定，对于强度平均值不同的混凝土之间可用该指标判断其质量波动情况。

（三）强度保证率

强度保证率是指混凝土的强度值在总体分布中大于强度设计值的概率，可用图5-17中的阴影部分的面积表示。《普通混凝土配合比设计规程》（JGJ 55—2011）规定，工业与民用建筑及一般构筑物所用混凝土的保证率不低于95%。一般通过变量 $t = \dfrac{\overline{f_{cu}} - f_{cu,\,k}}{\sigma}$ 将混凝土强度的概率分布曲线转化为标准正态分布曲线，然后通过标

准正态分布方程 $P(t) = \int_{t}^{+\infty} \varphi(t)dt = \dfrac{1}{\sqrt{2\pi}} \int_{t}^{+\infty} e^{-\frac{t^2}{2}} dt$ ，求得强度保证率，其中概率度 t 与保证率 $P(t)$ 的关系见表 5-30。

表5-30　　　　　　　　不同概率度t对应的强度保证率P(t)

t	0.00	0.50	0.84	1.00	1.20	1.28	1.40	1.60
P(t)	50.0	69.2	80.0	84.1	88.5	90.0	91.9	94.5
t	1.645	1.70	1.81	1.88	2.00	2.05	2.33	3.00
P(t)	95.0	95.5	96.5	97.0	97.7	99.0	99.4	99.87

在《混凝土强度检验评定标准》（GB 50107—2010）中，根据混凝土的强度等级、标准差和保证率，可将混凝土的生产管理水平分为优良、一般和差三个级别，具体指标见表 5-31。

表5-31　　　　　　　　　　　混凝土生产质量水平

评定标准	生产质量水平 强度等级 生产场所	优良		一般		差	
		<C20	≥C20	<C20	≥C20	<C20	≥C20
混凝土强度标准差 σ/（MPa）	商品混凝土公司和预制混凝土构件厂	≤3.0	≤3.5	≤4.0	≤5.0	>4.0	>5.0
	集中搅拌混凝土的施工现场	≤3.5	≤4.0	≤4.5	≤5.5	>4.5	>5.5
强度不低于要求强度等级的百分率 P（%）	商品混凝土公司、预制混凝土构件厂及集中搅拌混凝土的施工现场	≥95		>85		≤85	

（四）设计强度、配制强度、标准差及强度保证率的关系

根据正态分布的相关知识可知，当所配制的混凝土强度平均值等于设计强度时，其强度保证率仅为 50%，显然不能满足要求，否则会造成极大的工程隐患，因此，为了达到较高的强度保证率，要求混凝土的配制强度 $f_{cu,0}$ 必须高于设计强度等级 $f_{cu,k}$。

由 $t = \dfrac{\bar{f}_{cu} - f_{cu,k}}{\sigma}$ 可得，$\bar{f}_{cu} = f_{cu,k} + t\sigma$。令混凝土的配制强度等于平均强度，即 $f_{cu,0} = \bar{f}_{cu}$，则可得式（5-17）。

$$f_{cu,0} = f_{cu,k} + t\sigma \tag{5-17}$$

公式（5-17）中，概率密度 t 的取值与强度保证率 $P(t)$ 一一对应，其值通常根据要求的保证率查表 5-30 获得。强度标准差 σ 一般根据混凝土生产单位以往积累的资料经统计计算获得。当无历史资料或资料不足时，可根据以下情况参考取值：

混凝土设计强度等级低于C20时，$\sigma = 4.0$；

混凝土设计强度等级为C20~C35时，$\sigma = 5.0$；

混凝土设计强度等级高于C35时，$\sigma = 6.0$。

国家标准《普通混凝土配合比设计规程》（JGJ 55—2011）规定，混凝土配制强度应按式（5-18）计算。

$$f_{cu,0} \geq f_{cu,k} + 1.645\sigma \tag{5-18}$$

在混凝土设计强度确定的前提下，保证率和标准差决定了配制强度的高低，保证率越高，强度波动性越大，则配制强度越高。

二、混凝土的质量评定

混凝土的质量评定主要指其强度的检测评定，通常是以抗压强度作为主控指标。留置试块用的混凝土应在浇筑地点随机抽取且具有代表性，取样频率及数量、试件尺寸大小选择、成型方法、养护条件、强度测试以及强度代表值的取定等，均应符合现行国家标准的有关规定。

根据《混凝土强度检验评定标准》（GB 50107—2010）的规定，混凝土的强度应按照批次分批检验，同一个批次的混凝土强度等级应相同、生产工艺条件应相同、龄期应相同以及混凝土配合比基本相同。目前，评定混凝土强度合格性的常用方法主要有两种，即统计法和非统计法两类。

1.统计方法

商品混凝土公司、预制混凝土构件厂家及采用现场集中搅拌混凝土的施工单位所生产的混凝土强度一般采用该种方法来评定。

根据混凝土生产条件不同，利用该方法进行混凝土强度评定时，应视具体情况按下述两种情况分别进行：

（1）标准差已知。当一定时期内混凝土的生产条件较为一致，且同一品种的混凝土强度变异性较小时，可以把每批混凝土的强度标准差σ_0作为一常数来考虑。进行强度评定，一般用连续的三组或三组以上的试块组成一个验收批，且其强度应同时满足下列要求：

$$f_{cu} \geq f_{cu,k} + 0.7\sigma_0 \tag{5-19}$$

$$f_{cu,min} \geq f_{cu,k} - 0.7\sigma_0 \tag{5-20}$$

$$f_{cu,min} \geq 0.85 f_{cu,k} \quad （当混凝土强度等级 \leq C20时） \tag{5-21}$$

或　　$$f_{cu,min} \geq 0.9 f_{cu,k} \quad （当混凝土强度等级 > C20时） \tag{5-22}$$

式中：f_{cu}——同一个验收批的混凝土立方体抗压强度平均值（MPa）；

$f_{cu,k}$——同一验收批的混凝土立方体抗压强度标准值（MPa）；

$f_{cu,min}$——验收批混凝土立方体抗压强度的最小值（MPa）；

σ_0——同一验收批的混凝土立方体抗压强度的标准差（MPa）。

其中强度标准差σ_0应根据前一个检验期（不应超过三个月）内同一品种混凝

土的强度数据按式（5-23）确定。

$$\sigma_0 = \frac{0.59}{m} \sum_{i=1}^{m} \Delta f_{cu, i} \tag{5-23}$$

式中：m——前一检验期内用来确定强度标准差的总批数（$m \geq 15$）；

$\Delta f_{cu, i}$——统计期内，第 i 验收批混凝土立方体抗压强度代表值中最大值与最小值之差（MPa）。

（2）标准差未知。当混凝土的生产条件不稳定，且混凝土强度的变异性较大，或没有能够积累足够的强度数据用来确定验收批混凝土立方体抗压强度的标准差时，应利用不少于 10 组的试块组成一个验收批，进行混凝土强度评定。其强度代表值必须同时满足公式（5-24）与（5-25）的要求。

$$m_{f_{cu}} - \lambda_1 S_{f_{cu}} \geq 0.9 f_{cu, k} \tag{5-24}$$

$$f_{cu, min} \geq \lambda_2 f_{cu, k} \tag{5-25}$$

公式（5-24）和（5-25）中，λ_1、λ_2 为两个合格判定系数，应根据留置的试件组数来确定，具体取值见表 5-32。$S_{f_{cu}}$ 为验收批内混凝土立方体抗压强度的标准差（MPa）。

表5-32　　　　　　　　　　　混凝土强度的合格判定系数

试件组数	10 ~ 14	15 ~ 24	≥25
λ_1	1.70	1.65	1.60
λ_2	0.90	0.85	0.85

2. 非统计方法

非统计方法主要用于评定现场搅拌批量不大或小批量生产的预制构件所需的混凝土。当同一批次的混凝土留置试块组数少于 9 时，进行混凝土强度评定，其强度值应同时满足公式（5-26）与（5-27）的要求。

$$m_{f_{cu}} \geq 1.15 f_{cu, k} \tag{5-26}$$

$$f_{cu, min} \geq 0.95 f_{cu, k} \tag{5-27}$$

由于缺少相应的统计资料，非统计方法的准确性较差，故对混凝土强度的要求更为严格。在生产实际中应根据具体情况选用适当的评定方法。对于用判定为不合格的混凝土浇筑的构件或结构应进行工程实体鉴定和处理。

3. 混凝土的无损检测

混凝土的无损检测技术是指不破坏结构构件，而通过测定与混凝土性能有关的物理量来推定混凝土强度、弹性模量及其他性能的测试技术。最常用到的是回弹法和超声法。回弹法是指用一定冲击动能冲击混凝土表面，利用混凝土表面硬度与回弹值的函数关系来推算混凝土的强度的方法，通常采用混凝土回弹仪进行测定。超声法是指通过超声波（纵波）在混凝土中传播的不同波速来反映混凝土的质量。对于混凝土内部缺陷则利用超声波在混凝土中传播的"声时-振幅-波形"三个声学参数综合判断其内部缺陷情况，通常采用混凝土超声仪进行检测。

第五节　普通混凝土的配合比设计

混凝土配合比是指根据工程要求、结构形式和施工条件来确定混凝土各组分的比例关系。它是混凝土工艺中最主要的项目之一，是能生产出优质而经济的混凝土最基本的前提。

一、混凝土质量的基本要求

设计混凝土配合比的任务，就是要根据原材料的技术性能及施工条件，合理选择原材料，并确定出能够满足工程所要求的技术经济指标的各项组成材料的用量。

混凝土配合比设计就要满足工程对混凝土质量的基本要求：

（1）使混凝土拌合物具有与施工条件相适应的良好的工作性；

（2）硬化后的混凝土应具有工程设计要求的强度等级；

（3）混凝土必须具有适合于使用环境条件下的使用性能和耐久性；

（4）在满足上述条件下，要最大限度地节约水泥，降低造价。

二、混凝土配合比设计的基本资料

混凝土配合比一般采用质量比表达，即以 $1m^3$ 混凝土所用水泥（C）、掺合料（F）、细集料（S）、粗集料（G）、和水（W）的实际用量（kg）表示，也可用水泥（或胶凝材料）质量为1来表示其他组分用量的相对关系。

（一）三个基本参数

混凝土配合比设计，实质上就是确定四项材料用量之间的三个比例关系，即水与胶凝材料（水泥与掺合料之和）之间的比例关系（用水胶比 W/B 来表示）、砂与石子之间的比例关系（用砂率 S_p 来表示）及水泥浆与集料之间的比例关系（用 $1m^3$ 混凝土的用水量 W 来反映）。若这三个比例关系已定，混凝土的配合比就确定了。

（二）基本资料

在进行混凝土配合比设计时，须事先明确的基本资料有：

（1）混凝土设计要求的强度等级；

（2）工程所处环境及耐久性要求（如抗渗等级、抗冻等级等）；

（3）混凝土结构类型；

（4）施工条件，包括施工质量管理水平及施工方法（如强度标准差的统计资料、混凝土拌合物应采用的坍落度）；

（5）各项原材料的性质及技术指标，如水泥、掺合料的品种及等级，集料的种类、级配，砂的细度模数，石子最大粒径，各项材料的密度、表观密度及体积密度等。

三、混凝土配合比设计的基本原则

混凝土配合比设计应满足混凝土配制强度、拌合物性能、力学性能、长期性能和耐久性能的设计要求。混凝土拌合物性能、力学性能、长期性能和耐久性能的试验方法应分别符合现行国家标准《普通混凝土拌合物性能试验方法标准》（GB/T 50080）、《普通混凝土力学性能试验方法标准》（GB/T 50081）和《普通混凝土长期性能和耐久性能试验方法标准》（GB/T 50082）的规定。

（一）配合比设计基本原则

1.在同时满足强度等级、耐久性条件下，取水胶比较大值

在组成材料一定的情况下，水胶比对混凝土的强度和耐久性起着关键性作用，水胶比的确定必须同时满足混凝土的强度和耐久性的要求。在满足混凝土强度与耐久性要求的前提下，为了节约胶凝材料，可采用较大的水胶比。

2.在符合坍落度要求的条件下，取单位用水量较小值

在水灰比一定的条件下，单位用水量是影响混凝土拌合物流动性的主要因素，单位用水量可根据施工要求的流动性及粗骨料的最大粒径来确定。在满足施工要求的流动性前提下，单位用水量取较小值，如以较小的水泥浆数量就能满足和易性的要求，则具有较好的经济性。

3.在满足黏聚性要求的条件下，取砂率较小值

砂率对混凝土拌合物的和易性，特别是其中的黏聚性和保水性有很大影响，适当提高砂率有利于保证混凝土的黏聚性和保水性。在保证混凝土拌合物和易性的前提下，从降低成本方面考虑，可选用较小的砂率。

（二）配合比耐久性设计基本规定

1.最大水胶比

混凝土的最大水胶比应符合《混凝土结构设计规范》（GB 50010）的规定。控制水胶比是保证耐久性的重要手段，水胶比是配比设计的首要参数。《混凝土结构设计规范》对不同环境条件的混凝土最大水胶比作了规定，见表5-33。环境类别的划分见表5-34。

表5-33　　　　　　　　　不同环境条件下混凝土的最大水胶比

环境类别	一	二（a）	（b）	三
最大水胶比	0.65	0.60	0.55	0.50

2.最小胶凝材料用量

混凝土的最小胶凝材料用量应符合表5-35的规定，配制C15及其以下强度等级的混凝土，可不受表5-35的限制。在满足最大水胶比条件下，最小胶凝材料用量是满足混凝土施工性能和掺加矿物掺和料后满足混凝土耐久性的胶凝材料用量。

表5-34　　　　　　　　　　　　　　**环境类别的划分**

环境类别	条件
一	室内正常环境
二（a）	室内潮湿环境；非严寒和非寒冷地区的露天环境、与无侵蚀性的水或土壤直接接触的环境
二（b）	严寒和寒冷地区的露天环境、与无侵蚀性的水或土壤直接接触的环境
三	使用除冰盐的环境；严寒和寒冷地区冬季水位变动的环境；滨海室外环境
四	海水环境
五	受人为或自然的慢蚀性物质影响的环境

表5-35　　　　　　　　　　　**混凝土的最小胶凝材料用量**

最大水胶比	最小胶凝材料用量（kg/m³）		
	素混凝土	钢筋混凝土	预应力混凝土
0.60	250	280	300
0.55	280	300	300
0.50	320		
≤0.45	330		

3.矿物掺和料最大掺量

矿物掺合料在混凝土中的掺量应通过试验确定。钢筋混凝土中矿物掺合料最大掺量应符合表5-36的规定；预应力钢筋混凝土中矿物掺合料最大掺量应符合表5-37的规定。对基础大体积混凝土，粉煤灰、粒化高炉矿渣粉和复合掺合料的最大掺量可增加5%。采用掺量大于30%的C类粉煤灰的混凝土应以实际使用的水泥和粉煤灰掺量进行安定性检验。

表5-36　　　　　　　　　　　**钢筋混凝土中矿物掺和料最大掺量**

矿物掺合料种类	水胶比	最大掺量（%）	
		硅酸盐水泥	普通硅酸盐水泥
粉煤灰	≤0.40	≤45	≤35
	>0.40	≤40	≤30
粒化高炉矿渣粉	≤0.40	≤65	≤55
	>0.40	≤55	≤45
钢渣粉	—	≤30	≤20
磷渣粉	—	≤30	≤20
硅灰	—	≤10	≤10
复合掺合料	≤0.40	≤60	≤50
	>0.40	≤50	≤40

注：1.采用其他通用硅酸盐水泥时，宜将水泥混合材掺量20%以上的混合材量计入矿物掺合料。

2.复合掺合料各组分的掺量不宜超过单掺时的最大掺量。

3.在混合使用两种或两种以上矿物掺合料时，矿物掺合料总掺量应符合表中复合掺合料的规定。

表5-37　　　　　　　　　　　预应力钢筋混凝土中矿物掺和料最大掺量

矿物掺合料种类	水胶比	最大掺量（%）	
		硅酸盐水泥	普通硅酸盐水泥
粉煤灰	≤0.40	≤35	≤30
	>0.40	≤25	≤20
粒化高炉矿渣粉	≤0.40	≤55	≤45
	>0.40	≤45	≤35
钢渣粉		≤20	≤10
磷渣粉		≤20	≤10
硅灰		≤10	≤10
复合掺合料	≤0.40	≤50	≤40
	>0.40	≤40	≤30

注：1.采用其他通用硅酸盐水泥时，宜将水泥混合材掺量20%以上的混合材量计入矿物掺合料。

2.复合掺合料各组分的掺量不宜超过单掺时的最大掺量。

3.在混合使用两种或两种以上矿物掺合料时，矿物掺合料总掺量应符合表中复合掺合料的规定。

规定矿物掺合料最大掺量主要是为了保证混凝土耐久性能。矿物掺合料在混凝土中的实际掺量是通过试验确定的，在本书的配合比调整和确定步骤中规定了耐久性试验验证，以确保满足工程设计提出的混凝土耐久性要求。当采用超出表5-36和表5-37给出的矿物掺合料最大掺量时，全然否定的做法不妥，在通过对混凝土性能进行全面试验论证，证明结构混凝土安全性和耐久性可以满足设计要求后，还是能够采用的。

4.水溶性氯离子最大含量

混凝土拌合物中水溶性氯离子最大含量应符合表5-38的要求。混凝土拌合物中水溶性氯离子含量应按照现行行业标准《水运工程混凝土试验规程》（JTJ 270）中混凝土拌合物中氯离子含量的快速测定方法进行测定。按环境条件影响氯离子引起钢锈的程度简明地分为四类，并规定了各类环境条件下的混凝土中氯离子最大含量。采用测定混凝土拌合物中氯离子的方法，与测试硬化后混凝土中氯离子的方法相比，时间大大缩短，有利于配合比的设计和控制。表5-38中的氯离子含量系相对混凝土中水泥用量的百分比，与控制氯离子相对混凝土中胶凝材料用量的百分比相比，偏于安全。

表5-38　　　　　　　　　　　混凝土拌合物中水溶性氯离子最大含量

环境条件	水溶性氯离子最大含量（%，水泥用量的质量百分比）		
	钢筋混凝土	预应力混凝土	素混凝土
干燥环境	0.30		
潮湿但不含氯离子的环境	0.20		
潮湿而含有氯离子的环境、盐渍土环境	0.10	0.06	1.00
除冰盐等侵蚀性物质的腐蚀环境	0.06		

5.最小含气量

长期处于潮湿或水位变动的寒冷和严寒环境，以及盐冻环境的混凝土应掺用引气剂。引气剂掺量应根据混凝土含气量要求经试验确定；掺用引气剂的混凝土最小含气量应符合表5-39的规定，最大不宜超过7.0%。掺加适量引气剂有利于混凝土的耐久性，尤其对于有较高抗冻要求的混凝土，掺加引气剂可以明显提高混凝土的抗冻性能。引气剂掺量要适当，引气量太少作用不够，引气量太多混凝土强度损失较大。

表5-39　　　　　　　　　　　掺用引气剂的混凝土最小含气量

粗骨料最大公称粒径（mm）	混凝土最小含气量（%）	
	潮湿或水位变动的寒冷和严寒环境	盐冻环境
40.0	4.5	5.0
25.0	5.0	5.5
20.0	5.5	6.0

注：含气量为气体占混凝土体积的百分比。

6.最大碱含量

对于有预防混凝土碱骨料反应设计要求的工程，混凝土中最大碱含量不应大于3.0kg/m³，并宜掺用适量粉煤灰等矿物掺合料；对于矿物掺合料碱含量，粉煤灰碱含量可取实测值的1/6，粒化高炉矿渣粉碱含量可取实测值的1/2。掺加适量粉煤灰和粒化高炉矿渣粉等矿物掺合料，对预防混凝土碱骨料反应具有重要意义。混凝土中碱含量是测定的混凝土各原材料碱含量计算之和，而实测的粉煤灰和粒化高炉矿渣粉等矿物掺合料碱含量并不是参与碱骨料反应的有效碱含量，对于矿物掺合料中有效碱含量，粉煤灰碱含量取实测值的1/6，粒化高炉矿渣粉碱含量取实测值的1/2，已经被混凝土工程界采纳。

四、混凝土配合比设计的步骤

混凝土配合比系指1m³混凝土中各组成材料的用量，或各组成材料之重量比。设计应遵循的基本标准是：《普通混凝土配合比设计规程》（JGJ 55—2011），此外还应该满足国家标准对于混凝土拌合物性能、力学性能、长期性能和耐久性能的相关规定。

（一）混凝土配制强度的确定

1.混凝土配制强度应按下列规定确定

当混凝土的设计强度等级小于C60时，配制强度应按式（5-18）计算。当设计强度等级大于或等于C60时，配制强度应按式（5-28）计算：

$$f_{cu, 0} \geqslant 1.15 f_{cu, k} \tag{5-28}$$

2.混凝土强度标准差应按照下列规定确定

当具有近1~3个月的同一品种、同一强度等级混凝土的强度资料时，其混凝土强度标准差σ应按式（5-29）计算。

$$\sigma = \sqrt{\frac{\sum_{i=1}^{n} f_{cu, i}^2 - n m_{fcu}^2}{n - 1}} \tag{5-29}$$

式中：σ——混凝土强度标准差；

$f_{cu, i}$——第 i 组的试件强度（MPa）；

m_{fcu}——n组试件的强度平均值（MPa）；

n——试件组数，n值应大于或者等于30。

对于强度等级不大于C30的混凝土：当σ计算值不小于3.0MPa时，应按式（5-29）计算结果取值；当σ计算值小于3.0MPa时，σ应取3.0MPa。对于强度等级大于C30且小于C60的混凝土：当σ计算值不小于4.0MPa时，应按式（5-29）计算结果取值；当σ计算值小于4.0MPa时，σ应取4.0MPa。

当没有近期的同一品种、同一强度等级混凝土强度资料时，其强度标准差σ可按表5-40取值。

表5-40　　　　　　　　　　　　　　标准差σ值（MPa）

混凝土强度标准值	≤C20	C25 ~ C45	C50 ~ C55
σ	4.0	5.0	6.0

（二）水胶比的计算

混凝土强度等级不大于C60等级时，配制强度应按式（5-18）计算，混凝土水胶比宜按式（5-30）计算。

$$W/B = \frac{\alpha_a f_b}{f_{cu, 0} + \alpha_a \alpha_b f_b} \tag{5-30}$$

式中：W/B——混凝土水胶比；

α_a，α_b——回归系数，可按表5-41取值。

表5-41　　　　　　　　　　　　回归系数α_a、α_b选用表

回归系数	碎石	卵石
α_a	0.53	0.49
α_b	0.20	0.13

f_b为胶凝材料（水泥与矿物掺合料按使用比例混合）28d胶砂强度（MPa），试

验方法应按现行国家标准《水泥胶砂强度检验方法（ISO 法）》（GB/T 17671）执行；当无实测值时，可按式（5-31）计算：

$$f_b = \gamma_f \gamma_s f_{ce} \tag{5-31}$$

式中：γ_f，γ_s——粉煤灰影响系数和粒化高炉矿渣粉影响系数，可按表 5-42 选用；

　　　f_{ce}——水泥 28d 胶砂抗压强度（MPa），可实测，也可按式（5-32）计算。

表5-42　　　　　　　　　　　粉煤灰与粒化高炉矿粉影响系数

掺量（%）	粉煤灰影响系数 γ_f	粒化高炉矿粉影响系数 γ_s
0	1.00	1.00
10	0.90 ~ 0.95	1.00
20	0.80 ~ 0.85	0.95 ~ 1.00
30	0.70 ~ 0.75	0.90 ~ 1.00
40	0.60 ~ 0.65	0.80 ~ 0.90
50	—	0.70 ~ 0.85

注：1.采用Ⅰ级、Ⅱ级粉煤灰宜取上限值。

2.采用 S75 级粒化高炉矿渣粉宜取下限值，采用 S95 级粒化高炉矿渣粉宜取上限值，采用 S105级粒化高炉矿渣粉可取上限值加 0.05。

3.当超出表中的掺量时，粉煤灰和粒化高炉矿渣粉影响系数应经试验确定。

当水泥 28d 胶砂抗压强度（f_{ce}）无实测值时，可按式（5-32）计算。

$$f_{ce} = \gamma_c f_{ce,g} \tag{5-32}$$

式中：γ_c——水泥强度等级值的富余系数，可按实际统计资料确定，当缺乏实际统计资料时，也可按表 5-43 选用；

　　　$f_{ce,g}$——水泥强度等级值（MPa）。

表5-43　　　　　　　　　　　水泥强度等级值的富余系数 γ_c

水泥强度等级值	32.5	42.5	52.5
富余系数	1.12	1.16	1.10

（三）用水量和外加剂用量的计算

（1）混凝土水胶比在 0.40 ~ 0.80 范围时，每立方米干硬性或塑性混凝土的用水量（m_{wo}）可按表 5-44 和表 5-45 选用。当混凝土水胶比小于 0.40 时，可通过试验确定。

表5-44　　　　　　　　　　　干硬性混凝土的用水量（kg/m³）

拌合物稠度		卵石最大公称粒径（mm）			碎石最大粒径（mm）		
项目	指标	10.0	20.0	40.0	16.0	20.0	40.0
维勃稠度（s）	16 ~ 20	175	160	145	180	170	155
	11 ~ 15	180	165	150	185	175	160
	5 ~ 10	185	170	155	190	180	165

表5-45   塑性混凝土的用水量（kg/m³）

拌合物稠度		卵石最大粒径（mm）				碎石最大粒径（mm）			
项目	指标	10.0	20.0	31.5	40.0	16.0	20.0	31.5	40.0
坍落度 （mm）	10～30	190	170	160	150	200	185	175	165
	35～50	200	180	170	160	210	195	185	175
	55～70	210	190	180	170	220	105	195	185
	75～90	215	195	185	175	230	215	205	195

注：1.本表用水量系采用中砂时的取值。采用细砂时，每立方米混凝土用水量可增加5～10kg；采用粗砂时，可减少5～10kg。

2.掺用矿物掺合料和外加剂时，用水量应相应调整。

（2）掺外加剂时，每立方米流动性或大流动性混凝土的用水量（m_{wo}）可按式（5-33）计算。

$$m_{wo} = m_{wo'}（1-\beta） \qquad (5-33)$$

式中：m_{wo}——满足实际坍落度要求的每立方米混凝土用水量（kg/m³）；

$m_{wo'}$——未掺外加剂时推定的满足实际塌落度要求的每立方米混凝土用水量（kg/m³）；

β——外加剂的减水率（%），应经混凝土试验确定。

以表5-45中90mm坍落度的用水量为基础，按每增大20mm坍落度相应增加5kg/m³用水量来计算，当坍落度增大到180mm以上时，随坍落度相应增加的用水量可减少。

每立方米混凝土中外加剂用量（m_{ao}）应按式（5-34）计算。

$$m_{ao} = m_{bo}\beta_a \qquad (5-34)$$

式中：m_{ao}——每立方米混凝土中外加剂用量（kg/m³）；

m_{bo}——计算配合比每立方米混凝土中胶凝凝材料用量（kg/m³）；

β_a——外加剂掺量（%），应经混凝土试验确定。

（四）胶凝材料、矿物掺合料与水泥用量的计算

每立方米混凝土的胶凝材料用量（m_{bo}）应按式（5-35）计算。

$$m_{b0} = \frac{m_{w0}}{W/B} \qquad (5-35)$$

式中：m_{bo}——计算配合比每立方米混凝土中胶凝材料用量（kg/m³）；

m_{wo}——计算配合比每立方米混凝土的用水量（kg/m³）；

每立方米混凝土的矿物掺合料用量（m_{fo}）应按式（5-36）计算。

$$m_{fo} = m_{bo}\beta_f \qquad (5-36)$$

式中：m_{fo}——计算配合比每立方米混凝土中矿物掺合料用量（kg/m³）

β_f——矿物掺合料掺量（%），可结合表5-36与表5-37的规定确定。

每立方米混凝土的水泥用量（m_{co}）应按式（5-37）计算。

$$m_{co} = m_{bo} - m_{fo} \tag{5-37}$$

式中：m_{co}——计算配合比每立方米混凝土中水泥用量（kg/m³）。

（五）砂率的计算

砂率（β_s）应根据骨料的技术指标、混凝土拌合物性能和施工要求，参考既有历史资料确定。当缺乏砂率的历史资料时，混凝土砂率的确定应符合下列规定：

（1）坍落度小于10mm的混凝土，其砂率应经试验确定。

（2）坍落度为10～60mm的混凝土砂率，可根据粗骨料品种、最大公称粒径及水灰比按表5-46选取。

（3）坍落度大于60mm的混凝土砂率，可经试验确定，也可在表5-46的基础上，按坍落度每增大20mm、砂率增大1%的幅度予以调整。

表5-46　　　　　　　　　　混凝土的砂率（%）

水胶比（W/B）	卵石最大公称粒径（mm）			碎石最大粒径（mm）		
	10.0	20.0	40.0	16.0	20.0	40.0
0.40	26～32	25～31	24～30	30～35	29～34	27～32
0.50	30～35	29～34	28～33	33～38	32～37	30～35
0.60	33～38	32～37	31～36	36～41	35～40	33～38
0.70	36～41	35～40	34～39	39～44	38～43	36～41

注：1.本表数值系中砂的选用砂率，对细砂或粗砂，可相应地减少或增大砂率。

2.采用人工砂配制混凝土时，砂率可适当增大；只用一个单粒级粗骨料配制混凝土时，砂率应适当增大。

（六）粗、细骨料用量的计算

1.质量法

采用质量法计算粗、细骨料用量时，应按式（5-38）与（5-39）计算。

$$m_{fo} + m_{co} + m_{go} + m_{so} + m_{wo} = m_{cp} \tag{5-38}$$

$$\beta_s = \frac{m_{s0}}{m_{g0} + m_{s0}} \times 100\% \tag{5-39}$$

式中：m_{g0}——每立方米混凝土的粗骨料用量（kg/m³）；

m_{s0}——每立方米混凝土的细骨料用量（kg/m³）；

m_{w0}——每立方米混凝土的用水量（kg/m³）；

β_s——砂率（%）；

m_{cp}——每立方米混凝土拌合物的假定质量（kg/m³），可取2 350～2 450kg/m³。

2.体积法

当采用体积法计算混凝土配比时，砂率应按公式（5-39）计算，粗、细骨料用量应按公式（5-40）计算。

$$\frac{m_{c0}}{\rho_c} + \frac{m_{f0}}{\rho_f} + \frac{m_{g0}}{\rho_g} + \frac{m_{s0}}{\rho_s} + \frac{m_{w0}}{\rho_w} + 0.01\alpha = 1 \tag{5-40}$$

式中：ρ_c——水泥密度（kg/m³），应按《水泥密度测定方法》（GB/T 208）测定，也可取 2 900 ~ 3 100 kg/m³；

　　　ρ_f——矿物掺合料密度（kg/m³），可按《水泥密度测定方法》（GB/T 208）测定；

　　　ρ_g——粗骨料的表观密度（kg/m³），应按现行行业标准《普通混凝土用砂、石质量及检验方法标准》（JGJ 52）测定；

　　　ρ_s——细骨料的表观密度（kg/m³），应按现行行业标准《普通混凝土用砂、石质量及检验方法标准》（JGJ 52）测定；

　　　ρ_w——水的密度（kg/m³），可取 1 000kg/m³；

　　　α——混凝土的含气量百分数，在不使用引气型外加剂时，α 可取为 1。

五、混凝土配合比的试配、调整与确定

（一）试配

混凝土试配应采用强制式搅拌机，搅拌机应符合现行行业标准《混凝土试验用搅拌机》（JG 244）的规定，搅拌方法宜与施工采用的方法相同。试验室成型条件应符合现行国家标准《普通混凝土拌合物性能试验方法标准》（GB/T 50080）的规定。每个混凝土配合比的试配最小搅拌量应符合表 5-47 的规定，并应不小于搅拌机公称容量的 1/4 且应不大于搅拌机公称容量。

表5-47　　　　　　　　　　　　混凝土试配的最小搅拌量

粗骨料最大公称粒径（mm）	最小搅拌的拌合物量（L）
≤31.5	20
40.0	25

在计算配合比的基础上进行试拌。计算水胶比宜保持不变，通过调整砂率和外加剂掺量等参数，使混凝土拌合物能符合设计和施工要求。具体地，当坍落度过小时，可以通过略微增大砂率，或者保持水胶比不变的情况下，略微增加用水量和胶凝材料用量；当坍落度过大时，可以通过减小砂率或者保持水胶比不变的情况下，略微增加砂与石子的量；当坍落度符合要求，但混凝土的黏聚性和保水性不好时，可以适当增大砂率，或减小粗骨料最大粒径，或使用更细一些的砂子，重新称料试配。通过试配，修正计算配合比，提出满足工作性要求的试拌配合比。

在试拌配合比的基础上，进行混凝土强度校核试验，并应符合下列规定：

（1）应至少采用三个不同的配合比。当采用三个不同的配合比时，其中一个应为前述的试拌配合比，另外两个配合比的水胶比宜较试拌配合比分别增加和减少 0.05，用水量应与试拌配合比相同，砂率可分别增加和减少 1%。

（2）进行混凝土强度试验时，应继续保持拌合物性能符合设计和施工要求。

（3）进行混凝土强度试验时，每个配合比至少制作一组试件，标准养护到 28d 或设计规定龄期时试压。

（二）配合比的调整与确定

配合比调整应符合下述规定：

（1）根据前述混凝土强度试验结果，绘制强度和胶水比的线性关系图或插值法确定略大于配制强度的强度对应的胶水比，强度-胶水比关系示意图如图5-18所示。

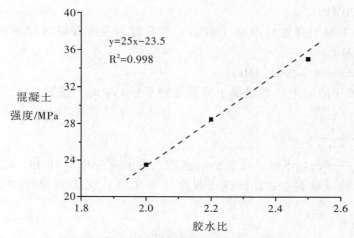

图5-18　混凝土强度与胶水比关系示意图

（2）在试拌配合比的基础上，用水量（m_w）和外加剂用量（m_a）应根据确定的水胶比作调整。

（3）胶凝材料用量（m_b）应以用水量乘以确定的胶水比计算得出。

（4）粗骨料和细骨料用量（m_g和m_s）应在用水量和胶凝材料用量基础上进行调整。

混凝土拌合物表观密度和配合比校正系数的计算应符合下列规定：

（1）配合比调整后的混凝土拌合物的表观密度应按式（5-41）计算。

$$\rho_{c,c} = m_c + m_f + m_g + m_s + m_w \tag{5-41}$$

（2）混凝土配合比校正系数按式（5-42）计算。

$$\delta = \frac{\rho_{c,t}}{\rho_{c,c}} \tag{5-42}$$

式中：δ——混凝土配合比校正系数；

　　　$\rho_{c,t}$——混凝土拌合物表观密度实测值（kg/m^3）；

　　　$\rho_{c,c}$——混凝土拌合物表观密度计算值（kg/m^3）。

（3）当混凝土拌合物表观密度实测值与计算值之差的绝对值不超过计算值的2%时，按前述调整的配合比可维持不变；当二者之差超过2%时，应将配合比中每项材料用量均乘以校正系数δ。

六、混凝土配合比设计实例

【例5-1】以C30钢筋混凝土的配合比设计为例：混凝土采用普通42.5水泥、5~31.5mm碎石、细度模数2.8的天然砂、Ⅰ级粉煤灰掺量20%、S95矿粉掺量

10%、外加剂掺量 1.8%（减水率为 15%），要求达到坍落度 150mm。

（1）混凝土配制强度的确定。混凝土的设计强度 C30 小于 C60，则按照公式（5-18）计算：

$$Vf_{cu, 0} \geqslant f_{cu, k} + 1.645\sigma$$

式中：$f_{cu, k}$——混凝土立方体抗压强度标准值，这里取混凝土的设计强度等级值，$f_{cu, k}$=30MPa；

　　　　σ——混凝土强度标准差（MPa），没有近期强度资料时按照表 5-40 取值，σ=5.0 MPa。

则　　$f_{cu, 0} \geqslant 30 + 1.645 \times 5.0 = 38.225$（MPa）

（2）水胶比的确定。当混凝土强度等级小于 C60 时，按公式（5-30）计算水胶比：

$$W/B = \frac{\alpha_a f_b}{f_{cu, 0} + \alpha_a \alpha_b f_b}$$

式中：α_a、α_b——回归系数，按表 5-41 选取，采用碎石时 α_a=0.53，α_b=0.20；

　　　　f_b——胶凝材料 28d 胶砂抗压强度，可实测；无实测值可按公式（5-31）计算：

　　　　$$f_b = \gamma_f \gamma_s f_{ce}$$

　　　　γ_f、γ_s——粉煤灰影响系数和粒化高炉矿渣粉影响系数，按表 5-42 选取，γ_f=0.85，γ_s=1.00；

　　　　f_{ce}——水泥 28d 胶砂抗压强度，可实测；无实测值可按公式（5-32）计算：

　　　　$$f_{ce} = \gamma_c f_{ce, g}$$

　　　　γ_c——水泥强度等级的富余系数，可实际统计；无统计资料时，按照表 5-43 选取，γ_c=1.16；

　　　　$f_{ce, g}$——水泥强度等级值，$f_{ce, g}$=42.5MPa，则：

　　f_{ce}=1.16×42.5=49.3（MPa）

　　则：

　　f_b=0.85×1.00×49.3=41.905（MPa）

　　则水胶比：

$$W/B = \frac{0.53 \times 41.905}{38.225 + 0.53 \times 0.20 \times 41.905} = 0.52$$

（3）用水量的确定。混凝土水胶比在 0.40～0.80 范围内，坍落度要求 150mm，掺外加剂 1.8%，按照公式（5-33）计算用水量：

　　$$m_{wo} = m_{wo'} (1-\beta)$$

式中：m_{w0}——计算配合比每立方米混凝土的用水量（kg/m³）；

　　　　$m_{wo'}$——未掺外加剂时推定的满足实际坍落度要求的每立方米混凝土用水量（kg/m³）；

　　　　β——外加剂的减水率，β=15%。

以表 5-45 中 90mm 坍落度的用水量为基础，按每增加 20mm 坍落度相应增加

5kg/m³用水量来计算，采用5～31.5mm碎石时：

$$m_{w0'} = 205 + \frac{150 - 90}{20} \times 5 = 220（kg/m^3）$$

$$m_{w0} = 220 \times（1 - 0.15）= 187（kg/m^3）$$

（4）胶凝材料用量的确定。每立方米混凝土的胶凝材料用量（m_{b0}）应根据用水量（m_{w0}）和水胶比（W/B），按公式（5-35）计算：

$$m_{b0} = \frac{m_{w0}}{W/B} = \frac{187}{0.52} = 360（kg/m^3）$$

（5）矿物掺合料用量和水泥用量的确定。矿物掺合料用量（m_{f0}）按照公式（5-36）计算：

$$m_{f0} = m_{b0}\beta_f$$

β_f——矿物掺合料掺量，应满足表5-36与表5-37的规定，粉煤灰β_f=20%，矿粉β_f=10%，因此：

$$m_{f0} = 360 \times 30\% = 108（kg/m^3）$$

水泥用量（m_{c0}）按公式（5-37）计算：

$$m_{c0} = m_{b0} - m_{f0} = 360 - 108 = 252（kg/m^3）$$

（6）外加剂用量的确定。外加剂掺量β_a=1.8%，按照公式（5-34）计算：

$$m_{a0} = m_{b0}\beta_a = 360 \times 1.8\% = 6.48（kg/m^3）$$

（7）砂率的确定。砂率应根据砂石材料的质量、混凝土拌合物性能和施工要求，参考已有的资料进行确定；没有资料的情况下，可以按表5-46选取。最终砂率是否合适，都需要经过试验确定。根据已有资料，确定砂率：β_s=42%。

（8）粗骨料、细骨料用量的确定。采用质量法计算，由公式（5-38）和（5-39）可知：

$$m_{f0} + m_{c0} + m_{g0} + m_{s0} + m_{w0} = m_{cp}$$

$$\beta_s = \frac{m_{s0}}{m_{g0} + m_{s0}} \times 100\%$$

式中：m_{cp}——每立方米混凝土拌合物的假定质量（kg），可取2 350～2 450 kg/m³，这里假定m_{cp}=2 350 kg/m³。

经过计算，得出粗、细骨料用量：m_{s0}=757kg/m³，m_{g0}=1 046kg/m³。

采用体积法计算，由公式（5-39）和（5-40）可知：

$$\frac{m_{c0}}{\rho_c} + \frac{m_{f0}}{\rho_f} + \frac{m_{g0}}{\rho_g} + \frac{m_{s0}}{\rho_s} + \frac{m_{w0}}{\rho_w} + 0.01\alpha = 1$$

$$\beta_s = \frac{m_{s0}}{m_{g0} + m_{s0}} \times 100\%$$

式中：ρ_c, ρ_f, ρ_g, ρ_s, ρ_w——分别指水泥、矿物掺合料、粗骨料、细骨料和水的密度，可选取或通过试验确定，ρ_c=3 100 kg/m³，粉煤灰ρ_f=2 200 kg/m³，矿粉ρ_f=2 900 kg/m³，ρ_g=2 670 kg/m³，ρ_s=2 670 kg/m³，ρ_w=1 000 kg/m³。

α——混凝土的含气量百分数，不使用引气剂或引气型外加剂时，α可取1。

将数据代入公式，得出粗、细骨料用量：m_{s0}=759kg/m³以及m_{g0}=1 048kg/m³。

第六节　高性能混凝土及其他特殊要求混凝土

一、高性能混凝土

20世纪90年代前半期是国内高性能混凝土（High Performance Concrete，HPC）发展的初期，国内学术界认为"三高"混凝土就是高性能混凝土。据此观点，高性能混凝土应该是高强度、高工作性、高耐久的，或者说高强混凝土才可能是高性能混凝土；高性能混凝土必须是流动性好的、可泵性好的混凝土，以保证施工的密实性；耐久性是高性能混凝土的重要指标，但混凝土达到高强后，自然会有较高的耐久性。经过10余年的发展，在国内外多种观点逐渐交流融合后，目前对高性能混凝土的定义已有清晰的认识。美国混凝土认证协会（ACI）最初关于HPC的定义为：HPC是具备所要求的性能和匀质性的混凝土，这种混凝土按照惯常做法，靠传统的组分、普通的拌和、浇筑与养护方法是不可能获得的。

我国对高性能混凝土的定义：①高性能混凝土是一种新型高技术混凝土，是在大幅度提高普通混凝土性能的基础上采用现代混凝土技术制作的混凝土；②它以耐久性作为设计的主要指标；③针对不同用途要求，高性能混凝土对下列性能重点地予以保证：耐久性、工作性、适用性、强度、体积稳定性、经济性；④为此高性能混凝土在配制上的特点是低水胶比，选用优质原材料，必须掺加足够数量的矿物细粉和高效减水剂；⑤强调高性能混凝土不一定是高强混凝土。

处于多种劣化因素综合作用下的混凝土结构需采用高性能混凝土，因为良好的耐久性是高性能混凝土的主要特征之一。

混凝土结构的耐久性，由混凝土的耐久性和钢筋的耐久性两部分组成。其中，混凝土耐久性是指混凝土在所处工作环境下，长期抵抗内、外部劣化因素的作用，仍能维持其应有结构性能的能力。

与普通混凝土一样，高性能混凝土的耐久性也是一个综合性指标，包括抗渗性、抗碳化性、抗冻害性、抗盐害性、抗硫酸盐腐蚀性、碱–骨料反应等内容。为保证高性能混凝土的耐久性，需要针对混凝土结构所处环境和预定功能进行专门的耐久性设计。这里着重介绍抗碳化性、抗冻害性、抗盐害性、抗硫酸盐腐蚀性、碱–骨料反应等内容。

二、高强混凝土

高强混凝土是使用水泥、砂、石等传统原材料通过添加一定数量的高效减水剂或同时添加一定数量的活性矿物材料，采用普通成型工艺制成的具有高强性能的一类水泥混凝土。

高强混凝土的定义是个相对的概念，高强混凝土的概念并没有一个确切的定义，在不同的历史发展阶段，高强混凝土的含义是不同的。由于各国之间的混凝土技术发展不平衡，其高强混凝土的定义也不尽相同。即使在同一个国家，因各个地区的高强混凝土发展程度不同，其定义也随之改变。

在我国，通常将强度等级等于或超过C60级的混凝土称为高强混凝土。

三、轻集料混凝土

集料是混凝土中的主要组成材料，占混凝土总体积的60%～80%以上，集料的存在使混凝土比单纯的水泥石具有更高的体积稳定性、更好的耐久性和更低的成本。集料的性能决定着混凝土的性能，是设计混凝土配合比的依据和关键。

轻集料混凝土是指用轻质粗集料、密度小于1 950kg/m³的混凝土，主要用作保温隔热材料。一般情况下密度较小的轻集料混凝土强度也较低，但保温隔热性能较好；密度较大的混凝土强度也较高，可以用作结构材料。

与普通混凝土相比，轻集料混凝土在强度几乎没有多大改变的前提下，可使结构自身的质量降低30%～35%，工程总造价将降低5%～20%，不仅间接地提高了混凝土的承载能力，降低成本，还能改善保温、隔热、隔音等功能，满足现代建筑不断发展的要求。

四、自密实混凝土

密实是对混凝土最基本的要求。混凝土若不能很好地密实其性能就不能体现。在普通混凝土的施工中，混凝土浇筑后需通过机械振捣，使其密实，但机械振捣需要一定的施工空间，而在建筑物的一些特殊部位，如配筋非常密集的地方，无法进行振捣，这就给混凝土的密实带来了困难。然而，自密实混凝土能够很好地解决这一问题。

自密实混凝土指混凝土拌合物主要靠自重，不需要振捣即可充满模型和包裹钢筋，属于高性能混凝土的一种。该混凝土流动性好，具有良好的施工性能和填充性能，而且集料不离析，混凝土硬化后具有良好的力学性能和耐久性。

五、大体积混凝土

大体积混凝土工程在现代工程建设中，如各种形式的混凝土大坝、港口建筑物、建筑物地下室底板以及大型设备的基础等有着广泛的应用。但是对于大体积混凝土的概念，一直存在着多种说法。我国混凝土结构工程施工及验收规范认为，建筑物的基础最小边尺寸在1～3m范围内就属于大体积混凝土。

大体积混凝土的特点除体积较大外，更主要的是由于混凝土的水泥水化热不易散发，在外界环境或混凝土内力的约束下，极易产生温度收缩裂缝。仅用混凝土的几何尺寸大小来定义大体积混凝土，就容易忽视温度收缩裂缝及为防止裂缝而应采取的施工要求。因此，美国混凝土协会认为："任意体积的混凝土，其尺寸大到足以必须采取措施减小由于体积变形而引起的裂缝，统称为大体积混凝土。"

大体积混凝土结构的截面尺寸较大，所以由荷载引起裂缝的可能性很小。但水泥在水化反应过程中释放的水化热产生的温度变化和混凝土收缩的共同作用，将会产生较大的温度应力和收缩应力，这是大体积混凝土结构出现裂缝的主要因素。这些裂缝往往给工程带来不同程度的危害甚至会造成巨大损失。如何进一步认识温度应力以及防止温度变形裂缝的开展，是大体积混凝土结构施工中的一个重大研究课题。

六、装饰混凝土

水泥混凝土是当今世界最主要的土木工程材料，但其美中不足是外观颜色单调、灰暗、呆板给人以压抑感。于是，人们设法在建筑物的混凝土表面上作适当处理，使其产生一定的装饰效果具有艺术感，这就产生了装饰混凝土。

混凝土的装饰手法很多，通常是通过混凝土建筑的造型，或在混凝土表面做成一定的线型、图案、质感、色彩等获得建筑艺术性，从而满足建筑立面、地面或屋面的不同装饰要求。

目前装饰混凝土主要有以下几种：

（一）彩色混凝土

彩色混凝土是采用白水泥或彩色水泥、白色或彩色石子、白色或彩色石屑以及水等配制而成。可以对混凝土整体着色，也可以对面层着色。

（二）清水混凝土

清水混凝土是通过模板，利用普通混凝土结构本身的造型、线型或几何外形而取得简单、大方、明快的立面效果，从而获得装饰性。或者利用模板在构件表面挠筑出凹饰纹，使建筑立面更加富有艺术性。由于这类装饰混凝土构件基本保持了普通混凝土原有的外观色质，故称清水混凝土。

（三）露石混凝土

露石混凝土是在混凝土硬化前或硬化后，通过一定的工艺手段，使混凝土表层的集料适当外露，由集料的天然色泽和自然排列组合显示装饰效果，一般用于外墙饰面。

（四）镜面混凝土

镜面混凝土是一种表面光滑、色泽均匀、明亮如镜的装饰混凝土。它的饰面效果犹如花岗岩，可与大理石媲美。

七、再生混凝土

城市环境是衡量一个城市管理水平的重要标志，同时也是一个城市市民生活质量和水平的重要体现。据了解，中国城市垃圾年产量达1亿吨以上，而且每年大致以8%左右的增长率递增。随着城镇化建设进程的发展以及旧城的改造，建筑物拆旧、新建、扩建、房屋装修，都会产生大量建筑垃圾。建筑垃圾造成的"垃圾围城"现象影响了城市的形象和市民的生活质量，造成了严重的环境污染。将建筑垃垃进行资源化利用，变得越来越重要了。随着我国耕地保护和环境保护的各项法律法规的颁布和实施，如何处理建筑垃圾不仅是建筑施工企业和环境保护部门面临的重要课题，也是全社会无法回避的环境与生态问题。

再生集料混凝土简称再生混凝土，指将废弃混凝土块经过破碎、清洗、分级后，按一定比例与级配混合，部分或全部代替砂石等天然骨料（主要是粗骨料）配制而成的混凝土。再生混凝土可以利用建筑垃圾作粗骨料，也可以利用建筑垃圾制作全骨料。利用建筑垃圾作为全骨料配制生成全级配再生混凝土时，全级配再生骨料由于破碎工艺以及骨料来源的不同，破碎出骨料的级配可能存在一定的差异，全骨料中的再生细骨料的比例有时会比较低，所以在进行配合比设计时，针对现场骨料的级配情况，需要加入建筑垃圾细颗粒调整砂率。但考虑到砂率过大，坍落度降低，坍落度损失增大，调整后的砂率不宜过大，建议控制在40%以内，此外，粉煤灰的掺入也是必不可少的，粉煤灰的微集料效应和二次水化反应可以增加混凝土的密实性，提高再生混凝土后期强度，提高混凝土的耐久性。

八、混凝土3D打印技术

混凝土3D打印技术是在3D打印技术的基础上发展起来的应用于混凝土施工的新技术，其主要工作原理是将配置好的混凝土浆体通过挤出装置，在三维软件的控制下，按照预先设置好的打印程序，由喷嘴挤出进行打印，最终得到设计的混凝土构件。3D打印混凝土技术在实际施工打印过程中，由于其具有较高的可塑性，在成型过程中的无须支撑，是一种新型的混凝土无模成型技术，它既有自密实混凝土的无须振捣的优点，也有喷射混凝土便于制造复杂构件的优点。

混凝土3D打印建筑相比传统建筑具有强度高、建筑形式自由、建造周期短、环保性、节能性等方面的优势。总体来说，3D打印技术是混凝土行业发展的一大机遇，3D打印混凝土技术也成为混凝土行业发展的一个重要方向，但仍需进一步深入探索。

【扩展阅读】

生态混凝土与海洋环境

海洋富营养化会引发赤潮，赤潮产生的毒素经鱼类及贝类累积，会危害人类健康，赤潮频发也预示海洋生态系统已受到严重干扰。为此，一方面需控制污热源，另一方面要修复水体，除大型养殖海藻外，还有其他方法。如利用孔隙率约20%的生态混凝土构筑人工岸边，把大型生态混凝土块放入海洋中作为鱼礁，在满足基本功能要求的前提下，利用生态混凝土的多孔结构，为海洋中的生物、动植物提供附着以及生长的空间，可促使海洋生态系统的修复，在一定程度上实现对海水水质的净化，从而改善海洋环境。

■ 本章小结

混凝土是指由胶凝材料、精细集料、水等材料按适当的比例配合拌和制成的混合物，经一定时间后硬化而成的坚硬固体。最常见的混凝土是以水泥为主要胶凝材料的普通混凝土，即以水泥、砂、石子和水为基本组成材料，根据需要掺入化学外加剂或矿物掺和料。水泥是混凝土中最重要的组分。配制混凝土时，应根据工程性质、部位、施工条件、环境状况等按各品种水泥的特性作出合理的选择。普通混凝土所用集料按粒径大小分为两种，粒径大于5mm的称为粗集料，粒径小于5mm的称为细集料。外加剂是指能有效改善混凝土某项或多项性能的一类材料。其掺量一般只占水泥用量的5%以下，却能显著改善混凝土的和易性、强度、耐久性或调节凝结时间及节约水泥。外加剂已成为除水泥、水、砂子、石子以外的第五组分材料。混凝土掺和料不同于生产水泥时与熟料一起磨细的混合材料，它是在混凝土搅拌前或在搅拌过程中，与混凝土其他组分一样，直接加入的一种粉体外掺料。用于混凝土的掺和料绝大多数是具有一定活性的工业废渣，主要有粉煤灰、粒化高炉矿渣粉、硅灰等。

新拌混凝土是指由混凝土的组成材料拌和而成的尚未凝固的混合物。新拌混凝土的和易性，也称工作性，是指混凝土拌合物易于施工操作（拌和、运输、浇注、振捣）并获得质量均匀、成型密实的性能。和易性是一项综合技术性质，它至少包括流动性、黏聚性和保水性三项独立的性能。普通混凝土是主要的建筑结构材料，强度是最主要的技术性质。混凝土的强度包括抗压、抗拉、抗弯和抗剪等。混凝土的抗压强度与各种强度及其他性能之间有一定相关性，是结构设计的主要参数，也是混凝土质量评定的指标。混凝土抵抗环境介质作用并长期保持其良好的使用性能和外观完整性，从而维持混凝土结构安全和正常使用的能力称为耐久性。混凝土耐久性主要包括抗渗性、抗冻性、抗侵蚀能力、碳化、碱集料反应及混凝土中的钢筋锈蚀等。

混凝土在硬化和使用过程中，由于受物理、化学等因素的作用，会产生各种变形，这些变形是导致混凝土产生裂纹的主要原因之一，从而进一步影响混凝土的强度和耐久性。按照是否承受荷载，混凝土的变形性可分为在非荷载作用下的变形和在荷载作用下的变形。混凝土的质量和强度保证率直接影响混凝土结构的可靠性和安全性。混凝土强度的波动规律符合正态分布。

混凝土配合比，是指单位体积的混凝土中各组成材料的质量比例。确定这种数量比例关系的工作，就称为混凝土配合比设计。普通混凝土的配合比应根据原材料性能及对混凝土的技术要求进行计算，并经实验室试配、调整后确定。除普通混凝土外，根据用途及性能的不同，还有高性能混凝土和再生混凝土等。

■ 本章习题

1.判断题

（1）提高混凝土拌合物流动性主要采用多加水的办法。　　　　　　（　　　）

（2）混凝土拌合物中水泥浆越多，和易性越好。　　　　　　　　　（　　　）

（3）干硬性混凝土的维勃稠度越大，其流动性越大。　　　　　　　（　　　）

（4）在其他条件相同时，卵石混凝土比碎石混凝土流动性好。　　（　　）

（5）在结构尺寸及施工条件允许下，尽可能选择较大粒径的粗骨料，这样可以节约水泥。　　（　　）

（6）两种砂子的细度模数相同，它们的级配也一定相同。　　（　　）

（7）用同样配合比的混凝土拌合物做成的不同尺寸的抗压试件，试验时大尺寸的试件破坏荷载大，故其强度高；小尺寸试件的破坏荷载小，故其强度低。（　　）

（8）混凝土中掺减水剂，可减少用水量或改善和易性或提高强度或节约水泥。　　（　　）

（9）粉煤灰作混凝土掺和料具有形态效应、活性效应和微骨料效应。　　（　　）

（10）混凝土施工配合比与试验室配合比的水灰比相同。　　（　　）

（11）确定混凝土水灰比的原则是在满足强度及耐久性的前提下取较小值。（　　）

2.单项选择题

（1）设计混凝土配合比时，确定水灰比的原则是按满足（　　）而定。

A.混凝土强度　　　　　　　　　B.最大水灰比限值

C.混凝土强度和最大水灰比的规定　D.耐久性

（2）混凝土施工规范中规定了最大水灰比和最小水泥用量，是为了保证（　　）。

A.强度　　　　　　　　　　　B.耐久性

C.和易性　　　　　　　　　　D.混凝土与钢材的相近线膨胀系数

（3）试拌调整混凝土时，当坍落度太小时，应采用（　　）措施。

A.保持水灰比不变，增加适量水泥浆　B.增加水灰比

C.增加用水量　　　　　　　　D.延长拌和时间

（4）试拌调整混凝土时，发现拌和物的保水性较差，应采用（　　）措施。

A.增加砂率　　　　　　　　　B.减少砂率

C.增加水泥　　　　　　　　　D.增加用水量

（5）在混凝土配合比设计中，选用合理砂率的主要目的是（　　）。

A.提高混凝土的强度　　　　　　B.改善拌和物的和易性

C.节省水泥　　　　　　　　　D.节省粗骨料

（6）混凝土配比设计的三个关键参数是（　　）。

A.水胶比、砂率、石子用量　　　B.水泥用量、砂率、单位用水量

C.水胶比、砂率、单位用水量　　D.水胶比、砂子用量、单位用水量

（7）在混凝土配合比一定的情况下，卵石混凝土与碎石混凝土相比较，其（　　）较好。

A.流动性　　　B.黏聚性　　　C.保水性　　　D.需水性

3.多项选择题

（1）高性能混凝土应满足（　　）方面主要要求。

A.高耐久性　　　　　　　　　B.高强度

C.高工作性　　　　　　　　　D.高体积稳定性

（2）属于"绿色"混凝土的是（　　　）。

A.粉煤灰混凝土　　　　　　　　　　B.再生骨料混凝土

C.粉煤灰陶粒混凝土　　　　　　　　D.重混凝土

（3）改善混凝土抗裂性的措施包括（　　　）。

A.掺加聚合物　　　　　　　　　　　B.掺加钢纤维、碳纤维等纤维材料

C.提高混凝土强度　　　　　　　　　D.增加水泥用量

（4）对混凝土用砂的细度模数描述不正确的是（　　　）。

A.细度模数就是砂的平均粒径　　　　B.细度模数越大，砂越粗

C.细度模数能反映颗粒级配的优劣　　D.细度模数相同，颗粒级配也相同

（5）对混凝土用砂的颗粒级配区理解正确的是（　　　）。

A.根据 0.600mm 筛孔的累计筛余率，划分成三个级配区

B.Ⅱ区颗粒级配最佳，宜优先选用

C.Ⅰ区砂偏细，使用时应适当降低含砂率

D.Ⅲ区砂偏粗，使用时应适当提高含砂率

（6）混凝土粗集料最大粒径的选择应考虑（　　　）。

A.结构的断面尺寸及钢筋间距　　　　B.泵送管道内径的限制

C.满足强度和耐久性对粒径的要求　　D.搅拌、成型设备的限制

4.简答题

（1）影响混凝土强度的主要因素以及提高强度的主要措施有哪些？

（2）提高混凝土耐久性的主要措施有哪些？

（3）现场浇筑混凝土时，严禁施工人员随意向新拌混凝土加水，从理论上分析加水对混凝土质量的危害。它与混凝土成型后的洒水养护有无矛盾？为什么？

5.计算题

（1）称取砂样 500g，经筛分析试验称得各号筛的筛余量如下表：

筛孔尺寸（mm）	5.00	2.50	1.25	0.63	0.315	0.16	<0.16
筛余量（g）	35	100	65	50	90	135	25

问：此砂是粗砂吗？依据是什么？

此砂级配是否合格？依据是什么？

（2）采用强度等级 32.5 的普通硅酸盐水泥、碎石和天然砂配制混凝土，制作尺寸为 100mm×100mm×100mm 试件 3 块，标准养护 7d 测得破坏荷载分别为 140kN、135kN、142kN。试求：该混凝土 7d 的立方体抗压强度标准值；估算该混凝土 28d 的立方体抗压强度标准值；估计该混凝土所用的水灰比。

第五章习题答案

第六章

砂浆

　　砂浆，在土木工程中的用量很大，使用范围很广，主要用于砌筑、抹面、修补和装饰工程中。建筑砂浆是由胶凝材料、细集料、掺合料和水按照适当比例配制而成。它与混凝土在组成上的差别仅在于建筑砂浆中不含粗集料，故又称为无粗集料混凝土。常见的建筑砂浆有砌筑砂浆、抹面砂浆、干混砂浆和防水、保温等特殊用途砂浆。

【课程思政6-1】

浪淘沙

《浪淘沙·九曲黄河万里沙》是唐朝诗人刘禹锡《浪淘沙九首》的第一首诗，主要的意思是：九曲黄河从遥远的地方蜿蜒奔腾而来，一路裹挟着万里的黄沙。你从天边而来，如今好像要直飞上高空的银河，请你带上我扶摇直上，汇集到银河中去，一同到牛郎和织女的家里做客吧。

作者在创作这首诗时，正值永贞元年被贬连州刺史，遭遇了事业上的低谷期，但是他没有沉沦，而是以积极乐观的态度面对世事的变迁，这首诗正是表达了他的这种情感。

此外，这首绝句模仿淘金者的口吻，表明他们对淘金生涯的厌恶和对美好生活的向往。同在河边生活，牛郎织女生活的天河恬静而优美，黄河边的淘金者却整天在风浪泥沙中讨生活。直上银河，同访牛郎织女，寄托了他们心底对宁静的田园牧歌生活的憧憬。这种浪漫的理想，以豪迈的口语倾吐出来，有一种朴素无华的美。

第一节　砂浆的组成材料

一、砂浆用途及分类

砂浆在土建工程领域十分常见，用量也很大，如图6-1所示，其用途主要有以下几个方面：

图6-1　砂浆

（1）砂浆起黏结作用，即将砖、砌块、石等块状材料胶结起来构成砌体，或者将各种石材、面砖等贴面黏结到建筑物表面，同时用砂浆镶缝。

（2）在建筑物的墙面、地面、顶棚等内外表面抹灰，砂浆可以起到防护及找平等作用，一些装饰砂浆还可以起到增加建筑物外观美观的作用。

（3）经过特殊配制，砂浆还具有防水、保温、吸声，甚至防腐等功能。

砂浆具有诸多的分类方式，按照用途不同划分，可以分为砌筑砂浆、抹面砂浆、特种砂浆，其中特种砂浆又可以分为防水砂浆、保温砂浆、吸声砂浆、装饰砂浆、耐酸砂浆、防辐射砂浆等；按照胶凝材料不同划分，可以分为水泥砂浆、混合砂浆、石灰砂浆、石膏砂浆、聚合物砂浆等；按照生产施工方法不同划分，可以分为现场搅拌砂浆和预拌砂浆等。

二、砂浆的组成材料

(一) 胶凝材料

砌筑砂浆根据使用环境和用途，可以选择不同的胶凝材料。砂浆中常用的胶凝材料包括各种水泥、石灰、石膏以及有机胶凝材料等，其中最常见的是水泥和石灰。

配制砌筑砂浆常用的水泥有普通水泥、矿渣水泥、火山灰水泥、粉煤灰水泥、砌筑水泥、无熟料水泥等。水泥强度选用的原则为尽量采用中、低强度等级的水泥，这主要是由于一方面砂浆强度本身要求不高，另一方面中、低强度等级的水泥也更容易保证砂浆的保水性、砂浆抹面层不易开裂，此外也更有利于合理利用资源、节约水泥。一般情况下，水泥强度等级应为砂浆强度等级的 4 ~ 5 倍为宜。

在配制某些特殊用途的砂浆时，可以采用某些专用水泥和特种水泥，例如可以选用白水泥来配置装饰砂浆，选用膨胀水泥配制用于修补裂缝和镶嵌预制构件的砂浆等。

当对砂浆强度要求不高时，可以采用石灰作为胶凝材料配制石灰砂浆。有时为了改善水泥砂浆的工作性或者节约水泥用量，也可以在砂浆中掺入石灰膏配制成混合砂浆。值得注意的是，为了保证砂浆的质量，消除过火石灰等膨胀破坏作用，通常将石灰预先消化成一定稠度的膏体并充分"陈伏"后才能使用。

(二) 细骨料

砂浆的细骨料具体指的就是砂，可以是天然砂，也可以是人工砂（机制砂）。在砂浆中，细骨料起骨架和填充的作用，很大程度上影响着砂浆的强度与工作性等技术性能。从抑制砂浆收缩开裂等角度，也应该重视砂浆中的细骨料。

砂浆用砂的技术要求，一方面体现在对砂的最大粒径的限制，另一方面则体现在对砂中含泥量的控制。由于砂浆层一般都比较薄，因此砂浆用砂的最大粒径往往受到砂浆厚度的限制，通常不应超过灰缝厚度的 1/5 ~ 1/4。用于砌筑砖砌体的砂浆，其细骨料最大粒径规定为 2.5mm；砌筑石砌体时，最大粒径可采用 5mm。砂中的含泥量虽然会影响砂浆的和易性、强度和耐久性，但是也可以改善其流动性和保水性，因此砂浆用砂的含泥量可以比混凝土略高。M10 及 M10 以上的砂浆，含泥量应不超过 5%；M2.5 ~ M7.5 的砂浆不超过 10%；M1 及 M1 以下的砂浆不应超过 15% ~ 20%。

(三) 掺合料和外加剂

为了改善砂浆的工作性及其他性能，可以在砂浆中添加一些无机的细颗粒作为掺合料，如石灰、粉煤灰、黏土、沸石粉等；也可以添加外加剂，如保水剂、增塑剂、微沫剂、防水剂等。其中，微沫剂能在砂浆中产生大量微小的、高度分散的、稳定的气泡，从而增加砂浆的流动性。常用的微沫剂为松香热聚物，其掺量约为水泥用量的 0.005% ~ 0.01%。

（四）水

拌和砂浆用水的技术要求与混凝土拌和用水要求相同，都应符合现行行业标准《混凝土用水标准》（GJ 63—2006）J的规定。此外，工业废水经过化验分析或试拌验证合格后也可以使用，这样更有利于减排及环保要求。

第二节　砌筑砂浆

一、砌筑砂浆的技术性质

砌筑砂浆的技术性质从两个角度来进行评价，对于新拌砂浆，主要考察其工作性；对于硬化后砂浆，主要考察其强度、黏结性、耐久性等。

（一）工作性

新拌砂浆在搅拌、运输、摊铺过程中要便于施工操作，要保证一定流动性，特别是能够在砖石表面铺成均匀连续的薄层，同时又要与砖石表面保持良好的黏结性能，不泌水、不分层，这就是新拌砂浆的工作性（也称和易性）。工作性不良的砂浆对工程质量会造成严重的损害，应该引起足够的重视。工作性通常包括流动性和保水性两个方面。

（1）流动性

新拌砂浆的流动性，是指砂浆在自重或外力的作用下可流动的性能。影响砂浆流动性的因素有很多，如胶凝材料的品种和用量、用水量、塑化剂的掺量、砂的质量、砂浆的搅拌及放置时间、环境的温度湿度等。

评价流动性大小的指标为稠度，也叫作沉入度，为标准圆锥体（质量300g，锥尖向下）在砂浆表面自由沉入10s时的深度，单位为mm，在实验室用砂浆稠度仪来测定。稠度值越大，说明流动性越好。过稀或过稠的砂浆都不利于施工操作，流动性的选择要根据砌体类型、施工方法、温度湿度等因素来确定。砌筑砂浆的施工稠度见表6-1。

表6-1 　　　　　　　　　　　　**砌筑砂浆施工稠度**

砌体种类	施工稠度（mm）
烧结普通砖砌体、粉煤灰砖砌体	70～90
混凝土砖砌体、普通混凝土小型空心砌块砌体、灰砂砖砌体	50～70
烧结多孔砖砌体、烧结空心砖砌体、轻集料混凝土小型空心砌块砌体、蒸压加气混凝土砌块砌体	60～80
石砌体	30～50

（2）保水性

新拌砂浆的保水性是指砂浆保持水分不流出的能力，是反映砂浆在运输及使用过程中是否易于泌水、离析的性能。保水性好的砂浆，能够保证施工过程中砂浆能够均匀、密实地摊铺在砌体上而不出现分层现象，这对施工质量有很大的影响。

评价保水性优劣的指标为分层度，用砂浆分层度筒来测定。将搅拌均匀的砂浆测试沉入度后倒入分层度筒，静置30min后去掉表层2/3厚度的砂浆，再测定剩余1/3砂浆的沉入度，两次沉入度的差值即为分层度，单位mm。分层度越小，砂浆的保水性越好，但是也不应过小，当分层度小于10mm时一般认为砂浆过于黏稠、易产生干缩裂缝。通常，砂浆的分层度要控制在10~30mm为宜，超过30mm则不宜采用。

（二）强度

砌筑砂浆在硬化后应该具备一定的抗压强度，以保证在砌体中能够起到传递荷载的作用。砂浆抗压强度的确定方法为：将边长为70.7mm的立方体标准试件，按照标准养护条件（温度20摄氏度、水泥砂浆湿度90%、混合砂浆60%~80%）养护至28d后，取6块试件进行抗压强度实验所得的平均值。砂浆的强度等级可以分为M5.0、M7.5、M10、M15、M20、M25和M30七个等级。

砂浆的抗压强度也可以根据水泥的强度、水灰比、水泥用量进行估算。对于铺设在石材等不吸水基底上的砂浆，其强度计算公式为：

$$f_{m,0} = Af_{ce}\left(\frac{C}{w} - B\right) \tag{6-1}$$

式中：$f_{m,0}$——28d抗压强度（MPa）；

　　　f_{ce}——水泥28d抗压强度（MPa）；

　　　$\frac{C}{w}$——灰水比；

　　　A，B——经验系数，可分别取0.29和0.4。

对于铺设在砖或其他多孔材料等吸水基底上的砂浆，其强度计算公式为：

$$f_{m,0} = \frac{\alpha f_{ce}Q_c}{1\,000} + \beta \tag{6-2}$$

式中：$f_{m,0}$——28d抗压强度（MPa）；

　　　f_{ce}——水泥28d抗压强度（MPa）；

　　　Q_c——干燥状态下1m³砂中的水泥用量（kg）；

　　　α，β——经验系数，由试验确定，也可以分别取参考值3.03和-15.09。

（三）黏结性

除了抗压强度外，砌筑砂浆还应该具备一定的黏结性（黏结力），从而保证整个砌体结构的整体性。一般认为砂浆的黏结性与抗压强度有关，抗压强度越大，其黏结性也越大。因此，工程上只以抗压强度作为砂浆的主要技术指标，而不用单独设置黏结性指标。

（四）耐久性

砂浆在使用过程中经常会受到环境因素的影响，因此在满足强度要求以外，还要求其具有一定的耐久性，包括抗冻性、抗渗性和抗侵蚀性等。提高砂浆耐久性的途径主要有：控制砂浆适宜的强度等级、减少水泥用量增加掺合料、适当增加石膏含量、适当掺入保水材料、适当掺入引气剂。

二、砌筑砂浆的配合比设计

砌筑砂浆应根据工程类型及所在部位的设计要求来选择其强度等级，再按照强度等级确定配合比，一般可以分为配合比设计和配合比选用两种情况。

（一）配合比设计

水泥混合砂浆的配合比设计一般步骤是：首先由砂浆的设计强度确定试配强度，然后根据计算公式分别确定水泥、掺合料、砂、水的用量，最后通过试配调整用量，最终确定配合比。具体如下：

1.确定砂浆的试配强度

由于砌筑砂浆的设计强度要求有95%的保证率，因此砂浆的试配强度可以按下式进行计算：

$$f_{m,o} = f_{m,k} + 1.645\sigma_0 = f_2 - \sigma_0 + 1.645\sigma_0 = f_2 + 0.645\sigma_0 \tag{6-3}$$

式中：$f_{m,o}$——砂浆的试配强度（MPa）；

$f_{m,k}$——砂浆的设计强度标准值（MPa）；

f_2——砂浆的抗压强度平均值（MPa）；

σ_0——砂浆现场强度的标准差（MPa），当有现场试验的统计数据时，σ_0可按照统计公式进行计算；当无统计数据时，可参照表6-2进行取值。

表6-2　　　　　砂浆现场强度标准差取值参照表（MPa）

施工水平	砂浆强度等级						
	M5	M7.5	M10	M15	M20	M25	M30
优良	1.00	1.50	2.00	3.00	4.00	5.00	6.00
一般	1.25	1.88	2.50	3.75	5.00	6.25	7.50
较差	1.50	2.25	3.00	4.50	6.00	7.50	9.00

2.计算水泥用量

可以由公式（6-2）计算水泥用量Q_c，也可以根据公式（6-1）通过计算水灰比来求得水泥用量。在计算过程中，f_{ce}取水泥28d实测抗压强度，当没有实测值时，可以采用以下公式计算：

$$f_{ce} = \gamma_c \times f_{ce,k} \tag{6-4}$$

式中：$f_{ce,k}$——水泥强度等级对应的强度值（MPa）；

γ_c——水泥强度等级值的富余系数，当无实际统计资料时，可取1.0。

3.确定掺合料用量

为了保证砂浆具有良好的和易性及黏结力，配置砂浆时一般要求每立方米砂浆中水泥和掺合料的总量在 300 ~ 350kg 范围内。因此，每立方米砂浆中掺合料的用量可用下式计算：

$$Q_D = Q_A - Q_C \tag{6-5}$$

式中：Q_D——每立方米砂浆中掺合料的用量（kg）；

Q_A——每立方米砂浆中水泥与掺合料的总用量（kg），可取 350kg；

Q_C——每立方米砂浆中水泥用量（kg）。

4.确定用砂量

每立方米砂浆需要含水率小于 0.5% 的干砂 $1m^3$，因此每立方米砂浆需要的用砂量为：

$$Q_S = 1 \times \rho_{s,0} \tag{6-6}$$

式中：Q_S——每立方米砂浆中的用砂量（kg）；

$\rho_{s,0}$——干砂的堆积密度（kg/m³）。

5.用水量的确定

每立方米砂浆的用水量根据稠度要求来确定，一般在 240 ~ 310kg 范围内，对于混合砂浆可取 250 ~ 300kg，对于水泥砂浆可取 280 ~ 333kg。

6.试配与调整

首先，按照以上方法初步确定配比后，需要进行试拌来判断是否满足工作性要求。试拌时应测定拌合物的稠度和分层度，当不满足要求时需要调整用水量和掺合料的用量，直至符合要求为止，此时的配比为试配时的基准配合比。然后，按照水泥用量增减 10% 的方法，在基准配合比的基础上确定三种不同的配合比，基准配合比以外的两种配合比也要满足稠度和分层度的要求，可以适当调整其用水量和掺合料用量。最后，将成型试块进行强度测试，选用满足强度、和易性要求，且水泥用量最少的配合比作为最终确定的砂浆配合比。

（二）配合比选用

水泥砂浆配合比可以选用表 6-3 中的参考用量，然后再进行试配与调整进而最终确定。

表6-3 　　　　　　　　**每立方米水泥砂浆组成材料用量（kg）**

强度等级	水泥用量	用砂量	用水量
M5	200 ~ 230		
M7.5	230 ~ 260		
M10	260 ~ 290		
M15	290 ~ 330	1m³砂的堆积密度值	270 ~ 330
M20	340 ~ 400		
M25	360 ~ 410		
M30	430 ~ 480		

【案例分析6-1】

在（砌筑用）水泥混合砂浆中，为了提高工作性，掺加了较多的石灰膏，其结果是工作性很好，而且还节约了大量水泥，但强度大幅度下降。试分析原因。

【原因分析】石灰膏能改善砂浆的工作性；只用石灰膏作为胶凝材料的石灰砂浆28d抗压强度只有0.5MPa左右；石灰膏多用了，而水泥少加了，会导致砂浆强度大幅度下降；石灰膏不能替代水泥；石灰或石灰膏由石灰石经煅烧且放出二氧化碳后得到，有大量碳排放。因此，当今预拌砂浆中一般不使用石灰膏。

第三节　抹面砂浆

凡涂抹在建筑物和构件表面以及基底材料的表面，兼有保护基层和满足使用要求作用的砂浆，可统称为抹面砂浆，也称抹灰砂浆。根据抹面砂浆功能的不同，可将抹面砂浆分为普通抹面砂浆、装饰砂浆和具有某些特殊功能的抹面砂浆（如防水砂浆、绝热砂浆、吸音砂浆和耐酸砂浆等）。对抹面砂浆要求具有良好的工作性，容易抹成均匀平整的薄层，便于施工。还应有较高的黏结力，砂浆层应能与底面黏结牢固，长期不致开裂或脱落。处于潮湿环境或易受外力作用部位（如地面和墙裙等），还应具有较高的耐水性和强度。抹面砂浆的组成材料与砌筑砂浆基本相同，但为了防止砂浆开裂，有时需加入一些纤维材料（如纸筋、麻刀、有机纤维等）；为强化某些功能，还需加入一些特殊骨料（如陶砂、膨胀珍珠岩等）。

一、抹面砂浆的特点及构造

与砌筑砂浆相比，抹面砂浆具有以下特点：

（1）抹面层不承受荷载；

（2）抹面层与基底层要有足够的黏结强度，使其在施工中或长期自重和环境作用下不脱落、不开裂；

（3）抹面层多为薄层，并分层涂抹，面层要求平整、光洁、细致、美观；

（4）多用于干燥环境，大面积暴露在空气中。

抹面砂浆常分两层或三层进行施工，其中底层砂浆的作用是使砂浆与基层能牢固地黏结，应有良好的保水性；中层主要是为了找平，有时可省去不做；面层主要为了获得平整、光洁的表面效果。

二、抹面砂浆的材料选择及配合比

各层抹灰面的作用和要求不同，每层所选用的砂浆也不一样。同时，基底材料的特性和工程部位不同，对砂浆技术性能要求不同，这也是选择砂浆种类的主要依据。水泥砂浆宜用于潮湿或强度要求较高的部位；混合砂浆多用于室内底层或中层或面层抹灰；石灰砂浆、麻刀灰、纸筋灰多用于室内中层或面层抹灰。对混凝土基面多用水泥石灰混合砂浆。对于木板条基底及面层，多用纤维材料增加其抗拉强度，以防止开裂。

常用抹面砂浆的配合比及应用范围见表6-4。

表6-4　　　　　　　　　　常用抹面砂浆的配合比及应用范围

材料	配合比（体积比）	应用范围
石灰∶砂	1∶2～1∶4	用于砖石墙表面
石灰∶黏土∶砂	1∶1∶4～1∶1∶8	用于干燥环境的墙表面
石灰∶石膏∶砂	1∶0.6∶2～1∶1∶3	用于不潮湿房间的墙及天花板
石灰∶水泥∶砂	1∶0.5∶4∶5～1∶1∶5	用于檐口、勒脚、女儿墙外脚以及比较防潮的部位
水泥∶砂	1∶3～1∶2.5	用于浴室、潮湿车间等墙裙、勒脚或地面基层
水泥∶砂	1∶2～1∶1.5	用于地面、天棚或墙面面层
水泥∶石膏∶砂∶锯末	1∶1∶3∶5	用于吸声粉刷
水泥∶白石子	1∶2～1∶1	用于水磨石（打底用1∶2.5水泥砂浆）

三、抹面砂浆的分类

（一）普通抹面砂浆

普通抹面砂浆是建筑工程中用量最大的抹灰砂浆。其功能主要是保护墙体、地面不受风雨及有害杂质的侵蚀，提高防潮、防腐蚀、抗风化性能，增加耐久性；同时可使建筑达到表面平整、清洁和美观的效果。

抹面砂浆通常分为两层或三层进行施工。各层砂浆要求不同，因此每层所选用的砂浆也不一样。一般底层砂浆起黏结基层的作用，要求砂浆应具有良好的工作性和较高的黏结力，因此底面砂浆的保水性要好，否则水分易被基层材料吸收而影响砂浆的黏结力。基层表面粗糙些有利于与砂浆的黏结。中层抹灰主要是为了找平，有时可省略去不用。面层抹灰主要为了平整美观，因此选用细砂。

用于砖墙的底层抹灰多用石灰砂浆；用于板条墙或板条顶棚的底层抹灰多用混合砂浆或石灰砂浆；混凝土墙、梁、柱、顶板等底层抹灰多用混合砂浆、麻刀石灰浆或纸筋石灰浆。在容易碰撞或潮湿的地方，应采用水泥砂浆。如墙裙、踢脚板、地面、雨棚、窗台以及水池、水井等处，一般多用1∶2.5的水泥砂浆。

（二）特种抹面砂浆

1.防水砂浆

防水砂浆是一种抗渗性高的砂浆。防水砂浆层又称刚性防水层，适用于不受震动和具有一定刚度的混凝土或砖石砌体的表面，对于变形较大或可能发生不均匀沉陷的建筑物，都不宜采用刚性防水层。

防水砂浆按其组成可分为多层抹面水泥砂浆、掺防水剂防水砂浆、膨胀水泥防水砂浆和掺聚合物防水砂浆四类。常用的防水剂有氯化物金属盐类防水剂、水玻璃类防水剂和金属皂类防水剂等。

防水砂浆的防渗效果在很大程度上取决于施工质量，因此施工时要严格控制原材料质量和配合比。防水砂浆层一般分四层或五层施工，每层厚约5mm，每层在初凝前压实一遍，最后一层要进行压光。抹完后要加强养护，防止脱水过快造成干裂。总之刚性防水必须保证砂浆的密实性，对施工操作要求高，否则难以获得理想的防水效果。

2. 保温砂浆

保温砂浆又称绝热砂浆，是采用水泥、石灰和石膏等胶凝材料与膨胀珍珠岩或膨胀蛭石、陶砂等轻质多孔骨料按一定比例配合制成的砂浆。保温砂浆具有轻质、保温隔热、吸声等性能，其导热系数为 0.07～0.10W/（m·K），可用于屋面保温层、保温墙壁以及供热管道保温层等处。

常用的保温砂浆有水泥膨胀珍珠砂浆、水泥膨胀蛭石砂浆和水泥石灰膨胀蛭石砂浆等。随着国内节能减排工作的推进，涌现出众多新型墙体保温材料，其中EPS（聚苯乙烯）颗粒保温砂浆就是一种得到广泛应用的新型外保温砂浆，其采用分层抹灰的工艺，最大厚度可达100mm，此砂浆保温、隔热、阻燃、耐久。

3. 吸声砂浆

一般绝热砂浆是由轻质多孔骨料制成的，都具有吸声性能。另外，也可以用水泥、石膏、砂、锯末按体积比为1:1:3:5配制成吸声砂浆，或在石灰、石膏砂浆中掺入玻璃纤维和矿棉等松软纤维材料制成。吸声砂浆主要用于室内墙壁和平顶。

4. 耐酸砂浆

用水玻璃（硅酸钠）与氟硅酸钠拌制成耐酸砂浆，有时也可掺入石英岩、花岗岩、铸石等粉状细骨料。水玻璃硬化后具有很好的耐酸性能。耐酸砂浆多用作衬砌材料、耐酸地面和耐酸容器的内壁防护层。

5. 装饰砂浆

装饰砂浆是直接用于建筑物内外表面，以提高建筑物装饰艺术性为主要目的的抹面砂浆。它是常用的装饰手段之一。装饰砂浆的底层和中层抹灰与普通抹面砂浆基本相同，主要是装饰砂浆的面层，要选用具有一定颜色的胶凝材料和骨料以及采用某种特殊的操作工艺，使表面呈现出各种不同的色彩、线条与花纹等装饰效果。

装饰砂浆所采用的胶凝材料有普通水泥、矿渣水泥、火山灰水泥和白水泥、彩色水泥，火灾常用的水泥中掺加耐碱矿物颜料配成彩色水泥以及石灰、石膏等。骨料常采用大理石、花岗岩等带颜色的细石渣或玻璃、陶瓷碎粒。

第四节　干混砂浆

干混砂浆，是指经干燥筛分处理的骨料（如石英砂）、无机胶凝材料（如水泥）和添加剂（如聚合物）等按一定比例进行物理混合而成的一种颗粒状或粉状，以袋装或散装的形式运至工地，加水拌和后即可直接使用的物料，也叫干粉砂浆。干混砂浆在建筑业中以薄层发挥黏结、衬垫、防护和装饰作用，建筑和装修工程应用极为广泛。

一、干混砂浆的特点

相对于在施工现场配制的砂浆，干粉砂浆有以下优势：

首先是产品质量高。干粉砂浆解决了传统工艺配制砂浆配比难以把握导致影响质量的问题，计量十分准确，质量可靠。因为不同用途砂浆对材料的抗收缩、抗龟裂、保温、防潮等特性的要求不同，且施工要求的工作性、保水性、凝固时间也不同。这些特性是需要按照科学配方严格配制才能实现的，只有干粉砂浆的生产过程可满足这一要求。因为计量精确、质量保证，所以使用干粉砂浆后的工程质量都明显提高、工期明显缩短、用工量减少。

其次是品种全。根据建筑施工的不同要求，开发了许多产品和规格。单就产品来分，就有适应各类建筑需求而分的砌筑砂浆、抹面砂浆、地坪砂浆；根据建筑质量的不同要求，规格可分为 M2.5、M5、M10、M15、M20、M25、M30 各种规格；质量方面有不同的稠度、分层度、密度、强度的要求，根据不同用户的需求量，包装也可分为 5kg、20kg、25kg、50kg 几种，还可用散装车密封运送。

再就是使用方便，便于管理。就像食用方便面一样，随取随用，加水 15% 左右，搅拌 5~6 分钟即成，余下的干粉作备用，其保质期一般为 3 个月，但试验中放置了 6 个月，强度也没有明显变化。

随着人们生活水平的提高，对建筑质量的要求也越来越高。而应用干粉砂浆，可以大大提高工程质量。由于受到施工人员的技术熟练程度及水泥、砂子等各种原材料质量的影响，施工现场配置的砂浆，无论是砌筑砂浆、抹面砂浆，还是地面找平砂浆，常常出现建筑物抹灰砂浆开裂现象（即便是最传统的黏土砖墙使用水泥砂浆抹灰也会出现大面积开裂），从而造成工程质量不稳定、强度达不到要求，甚至质量低劣的情况时有发生，已成为建筑质量通病。另外，国家为减少黏土砖使用，大力推广新型墙体材料，由于这种材料的自身特点使得采用普通水泥砂浆已经不能满足砌筑抹灰需要。而干粉砂浆采用工业化生产，对原材料和配合比进行严格控制，优选原料、计量准确、搅拌均匀，可以确保砂浆质量稳定、可靠。建筑质量要求的提高，将引导传统砂浆向干粉砂浆方向转化。干粉砂浆会受到国家政策的支持，逐渐成为市场的宠儿。

根据当前我国在干粉砂浆方面发展的情况来看，其在以下几个方面存在缺陷：

（1）成本较高。由于产品成本的抬高，使用过程中在施工方遇到较大的阻力，受施工方当前经济利益的影响较为突出。但从综合经济效益来看，干粉砂浆的材料成本可以从节约材料和提高施工效率以及降低维护费用中得到弥补。

（2）技术不成熟。由于还缺少完整的相应规范供给生产、施工时使用，制约了干粉砂浆在工程中的推广。且没有相应的技术保障引导施工，施工技术还不成熟等也在不同程度上影响其发展。

（3）砂浆品种不丰富。国外已经开发了逾千种的干粉砂浆品种，而我国则还不到百种，因此在使用中出现砂浆不配套、不满足功能的现象，给砂浆的推广使用带来极为不利的影响。

二、干混砂浆的分类及组成材料

干混砂浆的品种分类包括：饰面类（内外墙壁腻子、彩色装饰干粉、粉末涂料），黏结类（瓷板胶黏剂、填缝剂、保温板胶黏剂等），以及其他材料（自流平地平材料、修复砂浆、地面硬化材料等）。

干混砂浆的种类很多，其组成成分也比较复杂。生产干混砂浆应尽量利用当地矿产资源和工业废渣，其原料组成一般如下：胶凝材料采用水泥、石膏、石灰等；骨料有河砂、石英砂、机制砂、石灰石、白云石、膨胀珍珠岩等；矿物掺合料主要是工业副产品、工业废料及部分天然矿石等，如矿渣、粉煤灰、火山灰、细硅石粉；另外还有保水增稠材料及各种外加剂等。

砂是生产干粉砂浆的主要原料，干粉砂浆生产对原料砂的使用量较大。我国建筑用砂年需十几亿吨，随着大量的开采，我国天然砂石资源已相当匮乏，砂的价格越来越高，供需矛盾开始突出。干粉砂浆可以全部使用人工机制砂石代替天然砂石，对产品品质没有任何不良影响。人工机制砂石就是将一些矿山开采下来的下脚料或水泥厂尾矿废弃的石灰石，或建筑垃圾、煤矸石、钢渣等工业固体废弃物进行破碎筛分，达到干粉砂浆生产所需的粒度要求。这样既可以利废，又可以减少对环境的破坏，完全符合我国发展循环经济的理念。我国每年要产生大量的石灰石废料及工业废弃物，未来15年工业固体废弃物的产生量也很大，完全可以保证干粉砂浆原料供应充足。

外加剂方面，可采用纤维素醚用作增稠剂和保水剂，避免水分的快速蒸发，使得砂浆层的厚度能显著降低。虽然添加比例非常低（0.02%～0.7%），但作用非常重要。干粉砂浆中使用的纤维素醚主要是甲基羟乙基纤维素醚（MHEC）和甲基羟丙基纤维素醚（MC）。其他添加剂包括：淀粉醚，能增加砂浆稠度；引气剂，通过物理作用在砂浆中引入微气泡，降低砂浆密度，施工性更好，主要是脂肪磺酸钠盐和硫酸钠盐，加入比例为0.01%～0.06%；保凝剂，用它来获得预期的凝结时间，常用甲酸钙，加入比例为0.5%～2.5%；缓凝剂，主要应用于石膏灰浆和石膏基填缝料中，主要是果酸盐类，通常在0.05%～0.25%；疏水剂（防水剂），可防止水渗入到砂浆中，同时砂浆仍能保持敞开状态以进行水蒸气扩散，主要用具有疏水性的聚合物可再分散粉末，特点是在多年后也不会被雨水从灰浆中冲洗掉，所以具有使用寿命明显延长的优点，并提高了硬化砂浆与基材之间的黏结力；超塑化剂，主要用在有较高要求的自流平干粉砂浆中；纤维，分为长纤维和短纤维，长纤维主要用于增强和加固，短纤维用来影响改善砂浆的性能和需水量；消泡剂，主要用来降低砂浆中的空气含量，主要用无机载体上的碳氢化合物、聚乙二醇等，其他的添加剂还有颜料、增稠剂、增塑剂等；触变润滑剂，改善砂浆触变性和润滑性，延长施工开放时间以及抗流挂性，常规产品为 LBCB-1 触变润滑剂，用量 0.3% ~ 0.5%。

三、干混砂浆的发展趋势

尽管干粉砂浆在推广使用过程中遇见种种阻力，但是其代替传统砂浆的历史必然性是难以改变的。不仅仅上海市，其他大中城市也对使用干粉砂浆给予了极大的兴趣，广大媒体的深入宣传，众多的科技工作者不断取得的科技进步都将为干粉砂浆的发展创造有利的条件。就像商品混凝土的发展一样，其必将迎来灿烂的春天。从现今的发展趋势来看，今后我国在干粉砂浆方面的发展主要集中在以下几点：

（1）以利用工业废料和地方材料为主要原材料的干粉砂浆品种。粉煤灰、矿渣、废石粉、炼油废渣、膨润土等的利用，不但能够降低干粉砂浆成本，改善砂浆性能，而且有利于保护环境，节约资源。

（2）开发新的品种。只有开发出全面的、符合市场需要的所有的砂浆品种，才能使其使用范围不受限制，为其顺利推广创造有利条件。随着专用砂浆、特种砂浆的出现不仅带动干粉砂浆的发展，也为推动其他产业的发展创造条件。

（3）开发自己的生产工艺。当前干粉砂浆的生产工艺我国还不成熟，一般生产企业的生产线都是从国外引进的，投资一条生产线一般在 2 000 万 ~ 3 000 万元人民币，价格昂贵。只有开发出符合我国国情的生产工艺，才能为全面建设干粉砂浆企业创造条件，不但降低了投资成本，而且降低了生产成本。

（4）与墙体材料相协调。国家一直在致力于推广使用新型墙体材料，所以开发出与当前使用的主要块体材料相配套的专用砂浆是必需的。有关资料表明，原有砂浆在新型墙体材料的使用过程中集中表现出来的问题有：①砂浆施工性能不良，砌块在砌筑过程中吸水过多，干燥过程中砌块失水发生二次干缩导致墙体出现开裂；砂浆砌筑不饱满，出现空洞等质量问题。②砂浆在干燥固化后的黏结力在新型墙体材料中因截面尺寸与黏土砖的不同而出现黏结力不足的现象，导致墙体在变形应力的影响下易开裂。

第五节　特殊砂浆

特种砂浆是砂浆的一种，主要适用于保温隔热、吸声、防水、耐腐蚀、防辐射、装饰和黏结等特殊要求的砂浆。

保温吸声砂浆，主要有膨胀珍珠岩砂浆、膨胀蛭石砂浆。以水泥、石灰、石膏为胶凝材料、膨胀珍珠岩砂或膨胀蛭石砂为集料、加水拌和制成，具有容重轻、保温隔热和吸声效果良好等优点，适用于屋面保温、室内墙面和管道的抹灰等。

防水砂浆，就是掺加有防水剂的水泥砂浆。用于地下室、水塔、水池、储液罐等要求防水的部位，也可用以进行渗漏修补。

耐腐蚀砂浆，主要有以下四种：①耐酸砂浆。以水玻璃为胶凝材料、石英粉等为耐酸粉料、氟硅酸钠为固化剂与耐酸集料配制而成的砂浆，可用作一般耐酸车间地面。②硫磺耐酸砂浆。以硫磺为胶结料，聚硫橡胶为增塑剂，掺加耐酸粉料和集料，经加热熬制而成。具有密实、强度高、硬化快等性能，能耐大多数无机酸、中性盐和酸性盐的腐蚀，但不耐浓度在5%以上的硝酸、强碱和有机溶液，耐磨和耐火性均差，脆性和收缩性较大。一般多用于黏结块材，灌筑管道接口及地面、设备基础、储罐等处。③耐铵砂浆。先以高铝水泥、氧化镁粉和石英砂干拌均匀后，再加复合酚醛树脂充分搅拌制成，能耐各种铵盐、氨水等侵蚀，但不耐酸和碱。④耐碱砂浆。以普通硅酸盐水泥、砂和粉料加水拌和制成，有时掺加石棉绒。砂及粉料应选用耐碱性能好的石灰石、白云石等集料，常温下能抵抗330克/升浓度以下的氢氧化钠的碱类侵蚀。

防辐射砂浆，有以下两种：①重晶石砂浆。用水泥、重晶石粉、重晶石砂加水制成。容重大（2.5吨/米³），对X、γ射线能起阻隔作用。②加硼水泥砂浆。往砂浆中掺加一定数量的硼化物（如硼砂、硼酸、碳化硼等）制成，具有抗中子辐射性能。常用配比为石灰：水泥：重晶石粉：硬硼酸钙粉=1：9：31：4（重量比），并加适量塑化剂。

聚合物砂浆，有以下两种：①树脂砂浆。以合成树脂加入固化剂（如乙二胺、苯磺酰氯等）和粉料、细集料配制而成。常用的有环氧树脂砂浆、酚醛树脂砂浆、环氧呋喃树脂砂浆等。具有良好的耐腐蚀、防水、绝缘等性能和较高的黏结强度，常用作防腐蚀面层。②聚合物水泥砂浆。往水泥砂浆中加入适量聚合物胶黏剂（如聚乙烯醇）、颜料和少量其他附加剂，加水拌和制成。用于外墙饰面，可提高砂浆黏结力和饰面的耐久性。

【工程案例6-1】

以硫铁矿渣代建筑砂配制砂浆的质量问题

现象：上海市某中学教学楼为五层内廊式砖混结构，工程交工验收时质量良好。但使用半年后发现砖砌体裂缝，一年后，建筑物裂缝严重，以致成为危房不能使用。该工程砂浆采用硫铁矿渣代替建筑砂。其含硫量较高，有的高达4.6%，请分析其原因。

原因分析：由于硫铁矿渣中的三氧化硫和硫酸根与水泥或石灰膏反应，生成硫铝酸钙或硫酸钙，产生体积膨胀。而其硫含量较多，在砂浆硬化后不断生成此类体积膨胀的水化产物，致使砌体产生裂缝，抹灰层起壳。

■ 本章小结

建筑砂浆是按照适当比例将胶凝材料、细骨料、掺合料、水及外加剂配制而成的一种建筑材料。与混凝土材料相比，砂浆的组成材料中没有粗骨料。常见的建筑砂浆有砌筑砂浆、抹面砂浆、干混砂浆和防水、保温等特殊用途砂浆。建筑砂浆的工作性能，对于新拌砂浆，主要考察其工作性；对于硬化后砂浆，主要考察其强度、黏结性、耐久性等。流动性又称稠度，是指砂浆在自重或外力的作用下可流动的性能。保水性是指砂浆保持水分不流出的能力，是反映砂浆在运输及使用过程中是否易于泌水、离析的性能。砂浆的强度受砂浆本身组成材料和配合比的影响，同种配合比下，还与砂浆基层的吸水性能有关。砂浆的耐久性包括抗冻性、抗渗性和抗侵蚀性等。抹面砂浆包括普通抹面砂浆、装饰砂浆和防水砂浆。商品砂浆一般分为湿拌砂浆和干拌砂浆。

■ 本章习题

1.判断题

（1）砂浆的黏结力随着砂浆抗压强度的提高而增大。　　　　　　　（　　　）

（2）水泥用量和用水量越多、砂子的级配越好、棱角少、颗粒细，砂浆的流动性越大。　　　　　　　　　　　　　　　　　　　　　　　　（　　　）

（3）干混砂浆品质稳定可靠，并且不需要二次搅拌，节省搅拌设备和人力。　　　　　　　　　　　　　　　　　　　　　　　　　　　　（　　　）

（4）尽量减少纯水泥用量，增加矿物掺合料的使用，可以提高砂浆的耐久性。　　　　　　　　　　　　　　　　　　　　　　　　　　　（　　　）

2.单项选择题

（1）砂浆保水性采用何种仪器测定？（　　　）。

A.砂浆稠度仪　　　　B.砂浆分层稠度仪　C.砂浆保水仪　　　　D.真空保水机

（2）砂浆的强度等级是以边长为（　　　）cm的立方体试件，按照标准条件确定。

A.53.8　　　　　　　B.70.7　　　　　　C.100　　　　　　　D.150

（3）抹面砂浆不包括（　　　）。

A.装饰砂浆　　　　　B.防水砂浆　　　　C.吸声砂浆　　　　D.地坪砂浆

（4）下列不可以用于砂浆细骨料的为（　　　）。

A.河砂　　　　　　　B.海砂　　　　　　C.机制砂　　　　　D.人工砂

3.简答题

（1）砂浆的性能与混凝土相比，有哪些不同？

（2）简述干混砂浆的优势和缺点。

（3）砂浆的工作性包括哪些含义？各用什么技术指标来衡量？

（4）简述砂浆试配与调整的基本流程。

第六章
习题答案

第七章

钢材

□ **本章重点**

　　建筑钢材主要品种、质量标准、取样规定和检测方法，热轧钢筋的主要技术性能和指标，钢材的腐蚀机理及防护措施。

□ **学习目标**

　　会正确取样、检测热轧钢筋的主要技术性能指标，填写检测报告；能根据检测结果判断其质量。

　　钢是以铁和碳为主要成分的合金，其中铁是最基本的元素，碳和其他元素所占比例甚少，但却左右着钢材的物理和化学性能。

【课程思政7-1】

《钢铁是怎样炼成的》

　　《钢铁是怎样炼成的》是苏联作家尼古拉·奥斯特洛夫斯基所著的一部长篇小说，于1933年写成。小说通过记叙保尔·柯察金的成长道路告诉人们，一个人只有在革命的艰难困苦中战胜敌人也战胜自己，只有在把自己的追求和祖国、人民的利益联系在一起的时候，才会创造出奇迹，才会成长为钢铁战士。

　　目前，在我国倡议的"一带一路"建设中，许多土建行业的从业人员奋战在"一带一路"的第一线，他们奉献了自己的青春和汗水，在艰苦的工作中锤炼意志，增长才干，践行新时代的钢铁炼成之路，谱写着青春之歌。

第一节　概述

钢是以铁和碳为主要成分的合金，其中铁是最基本的元素，碳和其他元素所占比例甚少，但却左右着钢材的物理和化学性能。

国民经济各部门几乎都需要钢材，但由于各自用途的不同，对于钢材的性能需要也各异。例如，有的机器零件需要钢材有较高的强度、耐磨性和中等的韧性；有的石油化工设备需要钢材具有耐高温性能；机械加工的切削工具，需要钢材有很高的强度和硬度等。因此，虽然碳素钢有一百多种，合金钢有三百多种，适用于钢结构性能要求的钢材只是其中的一小部分。

用作钢结构的钢材必须具有下列性能：

（一）较高的强度

即屈服强度 σ_y、抗拉强度 σ_b 比较高。屈服点高可以减小截面，从而减轻自重，节约钢材，降低造价。抗拉强度高，可以增加结构的安全储备。

（二）足够的变形能力

即塑性和韧性性能好。塑性好则结构破坏前变形比较明显，从而可减少脆性破坏的危险性，并且塑性变形还能调整局部高峰应力，使之趋于平缓。韧性好表示在动荷载作用下破坏时要吸收比较多的能量，同样也降低脆性破坏的危险程度。对采用塑性设计的结构和地震区的结构而言，钢材变形能力的大小具有特别重要的意义。

（三）良好的加工性能

良好的加工性能是指适合冷、热加工，同时具有良好的可焊性，不因这些加工而对强度、塑性及韧性带来较大的有害影响。

此外，根据结构的具体工作条件，在必要时还应该具有适应低温、有害介质侵蚀（包括大气锈蚀）以及重复荷载作用等性能。

《钢结构设计规范》（GB 50017—2017）推荐的普通碳素结构钢 Q235 钢和低合金高强度结构钢 Q345、Q390 及 Q420、Q460 和 Q345GJ 是符合上述要求的。选用《钢结构设计规范》还未推荐的钢材时，需有可靠依据，以确保钢结构的质量。

第二节　钢材的冶炼和分类

一、钢材的冶炼

钢是指以铁为主要元素，含碳量一般在 2.06% 以下，并含有其他元素的铁碳合金。

含碳量大于 2.06%，并含有较多 Si、Mn、S、P 等杂质的铁碳合金为生铁。生铁抗拉强度低、塑性差，尤其是炼钢生铁硬而脆，不易加工，更难以使用。

钢是用生铁冶炼而成。炼钢的过程是对熔融的生铁进行氧化，使碳的含量降低到预定的范围。在炼钢的过程中，采用的炼钢方法不同，除掉杂质的程度就不同，所得钢的质量也有差别。根据炉种不同，建筑钢材一般分为转炉钢、平炉钢和电炉钢三种。

二、钢 材 的 分 类

根据化学成分、品质和用途不同，钢可分成不同的种类。

（一）按脱氧方法分类

将生铁（及废钢）在熔融状态下进行氧化，除去过多的碳及杂质即得钢液。钢液在氧化过程中会含有较多 FeO，故在冶炼后期，须加入脱氧剂（锰铁、硅铁、铝等）进行脱氧，然后才能浇铸成合格的钢锭。脱氧程度不同，钢材的性能就不同，因此，钢又可分为沸腾钢、镇静钢和特殊镇静钢。

1.沸腾钢

沸腾钢是指仅用弱脱氧剂锰铁进行脱氧，且脱氧不完全的钢。其组织不够致密，有气泡夹杂，所以质量较差，但成品率高，成本低。

2.镇静钢

镇静钢是指用必要数量的硅、锰和铝等脱氧剂进行彻底脱氧的钢。其组织致密，化学成分均匀，性能稳定，是质量较好的钢种。由于产率较低，故成本较高，适用于承受振动冲击荷载或重要的焊接钢结构中。

3.特殊镇静钢

特殊镇静钢质量和性能均高于镇静钢，成本也高于镇静钢。

（二）按化学成分分类

钢按化学成分不同分为碳素钢、合金钢。

1.碳素钢

碳素钢按含碳量的不同又分为：低碳钢（碳含量<0.25%）、中碳钢（碳含量为 0.25%～0.6%）和高碳钢（碳含量>0.6%）。

2.合金钢

合金钢是指在碳素钢中加入某些合金元素（锰、硅、钒、钛等）用于改善钢的性能或使其获得某些特殊性能的钢。合金钢按合金元素含量不同分为：低合金钢（合金元素含量<5%）、中合金钢（合金元素含量为 5%～10%）和高合金钢（合金元素含量>10%）。

（三）按品质分类

根据钢材中硫、磷的含量，钢材可分为普通质量钢、优质钢和特殊质量钢。

（四）按用途分类

钢材按主要用途的不同可分为结构钢（钢结构用钢和混凝土结构用钢）、工具钢（制作刀具、量具、模具等）和特殊钢（不锈钢、耐酸钢、耐热钢、磁钢等）。

【工程实例分析7-1】

钢结构屋架倒塌

概况：某厂的钢结构屋架是用中碳钢焊接而成的，使用一段时间后，屋架坍塌，请分析事故原因。

分析讨论：首先是因为钢材的选用不当，中碳钢的塑性和韧性比低碳钢差；且其焊接性能较差，焊接时钢材局部温度高，形成了热影响区，其塑性及韧性下降较多，较易产生裂纹。建筑上常用的主要钢种是普通碳素钢中的低碳钢和合金钢中的低合金高强度结构钢。

第三节　钢材的微观结构和化学组成

一、钢材的微观结构

（一）铁的同素异构现象

钢的晶体结构中铁元素的各个原子是以金属键相结合的，这是钢材具有较高强度和良好塑性的基础。铁原子在晶粒中排列的规律不同可以形成不同的晶格，如体心立方晶格是原子排列在一个正六面体的中心和各个顶点而构成的空间格子；面心立方体晶格是原子排列在一个正六面体的各个顶点和六个面的中心而构成的空间格子。这种由于温度改变导致晶格随之变化的现象称为同素异构转变；同种元素以不同晶体结构形式存在的现象叫同素异构（或同素异晶）现象。

纯铁在从液态转变为固态晶体并逐渐冷却到室温的过程中，发生两次晶格形式的转变，即1 394℃时为体心立方晶格的δ-Fe；1 394~912℃转变为面心立方晶格的γ-Fe；912℃以下又转变为体心立方晶格的α-Fe。

（二）钢的基本晶体组织

钢的基本成分是铁和碳，铁、碳两种元素的结合形态称为钢的晶体组织。基本的晶体组织有三种形式，即固溶体、化合物及两者之间的机械混合物。温度不同，固溶体又有铁素体和奥氏体两种形式。

温度在727℃以下时，铁和碳合金存在的基本晶体组织有铁素体、渗碳体和珠光体三种；温度在727℃以上时，可形成奥氏体型的铁碳固溶体。

1.铁素体

铁素体是碳溶于α-Fe中的固溶体。所谓固溶体是一种单相"固态溶液"，即某种金属或非金属元素为溶质，溶入另外一种金属元素溶剂的晶格中（如图7-1所示）。由于α-Fe为体心立方体晶格，原子之间的空隙小于碳原子的直径，所以碳在铁素体中的溶解度极小，室温下小于0.05%。铁素体具有良好的塑性，但强度、硬度很低。

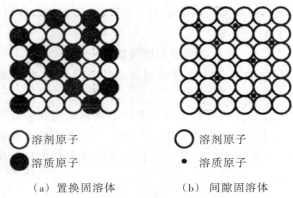

（a）置换固溶体　　　　（b）间隙固溶体

图7-1　固溶体示意图

2.渗碳体

渗碳体是铁与碳形成 Fe_3C 的化合物。渗碳体中含碳量极高（6.69%），故其塑性小而硬度高，伸长率 $\delta \approx 0\%$，布氏硬度 HB 可达800。但因过于硬脆，强度值较低。

3.珠光体

珠光体是铁素体和渗碳体的机械混合物，平均含碳量为0.77%，通常是在铁素体基体上分布着硬脆的呈层状构造的渗碳体。

珠光体的性能除强度外，介于铁素体和渗碳体之间。

4.奥氏体

奥氏体存在于727℃以上的钢中，它是碳溶于 $\gamma\text{-Fe}$ 中的固溶体。奥氏体中碳的溶解度随温度在0.77%~2.11%之间变化，其强度、硬度不高，但塑性好，故钢材在高温条件下容易轧制成材。

（三）晶体组织含量与含碳量的关系

如图7-2所示，当含碳量为0.8%时，钢的晶体组织完全为珠光体构成；当含碳量小于0.8%时，钢的晶体组织为铁素体和珠光体，并且随着含碳量增大，铁素体含量减小，珠光体含量增加；当含碳量大于0.8%时，钢的晶体组织为珠光体和渗碳体，并且随着含碳量增加，珠光体减少，渗碳体增加。因此，随着含碳量增加，钢的强度提高，塑性和韧性减小的规律，与随着含碳量增加，钢的晶体组织变化规律是完全一致的。

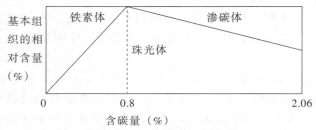

图7-2　碳酸钢基本组织相对含量与含碳量的关系

钢的晶体组织种类，各种晶体的组成、含碳量及性能比较见表7-1。

表7-1		钢的晶体组织种类、组成及性能		
晶体组织种类	组成	碳含量	性能	
铁素体	C溶于α-Fe中的固溶体	小于0.05%	塑性良好，强度、硬度很低	
渗碳体	铁与碳形成碳化铁	6.69%	塑性小，硬度高，强度低	
珠光体	铁素体与渗碳体的机械混合	0.77%	除强度外，其他性能介于铁素体和渗碳体之间	
奥氏体	C在γ-Fe中的固溶体	0.77%~2.11%	塑性好，强度、硬度不高	

二、钢材的化学组成

（一）碳（C）

碳是钢材中的重要元素，对钢材的性质有很大的影响。图7-3给出了碳含量对钢材力学性能的影响，由图中结果可知，随着含碳量增加，钢的强度（σ_b）和硬度（HB）增加，塑性（δ、Ψ）和韧性（α_A）下降；但当含碳量大于1.0%后，由于钢材变脆，强度（σ_b）反而下降。

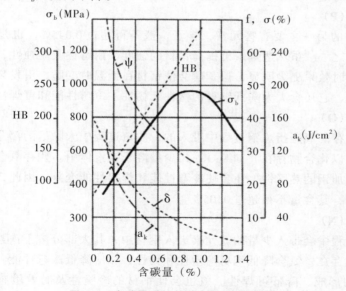

图7-3 含碳量对热轧碳素钢性能的影响

含碳量增加，还会使钢材的冷弯性能、焊接性能及耐锈蚀性能下降，并增加钢的冷脆性和时效敏感性。含碳量大于0.3%时，可焊性明显下降。

（二）硅（Si）

硅是在炼钢时为脱氧而加入的元素，它和氧的结合力大于铁与氧的结合力，所以可使有害的FeO中的氧与硅形成SiO_2而进入钢渣中。同时，硅也是钢的主要合金元素，当钢中含硅量小于1.0%时，少量的硅能显著提高钢材强度，而对塑性和韧性没有明显影响。在普通碳素钢中，硅含量一般不大于 0.35%；在合金钢中，硅含量一般不大于 0.55%。但是，当钢中含硅量大于 1.0% 时，钢的塑性和韧性会明显下降，冷脆性增加，可焊性和抗锈蚀性能下降。

（三）锰（Mn）

锰是在炼钢时为脱氧去硫而加入的，它与氧和硫的结合力大于铁与氧和硫的结合力，所以可使有害的 FeO 和 FeS 中的氧和硫分别与锰形成 MnO 及 MnS 而进入钢渣中。同时，锰也是钢的主要合金元素，锰能消除钢的热脆性，改善钢的热加工性能。当钢中含锰量为 0.8%～1.0% 时可显著提高钢的强度，而几乎不降低塑性和韧性。在普通碳素钢中，锰含量一般为 0.25%～0.8%；在合金钢中，锰含量一般为 0.8%～1.7%。但是，锰含量过高，会使钢的延伸率降低，焊接性能变差。

（四）硫（S）

硫是钢材中最主要的有害元素之一，它以 FeS 的形式存在，在 800℃～1 000℃ 时熔化，焊接或热加工时会引起裂纹，使钢材变脆，称为热脆性。热脆性严重损害了钢的可焊性和热加工性。硫还会降低钢材的冲击韧性、耐疲劳性、抗腐蚀性等，因此一般不得超过 0.055%。硫含量也是区分钢材品质的重要指标之一。

（五）磷（P）

磷是钢材的另一主要有害元素，含量一般不得超过 0.045%，也是区分钢材品质的重要指标之一。虽然适量磷可提高钢材的强度、耐磨性及耐蚀性，尤其与铜等合金元素共存时效果更为明显，但是磷会使钢材在低温时变脆，引发裂纹，这种现象称为冷脆性，它还会大大降低钢材的塑性、韧性、冷弯性能和可焊性。

（六）氧（O）

钢材中残存的氧是指炼钢过程中带入的，脱氧过程中未除尽的部分氧。钢中残存氧的大部分以化合物存在，如 FeO 等，少量溶于铁素体中。残存氧会降低钢的强度、韧性，增加钢的热脆性，还会使冷弯性能和焊接性能变差。因此，残存氧是钢中的有害元素，其含量不得超过 0.05%。

（七）氮（N）

在炼钢过程中会带入少量的氮元素进入钢材中，其大部分溶于铁素体中，少量以化合物形式存在。氮会降低钢材的塑性和韧性，相应降低冷弯性能，还会增加焊接时热裂纹的形成，降低可焊性。氮也会使钢材的冷脆性及时效敏感性增加。因此，氮是钢中的有害元素，含量不得超过 0.035%。

应该指出的是，适量氮会使钢的强度提高，特别是当钢中存在少量铝、钒、锆等合金元素时，氮可与它们形成氮化物，使钢的晶粒细化，改善钢的性能，这时氮不应视为有害元素。

（八）钛（Ti）

钛是合金钢中常用合金元素。它是强脱氧剂，能细化晶粒，显著提高钢的强度并改善韧性，减少时效敏感性，改善可焊性。但是，钛会使钢的塑性稍有降低。

（九）钒（V）

钒是合金钢中常用的合金元素。它能细化晶粒，有效地提高钢的强度，减少钢材时效敏感性，能促进碳化物和氮化物的形成，减弱碳和氮的不利影响。但是，钒有增加焊接时的脆硬倾向。

【工程实例分析7-2】

钢结构运输廊道倒塌

概况：某钢铁厂仓库运输廊道为钢结构，于某日倒塌。经检查可知：杆件发生断裂的位置在应力集中处的节点附近的整块母材上，桁架腹板和弦杆所有安装焊接结构均未破坏；全部断口和拉断处都很新鲜，未发黑、无锈迹。

分析讨论：切取部分母材化学成分分析，其碳、硫含量均超过相关标准中碳硫含量规定，经组织研究也证实了含碳过高的化学分析。碳含量增加，钢强度、硬度增高，而塑性和韧性降低，且增大钢的冷脆性，降低可焊性。而硫多数以 FeS 形式存在，降低了钢的强度及耐疲劳性能，且不利于焊接。这是导致工程质量事故的原因。

第四节　钢材的主要技术性能

钢材在建筑结构中主要承受拉力、压力、弯曲、冲击等外力作用。施工中还经常对钢材进行冷弯或焊接等。因此，钢材的力学性能和工艺性能既是设计和施工人员选用钢材的主要依据，也是生产钢材、控制材质的重要参数。

一、力学性能

建筑钢材的力学性能主要有抗拉屈服强度 σ_y、抗拉极限强度 σ_b、伸长率 δ、硬度和冲击韧性等。

（一）抗拉性能

抗拉性能是建筑钢材的重要性能。这一性能可以通过受拉后钢材的应力与应变曲线反映出来。图7-4（a）为建筑工程中常用低碳钢受拉后的应力-应变曲线。图中的屈服强度（σ_y）、抗拉强度（σ_b）和伸长率（δ）是钢材的重要技术指标。

（1）屈服点（屈服强度 σ_y）是结构设计取值的依据，低于屈服点的钢材基本上是在弹性状态下正常工作，该阶段为弹性阶段。应力与应变的比值为常数，该常数为弹性模量（E）。

当对试件的拉伸应力超过a点后，应力、应变不再呈正比关系，钢材开始出现塑性变形进入屈服阶段bc，bc段最低点所对应的应力值为屈服强度。

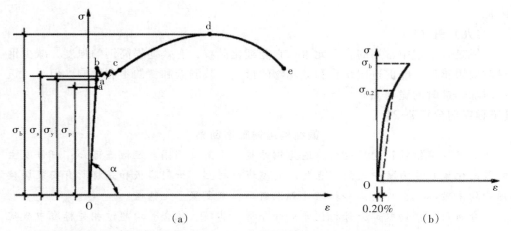

（a）低碳钢拉伸时的应力-应变曲线；（b）高碳钢受拉时的应力-应变曲线

图7-4　钢受拉时的应力-应变曲线

（2）抗拉强度（σ_b）。试件在屈服阶段以后，其抵抗塑性变形的能力又重新提高，这一阶段称为强化阶段。对应于最高点d的应力值称为极限抗拉强度，简称抗拉强度。

屈强比（σ_y/σ_b）即屈服强度与抗拉强度之比，反映了钢材的利用率和使用中的安全程度。屈强比不宜过大或过小，应在保证安全工作的情况下有较高的利用率。比较适宜的屈强比应在 0.6 ~ 0.75 之间。

图 7-4（b）表示高碳钢受拉时的应力-应变曲线。与低碳钢的应力-应变曲线比，高碳钢应力-应变曲线的特点是：抗拉强度高、塑性变形小和没有明显的屈服点。其结构设计取值是人为规定的条件屈服点（$\sigma_{0.2}$），即将钢件拉伸至塑性变形达到原长的 0.2% 时的应力值。

（3）伸长率（δ）表示钢材被拉断时的塑性变形值（l_1）与原长（l_0）之比，即 $\delta = \dfrac{l_1 - l_0}{l_0} \times 100\%$，如图 7-5 所示。伸长率反映钢材的塑性变形能力，是钢材的重要技术指标。建筑钢材在正常工作中，结构内含缺陷处会因为应力集中而超过屈服点，具有一定塑性变形能力的钢材，会使应力重分布而避免了钢材在应力集中作用下的过早破坏。由于钢试件在颈缩部位的变形最大，原长（l_0）与原直径（d_0）之比为 5 倍的伸长率（δ）大于同一材质的 l/d_0 为 10 倍的伸长率（δ_{10}）。此外，还可以用截面收缩率（ψ），即颈缩处断面面积与原面积之比，来表示钢的塑性变形能力。

（二）冲击韧性

冲击韧性是指钢材受冲击荷载作用时，吸收能量、抵抗破坏的能力，以冲断试件时单位面积所消耗的功（α_k）来表示。α_k 值越大，钢材的冲击韧性越好。

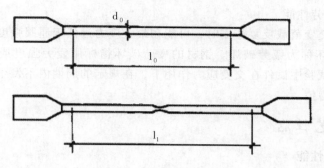

图7-5　钢材的伸长率

　　影响冲击韧性的因素有钢的化学组成、晶体结构及表面状态和轧制质量，以及温度和时效作用等。随环境温度降低，钢的冲击韧性亦降低，当达到某一负温时，钢的冲击韧性值（α_k）突然发生明显降低，此为钢的低温冷脆性（如图7-6所示），此刻温度称为脆性临界温度。其数值越低，说明钢材的低温冲击性能越好。在负温下使用钢材时，要选用脆性临界温度低于环境温度的钢材。

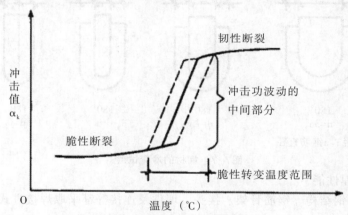

图7-6　温度对冲击韧性的影响

　　随着时间的推移，钢的强度会提高，而塑性和韧性降低的现象称为时效。因时效而使性能改变的程度为钢材的时效敏感性。钢材受到振动、冲击或随加工发生体积变形，可加速完成时效。对于承受动荷载的重要结构，应选用时效敏感性小的钢材。

　　（三）硬度

　　钢材的硬度是指其表面抵抗重物压入产生塑性变形的能力。测定硬度的方法有布氏法和洛氏法，较常用的方法是布氏法，其硬度指标为布氏硬度值（HB）。

　　布氏法是利用直径为 D（mm）的淬火钢球，以一定的荷载 F_p（N）将其压入试件表面，得到直径为 d（mm）的压痕，以压痕表面积 S 除荷载 F_p，所得的应力值即为试件的布氏硬度值 HB，以不带单位的数字表示。

（四）耐疲劳性能

钢材承受交变荷载反复作用时，可能在最大应力远低于屈服强度的情况下突然破坏，这种破坏称为疲劳破坏。钢材的疲劳破坏指标用疲劳强度或疲劳极限来表示，是指疲劳试验中试件在交变应力作用下，在规定的周期内不发生疲劳破坏所能承受的最大应力值。

二、工艺性能

（一）冷弯性能

冷弯性能是指钢材在常温下承受弯曲变形的能力，是建筑钢材的重要工艺性能。图7-7表示钢材的冷弯试验，规范规定用弯曲角度、弯心直径与试件厚度（或直径）的比值来表示冷弯性能。冷弯性能实质反映了钢材在不均匀变形下的塑性，在一定程度上比伸长率更能反映钢的内部组织状态及内应力、杂质等缺陷，因此可以用冷弯的方法来检验钢的质量。

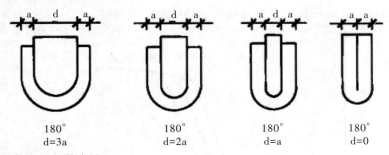

$180°$ $d=3a$ $180°$ $d=2a$ $180°$ $d=a$ $180°$ $d=0$

d：弯心直径；a钢筋直径。

图7-7 钢材的冷弯试验

（二）可焊性能

绝大多数钢结构、钢筋骨架、接头、埋件及连接等都采取焊接方式。焊接质量除与焊接工艺有关外，还与钢材的可焊性有关。当含碳量超过0.3%后，钢的可焊性变差。硫能使钢的焊接处产生热裂纹而硬脆。锰可克服硫引起的热脆性。沸腾钢的可焊性较差。其他杂质含量增多，也会降低钢的可焊性。

三、冷加工及热处理

（一）冷拉强化和时效处理

冷加工是指钢材在常温下进行的加工，常见的冷加工方式有冷拉、冷拔、冷轧、冷扭、刻痕等。钢材经冷加工产生塑性变形，从而提高其屈服强度，这一过程称为冷加工强化处理。

实际工程中，往往按工程要求，所选的钢筋塑性偏大，强度偏低，或者利用Q215号钢时，可以通过冷拉及时效处理来调整其性质，并达到节省钢材的目的。

冷拉是冷加工的一种，是将钢筋在常温下拉伸，使其产生塑性变形，从而达到提高其屈服强度和节省钢材的目的（如图7-8所示）。

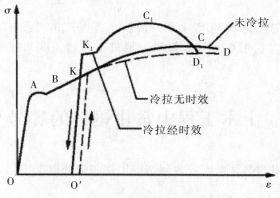

图7-8　钢筋冷拉曲线

从图7-8可明显看出，冷拉并时效处理后的曲线 $O'K_1C_1D_1$ 与未冷拉的曲线比，屈服点明显提高，抗拉强度也有提高，塑性降低。冷拉后的钢材，时效速度加快，常温下 15～20 d 可完成时效（称自然时效）。若加热钢筋，则可以在更短的时间内完成时效（称人工时效）。

冷拉并时效处理后的钢筋在冷拉同时，已被调直和清除锈皮。在冷加工时，要严格控制冷拉应力，使冷拉后钢筋性能符合对冷拉钢筋力学性能的相关规定。

（二）热处理

热处理是将钢材按一定规则加热、保温和冷却，以获得需要性能的一种工艺过程。热处理的方法有淬火、回火、退火和正火。建筑工程所用钢材一般只在生产厂进行热处理，并以热处理状态供应。在施工现场，有时需对焊接钢材进行热处理。

1.淬火

将钢材加热至 723℃ 以上某一温度，并保持一定时间后，迅速置于水中或机油中冷却，这个过程称钢材的淬火处理。钢材经淬火后，强度和硬度提高，脆性增大，塑性和韧性明显降低。

2.回火

将淬火后的钢材重新加热到 723℃ 以下某一温度范围，保温一定时间后再缓慢地或较快地冷却至室温，这一过程称为回火处理。回火可消除钢材淬火时产生的内应力，使其硬度降低，恢复塑性和韧性。按回火温度不同，又可分为高温回火（500℃～650℃）、中温回火（300℃～500℃）及低温回火（150℃～300℃）三种。回火温度越高，钢材硬度下降越多，塑性和韧性恢复越好，若钢材淬火后随即进行高温回火处理，则称调质处理，其目的是使钢材的强度、塑性、韧性等性能均得以改善。

3.退火

退火是指将钢材加热至 723℃ 以上某一温度，保持相当时间后，放在退火炉中缓慢冷却。退火能消除钢材中的内应力，细化晶粒、均匀组织，使钢材硬度降低，塑性和韧性提高，从而达到改善性能的目的。

4.正火

正火是将钢材加热到723℃以上某一温度，并保持相当长时间，然后在空气中缓慢冷却，得到均匀、细小的显微组织。钢材正火后强度和硬度提高，塑性较退火小。

第五节 土木工程中常用钢材的牌号与选用

土木工程中常用的钢材主要分为钢结构用钢和钢筋混凝土结构用钢两大类。

一、常用钢结构用钢

钢结构用钢主要有碳素结构钢、优质碳素结构钢与低合金结构钢。

（一）碳素结构钢

碳素结构钢是钢铁生产中产量最大、品种最多和用途最广的钢类，是工程结构的主要原材料。碳素结构钢中只含有铁、碳、硅、锰及杂质元素磷和硫，不含任何其他有意添加的合金元素。

1.钢牌号表示方法、代号和符号

根据国家标准《碳素结构钢》（GB/T 700—2006）的规定，碳素结构钢分为Q195、Q215、Q235和Q275等四种牌号。牌号由代表钢材屈服强度的字母"Q"、屈服强度数值组成。

2.技术要求

根据《碳素结构钢》（GB/T 700—2006）的要求，碳素结构钢的力学性能（包括拉伸、冲击韧性和弯曲性能等）应分别符合表7-2和表7-3中的规定。

表7-2   碳素结构钢的拉伸性能

牌号	拉伸性能										
	屈服强度 σ_s（MPa）不小于						抗拉强度 R_m（MPa）	伸长率 δ（%）不小于			
	厚度（或直径）（mm）							厚度（或直径）（mm）			
	≤16	16~40	40~60	60~100	100~150	150~200		≤40	40~60	60~100	100~150	150~200
Q195	195	185	—	—	—	—	315~430	33	—	—	—	—
Q215	215	205	195	185	175	165	335~450	31	30	29	27	26
Q235	235	225	215	215	195	185	370~500	26	25	24	22	21
Q275	275	265	255	245	225	215	410~540	22	21	20	18	17

表7-3 碳素结构钢的冷弯试验

牌号	试样方向	冷弯试验180° d=2a	
		钢材厚度或直径（mm）	
		< 60	60 ~ 100
		弯心直径 d	
Q195	纵向	0	—
	横向	0.5a	
Q215	纵向	0.5a	1.5a
	横向	a	2a
Q235	纵向	a	2a
	横向	1.5a	2.5a
Q275	纵向	1.5a	2.5a
	横向	2a	3a

从表7-2和表7-3中可以看出，牌号越大，其含碳量越高，强度和硬度也越高，但伸长率、冲击韧性等塑性和韧性指标越低。其具体特点和应用如下：

（1）Q195和Q215钢强度低，塑性和韧性好，易于冷弯加工，常用作钢钉、铆钉、螺栓及钢丝等。

（2）Q235号钢含碳量为0.14% ~ 0.22%，属于低碳钢，具有较高的强度，良好的塑性、韧性和可焊性，能满足一般钢结构和钢筋混凝土结构用钢的要求，加之冶炼方便，成本较低，所以应用十分广泛。

（3）Q275号钢，强度高，但塑性和韧性较差，可焊性也差，不易焊接和冷弯加工，可用于轧制钢筋、作螺栓配件等，更多地用于机械零件和工具等。

（二）优质碳素结构钢

优质碳素结构钢是较大的基础钢类，其硫和磷含量较低、钢质纯洁度较高，既要保证化学成分，又要保证力学性能。这类钢的碳含量在0.05% ~ 0.90%之间，包括低碳钢、中碳钢和高碳钢，钢中除含有碳、锰、硅，以及冶炼过程中不能完全清除的硫、磷等有害杂质和一些残余元素外，不含其他合金元素。

按国家标准《优质碳素结构钢》（GB/T 699—2015）的规定，根据其含锰量不同可分为：普通含锰量钢（含锰量为0.35% ~ 0.80%，共28个牌号）和较高含锰量钢（含锰量0.70% ~ 1.20%，共11个牌号）两组。优质碳素结构钢一般以热轧状态供应，硫、磷等杂质含量比普通碳素钢少，其他缺陷限制也较严格，所以性能好，质量稳定。

优质碳素结构钢的钢号用两位数字表示，它表示钢中平均含碳量的万分数。

如45号钢，表示钢中平均含碳量为0.45%。数字后若有"锰"字或"Mn"，则表示属于较高含锰量钢，否则为普通含锰量钢。如35Mn钢，表示平均含碳量为0.35%，含锰量为0.70%~1.20%。若是沸腾钢，还应在钢号后面加写"沸"（或"F"）。

优质碳素结构钢成本较高，建筑上应用不多，仅用于重要结构的钢铸件及高强度螺栓等。如用30、35、40及45号钢作高强度螺栓，45号钢还常用作预应力钢筋的锚具。65、70、75和80号钢可用来生产预应力混凝土用的碳素钢丝、刻痕钢丝和钢绞线。

（三）低合金结构钢

加入总量小于5%的合金元素炼成的钢，称为低合金高强度结构钢，简称低合金结构钢。低合金结构钢规定的最小屈服强度高于275MPa，最高可达1 035MPa。这类钢是在碳素钢的基础上通过加入少量合金元素以使其热轧或热处理状态下除具有高的强度外，还具有韧性、焊接性能、成形性能和耐腐蚀性能等综合性能良好的特性。常用的合金元素有硅（Si）、锰（Mn）、钛（Ti）、钒（V）、铬（Cr）、镍（Ni）、铜（Cu）等。

1.牌号及表示方法

按照国家标准《低合金高强度结构钢》（GB/T 1591—2018）规定，低合金高强度结构钢有Q355、Q390、Q420、Q460、Q500、Q550、Q620和Q690八种牌号。与2008版标准相比，新标准中以Q355钢级替代Q345钢级及相关要求。牌号由代表钢材屈服强度的字母"Q"、规定的最小上屈服强度数值、交货状态代号、质量等级符号（B、C、D、E、F）四个部分按顺序组成。其中，交货状态为热轧时，交货状态代号AR或WAR可省略，交货状态为正火或正火轧制状态时，交货状态代号均用N表示；质量等级按冲击韧性划分为B、C、D、E、F五个等级，例如，B级为要求+20℃冲击韧性，C级为要求0℃冲击韧性，D级为要求-20℃冲击韧性，E级为要求-40℃冲击韧性。Q+规定的最小上屈服强度数值+交货状态代号，简称为"钢级"。

例如：Q355ND，表示规定的最小上屈服强度数值为355MPa，N表示交货状态为正火或正火轧制，质量等级为D级。

2.技术要求

低合金高强度结构钢的力学性能应符合国家标准《低合金高强度结构钢》中表7~表11中的规定。

3.低合金结构钢的特性和应用

低合金结构钢的含碳量均小于或等于0.2%，有害杂质少，质量较高且稳定，具有良好的塑性、韧性与适当的可焊性。另外，合金元素的细晶强化作用和固溶强化作用，使低合金高强度结构钢与碳素结构钢相比，低合金钢的力学性能远高于普通碳素钢。例如，钢结构的常用牌号Q355级钢与碳素结构钢Q235相比，低合金高强度结构钢Q355的强度更高，等强度代换时可以节省钢材15%~25%。因此采用低合金结构钢可以减轻结构自重，减小跨度，节约钢材，经久耐用，特别适合于高层建筑或大跨度结构，是结构钢的发展方向。

二、常用钢筋混凝土结构用钢

钢筋混凝土中混凝土和钢筋之间有较大的握裹力，能牢固啮合在一起。钢筋抗拉强度高、塑性好，放入混凝土中很好地改善混凝土的脆性，扩展混凝土的应用范围，同时混凝土的碱性环境又很好地保护了钢筋，使其免于受到外界环境的腐蚀。按生产方式不同，钢筋混凝土结构用钢可分为热轧钢筋、热处理钢筋、冷拉钢筋、冷轧带肋钢筋、冷轧扭钢筋、冷拔低碳钢丝、预应力钢丝与钢绞线等多种。

钢筋混凝土用钢筋的直径通常为 8~40mm，小于 8mm 者为钢丝。

（一）热轧钢筋

根据表面特征不同，热轧钢筋分为光圆钢筋、带肋钢筋。根据强度的高低，热轧钢筋又分为不同的强度等级，各强度等级热轧钢筋的技术标准见表7-4。

表7-4　　钢筋混凝土用热轧钢筋的力学性能（GB 1499.1—2017和GB 1499.2—2018）

牌号	下屈服强度 R_{el}（MPa）	抗拉强度 R_m（MPa）	断后伸长率 A（%）	最大力总延伸率 A_{gt}（%）	冷弯性能180° d弯心直径 a钢筋公称直径	
			不小于			
HPB300	300	420	25	10.0	d=a	
牌号	下屈服强度 R_{el}（MPa）	抗拉强度 R_m（MPa）	断后伸长率 A（%）	最大力总延伸率 A_{gt}（%）	R_m^0/R_{el}^0	R_{el}^0/R_{el}
			不小于			不大于
HRB400、HRBF400	400	540	16	7.5	—	—
HRB400E、HRBF400E			—	9.0	1.25	1.30
HRB500、HRBF500	500	630	15	7.5	—	—
HRB500E、HRBF500E			—	9.0	1.25	1.30
HRB600	600	730	14	7.5	—	—

注：R_m^0 为钢筋实测抗拉强度；R_{el}^0 为钢筋实测下屈服强度。

根据国家标准《钢筋混凝土用钢第1部分：热轧光圆钢筋》（GB 1499.1—2008）的规定，强度等级代号分别为 HPB235 和 HPB300。HPB 是英文 Hot Rolled

Plain Bars 的缩写，235 和 300 表示强度特征值（MPa）。所谓特征值是指在无限多次的检验中，与某一规定概率相对应的分位值。光圆钢筋的强度低，但塑性和焊接性能好，便于各种冷加工，故广泛用作小型钢筋混凝土结构中的主要受力钢筋以及各种钢筋混凝土结构中的构造筋。

与热轧光圆钢筋相比较，热轧带肋钢筋表面有两条纵肋，并沿长度方向均匀分布，如图 7-9 所示。根据国家标准《钢筋混凝土用钢第 2 部分：热轧带肋钢筋》（GB 1499.2—2018）的规定，普通热轧带肋钢筋（按热轧状态交货的钢筋）强度等级代号分别为 HRB400、HRB500 和 HRB600 以及 HRB400E、HRB500E，细晶粒热轧带肋钢筋（在热轧过程中，通过控轧和控冷工艺形成的细晶粒钢筋）强度等级代号为 HRBF400、HRBF500 以及 HRBF400E、HRBF500E。HRB 是热轧带肋钢筋英文 Hot Rolled Ribbed Bars 的缩写，F 表示"细"的英文 Fine 的缩写，400、500 和 600 表示屈服强度特征值（MPa），E 表示"地震"的英文 Earthquake 的缩写。热轧带肋钢筋的强度较高，塑性和焊接性能较好，广泛用于钢筋混凝土结构的受力筋。

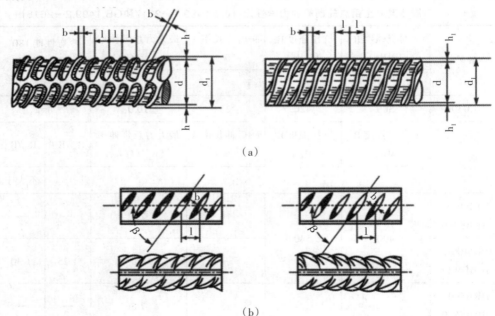

（a）

（b）

（a）等高肋；（b）月牙肋

图7-9 带钢筋外形图

（二）冷拔低碳钢丝

冷拔是将直径为 6.5 ~ 8mm 的钢丝，通过拔丝机上钨合金制成的硬质拔丝模孔，拔制成直径在 5mm 以下的钢丝的加工过程。拔制一次可减小直径 0.5 ~ 1.0mm，可根据所需钢丝直径拔制不同次数。但是，冷拔虽使强度大幅度提高（40% ~ 60%），塑性和韧性却明显下降，拔制次数越多程度越甚。冷拔一般以 Q235 或 Q215 低碳钢盘条为原材料。主要用于中、小型预应力构件生产，也可绞捻成钢绞线以扩大应用范围。

冷拔低碳钢丝分为甲、乙两级。甲级钢丝主要用于预应力筋，乙级钢丝用于焊接网片、骨架、箍筋等。原材料质量及冷拔工艺条件对冷拔低碳钢丝质量有显著影响，因而其强度及塑性指标往往均匀性较差，离散性较大，使用中应予注意。

（三）预应力混凝土用钢丝与钢绞线

对于大型预应力混凝土构件，由于受力很大，常采用高强度钢丝或钢绞线作为主要受力筋。预应力混凝土用钢丝牌号为60～80号的优质碳素钢盘条，经酸洗、冷拉或冷拉再回火等工艺制成，故分为冷拉钢丝与消除应力钢丝两种供货名称。为了增加钢丝与混凝土间的握裹力，还可在碳素钢丝表面压痕，制成刻痕钢丝（如图7-10所示）。钢绞线是用2根、3根或7根2.5～5.0mm的高强度钢丝，经绞捻后再经一定热处理消除内应力而制成的（如图7-11所示）。

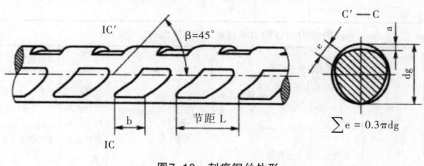

图7-10　刻痕钢丝外形

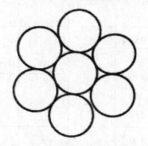

图7-11　钢绞线断面 (7根)

1.预应力混凝土用钢丝

根据国家标准《预应力混凝土用钢丝》（GB/T 5223—2014）规定，钢丝按照加工状态可分为冷拉钢丝和消除应力钢丝两类，钢丝按外形分为光圆、螺旋肋和刻痕三种。这些预应力混凝土钢丝主要用作桥梁、电杆、轨枕、吊车梁的预应力钢丝。标准规定冷拉钢丝、消除应力钢丝和消除应力刻痕钢丝的力学性能应分别符合表7-5、表7-6和表7-7中的规定。

表7-5　　冷拉钢丝的力学性能（GB/T 5223—2014）

公称直径 d_n（mm）	抗拉强度 σ_b（MPa）不小于	规定非比例伸长应力 $\sigma_{p0.2}$（MPa）不小于	最大力下总伸长率 δ_{gt}（%）不小于	弯曲次数（次/180°）不小于	弯曲半径 R（mm）	断面收缩率 φ（%）不小于	每210mm扭矩的扭转次数（n）不小于	初始应力相当于70%公称抗拉强度时，1 000h后应力松弛率r（%）不小于
3	1 470	1 100		4	7.5	—	—	
4	1 570	1 180		4	10		8	
	1 670	1 250				35		
5	1 770	1 330	1.5	4	15		8	8
6	1 470	1 100		5	15		7	
7	1 570	1 180		5	20	30	6	
	1 670	1 250						
8	1 770	1 330		5	20		5	

表7-6　　消除应力钢丝的力学性能（GB/T 5223—2014）

公称直径 d_n（mm）	抗拉强度 σ_b（MPa）不小于	规定非比例伸长应力 $\sigma_{p0.2}$（MPa）不小于 低松弛钢丝	普通松弛钢丝	最大力下总伸长率 δ_{gt}（%）不小于	弯曲次数（次/180°）不小于	弯曲半径 R（mm）	初始应力相当于公称抗拉强度的百分数（%）	1 000h后应力松弛率 r（%）不小于 低松弛钢丝	普通松弛钢丝
								对所有规格	
4.00	1 470	1 290	1 250		3	10			
	1 570	1 380	1 330						
4.80	1 670	1 470	1 410		4	15			
	1 770	1 560	1 500				60	1.0	4.5
5.00	1 860	1 640	1 580						
6.00	1 470	1 290	1 250		4	15			
6.25	1 570	1 380	1 330	3.5	4	20	70	2.0	8
	1 670	1 470	1 410		4	20			
7.00	1 770	1 560	1 500		4	20			
8.00	1 470	1 290	1 250		4	20	80	4.5	12
9.00	1 570	1 380	1 330		4	25			
10	1 470	1 290	1 250		4	25			
12					4	30			

表7-7 　消除应力刻痕钢丝的力学性能（GB/T 5223—2014）

公称直径 d_n（mm）	抗拉强度 σ_b（MPa）不小于	规定非比例伸长应力 $\sigma_{p0.2}$（MPa）不小于		最大力下总伸长率 δ_{gt}（%）不小于	弯曲次数（次/180°）不小于	弯曲半径 R（mm）	应力松弛性能		
							初始应力相当于公称抗拉强度的百分数（%）	1 000h后应力松弛率 r（%）不小于	
		低松弛钢丝	普通松弛钢丝					低松弛钢丝	普通松弛钢丝
							对所有规格		
≤5.0	1 470	1 290	1 250	3.5	3	15	60	1.5	4.5
	1 570	1 380	1 330						
	1 670	1 470	1 410						
	1 770	1 560	1 500						
	1 860	1 640	1 580				70	2.5	8
>5.0	1 470	1 290	1 250			20			
	1 570	1 380	1 330						
	1 670	1 470	1 410				80	4.5	12
	1 770	1 560	1 500						

2.钢绞线

钢绞线力学性能应符合《预应力混凝土用钢绞线》（GB/T 5224—2014）的规定，参见表7-8。

表7-8 　部分钢绞线的力学性能（GB/T 5224—2014）

钢绞线结构	钢绞线公称直径 D_m（mm）	抗拉强度 σ_b（MPa）不小于	整根钢绞线的最大力 F_m（kN）不小于	规定非比例延伸力 $F_{p0.2}$不小于	最大力下总伸长率（$L_0 \geq 500mm$）不小于	应力松弛性能	
						初始负荷相当于实际最大力的百分数（%）	1000h后应力松弛率 r（%）不大于
1×7	12.7	1 720	170	150	对所有规格	对所有规格	对所有规格
		1 860	184	162	3.5	70	2.5
		1 960	193	170			
	15.2	1 470	206	181			
		1 570	220	194			
		1 670	234	206			
		1 720	241	212			
		1 860	260	229			
		1 960	274	241			
	17.8	1 720	327	288		80	4.5
		1 860	355	311			

注：如无特殊要求，只进行初始力为70%实际最大力 F_{max} 的松弛实验。

这些产品均属预应力混凝土专用产品，具有强度高、安全可靠、柔性好、与混凝土握裹力强等特点，主要用于薄腹梁、吊车梁、电杆、大型屋架、大型桥梁等预应力混凝土结构中。

第六节　钢材的腐蚀与防护

钢材长期暴露于空气或潮湿环境中将产生锈蚀，尤其是空气中含有污染成分时，腐蚀更为严重。腐蚀不仅使钢结构有效断面减小，浪费大量钢材，而且会形成程度不等的锈坑、锈斑，造成应力集中，加速结构破坏。若受到冲击荷载、反复交变荷载作用时情况更为严重，甚至出现脆性断裂。

影响钢材锈蚀的主要因素是环境湿度、侵蚀性介质数量、钢材材质及表面状况等因素。

一、钢材腐蚀的类型

钢材腐蚀分为化学腐蚀和电化学腐蚀两类。

（一）化学腐蚀

钢材的化学腐蚀是由于大气中的 O_2、CO_2 或工业废气中的 SO_2、Cl_2、H_2S 等与钢材表面作用引起的。化学腐蚀多发生在干燥的空气中，可直接形成锈蚀产物（如疏松的氧化铁等）。化学腐蚀一般进展比较缓慢，先使光泽减退进而颜色发暗，腐蚀逐步加深，但在温度和湿度较高的条件下，化学腐蚀发展很快。

（二）电化学腐蚀

电化学腐蚀的基本特征是由于金属表面发生了原电池反应而产生腐蚀。钢材属铁碳合金，其中还含有其他元素或晶体组织，这些元素或晶体组织的电极电位不同，如铁的电极电位为-0.44，锰的电极电位为-1.10，铁素体的电极电位低于渗碳体的电极电位。电极电位越低，越容易失去电子。钢材处于潮湿空气中时，由于吸附作用，钢材表面将覆盖一层薄的水膜，当水中溶入 SO_3、Cl_2、灰尘等即成为电解质溶液，这样就在钢材表面形成了无数微小的原电池，如铁素体和渗碳体在电解质溶液中变成了原电池的两极：铁素体活泼，易失去电子，成为阳极，渗碳体成为阴极。铁素体失去的电子通过电解质溶液流向阴极，在阴极附近与溶液中的 H^+ 离子结合成为氢气而逸出，O_2 与电子结合形成的 OH^- 离子再与 Fe^{2+} 离子结合形成氢氧化亚铁而锈蚀。

阴极：$2H^+ + 2e \rightarrow H_2 \uparrow$　　　　　阳极：$2(OH)^- + Fe^{2+} \rightarrow Fe(OH)_2$

$Fe(OH)_2$ 进一步氧化为 $Fe(OH)_3$，其脱水产物 Fe_2O_3 是红褐色铁锈的主要成分。

电化学腐蚀是最主要的钢材腐蚀形式。钢材表面污染、粗糙、凹凸不平、应力分布不均、元素或晶体组织之间的电极电位差别较大以及提高温度或湿度等均会加速电化学腐蚀。

二、防止腐蚀的措施

从以上对钢材腐蚀原因的分析可知，欲防止钢材的腐蚀，可采取以下三种措施：

（一）保护膜防腐

为使金属与周围介质隔离，既不产生氧化锈蚀反应，也不形成腐蚀性原电池，可在钢材表面涂刷各种防锈涂料、搪瓷、塑料以及喷镀锌、铜、铬、铅等防护层。

（二）电化学防腐

电化学防腐包括阳极保护和阴极保护，主要用于不易或无法涂敷保护层的钢结构或钢构件等处，如蒸汽锅炉、地下管道、港工结构等。

阳极保护是在钢结构附近安放一些废钢铁或其他难熔金属，如高硅铁、铅银合金等，外加直流电源（可用太阳能电池）：将负极接在被保护的钢结构上，正极接在难熔的金属上。通电后难熔金属成为阳极而被腐蚀，钢结构成为阴极得到了保护。阳极保护也称外加电流保护法。

阴极保护是在被保护的钢结构上接一块较钢铁更为活泼（电极电位更低）的金属如锌、镁，使锌、镁成为腐蚀电池的阳极被腐蚀，钢结构成为阴极得到了保护。

（三）选用合金钢

钢材冶炼中加入一些具有耐腐蚀能力的合金元素，如铬、镍、钛、铜等，可明显提高其防腐蚀能力。如在低碳钢或合金钢中加入适量铜，给铁合金中加入 17%～20% 的铬、7%～10% 的镍，可制成不锈钢。

钢筋混凝土工程中大量应用的钢筋，由于水泥水化产生大量 $Ca(OH)_2$，pH 值常达 12 以上，可在钢筋表面形成钝化膜，隔离有害介质，保护钢筋不锈蚀。随着混凝土的碳化逐渐深入，pH 值下降，钢筋表面钝化膜遭到破坏，此时若具备了潮湿、供氧条件，钢筋将产生电化学腐蚀。

在实际工程中，混凝土中钢筋的防锈，首先，通过严格控制混凝土保护层的厚度，以保证设计年限内混凝土碳化深度不会到达钢筋表面；其次，控制混凝土的最大水灰比和最小水泥用量，以保证混凝土具有较高的密实度，减缓碳化进程；最后，严格限制混凝土用原材料中的氯离子含量并掺用阻锈剂等外加剂，以延迟混凝土中钢筋的脱钝时间，从而有效地阻止钢筋锈蚀。

【工程实例分析7-3】

咸淡水钢闸门的腐蚀

概况：某临海钢闸门一侧是咸水，另一侧是淡水。防腐施工是喷砂除锈后进行喷锌，还涂二道氯化橡胶铝粉漆。但闸门浸水1个半月后，发现闸门在浸水部位漆膜出现大面积起泡、龟裂或脱落，并出现锈蚀。

原因分析：首先，金属热喷涂保护所选用的材料不合适。《水工金属结构防腐蚀规范》（SL105—2016）指出："淡水环境中的水工金属结构，金属热喷涂材料宜选用锌、铝、锌铝合金或铝镁合金；用于海水及工业大气环境中则宜选用铝、铝镁合金或锌铝合金。"

另外，涂料选用不当。氯化橡胶漆可以涂在钢铁表面但不宜涂在铝、锌等有色金属上，这是因为氯化橡胶漆与锌层不仅结合力差，而且它还会与锌层发生化学反应，腐蚀锌层。

■ 本章小结

钢材是建筑工程中重要的金属材料。钢材具有强度高、塑形和韧性好、可焊可铆、便于装配等优点，被广泛用于工业与民用建筑中，是主要的建筑结构材料之一。钢材的力学性能（抗拉屈服强度、抗拉强度、断后伸长率、硬度和冲击韧性）和工艺性能（冷弯性能和可焊性）既是选用钢材的主要依据，也是生产钢材、控制材质的重要参数。建筑钢材分为钢结构用钢材和钢筋混凝土用钢筋。钢结构应用的钢材主要是碳素结构钢和低合金高强度结构钢。钢筋混凝土结构用钢筋主要有热轧钢筋、冷轧带肋钢筋、预应力混凝土用热处理钢筋等。

■ 本章习题

1.判断题

（1）一般来说，钢材硬度越高，强度也越大。　　　　　　　　　　（　　）

（2）屈强比越小，钢材受力超过屈服点工作时的可靠性越大，结构的安全性越高。　　　　　　　　　　　　　　　　　　　　　　　　　（　　）

（3）一般来说，钢材的含碳量增加，其塑性也增加。　　　　　　　（　　）

（4）钢筋混凝土结构主要是利用混凝土受拉、钢筋受压的特点。　　（　　）

2.单项选择题

（1）钢材抵抗冲击荷载的能力称为（　　）。

A.塑性　　　　　　　　B.冲击韧性　　　　　　C.弹性　　　　　　　　D.硬度

（2）钢的含碳量为（　　）

A.小于2.06%　　　　　B.大于3.0%　　　　　　C.大于2.06%　　　　　D.小于1.26%

（3）伸长率是衡量钢材的（　　）指标。

A.弹性　　　　　　　　B.塑性　　　　　　　　C.脆性　　　　　　　　D.耐磨性

（4）普通碳塑结构钢随钢号的增加，钢材的（　　）。

A.强度增加、塑性增加　　　　　　　　　　B.强度降低、塑性增加

C.强度降低、塑性降低　　　　　　　　　　D.强度增加、塑性降低

（5）在低碳钢的应力-应变图中，有线性关系的是（　　）。

A.弹性阶段　　　　　　B.屈服阶段　　　　　　C.强化阶段　　　　　　D.颈缩阶段

3.简答题

（1）为何说屈服强度 σ_y、抗拉强度 σ_b 和伸长率 δ 是建筑用钢材的重要技术性能指标？

（2）钢材的冷加工强化有何作用与意义？

（3）含碳量对热轧碳素钢性质有何影响？

（4）钢材中的有害化学元素主要有哪些？它们对钢材的性能有何影响？

（5）热轧钢筋随着等级由小到大，钢材的强度、塑性如何变化？

（6）低碳钢的冷加工强化及钢材时效后机械性能的变化是什么样的？

第七章习题答案

第八章

墙体材料

> □ **本章重点**
>
> 　　烧结普通砖的主要原材料和物理力学性能指标，介绍烧结多孔砖和空心砌块、蒸压制品、砌筑石材和混凝土制品等墙体材料性能。
>
> □ **学习目标**
>
> 　　掌握各种墙体材料墙体的技术性质与特性。

【课程思政8-1】

嵩岳寺塔

　　嵩岳寺塔是中国现存最早的砖塔，该塔建于北魏孝明帝正光元年(公元520年)，距今已有1 500多年的历史。

　　整个塔室上下贯通，呈圆筒状。全塔刚劲雄伟，轻快秀丽，建筑工艺极为精巧。该塔虽高大挺拔，但却是用砖和黄泥粘砌而成，塔砖小而且薄，历经千余年风霜雨露侵蚀而依然坚固不坏，至今保存完好，充分证明我国古代建筑材料及工艺之高超。嵩岳寺塔无论在建筑艺术上还是在建筑材料及技术方面，都是中国和世界古代建筑史上的一件珍品。

　　墙体材料是用来砌筑、拼装或用其他方法构成承重或非承重墙体材料，承重墙体材料在整个建筑中起承重、传递重力、维护和隔断等作用。在一般的房屋建筑中，墙体约占房屋建筑总重的1/2，用工量、造价的1/3，所以墙体材料是建筑工程中基本而重要的建筑材料。传统的墙体材料是烧结黏土砖和黏土瓦，但生产烧结黏土砖要破坏大量的农田，不利于生态环境的保护，同时黏土砖自重大，施工中劳动强度大，生产效率低，影响建筑业的机械化施工。国内已有部分城市规定：在框架结构的工程中，用黏土砖砌筑的墙体，不能通过验收。当前，墙体、屋面类材料的改革趋势是利用工业废料和地方资源，生产出轻质、高强、大块、多功能的墙体材料。

墙体材料属于结构兼功能材料，以形状大小一般分为砖、砌块和板材三类。

以生产制品方式来划分，墙体材料主要有烧结制品、蒸压蒸养制品、砌筑石材、混凝土制品等。

我国传统的砌筑材料主要是烧结普通砖和石材，烧结普通砖在我国砌墙材料产品构成中曾占"绝对统治"地位，是世界上烧结普通砖的"王国"，有"秦砖汉瓦"之说。但是，随着我国经济的快速发展和人们环保意识的日益提高，以烧结砖为代表的高能耗、高资源消耗传统墙体材料，已经不适应社会发展的需求，国家推出"积极开发新材料、新工艺、新技术"等相关政策和规定。因地制宜地利用地方性资源及工业废料，大力开发和使用轻质、高强、耐久、大尺寸和多功能的节土、节能和可工业化生产的新型墙体材料，以期获得更高的技术效益和社会效益，是当前的发展方向。

第一节　砌体砖

一、烧结普通砖

（一）烧结普通砖的品种

国家标准《烧结普通砖》（GB/T 5101—2017）规定：凡以黏土、页岩、煤矸石、粉煤灰、建渣土、淤泥、污泥及其他固体废弃物等为主要原料，经成型、焙烧而成的实心或孔洞率不大于15%的砖，称为烧结普通砖。烧结普通砖的外形为直角六面体，其尺寸为长240mm、宽115mm、高53mm。

烧结普通砖按主要原料分为黏土砖（N）、页岩砖（Y）、煤矸石砖（M）、粉煤灰砖（F）、建筑渣土砖（Z）、淤泥砖（U）、污泥砖（W）和固体废弃物砖（G）。根据抗压强度分为MU30、MU25、MU20、MU15、MU10五个强度等级。

砖的产品标记按产品名称的英文缩写、类别、强度等级和标准编号顺序编写。例如，烧结普通砖，强度等级MU15的黏土砖，其标记为，烧结普通砖 FCB N MU15 GB/T 5101。

（二）烧结普通砖的技术要求

1.尺寸偏差

为保证砌筑质量，砖的尺寸偏差应符合GB/T 5101—2017规定。

2.外观质量

烧结普通砖的外观质量应符合GB/T 5101—2017规定。具体项目包括两条面高度差、弯曲、杂质凸出高度、裂纹长度、缺棱掉角等。

3.强度

烧结普通砖的强度测定按照《砌墙砖的试验方法》（GB/T 2542—2012）规定进

行。按规定抽取10块试样，将试样锯成两个半截砖，经过普通制样或模具制样后，在不低于10℃的不通风室内养护3d，分别检测10块试样的抗压强度。

4.抗风化能力

指砖在干湿变化、温度变化、冻融变化等气候条件作用下抵抗破坏的能力。

5.泛霜

泛霜也称起霜，是砖在使用过程中的盐析现象。砖内过量的可溶盐受潮吸水面溶解，随水分蒸发而沉积于砖的表面，形成白色粉状附着物，影响建筑美观，如果溶盐为硫酸盐，当水分蒸发星晶体析出时，产生膨胀，使砖面剥落。国家标准规定：每块砖不允许出现严重泛霜。

6.石灰爆裂

石灰爆裂是指砖坯中夹杂着石灰石，焙烧后转变成生石灰，砖吸水后，由于石灰逐渐熟化而膨胀产生的爆裂现象。这种现象影响砖的质量，并降低砌体强度。

7.放射性物质

砖的放射性物质应符合《建筑材料放射性核索限量》（GB 6566—2010）的规定。

（三）烧结普通砖的应用

烧结普通砖是传统的墙体材料，具有比较高的强度和耐久性，还具有保温绝热、隔声吸声等优点被广泛用于砌筑建筑物内外墙、柱、拱、烟囱、沟道及构筑物，还可以配筋以代替混凝土构造柱和过梁。

需要指出的是，长期以来，我国一直大量生产和使用的墙体材料是烧结普通砖，这种砖具有块体小，需手工操作，劳动强度大，施工效率低，自重大，抗震性能差等缺点，严重阻碍建筑施工机械化和装配化。尤其是黏土砖，毁坏耕地，破坏生态，已在大、中城市明文禁止使用。研究生产轻质、高强、空心、多功能的墙体材料势在必行。另外，保护土地资源，充分利用工业废弃物，拓宽其资源化路径，变废为宝，降低生产能耗，开发出高附加值的绿色环保材料，也是今后墙体材料发展的重要方向。

【工程实例分析8-1】

某砖混结构浸水后倒塌

某县城于2021年7月8日至10日遭受洪灾，某住宅楼底部自行车库进水。12日上午倒塌，墙体破坏后部分呈粉末状，该楼为五层半砖砌体本重结构。在残存北纵墙基础上随机抽取20块砖进行试验。自然状态下实测抗压强度平均值为5.85MPa，低于设计要求的MU10砖抗压强度。从砖厂成品堆中随机抽取了砖测试，抗压强度十分离散，高的达21.8 MPa，低的仅5.1 MPa。请对其砌体材料进行分析讨论。

原因分析：该砖的质量差。设计要求使用MU10砖，而在施工时使用的砖大部分为MU7.5，现场检测结果砖的强度低于MU7.5。该砖厂土质不好，砖匀质性差。且砖的软化系数小、被积水浸泡过，强度大幅度下降，故部分砖破坏后呈粉末状。

还需说明的是，其砌筑砂浆强度低，黏结力差，故浸水后楼房倒塌。

二、多孔砖、空心砖

（一）烧结多孔砖和多孔砌块（GB 13544—2011）

经焙烧而成，孔洞率大于或等于33%，孔的尺寸小而数量多的主要用于承重部位的多孔砌块。按主要原料分为黏土砖和黏土砌块（N）、页岩砖和页岩砌块（Y）、煤矸石砖和煤矸石砌块（M）、粉煤灰砖和粉煤灰砌块（F）、淤泥砖和淤泥砌块（U）和固体废弃物砖和固体废弃物砌块（G）。根据抗压强度分为MU30、MU25、MU20、MU15、MU10五个强度等级。

砖和砌块的产品标记按产品名称、品种、规格、强度等级和标准编号顺序编写。例如，规格尺寸290mm×140mm×90mm，强度等级MU25，密度1200级的黏土烧结多孔砖，其标记为：烧结多孔砖 N 290mm×140mm×90mm MU25 1200 GB 13544—2011。其基本性质及要求应符合《烧结多孔砖和多孔砌块》（GB 13544—2011）标准规定。

烧结多孔砖如图8-1所示。

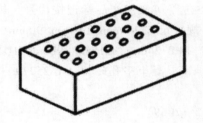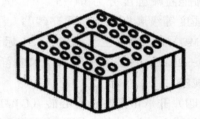

图8-1　烧结多孔砖

（二）烧结空心砖和空心砌块（GB/T 13545—2014）

以黏土、页岩、煤矸石、粉煤灰、淤泥、建筑渣土及其他固体废弃物为主要原料，经焙烧而成，主要用于建筑物非承重部位的空心砖和空心砌块。按主要原料分为黏土空心砖和空心砌块（N）、页岩空心砖和空心砌块（Y）、煤矸石空心砖和空心砌块（M）、粉煤灰空心砖和空心砌块（F）、淤泥空心砖和空心砌块（U）、建筑渣土空心砖和空心砌块（Z）和其他固体废弃物空心砖和空心砌块（G）。根据抗压强度分为MU3.5、MU5.0、MU7.5、MU10四个强度等级。

空心砖和空心砌块产品标记按产品名称、类别、规格（长度×宽度×高度）、密度等级、强度等级和标准编号顺序编写。例如，规格尺寸290mm×190mm×90mm，密度等级800，强度等级MU7.5的页岩空心砖，其标记为：烧结空心砖 Y 290mm×190mm×90mm 800 MU7.5 GB 13545—2014。其基本性质及要求应符合《烧结多孔砖和多孔砌块》（GB 13545—2014）标准规定。

烧结空心砖如图8-2所示。

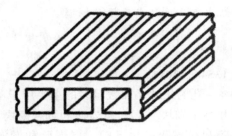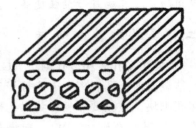

图8-2 烧结空心砖

（三）承重混凝土多孔砖（GB 25779—2010）

以水泥、砂、石等为主要原材料，经配料、搅拌、成型、养护制成，用于承重结构的多排孔混凝土砖，代号为LPB。常见规格尺寸见表8-1。

表8-1　　　　　　　　　　　　常见规格尺寸　　　　　　　　　　　单位：mm

长度	宽度	高度
360、290、240、190、140	240、190、115、90	115、90

注：其他规格尺寸可由供需双方协商确定。

按照抗压强度分为MU15、MU20、MU25三个等级。产品标记按代号、规格尺寸、强度等级和标准编号顺序编写。例如，规格尺寸240mm×115mm×90mm，强度等级MU15的混凝土多孔砖，其标记为：LPB 240mm×115mm×90mm MU15 GB 25779—2010。其基本性质及要求应符合《承重混凝土多孔砖》（GB 25779—2010）标准规定。

（四）非承重混凝土空心砖（GB/T 24992—2009）

以水泥、集料等为主要原料，可掺入外加剂及其他材料，经配料、搅拌、成型、养护制成的空心率不小于25%，用于非承重结构部位的砖，代号为NPB。常见规格尺寸见表8-2。

表8-2　　　　　　　　　　　　常见规格尺寸　　　　　　　　　　　单位为mm

项目	长度L	宽度B	高度H
尺寸	360、290、240、190、140	240、190、115、90	115、90

注：其他规格尺寸可由供需双方协商确定。

按照抗压强度分为MU10、MU7.5、MU5三个等级。按表观密度分为1400、1200、1100、1000、900、800、700、600八个密度等级。产品标记按代号、规格尺寸、强度等级和标准编号顺序编写。例如，规格尺寸240mm×115mm×90mm，强度等级MU7.5，密度等级1000的混凝土空心砖，其标记为：NPB 240mm×115mm×90mm 1000 MU7.5 GB/T 24492—2009。其基本性质及要求应符合《非承重混凝土多孔砖》（GB/T 24492—2009）标准规定。

空心砖各部位名称如图8-3所示。

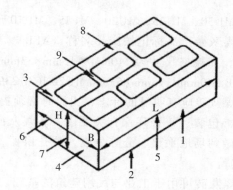

1——条面；

2——坐浆面（外壁、肋的厚度较小的面）；

3——铺浆面（外壁、肋的厚度较大的面）；

4——顶面；

5——长度（L）；

6——宽度（B）；

7——高度（H）；

8——外壁；

9——肋。

图8-3 空心砖各部位名称

三、免烧砖

利用粉煤灰、煤渣、煤矸石、尾矿渣、化工渣或者天然砂、淤泥等（以上原料的一种或数种）作为主要原料，不经高温煅烧而制造的一种新型墙体材料被称之为免烧砖。常见品种有灰砂砖、粉煤灰砖和炉渣砖三种。

（一）灰砂砖

根据《蒸压灰砂实心砖和实心砌块》（GB 11945—2019）的规定，蒸压灰砂砖是以石灰和砂为主要原料，允许掺入颜料和外加剂，经坯料制备、压制成型、蒸压养护而成的实心砖。灰砂砖根据颜色的不同可分为彩色灰砂砖（C）和本色灰砂砖（N）。砖的外形为直角六面体。蒸压灰砂砖的公称尺寸与烧结普通砖相同，分别是长度240mm，宽度115mm，高度53mm，生产其他规格尺寸产品，由用户与生产厂家协商确定。

灰砂砖根据抗压强度和抗折强度分为MU30、MU25、MU20、MU15、MU10五个强度等级。根据尺寸偏差和外观质量、强度及抗冻性分为不合格品和合格品。

（二）粉煤灰砖

根据《蒸压粉煤灰砖》（JC/T 239—2014）的规定，粉煤灰砖是以粉煤灰生石灰为主要原料，可掺加适量石膏等外加剂和其他集料，经坯料制备、压制成型、高压蒸汽养护而制成的砖。

粉煤灰砖的公称尺寸为240mm×115mm×53mm。强度等级按抗压强度和抗折强度分为MU30、MU25、MU20、MUI5、MU10五个等级。

粉煤灰砖产品标记按产品名称（AFB）、规格尺寸、强度等级、标准编号的顺序标记，如规格尺寸为240mm×115mm×53mm，强度等级为MU20的粉煤灰砖标记为：AFB 240mm×115mm×53mm MU20 JC/T 239—2014。

粉煤灰砖应有明显的标志，出厂时必须提供产品合格证和使用说明书。粉煤灰砖应妥善包装，符合环保有关要求。粉煤灰砖龄期不足10d不得出厂。产品贮存、堆放应做到场地平整、分等分级、整齐稳妥。粉煤灰砖运输、装卸时，不得抛掷、翻斗卸货。

粉煤灰砖可用于工业与民用建筑的基础、墙体，但用于基础或用于易受冻融和干湿交替作用的建筑部位必须使用MU15及以上强度等级的砖。粉煤灰砖不得用于长期受热200℃以上受急冷急热和有酸性介质侵蚀的建筑部位。

（三）炉渣砖

根据《炉渣砖》（JC/T 525—2007）的规定，炉渣砖是以煤燃烧后的残渣为主要原料，配以一定数量的石灰和少量石膏，经加水拌和，压制成型、蒸养或蒸压养护而制成的实心砖，按抗压强度可分为MU25、MU20、MU15三个强度等级。

炉渣砖的公称尺寸为240mm×115mm×53mm。

炉渣砖的产品标记按产品名称（LZ）、强度等级以及标准编号顺序编写，如强度等级MU20的炉渣砖标记为：LZ MU20 JC/T 525—2007。炉渣砖应按品种、强度等分别包装，包装应牢固，保证运输时不会摇晃碰坏，产品运输和装卸时要轻拿轻放，避免碰撞摔打。炉渣砖应按品种、强度等级分别整齐堆放，不得混杂。炉渣砖龄期不足28 d不得出厂。炉渣砖的应用与粉煤灰砖相似。

第二节　砌块

砌块是用于砌筑的、形体大于墙砖的人造块材。物块的外形多为直角六面体，也有各种异形的。在砌块系列中，主规格的长度、宽度或高度有一项或一项以上分别大于365mm、240mm或115mm，但高度不大于长度或宽度的六倍，长度不超过高度的三倍。

砌块的分类方法很多。按砌块的主规格尺寸可以分为大型砌块（高度大于980mm）、中型砌块（高度为380~980mm）和小型砌块（高度为115~380mm）；按用途分为承重砌块和非承重砌块；按空心率分为空心砌块和实心砌块；按生产的原料分为混凝土小型空心砌块、粉煤灰砌块、加气混凝土砌块、轻骨料混凝土砌块、矿渣空心砌块和炉渣空心砌块等。

砌块生产工艺简单，能充分利用地方资源和工业废料，提高了施工效率和机械化程度，减轻房屋自重，改善墙体功能，降低工程造价，是重要的新型墙体材料。本节简单介绍几种常见砌块。

一、普通混凝土小型空心砌块

普通混凝土小型空心砌块（如图8-4所示，代号：H）按使用时砌筑墙体的结构和受力情况分为承重结构用砌块（代号：L）、非承重结构用砌块（代号：N）；按其强度等级分为MU5.0、MU7.5、MU10.0、MU15.0、MU20.0、MU25.0六个强度等级。按物块种类、规格尺寸、强度等级（MU）和标准代号的顺序进行标记。比如强度等级为MU7.5的非承重结构用砌块，其标记为：NH 395X190X194 MU7.5 GB/T 8239—2014。

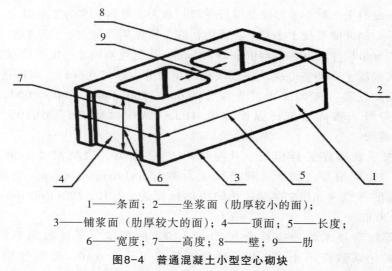

1——条面；2——坐浆面（肋厚较小的面）；
3——铺浆面（肋厚较大的面）；4——顶面；5——长度；
6——宽度；7——高度；8——壁；9——肋
图8-4 普通混凝土小型空心砌块

普通混凝土小型空心砌块的主规格尺寸为390mm×190mm×190mm。其他规格尺寸可由供需双方协商。对于承重空心砌块，最小外壁厚应不小于30mm，最小肋厚应不小于25mm，空心率应不小于25%；对于非承重空心砌块，最小外壁厚和最小肋厚应不小于20mm。尺寸允许偏差、外观质量等基本性质及要求应符合《普通混凝土小型砌块》（GB/T 8239—2014）标准规定。

普通混凝土小型空心砌块适用于各种建筑墙体，也可以用于围墙、挡土墙、桥梁、花坛等市政设施。使用时的注意事项：小砌块必须养护28 d方可使用；小砌块必须严格控制含水率，堆放时做好防雨措施，砌筑前不允许浇水。

二、蒸压加气混凝土砌块

蒸压加气混凝土砌块是以水泥、石灰、砂、粉煤灰、矿渣等为原料，经过磨细，并以铝粉为发气剂，按一定比例配合，经过料浆浇筑，再经过发气成型、坯体切割、蒸压养护等工艺制成的一种轻质、多孔的建筑墙体材料。

蒸压加气混凝土砌块强度有A1.0、A2.0、A2.5、A3.5、A5.0、A7.5、A10等级别。干密度有B03、B04、B05、B06、B07、B08等六个级别。砌块按尺寸偏差与外观质量、干密度、抗压强度和抗冻性分为优等品（A）和合格品（B）两个等级。

砌块产品标记如强度级别为 A3.5、干密度为 B05、优等品、规格尺寸为 600mm ×200mm×250mm 的热压加气混凝土砌块，其标记为：ACB A3.5 B05 600X200X 250A GB 11968—2006。

蒸压加气混凝土砌块的规格尺寸应符合 GB 11968—2006 的规定。

三、粉煤灰混凝土小型空心砌块

粉煤灰混凝土小型空心砌块是以粉煤灰、水泥、骨料、水为主要组分（也可加入外加剂等）制成的混凝土小型空心砌块，称为粉煤灰混凝土小型空心砌块，代号为 FHB。主规格尺寸为 390mm×190mm×190mm，其他规格尺寸可由供需双方商定。

粉煤灰混凝土小型空心砌块按砌块孔的排数分为单排孔（1）、双排孔（2）和多排孔（D）三类。按砌块密度等级分为 600、700、800、900、1000、1200 和 1400 七个等级。按砌块抗压强度分为 MU3.5、MU5、MU7.5、MU10、MU15 和 MU20 六个等级。

产品按下列顺序进行标记：代号（FHB）、分类、规格尺寸、密度等级、强度等级、标准编号。例如，规格尺寸为 390mm×190mm×190mm。密度等级为 800 级，强度等级为 MU 5 的双排孔砌块的标记为：FHB2 390×190×190 800 MU5 JC/T 862—2008。

强度等级等技术性质应符合 JC/T862—2008 的规定。干燥收缩率应不大于 0.060%，碳化系数应不小于 0.80，软化系数应不小于 0.80，放射性应符合 GB 6566—2010 的规定。

粉煤灰混凝土小型空心砌块与实心黏土砖相比，可降低墙体自重约 1/3，提高抗震性，降低基础工程造价约 10%，提高施工效率 3~4 倍，可节约砌筑砂浆的用量 60% 以上。另外，还具有隔音抗穆、节能方便加工、环保等优点，有明显的经济效益、环境效益和社会效益。

【工程实例分析8-2】

混凝土砌块砌体裂缝

现象：某工程用蒸压加气混凝土砌块砌筑外墙，该蒸压加气混凝土砌块出釜一周后即砌筑，工程完工一个月后，墙体出现裂纹，试分析原因。

原因分析：该外墙属于框架结构的非承重墙，所用的蒸压加气混凝土砌块出釜仅一周，其收缩率仍较大，在砌筑完工干燥过程中继续产生收缩，墙体在沿着砌块与砌块交接处就会产生裂缝。

第三节　石材

一、大理石

建筑装修工程上所指的大理石是广义上的，除指大理岩外，还泛指具有装饰功能，可以磨平、抛光的各种碳酸盐岩和与其有关的变质岩，如石灰岩、白云岩、钙质砂岩等。大理石板材主要成分为碳酸盐矿物。天然大理石质地较密实，抗压强度较高、吸水率低、质地较软，属碱性中硬石材。它易加工、开光性好，常被制成抛光板材，其色调丰富、材质细腻，极富装饰性。

大理石的成分有 CaO、MgO、SiO_2 等，其中 CaO 和 MgO 的总量占 50% 以上，属碱性石材。在大气中受硫化物及汽水形成的酸雨长期的作用，大理石容易发生腐蚀，造成表面强度降低、变色掉粉，失去光泽，影响其装饰性能。所以除少数大理石，如汉白玉、艾叶青等质纯、杂质少、比较稳定、耐久的板材品种可用于室外，绝大多数大理石板材只宜用于室内。

天然大理石板材是装饰工程的常用饰面材料，一般用于宾馆、展览馆、剧院、商场、图书馆、机场、车站、办公楼、住宅等工程的室内墙面、柱面、服务台、栏板、电梯间门口等部位。由于其耐磨性相对较差，虽也可用于室内地面，但不宜用于人流较多场所的地面。由于大理石耐酸腐蚀能力较差，除个别品种外，一般只是用于室内。

二、花岗石

建筑装饰工程上所指的花岗石是指花岗石为代表的一类装饰石材，包括各类以石英、长石为主要的组成矿物，并含有少量云母和暗色矿物的岩浆岩和花岗石的变质岩，如花岗岩、辉绿岩、辉长岩、玄武岩、橄榄岩等。从外观特征看，花岗石常呈整体均粒状结构，称为花岗石结构。花岗石构造致密、强度大、密度大、吸水率极低、质地坚硬、耐磨，属酸性硬石材。花岗石的化学成分有 SiO_2、Al_2O_3、CaO、MgO、Fe_2O_3 等，其中 SiO_2 的含量常为 60% 以上，为酸性石材，因此，其耐酸、抗风化、耐久性好，使用年限长。花岗石所含石英在高温下会发生晶变，体积膨胀而开裂，因此不耐火。

天然花岗石建筑板材技术要求包括规格尺寸允许偏差、平面度允许公差、角度允许公差、外观质量和物理性能，分为优等品（A）、一等品（B）、合格品（C）三个等级，应符合 GB/T 18601—2009 规定。

花岗石板材主要用于大型公共建筑或装饰等级要求较高的室内外装饰工程。花岗石不易风化，外观色泽可保持百年以上，所以，粗面和细面板材常用于室外地面、墙面、柱面、勒脚、基座、台阶；镜面板材主要用于室内外地面、墙面、柱面、台面、台阶等，特别适宜做大型公共建筑大厅地面。

三、人造饰面石材

人造饰面石材是采用无极或有机胶凝材料作为胶黏剂，以天然砂、碎石、石粉或工业渣等为粗、细填充料，经成型、固化、表面处理而成的一种人造材料。它一般具有质量轻、强度大、厚度薄、色泽鲜艳、花色繁多、装饰性好、耐腐蚀、耐污染、便于施工、价格较低的特点。按照所用材料和制造工艺不同，可把人造饰面石材分为水泥型人造石材、聚酯型人造石材、复合型人造石材、烧结型人造石材和微晶玻璃人造石材。其中聚酯型人造石材和微晶玻璃型人造石材是目前应用较多的品种。

人造饰面石材适用于室内外墙面、地面、柱面、台面等。

【课程思政8-2】

人民英雄纪念碑

人民英雄纪念碑是中华人民共和国成立后首个国家级公共艺术工程，也是中国历史上最大的纪念碑，会聚了魏长青、郑振铎、吴作人、梁思成、刘开渠等一大批当时中国最优秀的文史专家、建筑家、艺术家。从1949年9月30日毛主席亲自奠基，毛主席的题字，原写在信纸上，经过放大20倍，再把放大的字往石碑上刻，直至1958年5月1日正式落成，是中华人民共和国成立以来耗时最长的大型艺术项目。

纪念碑由17 000块花岗石和汉白玉砌成，其中采自青岛浮山的纪念碑碑心石是建碑中最主要的大石料，是中国建筑史上极为罕见的完整花岗石，其石坯长14.4米，宽2.72米，厚3米，重达320吨以上。整座纪念碑用17 000多块花岗石和汉白玉砌成，肃穆庄严，雄伟壮观。

人民英雄纪念碑呈方形，建筑面积为3 000平方米。分台座、须弥座和碑身三部分，总高37.94米。台座分两层，四周环绕汉白玉栏杆，四面均有台阶。下层座为海棠形，东西宽50.44米，南北长61.54米；上层座呈方形。台座上是大小两层须弥座，上层小须弥座四周镌刻有以牡丹、荷花、菊花、垂幔等组成的八个花环。

下层须弥座束腰部四面镶嵌八幅巨大的汉白玉浮雕，分别以"虎门销烟""金田起义""武昌起义""五四运动""五卅运动""南昌起义""抗日游击战争""胜利渡长江"为主题，在"胜利渡长江"的浮雕两侧，另有两幅以"支援前线""欢迎中国人民解放军"为题的装饰性浮雕。浮雕高2米，总长40.68米，浮雕镌刻着170多个人物形象，生动而概括地表现出中国人民100多年来，特别是在中国共产党领导下28年来反帝反封建的伟大革命斗争史实。

碑身东西两侧上部，刻着以红星、松柏和旗帜组成的装饰花纹，象征着先烈们的革命精神万年长存。小碑座的四周，雕刻着以牡丹花、荷花、菊花等组成的八个大花圈，这些花朵象征着品质高贵、纯洁，表示全国人民对英雄们的永远怀念和敬仰。碑顶是民族传统的建筑形式，是上有卷云下有重幔的小庑殿顶。整个纪念碑的造型使人们感到既有民族风格，又有鲜明的新时代精神。

资料来源 百度百科. 人民英雄纪念碑［EB/OL］.［2022-09-03］. https://baike.baidu.com/item/% E4%BA% BA% E6%B0%91%E8%8B% B1%E9%9B% 84%E7%BA% AA% E5%BF% B5%E7%A2%91/315617? adlt=strict&toWww=1&redig=BC989C7C3E8648B19B45D0C8E5520F2C.

第四节　墙板

墙用板材可分为轻质外墙板和轻质内墙板两大类型。轻质外墙板按其构造和特点分为单一材料板，如加气混凝土板；多层复合板，如石棉水泥板、矿棉板和石膏板组成的复合板，钢丝网水泥板和加气混凝土组成的复合板，陶粒混凝土矿棉夹心板，预应力肋形薄板内复石膏板等。轻质内墙板的品种很多，大体上可划为三种类型：一是利用各种轻质材料制成的内墙板，如加气混凝土板等；二是用各种轻质材料制成的空心板，如石膏膨胀蛭石空心板、石膏膨胀珍珠岩空心板和碳化石灰空心板等；三是用轻质薄板制成的多层复合板，如石膏复合墙板等。本节主要介绍几种具有代表性的板材。

一、纸面石膏板

纸面石膏板是以半水石膏、适量纤维加入胶黏剂和泡沫剂及适量的水，混合搅拌均匀，然后入模、刮平，再在上、下表面辊压上一层护面纸而制成的板材。

以纸面石膏板为基材，在其表面进行涂敷、压花、贴膜等加工可以制成装饰石膏板。在石膏芯材和纸面上加入外加剂处理，可以制得耐水纸面石膏板和耐火纸面石膏板。

纸面石膏板具有环保、平整、尺寸稳定、质量轻（表观密度840～1 000kg/m³）、保温隔热好、隔声性好的优点，并且加工方便，广泛用于室内装饰工程中。

二、GRC空心轻质墙板

GRC空心轻质墙板是用水泥作胶结材料，玻璃纤维无纺布为增强材料，掺入颗粒状无机绝热材料膨胀珍珠岩成炉渣作骨料，并配入适量的防水剂、发泡剂，经搅拌、绕筑、振动成型和养护而成。GRC板的规格为长度3 000mm，宽度600mm，厚度60mm、90mm、120mm。

GRC空心轻质墙板具有质量轻（60mm厚的板材，每平方米的质量仅为35kg）、强度高（60mm厚的板材抗折荷载>1 400N；120mm厚的板材，抗折荷载>2 500N）、隔声性能好、隔热性能好［导热系数≤0.2W/（m·K）］、阻燃性好（耐火极限1.3～3h）、可加工性好（板材可以锯、钻、刨加工）等优点。

GRC空心轻质墙板主要用于工业和民用建筑的内隔墙和复合墙体的外墙面。

三、蒸压加气混凝土板

蒸压加气混凝土板是以钙质材料（水泥、石灰等）、硅质材料（砂、粉煤灰、粒化高炉矿渣等）和水按一定比例混合，加入少量铝粉和外加剂，经搅拌、浇筑、成型、蒸压养护制成的一种轻质板材。

根据《蒸压加气混凝土板》（GB 15762—2008）的规定，蒸压加气混凝土板按用途可分为屋面板（JWB）、楼板（JLB）、外墙板（JQB）、隔墙板（JGB）等品种。按强度分为A2.5、A3.5、A5.0、A7.5四个强度等级。按干密度分为B04、B05、B06、B07四个干密度等级。

蒸压加气混凝土板多数充作非承重构件或保温材料；配筋的加气混凝土板材可用作承重构件，但层数一般不超过三层。工业和民用建筑中的屋面板、隔墙板广泛采用配筋的加气混凝土板材，尤其是高层建筑。对于一般建筑物基础及与土和水直接接触的部位、室内相对湿度常处于80%、受化学侵蚀环境或表面温度高于80℃的厂房等均不得使用加气混凝土板材。

四、复合墙板

为了提高墙体的综合功能，近年来，工业与民用建筑中采用了多种复合墙板。所谓复合墙板，就是利用多种不同性能的材料，取各自优点制成的板材。一般由外层、中间层和内层组成。外层一般用防水或装饰材料制成；中间层用强度低、表观密度小、绝热性能好的材料填充；内层多用强度高、装饰性强的材料制成。内外层之间多用龙骨或板肋连接，以提高承载力。常用的复合墙板有以下几种：

（一）混凝土夹心板

用20～30mm厚的钢筋混凝土作内外表面层，中间填以矿渣棉毡、岩棉毡、泡沫等保温材料，其厚度视热工计算而定。内外两表面层以钢筋件连接，用于内外墙。

（二）钢丝网水泥复合墙板

钢丝网水泥复合墙板又叫泰柏板，是以钢丝网焊接成三维骨架，中间填充泡沫塑料等轻质阻燃材料，两表面涂抹水泥砂浆制成的复合板材。

泰柏板的标准规格为3m²，一般为1.22m×2.44m，标准厚度为100mm，平均自重为90 kg/m²，具有良好的隔热性，还具有隔声好、抗冻性好、抗震性强等特点，在工程中广泛用作墙板、屋面板和各种保温板。

（三）压型钢板复合板

压型钢板复合板是以压型镀锌板材为表面，内夹硬质泡沫塑料等保温材料制成的复合板材。常用的保温材料有聚氨酯泡沫塑料、聚氯乙烯泡沫、超细玻璃棉、结构岩棉等。

压型钢板复合板具有重量轻、导热系数低〔约为 $0.31W/(m·K)$〕，具有较好的抗剪、抗弯强度，安装灵活，经久耐用，可多次重复使用的特点，可用于墙体和屋面材料。

■ 本章小结

墙体材料在房屋中起到承受荷载、传递荷载、间隔及维护作用，直接影响到建筑物的性能和使用寿命。墙体材料以形状大小一般分为砖、砌块和板材三类。烧结普通砖的技术要求主要包括规格、外观质量、强度等级、抗风化性能、泛霜、石灰爆裂和产品标记等。

■ 本章习题

1.判断题

（1）烧结普通砖的标准尺寸为 240mm×115mm×53mm。 （　　）

（2）红砖比青砖结实、耐碱和耐久，质量较好。 （　　）

（3）烧砖时窑内为氧化气氛时制得青砖，为还原气氛时制得红砖。 （　　）

（4）烧结黏土砖生产成本低，性能好，可大力发展。 （　　）

（5）多孔砖和空心砖都具有自重较小，绝热性能较好的优点，故它们均适合用来砌筑建筑物的承重内外墙。 （　　）

（6）石材的抗冻性用软化系数表示。 （　　）

（7）石灰爆裂即过火石灰在砖体内吸水消化时产生膨胀，导致砖发生膨胀破坏。 （　　）

2.单项选择题

（1）以下砌体材料，（　　）由于黏土耗费大，逐渐退出建材市场。

A.烧结普通砖　　　　　　　　B.烧结多孔砖

C.烧结空心砖　　　　　　　　D.灰砂砖

（2）下列墙体材料，（　　）不能用于承重墙体。

A.烧结普通砖　　　　　　　　B.烧结多孔砖

C.烧结空心砖　　　　　　　　D.灰砂砖

（3）黏土砖的质量等级是根据（　　）来确定的。

A.外观质量　　　　　　　　　B.抗压强度平均值和标准值

C.强度等级和耐久性　　　　　D.尺寸偏差

（4）为保持室内温度的稳定性，墙体材料应选取（　　）的材料。

A.导热系数小、热容量小　　　B.导热系数小、热容量大

C.导热系数大、热容量小　　　　　　D.导热系数大、热容量大

（5）与烧结普通砖相比，烧结空心砖的（　　　）。

A.保温性好、体积密度大　　　　　　B.强度高、保温性好

C.体积密度小、强度高　　　　　　　D.体积密度小、保温性好、强度较低

3.多项选择题

（1）蒸压灰砂砖的原料主要有（　　　）。

A.石灰　　　　　　B.煤矸石　　　　　　C.砂子　　　　　　D.粉煤灰

（2）以下材料属于墙用砌块的有（　　　）。

A.蒸压加气混凝土砌块　　　　　　　B.粉煤灰砌块

C.水泥混凝土小型空心砌块　　　　　D.轻集料混凝土小型空心砌块

（3）利用煤矸石和粉煤灰等工业废渣烧砖，可以（　　　）。

A.减少环境污染　　　　　　　　　　B.节约大片良田黏土

C.节省大量燃料煤　　　　　　　　　D.大幅提高产量

4.简答题

（1）烧结黏土砖在砌筑施工前为什么一定要浇水润湿？

（2）何谓烧结普通砖的泛霜和石灰爆裂？它们对建筑物有何影响？

（3）简述墙体材料的发展方向。

第八章习题答案

第九章

木材

□ **本章重点**

　　材料的组成及其对材料性质的影响。建议通过学习了解材料科学的基本概念，理解材料的组成结构与性能的关系，以及其在工程实践中的意义。

□ **学习目标**

　　了解土木工程材料的基本组成、结构和构造及其与材料基本性质的关系；熟练掌握土木工程材料的基本力学性质；掌握土木工程材料的基本物理性质；掌握土木工程材料耐久性的基本概念。

　　木材是土木工程的三大材料之一，是人类最早使用的天然有机材料。木结构是中国古代建筑的主要结构类型和重要特征。木材具有轻质高强、耐冲击、弹性和韧性好，导热性低，纹理美观、装饰性好等特点，建筑用的木材产品已从原木的初加工（电杆、各种锯材等）发展到木材的再加工品（人造板、胶合木等），以及成材的再加工（建筑构件、家具等）等，在建筑工程中主要用作木结构、模板、支架墙板、吊顶、门窗、地板、家具及室内装修等。同时，木材也存在一些缺点，构造不均匀，呈各向异性；易变形、易吸湿，湿胀干缩大；若长期处于干湿交替环境中，耐久性较差；易腐蚀，易虫蛀，易燃烧；天然缺陷较多，影响材质。不过木材经过一定的加工和处理后，这些缺点可得到相当程度的克服。

【课程思政 9-1】

应县木塔

　　应县木塔建于辽清宁二年(公元1056年)，至今已有近千年，是我国现存最高最古的一座木结构塔式建筑。应具木塔的设计，大胆继承了汉、唐以来富有民族特点的重楼形式，充分利用传统建筑技巧，广泛采用斗拱结构，全塔共有斗拱54种，

每个斗拱都有一定的组合形式，将梁、坊、柱结成一个整体，每层都形成了一个八边形中空结构层。

应县木塔设计科学严密，构造完美，巧夺天工，是一座既有民族风格、民族特点，又符合宗教要求的建筑，在我国古代建筑艺术中可以说达到了最高水平，即使现在也有较高的研究价值。另外一些专家指出，古代匠师在经济利用木料和选料方面所达到的水平，也令现代人为之惊叹。

这座结构复杂、构件繁多、用料超过 5 000m³ 的木塔，所有构件的用料尺寸只有 6 种规格，用现代力学的观点看，每种规格的尺寸，均能符合受力特性，是近乎优化选择的尺寸。

应县木塔与意大利比萨斜塔、巴黎埃菲尔铁塔并称"世界三大奇塔"。2016 年 9 月，它被吉尼斯世界纪录认定为"全世界最高的木塔"。

木材是天然资源，树木的生长需要一定的周期，故属于短缺材料，目前工程中主要用作装饰材料。随着木材加工技术的提高，木材的节约使用与综合利用有着良好的前景。

第一节　木材的分类和构造

木材主要由树木的树干加工而成，木材的分类按其来源（树木的种类）有针叶树木材和阔叶树木材两大类。木材的构造是决定木材性质的主要因素，不同树种以及生长环境条件不同的树材，其构造差别很大，木材的构造通常从宏观和微观两个方面进行。构造缺陷是确定木材质量标准或设计时必须考虑的因素。

一、分类

针叶树木材是由松树、杉树、柏树等生产的木材，其树叶细长，树干通直高大，易得大材，其纹理顺直，材质均匀，木质较软而易于加工，又称软木材。针叶树木材强度较高，表观密度和胀缩变形较小，耐腐性较强，是建筑工程中的主要用材，广泛用作承重构件、制作范本、门窗等。

阔叶树木材是由杨树、桐树、樟树、榆树等生产的木材。其树叶宽大，多数树种的树干通直部分较短，一般材质坚硬，较难加工，又称为硬木材。阔叶树材一般表观密度较大，干湿变形大，易开裂翘曲，仅适用于尺寸较小的非承重木构件。因其加工后表现出天然美丽的木纹和颜色，具有很好的装饰性，常用作家具及建筑装饰材料。

二、木材的构造

（一）木材的宏观构造

木材的宏观构造是指用肉眼或借助放大镜所观察到的木材构造特征。一般从横、径、弦3个切面了解木材的结构特性，如图9-1所示。与树干主轴成直角的锯切面称横切面，如原木的端面；通过树心与树干平行的纵向锯切面称径切面；垂直于端面并距树干主轴有一定距离的纵向锯切面则称弦切面。

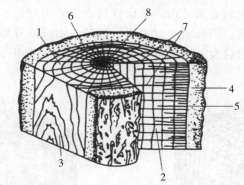

1——横切面；2——径切面；3——玄切面；4——树皮；
5——木质部；6——生长轮；7——髓线；8-髓心
图9-1　木材的宏观构造

从横切面上可以看到树木可分成髓心、木质部和树皮三个主要部分，髓心是树干中心松软部分，其木质强度低、易腐朽，故锯切的板材不宜带有髓心部分。木质部是指从树皮至髓心的部分，是木材的主体，也是建筑用材的主体。按生长的阶段又可区分为边材、心材等部分。靠近髓心颜色较深的称为心材；靠近树皮颜色较浅的称为边材。心材材质较硬、密度大，抗变形性、耐久性和耐腐蚀性均比边材好。因此，一般来说心材比边材的利用价值高些。从横切面上还可看到木质部围绕髓心有深浅相间的同心圆环，称为生长轮（俗称年轮），在同一年轮内，春天生长的木质，色较浅，质较松，称为春材（早材），夏秋两季生长的木质，色较深，质较密，称为夏材（晚材）。相同树种，年轮越密且均匀，材质越好；夏材部分越多，木材强度越高。从髓心向外的辐射线，称为木射线或髓线。髓线与周围连接较差，木材干燥时易沿髓线开裂。深浅相间的生长轮和放射状的髓线构成了木材雅致的颜色和美丽的天然纹理。树皮是指树干的外围结构层，是树木生长的保护层，建筑上用途不大。

（二）木材的微观结构

木材的微观结构是借助显微镜所观察到的木材构造特征。在显微镜下，可以看到木材是由无数呈管状的细胞紧密结合而成的，绝大部分细胞呈纵向排列形成纤维结构，少部分横向排列形成髓线。每个细胞分为细胞壁和细胞腔两部分。细胞壁由细胞纤维组成，细胞纤维间具有极小的空隙，能吸附和渗透水分；细胞腔则是由细胞壁包裹而成的空腔。木材的细胞壁越厚，腔越小，木材越密实，表观密度和强度也越大，但胀缩变形也大。一般来说，夏材比春材细胞壁厚。

　　木材细胞因功能不同可分为管胞、导管、木纤维、髓线等多种。管胞为纵向细胞，长2～5mm，直径为30～70μm，在树木中起支承和输送养分的作用，占树木总体积的90%以上。某些树种，如松树在管胞间有树脂道，用来储藏树脂，如图9-2所示。导管是壁薄而腔大的细胞，主要起输送养分的作用，大的管孔肉眼可见。木纤维长约1mm，壁厚腔小，主要起支撑作用。针叶树和阔叶树的微观构造有较大的差别。针叶树的显微结构简单而规则，主要由管胞和髓线组成，针叶树木材的髓线较细而不明显；阔叶树木材主要由导管、木纤维及髓线等组成，其髓线粗大而明显，导管壁薄而腔大。因此，有无导管以及髓线的粗细是鉴别阔叶树或针叶树的显著特征。

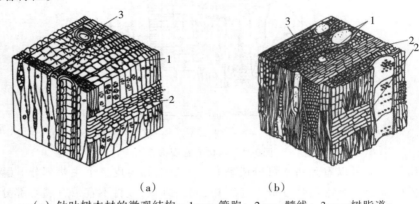

（a）　　　　　　　　　（b）

（a）针叶树木材的微观结构：1——管胞；2——髓线；3——树脂道；
（b）阔叶树木材的微观结构：1——导管；2——髓线；3——木纤维；

图9-2　木材的宏观构造

（三）构造缺陷

　　凡是树干上由于正常的木材构造所形成的木节、裂纹和腐朽等缺陷称为构造缺陷。包含在树干或主枝木材中的枝条部分称为木节或节子，节子破坏木材构造的均匀性和完整性，不仅影响木材表面的美观和加工性质，更重要的是影响木材的力学性质，节子对顺纹抗拉强度的影响最大，其次是抗弯强度，特别是位于构造边缘的节子最明显，对顺纹抗压强度影响较小，能提高横纹抗压强度和顺纹抗剪强度。木材由于木腐菌的侵入，逐渐改变其颜色和结构，使细胞壁受到破坏，变得松软易碎，呈筛孔状或粉末状等形态，称为腐朽。腐朽严重影响木材的性质，使其质量减轻、吸水性增大，强度、硬度降低。木材纤维与纤维之间的分离所形成的裂隙称为裂纹，贯通的裂纹会破坏木材完整性，降低木材的力学性能，如斜纹、涡纹，会降低木材的顺纹抗拉、抗弯强度，应压木（偏宽年轮）的密度、硬度、顺纹抗压和抗弯强度较大，但抗拉强度及冲击韧性较小，纵向干缩率大，因而翘曲和开裂严重。

【工程实例分析 9-1】

客厅木地板所选用的树种

概况：某客厅采用白松实木地板装修，使用一段时间后多处磨损，请分析原因。

原因分析：白松属针叶树材。其木质软、硬度低、耐磨性差。虽受潮后不易变形，但用于走动频繁的客厅则不妥，可考虑改用质量好的复合木地板，其板面坚硬耐磨，可防高跟鞋、家具的重压、磨刮。

第二节　木材的主要性质

一、木材的化学性质

木材是一种天然生长的有机材料，它的化学组分因树种、生长环境、组织存在的部位不同而差异较大，主要有纤维素、半纤维素和木质素等细胞壁的主要成分，以及少量的树脂、油脂、果胶质和蛋白质等次要成分，其中，纤维素占50%左右。所以木材的组成主要是一些天然高分子化合物。

木材的性质复杂多变。在常温下木材对稀的盐溶液、稀酸、弱碱有一定的抵抗能力；但随着温度的升高，其抵抗能力显著降低。而强氧化性的酸、强碱在常温下也会使木材发生变色、水解、氧化、酯化、降解交联等反应。在高温下即使是中性水，也会使木材发生水解反应。

木材的上述化学性质是对木材进行处理、改性以及综合利用的工艺基础。

二、木材的物理性质

木材的物理性质是指木材在不受外力和发生化学变化的条件下，所表现出的各种性质。

（一）密度和表观密度

木材的密度反映材料的分子结构，由于各树木的木材的分子构造基本相同，因而其密度相差不大，一般在 $1.48 \sim 1.56 \ g/cm^3$。

木材是一种多孔材料，它的表观密度随着树种、产地、树龄的不同有很大差异，而且随含水率及其他因素的变化而不同。一般有气干表观密度、绝干表观密度和饱水表观密度。木材的表观密度越大，其湿胀干缩率也大。

（二）含水率

木材的含水率是指木材所含水的质量占干燥木材质量的百分数。含水率的大小对木材的湿胀干缩和强度影响很大。新伐木材的含水率常在35%以上；风干木材的含水率为15% ~ 25%；室内干燥木材的含水率为8% ~ 15%。木材中所含的水根据其存在状态可分为三类：自由水、吸附水和化合水。

　　自由水是存在于木材细胞腔和细胞间隙中的水分，自由水的变化只与木材的表观密度、含水率、燃烧性等有关。

　　吸附水是被吸附在细胞壁内细纤维之间的水分，吸附水的变化是影响木材强度和胀缩变形的主要因素。

　　化合水是指木材化学组成中的结合水，其含量很少，一般不发生变化，故对木材的性质无影响。

　　水分进入木材后，首先吸附在细胞壁中的细纤维间，成为吸附水，吸附水饱和后，其余的水成为自由水；反之，木材干燥时，首先失去自由水，然后才失去吸附水。当自由水蒸发完毕而吸附水处于饱和状态时，木材的含水率称为木材的纤维饱和点。其数值随树种而异，通常在25%～35%，平均为30%。木材的纤维饱和点是木材物理力学性质发生变化的转折点。

　　木材的吸湿性是双向的，即干燥木材能从周围空气中吸收水分，潮湿的木材也能在较干燥的空气中失去水分，其含水率随着环境的温度和湿度的变化而改变。当木材长时间处于一定温度和湿度的环境中时，木材中的含水量最后会达到与周围环境湿度相平衡，这时木材的含水率称为平衡含水率。它是木材进行干燥时的重要指标，在使用时木材的含水率应接近于平衡含水率或稍低于平衡含水率。平衡含水率随空气湿度的变大和温度的升高而增大，反之减少。我国北方木材的平衡含水率约为12%，南方约为18%，长江流域一般为15%左右。

（三）湿胀与干缩

　　木材的湿胀与干缩与其含水率有关。当木材从潮湿状态干燥至纤维饱和点时，其尺寸并不改变。当干燥至纤维饱和点以下时，细胞壁中的吸附水开始蒸发，木材发生收缩；反之，干燥木材吸湿后，将发生膨胀，直到含水率达到纤维饱和点为止，此后木材含水率继续增大，也不再膨胀，由于木材构造的不均匀性，木材不同方向的干缩湿胀变形明显不同。纵向干缩最小，为0.1%～0.35%，径向干缩较大，为3%～6%，弦向干缩最大，为6%～12%，因此，湿材干燥后，其截面尺寸和形状，都会发生明显的变化，干缩对木材的使用有很大影响，它会使木材产生裂缝或翘曲变形，以至于引起木结构的结合松弛，装修部件破坏等。为了避免这种情况，木材在加工前必须进行预先干燥处理，使其接近与其环境湿度相应的平衡含水率。

（四）木材的强度

　　木材是一种天然的、非匀质的各向异性材料，木材的强度主要有抗压、抗拉、抗剪及抗弯强度，而抗压、抗拉、抗剪强度又有顺纹、横纹之分。所谓顺纹，是指作用力方向与纤维方向平行；横纹是指作用力方向与纤维方向垂直。每一种强度在不同的纹理方向均不相同，木材各种强度之间的关系，见表9-1。常用阔叶树的顺纹抗压强度为49～56MPa，常用针叶树的顺纹抗压强度为33～40MPa。

表9-1　　　　　　　　　　　木材各种强度之间的关系

抗压（MPa）		抗拉（MPa）		抗弯（MPa）	抗剪（MPa）	
顺纹	横纹	顺纹	横纹		顺纹	横纹切断
100	10～20	200～300	6～20	150～200	15～20	50～100

木材顺纹抗压强度是木材各种力学性质中的基本指标，广泛用于受压构件中，如柱、桩、桁架中承压杆件等。横纹抗压强度又分弦向与径向两种。顺纹抗压强度比横纹弦向抗压强度大，而横纹径向抗压强度最小。

顺纹抗拉强度在木材强度中最大，而横纹抗拉强度最小。因此使用时应尽量避免木材受横纹拉力。

木材的剪切有顺纹剪切、横纹剪切和横纹切断三种。横纹切断强度大于顺纹剪切强度，顺纹剪切强度又大于横纹的剪切强度，用于土木工程中的木构件受剪情况比受压、受弯和受拉少得多。

木材具有较高的抗弯强度，因此在建筑中广泛用作受弯构件，如梁、桁架、脚手架、瓦条等。一般抗弯强度高于顺纹抗压强度1.5～2.0倍。木材种类不同，其抗弯强度也不同。

影响木材强度的主要因素包括含水率、持续荷载时间、环境温度、缺陷和夏材率等。

（五）木材的装饰性

木材的装饰性是利用木材进行艺术空间创造，赋予建筑空间以自然典雅、明快富丽，同时展现时代气息，体现民族风格，不仅如此，木材构成的空间可使人们心绪稳定，这不仅因为它具有天然纹理和材色引起的视觉效果，更重要的是它本身就是大自然的空气调节器，因而具有调节温度、湿度，散发芳香，吸声，调光等多种功能，这是其他装饰材料无法与之相比的。过去，木材是重要的结构用材，现在则因其具有很好的装饰性，主要用于室内装饰和装修。木材的装饰性主要体现在木材的色泽、纹理和花纹等方面。

1.木材的颜色

木材颜色以温和色彩（如红色、褐色、红褐色、黄色和橙色等）最为常见。木材的颜色对其装饰性很重要，但这并非指新鲜木材的"生色"，而是指在空气中放置一段时间后的"熟色"。

2.木材的光泽

任何木材都是径切面最光泽，弦切面稍差。若木材的结构密实细致、板面平滑，则光泽较强。通常，心材比边材有光泽，调叶树材比针叶树材光泽好。

3.木材的纹理

木材纤维的排列方向称为纹理。木材的纹理可分为直纹理、斜纹理、螺旋纹理、交错纹理波形纹理、皱状纹理、扭曲纹理等。不规则纹理常使木材的物理和力学性能降低，但其装饰价值有时却比直纹理木材大得多。因为不规则纹理能使木材具有非常美丽的花纹。

4.木材的花纹

木材表面的自然图形称为花纹。花纹是由树木中不寻常的纹理、组织和色彩变化引起的，还与木材的切面有关。美丽的花纹对装饰性十分重要。木材的花纹主要有以下几种：

（1）抛物线、山峦状花纹（弦切面）：一些年轮明显的树种，如水曲柳、榆木和马尾松等，由于早材和晚材密实程度不同，会呈现此类花纹。有色素带的树种也可产生此种花纹。

（2）带状花纹（径切面）：具有交错纹理的木材，由于纹理不同方向对光线的反射不同而呈现明暗相间的纵列带状花纹。年轮明显或有色素带的树种也有深浅色交替的带状花纹。

（3）银光纹理或银光花纹（径切面）：当木射线明显较宽时，由于木射线组织对光线的反射作用较大，径切面上有显著的片状、块状或不规则状的射线斑纹，光泽显著。

（4）波形花纹、皱状花纹（径切面）：波形纹理导致径切面上纹理方向呈周期性变化，由于光线反射的差异，形成极富立体感的波形或皱状花纹。

（5）鸟眼花纹（弦切面）：由于寄生植物的寄生，在树内皮出现圆锥形突出，树木生长局部受阻，在年轮上形成圆锥状的凹陷。弦切面上这些部位组织扭曲，形似鸟眼。

（6）树瘤花纹（弦切面）：因树木受伤或病菌寄生而形成球形突出的树瘤，由于毛糙曲折交织在弦切面上，构成不规则的圈状花纹。

（7）丫杈花纹（弦切面）：连接丫杈的树干，纹理扭曲，径切面（沿丫杈轴向）木材细胞相互成一定的夹角排列，花纹呈羽状或鱼骨状，所以也称为羽状花纹或鱼骨花纹。

（8）团状、泡状或絮状花纹（弦切面）：木纤维按一定规律沿径向前后卷曲，由于光线的反射作用，构成连绵起伏的图案。根据凸起部分的形状不同，可分为团状、泡状或絮状花纹。

5.木材的结构

木材的结构是指木材各种细胞的大小、数量、分布和排列情况。结构细密和均匀的木材易于刨切，正切面光滑，油漆后光亮。木材的装饰性并不仅仅取决于某单个因素，而是由颜色、结构、纹理、图案、斑纹、光泽等综合效果及其持久性所共同决定的。

第三节　木材的防护

木材作为土木工程材料有很多优点，但天然木材易变形、易腐蚀、易燃烧。为了延长木材的使用寿命并扩大其适用范围，木材在加工和使用前必须进行干燥、防腐和防虫、防火等各种防护处理。

一、木材的干燥

木材的干燥处理是木材不可缺少的过程。干燥的目的是：减小木材的变形，防止其开裂，提高木材使用的稳定性；提高木材的力学强度，改善其物理性能；防止木材腐朽、虫蛀，提高木材使用的耐久性；减轻木材的质量，节省运输费用。

木材的干燥方法可分为天然干燥和人工干燥，并以平衡含水率为干燥指标。

二、防腐防虫

木材腐蚀是由真菌或虫害所造成的内部结构破坏。可腐蚀木材的常见真菌有霉菌、变色菌和腐朽菌等。霉菌主要生长在木材表面，是一种发霉的真菌，通常对木材内部结构的破坏很小，经表面抛光后可去除。变色菌则以木材细胞腔内含有的有机物为养料，它一般不会破坏木材的细胞壁，只是影响其外观，而不会明显影响其强度。对木材破坏最严重的是腐朽菌，它以木质素为养料，并利用其分泌酶来分解木材细胞壁组织中的纤维素、半纤维素，从而破坏木材的细胞结构，直至使木材结构溃散而腐朽。真菌繁殖和生存的条件是必须同时具备适宜的温度、湿度、空气和养分。木材防腐的主要方法是阻断真菌的生长和繁殖，通常木材防腐的措施有以下四种：一是干燥法，采用蒸汽、微波、超高温处理等方法将木材进行干燥，降低其含水率至 20% 以下，并长期保持干燥；二是水浸法，将木材浸没在水中（缺氧）或深埋地下；三是表面涂覆法，在木构件表面涂刷油漆进行防护，油漆涂层既使木材隔绝了空气，又隔绝了水分；四是化学防腐剂法，将化学防腐剂注入木材中，使真菌、昆虫无法寄生。

木材除受真菌侵蚀而腐朽外，还会遭受昆虫的蛀蚀，常见的蛀虫有白蚁、天牛和蠹虫等。它们在树皮内或木质部内生存、繁殖，会逐渐导致木材结构的疏松或溃散。特别是白蚁，它常将木材内部蛀空，而外表仍然完好，其破坏作用往往难以被及时发现。在土木工程中木材防虫的措施主要是采用化学药剂处理，使其不适于昆虫的寄生与繁殖；防腐剂也能防止昆虫的危害。

三、防火

木材属木质纤维材料，易燃烧，它是具有火灾危险性的有机可燃物。木材的防火就是将木材经过具有阻燃性能的化学物质处理后，变成难燃的材料，以达到遇小火能自熄，遇大火能延缓或阻滞燃烧蔓延的目的，从而赢得扑救的时间。常用木材防火处理方法有两种：一是表面处理法，将不燃性材料覆盖在木材表面，构成防火保护层，阻止木材直接与火焰的接触，常用的材料有金属、水泥砂浆、石膏和防火涂料等；二是溶液浸注法，将木材充分干燥并初步加工成型后，以常压或加压方式将防火溶剂浸注木材中，利用其中的阻燃剂达到防火作用。

【工程实例分析9-2】

木地板腐蚀原因分析

概况：某邮电调度楼设备用房于7楼现浇钢筋混凝土楼板上、铺炉渣混凝土50mm，再铺木地板。完工后设备未及时进场，门窗关闭了一年，当设备进场时，发现木板大部分腐蚀，人踩即断裂。请分析原因。

原因分析：炉渣混凝土中的水分封闭于木地板内部，慢慢浸透到未做防腐、防潮处理的木搁栅和木地板中，门窗关闭使木材含水率较高，此环境条件正好适合真菌的生长，导致木材腐蚀。

【工程实例分析9-3】

木屋架开裂失效

某铁路俱乐部的225m跨度方木屋架，下弦用三根方木单排螺栓连接，上弦由两根方木平接。使用两年后，上下弦方木因干燥收缩而产生严重裂缝，且连接螺栓通过大裂缝，使连接失效，以至于成为危房。

第四节　木材的应用

木材的应用覆盖了采伐、制材、防护、木制品生产、剩余物利用、废弃物回收等多环节，在这些环节中，应当对每株树木的各个部分按照各自的最佳用途予以收集加工，实现多次增值以达到木材在量与质的总体上的高效益综合利用。其基本原则是：合理使用，高效利用，综合利用；产品及其生产应符合安全、健康、环保、节能要求；加强木材防护，延长木材使用寿命；废弃木材利用要减量化、资源化、无害化，实现木材的重新利用和循环利用。

一、木材的初级产品

在建筑工程中木材的初级产品主要有原木和锯材两种。原木是指去皮、根、枝梢后按规定直径加工成一定长度的木料；锯材包括板材和枋材，板材是指截面宽度为厚度的3倍或3倍以上的木料，枋材是指截面宽度不足厚度3倍的木料。木材的初级产品在建筑结构中的应用大体有以下两类：一类是用于结构物的梁、板、柱、拱；另一类是用于装饰工程中的门窗、天棚、护壁板、栏杆、龙骨等。

二、木质人造板材

人造板是以木材或非木材植物纤维材料为主要原料，加工成各种材料单元，施加（或不施加）胶黏剂和其他添加剂，组坯胶合而成的板材或成型制品。主要包括胶合板、刨花板、纤维板及其表面装饰板等产品，详见GB/T 18259—2018《人造板及其表面装饰术语》。

胶合板又称层压板，是用蒸煮软化的原木旋切成大张薄片，再用胶黏剂按奇数层以各层纤维互相垂直的方向黏合热压而成的人造板材。通常按奇数层组合，并以层数取名，如三夹板、五夹板和七夹板等，最高层数可达15层。《普通胶合板》（GB/T 9846—2015）规定，普通胶合板按使用环境分类分为干燥条件下使用、潮湿条件下使用和室外条件下使用；按表面加工状态分为未砂光板和砂光板。Ⅰ类胶合板指能够通过煮沸试验，供室外条件下使用的耐气候胶合板。Ⅱ类胶合板指能够通过（63±3）℃热水浸渍试验，供潮湿条件下使用的耐水胶合板。Ⅲ类胶合板指能够通过（20±3）℃冷水浸泡试验，供干燥条件下使用的不耐潮胶合板。《混凝土模板用胶合板》（GB/T 17656—2018）规定，混凝土模板用胶合板是指能够通过煮沸试验，用作混凝土成型模具的胶合板。该标准对其树种、板的结构（如板的层数应不小于7层等）、胶黏剂、规格尺寸及其偏差、外观质量等提出了相关要求。胶合板克服了木材的天然缺陷和局限，其主要特点是由小直径的原木就能制成较大幅宽的板材，大大提高了木材的利用率，并且使产品规格化，使用起来更方便。因其各层单板的纤维互相垂直，它不仅消除了木材的天然疵点、变形、开裂等缺陷，而且各向异性小，材质均匀，强度较高。纹理美观的优质木材可做面板，普通木材做芯板，增加了装饰木材的出产率。胶合板广泛用作建筑室内隔墙板、天花板、门框、门面板以及各种家具及室内装修等。

刨花板指将木材或非木材植物纤维材料原料加工成刨花（或碎料），施加胶黏剂（或其他添加剂）组坯成型并经热压而成的一类人造板材。所用胶料可为有机材料（如动物胶、合成树脂等）或无机材料（如水泥、石膏和菱苦士等）。采用无机胶料时，板材的耐火性可显著提高。这类板材表观密度较小、强度较低，主要作为绝热和吸声材料；表面喷以彩色涂料后，可以用于天花板等。其中热压树脂刨花板和木丝板，在其表面可粘贴装饰单板或胶合板做饰面层，使其表观密度和强度提高，且具有装饰性，用于制作隔墙、吊顶、家具等。《刨花板》（GB/T 4897—2015）规定，刨花板按用途分为12种类型，按功能分为3种类型，即阻燃刨花板、防虫害刨花板和抗真菌刨花板。

纤维板是用木材废料制成木浆，再经施胶、热压成型、干燥等工序而制成的板材。纤维板具有构造均匀、无木材缺陷、胀缩性小、不易开裂和翘曲等优良特性。若在浆料里施加或在湿板坯表面喷涂耐火剂或防腐剂，制成的纤维板还具有耐燃性和耐腐蚀性。纤维板能使木材的利用率达到90%以上。成型时的温度和压力不同，纤维板的密度就不同，按其密度大小可分为硬质纤维板、中密度纤维板和软质纤维板。硬质纤维板密度大、强度高，主要用于代替木材制作壁板、门板、地板、家具等室内装修材料。中密度纤维板主要用于家具制造和室内装修。软质纤维板密度小、吸声性能和绝热性能好，可作为吸声或绝热材料使用。

重组装饰木材也称科技木，是以人工林速生材或普通木材为原料，在不改变木材天然特性和物理结构的前提下，采用仿生学原理和计算机设计技术，对木材进行调色、配色、胶压层积、整修、模压成型后制成的一种性能更加优越的全木质的新型装饰材料。科技木可仿真天然珍贵树种的纹理，并保留木材隔热、绝缘、调湿、调温的自然属性。科技木原材料取材广泛，只要木质易于加工，材色较浅即可，可以多种木材搭配使用，大多数人工林树种完全符合要求。

各类人造板及其制品是室内装饰装修最主要的材料之一。室内装饰装修用人造板大多数存在游离甲醛释放问题。游离甲醛是室内环境主要污染物，对人体危害很大，已引起全社会的关注。《室内装饰装修材料人造板及其制品中甲醛释放限量》（GB 18580—2017）规定了各类人造板材中甲醛限量值。

三、木材的装饰装修制品

建筑装饰装修常用的木材有单片板、细木工板和木质地板等，其中木质地板常用的有实木地板、实木复合地板、浸渍纸层压木质地板和木塑地板。

单片板是将木材蒸煮软化，经旋切、刨切或锯割成的厚度均匀的薄木片，用以制造胶合板、装饰贴面或复合板贴面等。由于单片板很薄，一般不能单独使用，被认为是半成品材料。

细木工板又称大芯板，是中间为木条拼接，两个表面胶黏一层或两层单片板而成的实心板材。由于中间为木条拼接有缝隙，因此可降低因木材变形而造成的影响。细木工板具有较高的硬度和强度，质轻、耐久、易加工，适用于家具制造、建筑装饰、装修工程中，是一种极有发展前景的新型木型材。细木工板按其结构可分为芯板条不胶拼和胶拼两种；按其表面加工状况可分为一面砂光细木工板、两面砂光细木工板、不砂光细木工板；按使用的胶合剂不同可分为Ⅰ类细木工板、Ⅱ类细木工板；按材质和加工工艺质量可分为一、二、三等。细木工板要求排列紧密，无空洞和缝隙；选用软质木料，以保证有足够的持钉力，且便于加工。细木工板的尺寸规格见表9-2。

表9-2　　　　　　　　　　　　　　细木工板的尺寸规格　　　　　　　　　　　　单位：mm

宽度	长度					厚度
915	915	—	1 830	2 135	—	16，19，22，25
1 220	—	1 220	1 830	2 035	2 440	

实木地板是未经拼接、覆贴的单块木材直接加工而成的地板。实木地板有四种分类：按表面形态分为平面实木地板和非平面实木地板；按表面有无涂饰分为涂饰实木地板和未涂饰实木地板；按表面涂饰类型分为漆饰实木地板和油饰实木地板；按加工工艺分为普通实木地板和仿古实木地板。平面实木地板按外观质量、物理性能分为优等品和合格品，非平面实木地板不分等级。详见《实木地板》（CB/T 15036—2018）。

实木复合地板是以实木拼板或单板（含重组装饰板）为面板，以实木拼板、单板或胶合板为芯层或底层，经不同组合层加工而成的地板。以面板树种来确定地板树种名称（面板为不同树种的拼花地板除外）。根据产品的外观质量分为优等品、一等品和合格品；并对面板树种、面板厚度、三层实木复合地板芯层、实木复合地板用胶合板提出了材料要求。详见《实木复合地板》（GB/T 18103—2013）。实木复合地板适用于办公室、会议室、商场、展览厅、民用住宅等的地面装饰。

浸渍纸层压木质地板也称为强化木地板，是以一层或多层专用纸浸渍热固性氨基树脂，铺装在刨花板、中密度纤维板、高密度纤维板等人造板基材表面，背面加平衡层，正面加耐磨层，经热压而成的地板。《浸渍纸层压木质地板》（GB/T 18102—2007）规定了其表层、基材和底层材料。其表层可选用下述两种材料：热固性树脂装饰层压板和浸渍胶膜纸。基材即芯层材料通常是刨花板、中密度纤维板或高密度纤维板。底层材料通常采用热固性树脂装饰层压板、浸渍胶膜纸或单板，起平衡和稳定产品尺寸的作用。浸渍纸层压木质地板具有耐烫、耐污、耐磨、抗压、施工方便等特点。浸渍纸层压木质地板安装方便，板与板之间可通过槽榫进行连接。在地面平整度保证的前提下，复合木地板可直接浮铺在地面上，而不需用胶黏结。其按表面耐磨等级分为商用级≥9 000转；家用Ⅰ级≥6 000转；家用Ⅱ级≥4 000转。

木塑地板是由木材等纤维材料同热塑性塑料分别制成加工单元，按一定比例混合后，经成型加工制成的地板。《木塑地板》（GB/T 24508—2009）规定，表面未经其他材料饰面的木塑地板为素面木塑地板；表面经涂料涂饰处理的木塑地板为涂饰木塑地板；表面经浸渍胶膜纸等材料贴面处理的木塑地板为贴面木塑地板。

■ 本章小结

木材可分为针叶材和阔叶材。由于树种和树木生长的环境不同，其构造差异很大，构造不同木材的性质也有不同。木材的物理力学性质主要有含水率湿胀干缩、强度等性能，其中含水率对木材的湿胀干缩性和强度影响较大。木材的宏观构造指用肉眼和放大镜能观察到的构造，主要包括树皮、木质部、形成层、髓心等；微观构造是在显微镜下观察的木材组织，它是由无数管状细胞紧密结合而成。木材的缺陷主要有节子和裂纹等。木材在建筑上的应用具有悠久的历史，古今中外，木质建筑在建筑史上占据着相当显赫的位置。用于土木工程的主要木材产品包括木材初级产品和各种人造板材。

■ 本章习题

1.判断题

（1）木材根据树种不同分为针叶树材和软木材两大类。　　　　　　　　（　　）

（2）木材的含水量越大，其强度越低。　　　　　　　　　　　　　　　（　　）

（3）木材含水量在纤维饱和点之上，其含水量对强度影响不大。　　　　（　　）

（4）木材各强度中，以顺纹抗拉强度最大。　　　　　　　　　　　　　（　　）

2.单项选择题

（1）木材纤维饱和点一般（　　　）。

A. <20%　　　　　　B. 为25% ~ 35%　　　　C. >30%　　　　　　D. 为15% ~ 25%

（2）木材（　　）的干缩率最大。

A. 弦向　　　　　　　B. 径向　　　　　　　C. 纵向　　　　　　　D. 横向

（3）木材的持久强度一般为极限强度的（　　）。

A. 30%　　　　　　　B. 25%～35%　　　　C. 40%～50%　　　D. 50%～60%

（4）木材各强度中，（　　）强度最大。

A. 顺纹抗压　　　　B. 顺纹抗拉　　　　C. 顺纹剪切　　　　D. 横纹切断

（5）木材强度等级是按（　　）来评定。

A. 平均抗压强度　　B. 弦向静曲强度　　C. 顺纹抗压强度　　D. 极限强度

3. 简答题

（1）为何木材是"湿千年，干千年，干干湿湿两三年"？

（2）有不少住宅的木地板使用一段时间后出现接缝不严密，但也有一些木地板出现起拱，请分析原因。

第九章习题答案

第十章
合成高分子材料

□ **本章重点**

各种高分子材料的成分组成及其特定性能的影响。建议通过学习掌握合成高分子工程材料的基本分类，理解材料的组成结构与性能的关系，以及其在工程实践中的意义。

□ **学习目标**

了解合成高分子材料的基本组成、生产工艺、改性方法和基本性能；熟练掌握合成高分子工程材料的制备工艺和基本物理化学性质；掌握工程材料改性的基本方法。

【课程思政 10-1】

漆器佛像——中国传统文化

中国古代漆器的工艺，早在新石器时代就已经出现，夏代的木胎漆器不仅用于日常生活，也用于祭祀，并常用朱、黑二色来髹涂。殷商时代已有"石器雕琢，觞

酌刻镂"的漆艺。1973 年河南成蒿成台西村商代遗址中出土的漆器残片，在木胎上雕饰饕餮纹，并涂上朱、黑两色的漆。

西晋以后到南北朝，由于佛教的盛行，出现利用夹纻工艺所造的大型佛像，此时的漆工艺被用来为宗教信仰服务，夹纻胎漆器也因而发展。所谓的夹纻是以漆辉和麻布造型作为漆胎，胎骨轻巧而坚牢。古代匠师在经济利用木料和选料方面所达到的水平，也令现代人为之惊叹。

合成高分子材料大都由一种或几种低分子化合物（单体）聚合而成，也称为高分子化合物或高聚物。按来源不同，有机高分子材料分为天然高分子材料和合成高分子材料两大类。木材、天然橡胶、棉制品、沥青等都是天然高分子材料；而现代生活中广泛使用的塑料、橡胶、化学纤维以及某些涂料、胶黏剂等，都是以高分子化合物为基础材料制成的，这些高分子化合物大多数又是人工合成的，故称为合成高分子材料。

第一节　建筑涂料

涂料是指涂敷于物体表面，能与基体材料很好黏结，干燥后形成完整且坚韧保护膜的物质。早期的涂料以植物油和天然漆为主要原料，故称为油漆。随着合成材料工业的发展，大部分植物油已被合成树脂所取代，遂改称为涂料。涂料品种繁多，新产品不断涌现，目前市场上销售的涂料规格有千余种。在建筑工程中，涂料已成为不可缺少的重要饰面材料。

一、建筑涂料的功能

建筑涂料对建筑物的功能主要表现在以下几个方面：

（一）保护功能

建筑涂料涂覆于建筑物表面形成涂膜后，使结构材料与环境中的介质隔开，可减缓介质的破坏作用，延长建筑物的使用性能；同时涂膜有一定的硬度、强度，具有耐磨、耐候、耐蚀等性质，可以提高建筑物的耐久性。

（二）装饰功能

建筑涂料装饰的涂层，具有不同的色彩和光泽，它可以带有各种填料，再施以不同的施工工艺，形成各种纹理、图案及不同程度的质感，起到美化环境及装饰建筑物的作用。

（三）其他特殊功能

建筑涂料除了具有保护、装饰功能外，一些涂料还具有各自的特殊功能，进一步适应各种特殊使用要求的需要，如防水、防火、吸声隔声、隔热保温、防辐射等。

二、建筑涂料的基本组成

组成建筑涂料的各原料成分，按其所起作用可分为主要成膜物质（又称胶黏剂或固着剂）、次要成膜物质和辅助成膜物质。

（一）主要成膜物质

主要成膜物质是组成涂料的基础，其主要作用是将其他组分黏结成一个整体，并能附着在被涂基层表面而形成坚韧的保护膜。

（二）次要成膜物质

次要成膜物质主要是指涂料中所用的颜料，它不能离开主要成膜物质而单独构成涂料。其主要作用是使涂膜具有各种颜色。涂料组分中没有颜料的透明体称为清漆，加有颜料的称为色漆。

（三）辅助成膜物质

辅助成膜物质不能单独构成涂膜，仅对涂料的成膜过程或对涂膜的性能起一些辅助作用，主要包括溶剂和辅助材料两大类。溶剂是能溶解成膜物质的挥发液体。用有机液体作溶剂的为溶剂型涂料，用水作溶剂的为水性涂料。辅助材料能改善涂料的性能，常用辅助材料按其功能主要分为催化剂、增塑剂等。

三、常用建筑涂料

常用建筑涂料是指具有装饰功能和保护功能的一般建筑涂料。其主要适用于建筑工程中的室内外墙柱面、顶棚、楼地面等部位，并且适用于各种基体，如混凝土、抹灰层、石膏板、金属和木材等表面涂装。

（一）内墙、顶棚涂料

内墙、顶棚涂料用于室内环境，其主要作用是装饰和保护墙面、顶棚面。涂层应质地平滑、细腻，色彩丰富，具有良好的透气、耐碱、耐水、耐污、耐粉化等性能，并且施工方便。

1. 水性乙-丙乳胶漆

水性乙-丙乳胶漆是以水性乙-丙共聚乳液为主要成膜物质，掺入适量的颜料、填料和辅助材料后，经过研磨或分散后配置而成的半光或有光内墙涂料。

乙-丙共聚乳液为醋酸乙烯、丙烯酸酯类的共聚乳液。乳液中的固体含量约为40%，乳液占涂料总量的50%~60%。由于在乙-丙乳胶漆中加入了丙烯酸丁酯、甲基丙烯酸甲酯、丙烯酸、甲基丙烯酸等有机物单体，提高了乳液的光稳定性和涂膜的柔韧性。乙-丙乳胶漆的耐碱性、耐水性和耐候性都比较好，属中高档内外墙装饰涂料。乙-丙乳胶漆的施工温度应大于 $10\,^{\circ}\!C$，涂刷面积为 $4m^2/kg$。

2. 苯-丙乳胶漆(水泥漆)

由苯乙烯和丙烯酸酯类的单体、乳化剂、引发剂等，通过乳液的聚合反应得到苯-丙共聚乳液，以该乳液为主要成膜物质，加入颜料、填料和助剂等原材料制得的涂料称为苯-丙乳胶漆。苯-丙乳胶漆具有遮盖力强、附着力高、涂刷面积多、抗碱、防霉、防潮、耐活性好、耐洗刷性优、无毒、无味、无光泽等特点，适用于各种内墙的高档装潢和外墙涂刷。其涂刷面积为 $6m^2/kg$，施工温度应不低于 5℃，也不宜高于 35℃，湿度不大于 85%。

3.乳液型仿瓷涂料

乳液型仿瓷涂料是以丙烯酸树脂乳液为基料，加入颜料、填料、助剂等配制而成的具有瓷釉亮光的涂料。乳液型仿瓷涂料的漆膜坚硬光亮、色泽柔和、平整丰满，有陶瓷釉料的光泽感，它与基层之间有良好的附着力，耐水性和耐腐蚀性好，施工方便。这种涂料可用于厨房、卫生间、医院、餐厅等场所的墙面装饰以及某些工业设备的表面装饰和防腐。

乳液型丙烯酸仿瓷涂料分为双组分和单组分两种。双组分的乳液型丙烯酸仿瓷涂料具有优异的光泽和良好的硬度；单组分的乳液型丙烯酸仿瓷涂料的涂膜强度、耐污性、耐水性、耐候性高，干燥速度快，既可用于室内又可用于室外。

4.幻彩涂料

幻彩涂料又称为梦幻涂料、云彩涂料，是用特种树脂乳液和专门的有机、无机颜料制成的高档水性内墙涂料。所用的树脂乳液是经特殊聚合工艺加工而成的合成树脂乳液，具有良好的触变性及适当的光泽，涂膜具有优异的抗回黏性.

幻彩涂料的膜层外表面一般喷涂透明涂料，以保护面层不受污染。可用于家庭的各个房间、宾馆的标准间、办公楼的会议室和办公室、酒店等场所的内墙装饰。

5.纤维质涂料

纤维质涂料又称为"好涂壁"，它是在各种色彩的纤维材料中加入胶黏剂和辅助材料而制得的。该涂料的主要成膜物质一般用水溶性的有机高分子胶黏剂。纤维材料主要采用合成纤维或天然纤维。所用的助剂有防霉剂和阻燃剂等。

纤维质涂料的涂层具有立体感强、质感丰富、阻燃、防霉变、吸声效果好等特性，涂层表面的耐污性和耐水性较差。其可用于多功能厅、歌舞厅和酒吧等场所的墙面装饰。

6.静电植绒涂料

静电植绒涂料是在基体表面先涂抹或喷涂一层底层涂料，再用静电植绒机将合成纤维"短绒头"植在涂层上。这种涂料的表面具有丝绒布的质感，不反光、无气味、不褪色，吸声能力强，但它的耐潮湿性能和耐污性较差，表面不能擦洗。其可用于家庭、宾馆客房、会议室、舞厅等场所的内墙装饰。

7.彩砂涂料

彩砂涂料是由合成树脂乳液、彩色石英砂、着色颜料及助剂等物质组成的。在石英砂中掺加带金属光泽的某些填料，可使涂膜质感强烈，有金属光亮感。该涂料无毒、不燃、附着力强、保色性及耐候性好、耐水、耐酸碱腐蚀、色彩丰富，表面有较强的立体感，适用于各种场所的室内外墙面装饰。

(二) 外墙涂料

外墙涂料是用于装饰和保护建筑物外墙面的涂料。外墙涂料具有色彩丰富、施工方便、价格便宜、维修简便、装饰效果好等特点。通过改良，它的耐久性、保色性、耐水性和耐污性等都比以前有了很大的提高，是建筑外立面装饰中经常使用的一种装饰材料。

1.聚合物水泥系涂料

聚合物水泥系涂料是在水泥中掺加有机高分子材料制成的，它的主要组成是水泥、高分子材料、颜料和助剂等。

常用的高分子聚合物有聚合物水溶液胶水和聚合物乳液两大类，它的掺入量为水泥质量的20%~30%。水泥采用强度等级为42.5的普通硅酸盐水泥或白色硅酸盐水泥。颜料要求耐碱性能和耐久性能好、价格便宜，一般用氧化铁、氧化钛、炭黑等无机颜料。由于水泥涂料易受污染，常在涂层的表面涂饰甲基硅醇钠作为罩面材料。

聚合物水泥涂料系外墙涂料为双组分涂料，甲组分是高分子聚合物、颜料、分散剂和水等，乙组分是白水泥或普通水泥。施工时只需将甲组分和乙组分按照一定的比例混合搅拌后即可使用，主要适用于要求不高的外墙面的粉刷。

2.聚氨酯系外墙涂料

聚氨酯系外墙涂料是以聚氨酯树脂或聚氨酯与其他树脂的复合物为主要成膜物质，加入溶剂、颜料、填料和助剂等，经研磨而成的。它的品种有聚氨酯-丙烯酸酯外墙涂料和聚氨酯高弹性外墙防水涂料。

聚氨酯系外墙涂料的膜层弹性强，具有很好的耐水性、耐酸碱腐蚀性、耐候性和耐污性。聚氨酯系外墙涂料中以聚氨酯-丙烯酸酯外墙涂料用得较多。这种涂料的固体含量较高，膜层的柔软性好，有很高的光泽度，表面呈瓷状质感，与基层的黏结力强。其可直接涂刷在水泥砂浆、混凝土基层的表面，但基层的含水率应低于8%。在施工时应将甲组分和乙组分按要求称量，搅拌均匀后使用，做到随配随用，并应注意防火。

3.丙烯酸酯有机硅外墙涂料

丙烯酸酯有机硅外墙涂料是由有机硅改性丙烯酸酯为主要成膜物质，加入颜料、填料、助剂后制成的。丙烯酸酯有机硅外墙涂料的渗透性、流平性、耐候性、保色性、耐水性、耐污性和耐磨性好，涂膜表面有一定的光泽度，易清洁。其适用于各种砖石、混凝土等建筑物的保护和装饰。施工时，基层的含水率不应超过8%，并防淋雨和灰尘沾污，注意防火。

4.丙烯酸外墙涂料

丙烯酸外墙涂料又称为丙烯酸酯外墙涂料，有溶剂型和乳液型（即乳胶型）两种。它是以丙烯酸酯乳液为基料，再添加颜料、填料及助剂等，经研磨、分散、混合配制而成的，是目前建筑业中重要的外墙涂料品种之一。它不仅装饰效果好，而且使用寿命长，一般可达10年以上。它具有涂膜光泽柔和，装饰性好，不受温度限制，保色性、耐洗性好，使用寿命长等特点，专供涂饰和保护建筑物外壁使用。

5.彩砂外墙涂料

彩砂外墙涂料是以丙烯酸乳液为胶黏剂，以彩色石英砂为集料，加各种助剂制成。其具有无毒、无溶剂污染、快干、不燃、耐强光、不褪色、耐污性能好等特点，施工方法简便。

6.水乳型环氧树脂外墙涂料

水乳型环氧树脂外墙涂料是以水乳型合成树脂乳液为基料，加以填料、颜料等配制而成的水性厚浆涂料。其具有黏结力强、使用安全方便、抗水、耐晒等特点。其可刷涂、滚涂、喷涂，涂层质感丰满、美观大方。如用水性丙烯酸清漆罩面，则可使其耐老化、耐污染、耐水等性能更为良好。

7.碱金属硅酸盐系外墙涂料

碱金属硅酸盐系外墙涂料是以碱金属硅酸盐为主要成膜物质，配以固化剂、分散剂、稳定剂及颜料和填料配制而成的。其具有良好的耐候、保色、耐水、耐洗刷、耐酸碱等特点。

（三）地面涂料

地面涂料是用于装饰和保护室内地面，使其清洁、美观的涂料。地板涂料应具有良好的黏结性能，以及耐碱、耐水、耐磨及抗冲击等性能。地面涂料可分为木地板涂料（各种油漆）、塑料地板涂料和水泥砂浆地面涂料。

1.过氯乙烯水泥地面涂料

过氯乙烯水泥地面涂料是以过氯乙烯树脂为主要成膜物质，溶于挥发性溶剂中，再加入颜料、填料、增塑剂和稳定剂等附加成分而成的。

过氯乙烯水泥地面涂料施工简便、干燥速度快，有较好的耐水性、耐磨性、耐候性、耐化学腐蚀性，但由于其是挥发性溶剂，易燃、有毒，在施工时应注意做好防火、防毒工作。其可广泛应用于防化学腐蚀涂装、混凝土建筑涂料。

2.聚氨酯–丙烯酸酯地面涂料

聚氨酯–丙烯酸酯地面涂料是以聚氨酯–丙烯酸酯树脂溶液为主要成膜物质，醋酸丁酯等为溶剂，再加入颜料、填料和各种助剂等，经过一定的加工工序制作而成。

聚氨酯–丙烯酸酯地面涂料的耐磨性、耐水性、耐酸碱腐蚀性能好。它的表面有瓷砖的光亮感，因而又称为仿瓷地面涂料。这种涂料的组成为双组分，施工时可按规定的比例进行称量，然后搅拌混合，做到随拌随用。

3.丙烯酸硅地面涂料

丙烯酸硅地面涂料是以丙烯酸酯系树脂和硅树脂进行复合的产物为主要成膜物质，再加入溶剂、颜料、填料和各种助剂等，经过一定的加工工序制作而成的。

丙烯酸硅地面涂料的耐候性、耐水性、耐洗刷性、耐酸碱腐蚀性和耐火性能好，渗透力较强，与水泥砂浆等材料之间的黏结牢固，具有较好的耐磨性。它的耐候性能好，可用于室外地面的涂饰，施工方便。

4.环氧树脂地面涂料

环氧树脂地面涂料是以环氧树脂为主要成膜物质，加入稀释剂、颜料、填料、增塑剂和固化剂等，经过一定的制作工艺加工而成的。

环氧树脂地面涂料是一种双组分常温固化型涂料，甲组分有清漆和色漆，乙组分是固化剂。它具有无接缝、质地坚实、耐药性佳、防腐、防尘、保养方便、维护费用低廉等优点。可根据客户要求进行多种涂装方案，如薄层涂装、1～5mm厚的自流平地面，防滑耐磨涂装，砂浆型涂装，防静电、防腐蚀涂装等。其产品适用于各种场地，如厂房、机房、仓库、实验室、病房、手术室、车间等。

5.彩色聚氨酯地面涂料

彩色聚氨酯地面涂料由聚氨酯、颜色填料、助剂调制而成。其具有优异的耐酸碱、防水、耐碾轧、防磕碰、不燃、自流平等性能，是专为食品厂、制药厂的车间、仓库等地面、墙面而设计的。同时，其具有无菌、防滑、无接缝、耐腐蚀等特点，还可用于医院、电子厂、学校、宾馆等地面、墙面的装饰。

（四）特种建筑涂料

特种建筑涂料又称为功能性建筑涂料，这类涂料某一方面的功能特别显著，如防水、防火、防霉、防腐、隔热和隔声等。特种建筑涂料的品种有防水涂料、防火涂料、防霉涂料、防结露涂料、防辐射涂料、防虫涂料、隔热涂料和吸声涂料等。

1.防水涂料

防水涂料是指能够形成防止雨水或地下水渗漏的膜层的一类涂料。按使用部位的不同，分为屋面防水涂料、地下工程防水涂料等；按照涂料的组成成分不同，分为水乳再生胶沥青防水涂料、阳离子型氯丁胶乳沥青防水涂料、聚氨酯系防水涂料、丙烯酸酯乳胶防水涂料和EVA乳胶防水涂料；按照涂料的形式与状态不同，分为乳液型、溶剂型和反应型等。乳液型防水涂料属单组分的水乳型涂料。它具有无毒、不污染环境、不易燃烧和防水性能好等特点。溶剂型防水涂料是以高分子合成树脂有机溶剂的溶液为主要成膜物质，加入颜料、填料及助剂而形成的一种溶剂型涂料。它的防水效果好，可以在较低的温度下施工。反应型防水涂料是双组分型，它的膜层是由涂料中的主要成膜物质与固化剂进行反应后形成的。它的耐水性、耐老化性和弹性均好，具有较好的抗拉强度、延伸率和撕裂强度，是目前工程中使用较多的一类涂料。

2.防火涂料

防火涂料是指涂饰在易燃材料表面上，能够提高材料的耐火性能的一类涂料。防火涂料在常温状态下具有一定的保护和装饰作用，在发生火灾时具有不燃性和难燃性，不易燃烧或具有自熄性。防火涂料按照组成的不同，分为非膨胀型防火涂料和膨胀型防火涂料。非膨胀型防火涂料是由难燃或不燃的树脂及阻燃剂、防火填料等材料组成的，它的涂膜具有较好的难燃性，能够阻止火焰蔓延；膨胀型防火涂料是由难燃树脂、阻燃剂及成碳剂、脱水成碳催化剂、发泡剂等材料组成的，这种涂料的涂层在受到高温或火焰作用时会产生体积膨胀，形成比原来涂层厚度大几十倍的泡沫碳质层，从而能有效地阻挡外部热源对基层材料的作用，达到阻止燃烧进一步扩展的效果。

3.防霉涂料

防霉涂料是指能够抑制霉菌生长的一种功能性涂料，它通过在涂料中加入适量的抑菌剂来达到防止霉菌生长的目的。

防霉涂料按照成膜物质和分散介质的不同，分为溶剂型和水乳型两类；按照涂料的用途的不同，分为外用、内用和特种用途等类型。防霉涂料不仅具有良好的装饰性和防霉功能，而且涂料在成膜时不会产生对人体有害的物质。这种涂料在施工前应做好基层处理工作，先将基层表面的霉菌清除干净，再用7%～10%的磷酸三钠水溶液涂刷，最后才能刷涂防霉涂料。

4.防腐蚀涂料

防腐蚀涂料是一种能够将酸、碱及各类有机物与材料隔离开来，使材料免于有害物质侵蚀的涂料。它的耐腐蚀性能高于一般的涂料，维护保养方便，耐久性好，能够在常温状态下固化成膜。防腐蚀涂料在配置时应注意所采用的颜料、填料等都具有防腐蚀性能，如石墨粉、瓷土、硫酸钡等。施工前必须将基层清洗干净，并充分干燥。涂层施工时应分多道涂刷。特种建筑涂料还有各类防锈涂料、彩色闪光涂料和自干型有机硅高温耐热涂料等。随着建材业的发展，更多新型特种建筑涂料会大量出现。

【课程思政10-2】

卡脖子问题——"高稳定性胶黏剂"

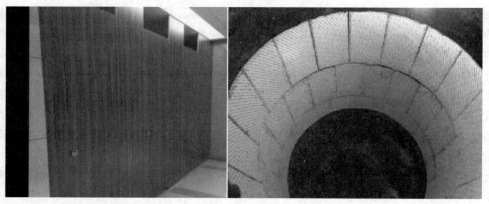

无论是高端卫生间隔断、装修建材、纳米高温隔热材料都会应用到胶黏剂，但目前国内使用的高端产品胶黏剂基本全部都是从德国进口，国内研制的胶黏剂性能差于进口产品，有待科研攻关。

第二节　建筑胶黏剂

胶黏剂是一种能在两个物体表面间形成薄膜并能把它们紧密胶结起来的材料。胶黏剂在建筑装饰施工中是不可少的配套材料，常用于墙柱面、吊顶、地面工程的装饰黏结。

一、建筑胶黏剂的分类

胶黏剂品种繁多，分类方法较多。

（一）按基料组成成分分类

胶黏剂按基料组成成分分类，如图10-1所示。

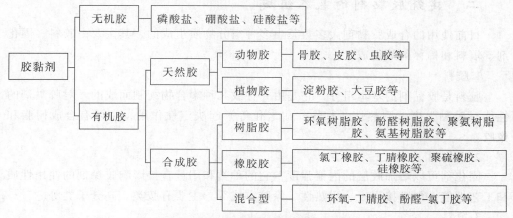

图10-1 胶黏剂按基料组成成分分类

（二）按强度特性分类

按强度特性不同，胶黏剂可分为：

1. 结构胶黏剂

结构胶黏剂的胶结强度较高，至少与被胶结物本身的材料强度相当，同时对耐油、耐热和耐水性等都有较高的要求。

2. 非结构胶黏剂

非结构胶黏剂要求有一定的强度，但不承受较大的力，只起定位作用。

3. 次结构胶黏剂

次结构胶黏剂又称为准结构胶黏剂，其物理力学性能介于结构与非结构胶黏剂之间。

（三）按固化条件分类

按固化条件的不同，胶黏剂可分为溶剂型、反应型和热熔型。

1. 溶剂型胶黏剂

溶剂型胶黏剂中的溶剂从黏合断面挥发或者被吸收，形成黏合膜而发挥黏合力。这种类型的胶黏剂有聚苯乙烯、丁苯橡胶等。

2. 反应型胶黏剂

反应型胶黏剂的固化是由不可逆的化学变化而引起的。按照配方及固化条件，其可分为单组分、双组分甚至三组分的室温固化型、加热固化型等多种形式。这类胶黏剂有环氧树脂胶、酚醛树脂胶、聚氨酯树脂胶、硅橡胶等。

3.热熔型胶黏剂

热熔型胶黏剂以热塑性的高聚物为主要成分，是不含水或溶剂的固体聚合物，通过加热熔融黏合，随后冷却、固化，发挥黏合力。这类胶黏剂有醋酸乙烯、丁基橡胶、松香、虫胶、石蜡等。

二、建筑胶黏剂的基本组成

目前使用的合成胶黏剂大多数是由多种组分物质组成的，其主要由胶料、固化剂、填料和稀释剂等组成。

1.胶料

胶料是胶黏剂的基本组分，它是由一种或几种聚合物配制而成的，对胶黏剂的性能（胶黏强度、耐热性、韧性、耐老化等）起决定性作用，主要有合成树脂和橡胶。

2.固化剂

固化剂可以增加胶层的内聚强度，它的种类和用量直接影响胶黏剂的使用性质和工艺性能，如胶接强度、耐热性、涂胶方式等，主要有胺类、高分子类等。

3.填料

填料的加入可以改善胶黏剂的性能，如提高强度、提高耐热性等，常用的填料有金属及其氧化物粉末、水泥、玻璃及石棉纤维制品等。

4.稀释剂

稀释剂用于溶解和调节胶黏剂的黏度，主要有环氧丙烷、丙酮等。为了提高胶黏剂的某些性能，还可加入其他添加剂，如防老化剂、防霉剂、防腐剂等。

建筑上的常用胶黏剂可分为热塑性树脂胶黏剂、热固性树脂胶黏剂和合成橡胶胶黏剂三大类。常用胶黏剂的性能及应用见表10-1。

表10-1 常用胶黏剂的性能及应用

种类		特性	主要用途
热塑性树脂胶黏剂	聚乙烯缩醛胶黏剂	黏结强度高，抗老化，成本低，施工方便	粘贴塑胶壁纸、瓷砖、墙布等。加入水泥砂浆中改善砂浆性能，也可配成地面涂料
	聚醋酸乙烯酯胶黏剂	黏附力好，水中溶解度高，常温固化快，稳定性好，成本低，耐水性、耐热性差	黏结各种非金属材料、玻璃、陶瓷、塑料
	聚乙烯醇胶黏剂	水溶性聚合物，耐热、耐水性差	黏结混凝土、砖石、玻璃、木材、皮革、橡胶、金属等，多种材料的自身黏结与相互黏结各种金属、塑料和其他非金属材料

续表

种类		特性	主要用途
热固性树脂胶黏剂	环氧树脂	又称万能胶，固化速度快，黏结强度高，耐热、耐水、耐冷热冲击性能好，使用方便	黏结混凝土、砖石、玻璃、木材、皮革、橡胶、金属等，多种材料的自身黏结与相互黏结。适用于各种材料的快速胶接、固定和修补
	酚醛树脂	黏附性好，柔韧性好，耐疲劳	黏结各种金属、塑料和其他非金属材料
	聚氨酯	黏结力较强，耐低温性与耐冲击性良好。耐热性差，自身强度低	适用于胶结软质材料和热膨胀系数相差较大的两种材料
合成橡胶胶黏剂	丁腈橡胶胶黏剂	弹性及耐候性良好，耐疲劳、耐油、耐溶剂性好，耐热，有良好的混溶性。黏着性差，成膜缓慢	适用于耐油部件中橡胶与橡胶，橡胶与金属、织物等的黏结，尤其适用于黏结软质聚氯乙烯材料
	氯丁橡胶胶黏剂	黏附力、内聚强度高，耐燃、耐油、耐溶液性好。储存稳定性差	用于结构黏结或不同材料的黏结，如橡胶、木材、陶瓷、金属、石棉等不同材料的黏结
	聚硫橡胶胶黏剂	很好的弹性、黏附性。耐油、耐候性好，对气体和蒸汽不渗透，防老化性好	作密封胶及用于路面、地坪、混凝土的修补，用于金属陶瓷、混凝土、部分塑料的黏结，建筑物的密封
	硅橡胶胶黏剂	良好的耐紫外线、耐老化性及耐热、耐腐蚀性，黏附性好，防水防震	用于金属陶瓷、混凝土、部分塑料的黏结，尤其适用于门窗玻璃的安装及隧道、地铁等地下建筑中瓷砖、岩石接缝间的密封

【课程思政 10-3】

坚守职业道德

　　建筑物渗透问题是建筑物较为普遍的质量通病，也是住户反映最为强烈的问题。许多住户在使用之时发现屋面漏水、墙壁渗透、粉刷层脱落现象，日复一日，房顶、内墙面会因渗漏而出现大面积剥落，并因长时间渗漏潮湿而导致发霉变味，直接影响住户的身体健康，更谈不上进行室内装饰了。

　　建筑材料都是以钢筋混凝土结构为主体，混凝土自身开裂问题难以完全避免。办公室、机房、车间等工作场所如长期渗漏将会严重损坏办公设施、精密仪器、机床设备等亦可因生霉斑而失灵，甚至引起电器短路。面对渗漏现象，人们每隔数年就要花费大量的人力和物力来进行返修。渗漏不仅扰乱人们的正常生活、工作、生产秩序，而且直接影响到整栋建筑物的使用寿命。由此可见防水效果的好坏，对建筑物的质量至关重要，所以说防水工程在建筑工程中占有十分重要的地位。那么作为材料人应该坚守职业道德底线，保证材料的稳定性，在整个建筑工程施工中，必须严格、认真地做好建筑防水工程。

第三节　　建筑防水材料

　　建筑防水材料是防水工程的物质基础，是保证建筑物与构建物防止雨水侵入、地下水等水分渗透的主要屏障。建筑防水材料的发展伴随着人类文明对世界的理解而发展，从我国东汉时蔡伦发明纸后出现的在伞纸上刷桐油用来防水的油纸伞，到美国 19 世纪 50 年代开始使用煤沥青叠层屋面，直到现代以金属、玻璃、水泥及化学建材、复合材料的使用为标志的新一代建筑防水材料。在建筑工程中，防水材料已经是不可或缺的重要材料。

一、建筑防水材料的主要机理

　　防水材料有两种截然不同的防水机理。一类是靠材料自身的密实性起防水作用；另一类是利用疏水性毛细孔的反毛细管压力来防水。但就房屋或结构的防水而言，防水应该是疏堵结合的，一方面使用致密的材料来堵水；另一方面通过良好的结构设计来排水。

　　绝大多数防水材料都是以自身密实性机理来防水的。孔隙材料的水渗透性可以用达西定律来描述：

$$Q = KFh/L \qquad (10\text{-}1)$$

式中：Q——单位时间渗流量（m/s）；

　　　　F——过水断面（m^2）；

　　　　h——总水头损失（m 水柱或 Pa）；

　　　　L——渗流路径长度（m），$I=h/L$ 为水力梯度；

　　　　K——渗透系数，当水头损失以水柱高度（m）表示时，其单位为 m/s，当水头损失以压力（Pa）表示时，其单位为 $m^2/(Pa\cdot s)$，且有 $1m/s=9\,800m^2/(Pa\cdot s)$，

或 $1m^2$（$Pa \cdot s$）$=1.02 \times 10^{-4}m/s$。

达西定律是由砂质土体实验得到的，后来推广应用于其他土体如黏土和具有细裂隙的岩石等。进一步的研究表明，在某些条件下，渗透并不一定符合达西定律，因此，在实际工作中我们还要注意达西定律的适用范围。

二、建筑防水材料的分类

防水材料按机理可分为两类，其中以自身密实性起防水作用的材料使用量多面广，这里主要讨论该材料的分类。这类材料品种繁多，往往在同一工程中兼用多种防水材料，很难用严格的标准对它们进行分类。常见的分类方法有如下几种：一是把防水材料分成刚性和柔性两类，刚性防水材料主要是防水砂浆和防水混凝土，柔性防水材料指以高分子材料为基料的各种防水卷材、涂料和密封材料；二是按防水材料的防水性和价格，粗略地将其分为高、中、低三档；三是按化学成分分为无机类、有机类和复合类；四是按功能分成屋面防水材料、地下沟槽防水材料等。还有的按防水体系进行分类或按防水工程分类，如日本的建筑防水工程分为卷材防水工程、不锈钢片材防水工程、硅酸盐涂布防水工程和密封工程四类。我们为了讨论方便，根据比较通常的习惯（即按照防水材料的外观形态和使用功能）将防水材料分为以下几类：

（一）防水卷材

这是用量最大的一类防水材料，主要有沥青类、橡胶及弹性体类或称聚合物或高分子类防水卷材。在我国，沥青防水卷材仍是主要的屋面防水材料，比水泥瓦和石棉瓦轻；比聚合物材料价格便宜；其使用寿命一般可达15年。但据调查，石油沥青油毡屋面的使用寿命正在逐年缩短，20世纪50年代竣工的工程使用寿命达16年，20世纪60年代的为7～9年，20世纪70年代的更短。因此，改性沥青卷材和高分子卷材的用量呈不断增长的趋势。

（二）防水涂料

防水涂料一般是以高分子合成材料为主体，在常温下呈无定型液态，经涂布后能在结构物表面结成坚硬防水膜的材料的总称。主要特点是液体成膜，不受基材形状的限制，因而适用于防水的维修、异性屋面的防水及小面积复杂部位，如管道、下水道较多的厨房、卫生间的防水，它也是防水卷材的重要补充。

（三）防水密封材料

密封材料是阻塞介质透过渗漏通道起密封作用材料的总称。建筑防水密封材料是指被填于建筑物的接缝、门窗框四周、玻璃镶嵌部位及建筑裂缝等处，能起到水密、气密性作用的材料。根据材料的形态分不定型密封材料和定型密封材料两类。前者主要指膏状材料如腻子、各类缝隙密封胶、胶泥等。后者是指具有各种异形截面形状的弹性固体材料，如橡胶止水带、密封条等。

（四）防水胶黏剂

它是防水材料的主要配套材料，用于黏结防水卷材，填充基层的微裂缝，填平粗糙的表面，使卷材与基层粘贴密实。它不仅具有较大的黏结强度，还应具有较好的耐水性和水密性。

（五）堵漏材料

这是一类能对工程中出现的渗漏水通道进行封堵的材料，包括抹面堵漏材料和灌浆材料。

（六）灌浆材料

这是为了防止基础渗漏、改善裂隙岩体的物理力学性质，增加建筑物和构筑物地基的整体稳定性，提高其抗渗性、强度和耐久性，通过压力向土体中灌入的材料。无机灌浆防水材料主要有水玻璃类、水泥类；有机灌浆材料主要有环氧树脂类灌浆材料、甲基丙烯酸甲酯类灌浆材料（甲凝灌浆材料）、丙烯酰胺类灌浆材料（丙凝灌浆材料）、聚氨酯类灌浆材料（氰凝灌浆材料）等。

三、常用建筑防水材料

【课程思政10-4】

古代建筑防水

为防止水对建筑物某些部位的渗透，中国古代防水层常用的方法是以黏土或黏土掺入石灰，外加糯米粥浆和猕猴桃藤汁拌和，有时还掺入动物血料、铁红等，分层夯实。这种方法是中国古代地下陵墓或储水池等工程防水常用的一项独有技术。灰土强度随时间增长，其防止渗漏能力也逐渐提高。河南辉县出土的公元前3世纪战国末期墓葬，在椁室四周填满相当厚的砂层和木炭，上面用黏土夯实，通过这些措施收到极佳的防水隔潮的效果。著名的马王堆汉墓也有相类似的构造，说明中国在很早以前即有成功的防水措施。中国古代建筑在屋盖构造中，有以铅锡合金熔化浇铸成约10mm厚的板块，焊成体，俗称"锡拉背"或"锡背"，就是宫殿建筑使用的一种防水材料。北京故宫御花园内的钦安殿，已经历时500余年，至今完好。20世纪70年代初翻修天安门城楼时，在屋脊上也发现宽3m、厚3mm的青铅皮，用作防水层。

（一）高分子防水卷材

高分子防水卷材是以聚合物（橡胶、合成树脂或两者的共混物）为基料，加入适量的化学助剂和填充剂，经过塑炼、混炼、压延或挤出成型等工序加工而成的片状防水材料。

与沥青防水卷材相比，聚合物防水卷材的主要优点是：拉伸强度和抗撕裂强度高、断裂伸长率大、耐热性和低温柔性好、耐老化、单层施工、质量轻、污染小。虽然价格比沥青防水卷材高，但使用寿命也更长。所以聚合物防水卷材已经成为重要的防水材料品种，在北美，其用量甚至已经超过了沥青基的防水卷材。由于聚合物性能优良，生产过程中能耗低、对环境污染少，聚合物防水卷材的应用将继续增加。

高分子防水卷材几种经典配方见表10-2。

表10-2   几种经典配方

聚氯乙烯防水卷材		氯化聚乙烯/丁苯橡胶难燃防水卷材			
聚氯乙烯树脂	100	氯化聚乙烯	50	氧化镁	10
氯化聚乙烯（含Cl 0%～40%）	40～50	松香SBR	40	氧化锌	5
增塑剂	10～30	氯丁橡胶	10	硬脂酸	2
三盐基性硫酸铅	3	硫磺	2	阻燃剂	25
硬脂酸铅	1～1.5	促进剂	2.5	增塑剂	10
填料（碳酸钙或陶土）	10～20	防老剂	3.5	补强剂	90

（二）聚合物基防水涂料

与沥青基防水涂料相比，聚合物基防水涂料的主要优点是耐热性、低温柔性、抗裂性和耐水性好，缺点是价格较高。

1. 聚合物乳液建筑防水涂料

聚合物乳液建筑防水涂料以聚合物乳液为基料，其所用的聚合物乳液应该满足《建筑防水材料用聚合物乳液》（JC/T 1017—2020）的要求。

乳液型防水涂料的共同优点是：①因为分散介质是水，所以容易涂布，操作性能好；②也能和潮湿的基层结合。共同的缺点是：①水分蒸发后才能逐层涂抹至需要的涂膜厚度，如果在其干燥前遇到下雨，涂层就会有流失的危险；②成膜温度高，在低温下有时不能成膜。

常用的聚合物乳液有橡胶胶乳和合成树脂乳液，前者有氯丁胶乳、丁苯胶乳、乙丙胶乳等，后者有乙烯-醋酸乙烯共聚物（EVA）乳液、丙烯酸酯类共聚物（纯丙）乳液、丙烯酸酯类-苯乙烯共聚物（丙苯或苯丙）乳液等。

实际配制乳液防水涂料时，可能会用几种乳液复合，或者是同一类型乳液的不同牌号乳液复合，以获得更好的性能。

2. 聚氨酯防水涂料

（1）多组分聚氨酯防水涂料

多组分型一般是两组分，它是以甲组分（聚氨酯预聚体）与乙组分（固化剂）按一定比例混合而成的双组分反应型防水涂料。

其中，以无溶剂型双组分聚氨酯防水涂料性能最好。这种涂料的性能特点是：

① 氨基甲酸酯系防水涂料是一种几乎不含溶剂而且施工性能良好的防水材料，施工比较容易。

② 容易形成较厚的涂层，而且具有耐龟裂等性能，安全度较高。

③ 涂膜富有橡胶状弹性，抗拉强度和抗撕裂强度均较高，有优异的延伸性。

④ 对涂膜基层的黏结强度比较容易调整，能提高抗龟裂性能。

⑤ 涂膜耐水性、耐碱性、耐候性和耐臭氧性良好。

⑥ 涂膜的耐热性和低温柔性良好。

⑦ 涂膜的耐磨性优越。

（2）单组分聚氨酯防水涂料

单组分聚氨酯防水涂料比双组分涂料使用方便。以–NCO为端基的预聚体通过与空气中的湿气反应而固化成膜。由于预聚体黏度适中，因而无须用有机溶剂稀释，它可以在相对湿度90%以内的条件下施工。因此，单组分防水涂料施工方便、无公害，有利于环保，是聚氨酯防水涂料的发展方向。

单组分聚氨酯防水涂料有湿固化、潜固化、水固化三类。

单组分湿固化（潮气固化）涂料的固化机理是–NCO与基面和空气中的水在催化剂作用下直接反应固化成膜。这种固化方式存在固化时间长、不能厚涂的缺点，而且基面太潮湿，又容易产生鼓泡现象。

潜固化类的固化机理是潜固化剂（例如：酮亚胺）先与水快速反应产生胺或醇胺类物质，而胺或醇胺物质再与–NCO反应固化成膜，这两个反应过程是连续进行的。

水固化类反应机理类似潮气固化，潮气固化仅仅依赖空气中的水分向涂料内部扩散，因而固化速度慢。水固化是在施工时加入一定量的水，则游离状态的水和以–NCO为端基的多异氰酸酯预聚体发生反应，生成脲键而固化，水起到了扩链即固化作用，生成的CO_2气体可通过气体吸收剂吸收，形成致密的聚氨酯弹性体涂膜，从而开发了水固化聚氨酯防水涂料。现在防水工程上应用的有些单组分水固化聚氨酯涂料是利用异氰酸酯与水发生系列反应，达到扩链和固化异氰酸酯的作用。严格来讲，这已经是双组分聚氨酯涂料了，其中，第二组分是水，显然，水的用量必须严格控制。所以，也有人把水固化聚氨酯涂料做成双组分型，其中一种组分内含水和CO_2吸收剂。

3.喷涂聚脲防水涂料

以异氰酸酯类化合物为甲组分、胺类化合物为乙组分，采用喷涂施工工艺使甲、乙混合，反应生成的弹性体防水涂料。

甲组分是异氰酸酯单体、聚合体、衍生物、预聚物或半预聚物。而预聚物或半预聚物是由端氨基或端羟基化合物与异氰酸酯反应制得。异氰酸酯既可以是芳香族的，也可以是脂肪族的。

乙组分仅仅是由端氨基树脂和氨基扩链剂等组成的胺类化合物时，通常称为喷涂（纯）聚脲防水涂料；乙组分除了端氨基树脂或氨基扩链剂等胺类化合物外，还含有端羟基树脂时，通常称为喷涂聚氨酯（脲）防水涂料。因为异氰酸酯与胺化合物反应形成脲，而异氰酸酯与羟基化合物生成氨基甲酸酯。从《喷涂聚脲防水涂料》（GB/T 23446—2009）标准指标看，聚脲防水涂料比聚氨酯防水涂料的固体含量更高，涂膜的拉伸强度大好几倍（喷涂聚脲防水涂料为10MPa和16MPa，聚氨酯防水涂料为1.9MPa和2.45MPa）。

实际上，普通聚氨酯涂料的固化组分也常常使用一种名为MOCA的化学物质，其学名为3，3′-二氯-4，4′-二苯基甲烷二胺，就是普通聚氨酯防水涂料中也使用了胺作为扩链剂，在聚合物分子链中也形成了脲的结构。透过现象看本质，普通聚氨酯防水涂料中使用了太多其他的成膜物质，例如焦油、沥青、增塑剂等，在降低成本的同时，也大大降低了产物——膜层的力学性能。所以，聚脲喷涂防水涂料的拉伸强度之所以很高，是因为成膜物质中聚合物含量较高。或者可以说，聚脲防水涂料是聚氨酯防水涂料的成型施工向简捷、高效和低污染的方向发展的成果。

聚脲喷涂防水涂料的拉伸强度之所以很高，是因为涂料对施工环境的水汽不敏感，形成的弹性涂层不会生成泡沫。喷涂弹性体最早起源于20世纪70年代，初期的品种是喷涂聚氨酯弹性体（简称SPU）。在施工时，体系容易与周围环境中的水分、湿气反应，产生二氧化碳。生成泡沫状弹性体（Foamy Elastomer），造成材料力学性能不稳定。因此，人们很快想到在树脂组分中引入端氨基化合物，即喷涂聚氨酯（脲）弹性体（简称SPU（A））。这样，可有效地阻止异氰酸酯与水分、湿气的反应，材料力学性能得到很大改善，工程应用明显增加。

喷涂聚脲防水涂料的主要特点如下：

（1）固化快，施工效率高。聚脲喷涂后的固化速度极快，一般在几秒钟内就凝胶不粘手，几小时后，即达到步行强度，施工现场可进入下道工序。聚脲喷涂成型的厚度可任意设定，从不到1mm至几毫米均可一次施工完成。在垂直面甚至是顶面上喷涂施工也能保证平整光滑，不会出现流淌现象。这些都赋予了喷涂聚脲工艺极大的施工效率。

（2）可带湿施工。由于聚脲在常温的反应速度极快，在这个体系中水分子来不及与异氰酸酯反应。因此，环境周围的湿气不会对涂层的质量和表面产生不良影响，从而大大方便了施工。

（3）强度高。喷涂聚脲的模量类似于橡胶，即在具有较高的断裂伸长率的同时，仍能保持较高的强度。通过配方调节，喷涂聚脲的抗张强度可以在10～22 MPa内变化，这个范围基本上涵盖了塑料、橡胶和玻璃钢的性能。这对于用作防水材料非常有利。

（4）耐老化性能优良。由于聚脲特定的分子结构以及配方中不含催化剂，喷涂聚脲的耐老化性能特别优良。虽然芳香族体系的材料在使用后不久会出现泛黄现象，但不会影响使用性能。然而脂肪族体系的聚脲涂料的耐老化性能更加优异。

（5）耐盐腐蚀性好。喷涂聚脲涂料如作为防腐涂料，可耐受稀酸和稀碱腐蚀。且对于盐水或盐雾的腐蚀有突出的耐受性，这使它特别适合用于沿海地区。

（6）不含溶剂。喷涂聚脲配方中不含有溶剂，因此有利于施工环境保护。

4.聚合物水泥防水涂料

20世纪50年代，日本开始研制聚合物改性水泥作为柔性防水材料，60年代后，开始试用，80年代后，日趋成熟并大规模推广使用。1998年，日本生产企业已达31家，产品品牌达36个，主要用于地下工程及各种水池、水槽等给水排水设施的防水。新加坡、韩国、澳大利亚、德国等也生产与应用该种涂料。20世纪90

年代初，我国开始研制聚合物改性水泥砂浆防水涂料，2001年颁布行业标准《聚合物水泥防水涂料》（JC/T 894—2001），2009年颁布国家标准《聚合物水泥防水涂料》（GB/T 23445—2009）。

柔性的聚合物改性水泥砂浆作为防水涂料，由于水泥水化时消耗一部分水，同时水泥水化产物可以与聚合物产生化学反应，使得聚合物改性水泥作为防水涂料具有较普通水性聚合物防水涂料干燥（成膜）更快、强度更高的特点，因而施工时无须铺设增强材料，由此大大加快了施工速度、缩短了施工周期。国家标准要求的拉伸强度指标，比聚合物乳液建筑防水涂料高20%。

用于聚合物水泥防水涂料的乳液，必须具有较高的离子稳定性和机械稳定性。仅仅满足防水涂料用聚合物乳液标准的乳液，与水泥进行机械混合时，还有可能发生破乳现象。

聚合物水泥防水涂料常用的聚合物乳液有苯丙乳液、纯丙乳液、乙烯-醋酸乙烯共聚物（EVA）乳液。

5.其他聚合物基防水涂料

有机硅系防水涂料中的有机硅主要分为硅油、硅橡胶、硅树脂和硅烷偶联剂四大类。不同类型的有机硅展现不同的性能品质，固化交联也各不相同，有多种方式，有机硅系防水涂料由上述有机硅为主要成分组成，也有两大类：一类是硅油、硅树脂浸料，通过有机硅渗透至砖石及混凝土建筑，形成硅氧基团朝向基层内部、烷基基团向外的基本结构，产生憎水效果，通常称为防水剂；另一类是由硅橡胶在建筑物表面形成具有相当厚度的防水膜，通常称为防水涂料。如果是用硅树脂乳液做的防水涂料，则应归类到乳液建筑防水涂料一节，其性能应满足聚合物乳液建筑防水涂料的要求。市场上的有机硅乳液有各种硅油乳液、硅树脂乳液、硅橡胶乳液，品种众多，不少有机硅乳液质量不错，但并不适宜作为防水涂料的成膜物质。

（三）高分子密封胶

密封胶常用于嵌填建筑物的接缝、门窗框四周、玻璃镶嵌部及建筑裂缝等处，起到水密、气密作用。

常用的高分子密封胶有：

1.硅橡胶（硅酮）密封胶

硅橡胶是一种线型的以硅-氧键为主链、以有机基团（烷基或苯基）为侧基的聚合物。根据硅原子上所连接的有机侧基不同，硅橡胶可有二甲基硅橡胶、甲基乙烯基硅橡胶、甲基苯基乙烯基硅橡胶、乙基硅橡胶、氟硅橡胶及亚苯基硅橡胶等品种。

硅橡胶分子量从几万到几十万不等，它们必须在固化剂及催化剂的作用下才能结合成为有若干交联点的弹性体。硅橡胶按其硫化方式可分为高温硫化和室温硫化两大类。通常分子量在50万～80万之间的直链聚硅氧烷属于高温硫化硅橡胶，通常采用过氧化物作交联剂，并配以各种添加剂（如补强填料、热稳定剂、结构控制剂等），在炼胶机上混炼成均匀橡胶料，然后采用模压、挤出、压延等方法高温硫化成各种橡胶制品。室温硫化硅橡胶通常是以羟基封端的、分子量在1万～8万的直链聚硅氧烷，亦称液体硅橡胶。这种羟基封端的硅橡胶采用多功能团的有机硅化合物（如正硅酸乙酯、甲基三乙酰氧基硅烷等）作交联剂，并用有机金属化合物（如二月桂酸二丁基锡）作催化剂，并配合其他添加剂后可在室温下缓慢缩聚成网状结构的橡胶制品。

以硅橡胶为基料的室温硫化型硅橡胶（RTV）是应用最为广泛的。这种20世纪60年代问世的橡胶最显著特点是在室温下无须加热、加压即可就地固化，使用极其方便。室温硫化硅橡胶按成分、硫化机理和使用工艺不同可分为三大类型，即单组分室温硫化硅橡胶、双组分缩合型室温硫化硅橡胶和双组分加成型室温硫化硅橡胶，其中，又以单组分室温硫化硅橡胶最为普遍。

单组分室温硫化硅橡胶作为密封胶使用时，常常被称为硅酮密封胶或直接简称为硅胶。单组分室温硫化硅橡胶密封胶具有下列特性：

（1）使用温度范围宽。可在65℃～232℃的范围内长期使用，短期最高使用温度可达260℃。

（2）卓越的耐候性。不受雨、雪、冰雹、紫外线辐射和臭氧的影响，在极端的温度下不硬化、不龟裂、不坍塌或老化变脆。

（3）良好的化学稳定性。在苛刻环境中具有高的抗化学腐蚀能力，可长期承受绝大多数有机、无机化学品、润滑剂和一些溶剂的侵蚀。

（4）良好的黏结强度。对各种表面如玻璃、木材、硅树脂、硫化橡胶、天然和合成纤维、上漆表面以及多种塑料和金属都具有卓越的黏结强度。能在恶劣环境中保持优良的黏结力、强度和弹性，尤其是低模量的密封胶，即使在拉伸160%或压缩50%体积范围内仍具有良好的密封黏结性能。

（5）很高的抗变形能力，良好的承受热胀冷缩效果。

2. 聚硫橡胶

聚硫橡胶是以甲醛或二氯化物和多硫化钠为基本原料，通过缩聚反应制得。通常的聚硫橡胶为乙基缩甲醛二硫聚合物或亚乙基与亚丙基二硫聚合物，呈液体状态，端基为-SH，-C1或-OH，具有反应活性。

（1）聚硫橡胶密封胶的固化机理。固化作用主要通过活泼的-SH基团进行，常用的固化剂有无机氧化物，如氧化锌、氧化铅、氧化镁和氧化钙等；无机过氧化物如 H_2O_2，CaO_2，Na_2O_2 等；无机氧化剂如 $KCrO_4$，$KClO_3$，有机过氧化物以及某些具有能够与活泼氢反应的基团的树脂或单体(如酚醛、环氧、异氰酸酯)。

（2）聚硫密封胶的配制。实际应用时可分三组分、双组分和单组分三种形式。三组分将聚硫橡胶、固化剂和促进剂分别放置，单组分通过吸收空气中的水分进行交联。

（3）聚硫橡胶密封胶的特性和用途。聚硫橡胶有优异的耐光、耐热、耐自然老化性、黏结性和气密性极佳，低温柔性好。在脂肪烃、卤代烃、芳香烃、酯类、酮、醛等有机溶液中的膨胀率极小。聚硫密封胶可用于高层建筑接缝及窗框周围防水、防尘密封，中空玻璃制造用周边密封，建筑门窗玻璃密封，游泳池、水槽、上下管道、冷库等接缝的密封。

3.聚氨酯

聚氨酯密封胶与硅酮密封胶和聚硫橡胶密封胶并称为三大密封胶，并逐步取代聚硫橡胶密封材料的地位。用聚氨酯配制密封胶时有双组分和单组分。

单组分是制成氨基甲酸酯预聚体，通过端异氰酸酯基和空气中的水分反应而固化。

双组分配方是以含异氰酸酯的化合物（预聚体）为一个组分，以含活泼氢化合物如含羟基、氨基、羧基等的化合物及催化剂为另一组分，使用时按比例混合均匀。

市场上最初出现的是双组分聚氨酯密封胶，具有交联速度快、性能好的优点，但也存在使用不便、冬夏配方不同等缺点。单组分聚氨酯密封胶一般是硬铝管或铝塑复合软管包装，可用密封胶枪施工。其优点是无须调配、使用方便，因此它在聚氨酯密封胶中所占的比例正逐渐上升。但缺点是由表层到内部缓慢固化，在干燥环境下固化更缓慢。用于建筑领域的单组分聚氨酯密封胶对固化速度要求不是很高。

原料品种繁多、配方和性能可调是弹性聚氨酯材料的基本特点。聚氨酯密封胶用途广泛，根据性能要求配方体系有所不同。聚氨酯密封胶具有以下优点：

（1）具有极佳的水密和气密性，良好的低温柔韧性，使用温度范围宽。

（2）可根据应用目的不同选择不同的模量，性能可调节范围广。

（3）具有优良的耐磨性和耐疲劳性能。

（4）撕裂强度大且裂痕的传播能力小。

（5）弹性好，长时间变形和永久形变小；具有优良复原性，补偿能力强，可适合于动态接缝。

（6）耐候性好，使用年限15～20年；耐油性优良，耐生物老化。

（7）对许多表面的黏结性好。

（8）价格适中。

聚氨酯密封胶也有一些缺点。如不能长期耐热；浅色配方易受紫外线照射而变黄；单组分胶储存稳定性受包装和外部环境影响很大，通常固化缓慢；高温热环境下可能产生气泡和裂纹。用于土木建筑的聚氨酯密封胶，以密封为主、黏结为辅，大多以高弹性、低模量为特点，以适应动态接缝。

4.丙烯酸酯

聚丙烯酸酯类树脂的结构和性能可因原料单体的选择而有很大的变化。按照《丙烯酸酯建筑密封胶》（JC 484—2006）中的要求，是以丙烯酸、丙烯酸a-乙基己酯、丙烯酯单体共聚乳液为基料，配以填料、着色剂、分散剂等制成的单组分乳液型密封胶。

这类密封胶的特点是单组分、水乳型（无污染）、有触变性从而下垂度小、施工方便，在聚合物基密封胶中价格是低的。同时具有优良的黏结性（因含有丙烯酸单体）、低温柔性和耐老化性。水乳型丙烯酸酯密封胶具有低毒、无味、无污染和耐久性优良等优点，尤其适用于需要大量填缝密封、对抗位移能力要求不高、挥发性有机化合物（VOC）排放量较低的室内。据统计，此类密封胶在国外胶黏剂市场占有率达到20%左右。

【工程实例分析10-1】

北极熊毛发仿生隔热材料

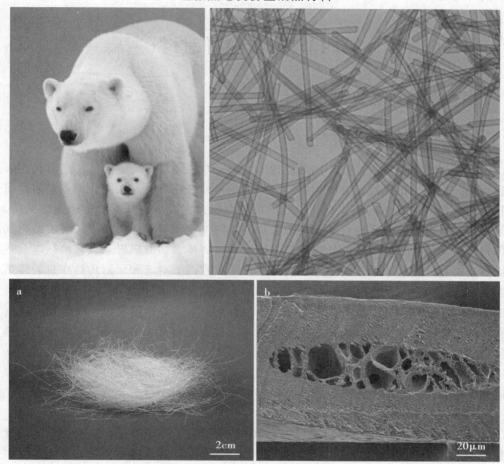

概况：模仿北极熊毛发制备中空管状材料。

分析：

与人类或其他哺乳动物的毛发不同，北极熊的毛发是中空的。在显微镜下放大后，每一根毛发都存在空腔结构。这些空腔的形状和间距形成了它们独特的白色外表。同时，这也赋予了它们显著的保温性和疏水性，适宜人工隔热材料效仿。

"中空的内核限制了热对流，中空结构同样也使单根毛发变得轻质，这是材料科学中最突出的优势之一"，中国科技大学副教授刘建伟说。为了模拟这种结构，他们与中国科技大学近代力学系倪勇教授团队合作，模拟数百万根中空碳管，每根碳管相当于一根北极熊毛发，并将它们缠绕成像通心粉一样的气凝胶。

与其他气凝胶和保温材料相比，他们发现受北极熊毛发启发仿生制备的空心管表现出轻质、隔热，也几乎不受水的影响——这是一个使北极熊既能在游泳时保持温暖，又能在潮湿条件下保持绝缘性的便利功能。另一个好处是，这种新材料与北极熊的毛发相比具有超弹性，这就进一步提高了其在工程方面的适用性。

第四节　建筑功能材料

一、保温隔热材料

（一）绝热材料绝热机理

1.多孔型

多孔型绝热材料起绝热作用的机理。当热量Q从高温面向低温面传递时，在未碰到气孔之前，传递过程为固相中的导热；在碰到气孔后，一条路线仍然是通过固相传递，但其传热方向发生变化，总的传热路线大大增加，从而使传递速度减缓。另一条路线是通过气孔的传热，其中包括高温固体表面对气体的辐射与对流给热气体自身的对流传热、气体的导热、热气体对低温固体表面的辐射及对流给热以及热固体表面和冷固体表面之间的辐射传热。由于在常温下对流和辐射传热在总的传热中所占比例很小，故以气孔中气体的导热为主，但由于空气的导热系数仅为0.025kcal/（m·h·℃），即0.029W/（m·K），远小于固体的导热系数，故热量通过气孔传递的阻力较大，从而传热速度大为减缓。这就是含有大量气孔的材料能起绝热作用的原因。

纤维型绝热材料的绝热机理基本上和通过多孔材料的情况相似。显然，传热方向和纤维方向垂直时的绝热性能比传热方向和纤维方向平行时要好一些。

2.反射型

反射型绝热材料的绝热机理可由图10-2来说明。当图10-2材料对热辐射的反射和吸收外来的热辐射能量 I_0 投射到物体上时，通常会将其中一部分能量 I_B 反射掉，另一部分 I_A 被吸收（一般建筑材料都不能穿透热射线，故透射部分忽略不计）。根据能量守恒原理，则：

$$I_A + I_B = I_0 \tag{10-2}$$

比值 I_A/I_0 说明材料对热辐射的吸收性能，用吸收率"A"表示，比值 I_B/I_0 说明材料的反射性能，用反射率"B"表示，即：

$$A + B = 1 \tag{10-3}$$

由此可以看出，凡是善于反射的材料，吸收热辐射的能力就小；反之，如果吸收能力强，则其反射率就小。故利用某些材料对热辐射的反射作用，如铝箔的反

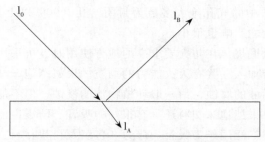

图10-2　材料对热辐射的反射和吸收

射率为0.95，在需要绝热的部位表面贴上这种材料，就可以将绝大部分外来热辐射（如太阳光）反射掉，从而起到绝热的作用。

（二）常用保温绝热材料

1.泡沫聚氨酯

凡主链上含有许多重复的-NH-C-O-基团的树脂称为聚氨基甲酸酯（简称聚氨酯）。它们可以为线型聚合物，也可以为体型聚合物，广泛用于制造硬质、软质和半硬质泡沫塑料。硬质泡沫塑料的制造方法通常采用两段法，即先用含轻基的树脂和异氧酸酯反应形成预聚体，然后再加入发泡剂、催化剂等其他辅助原料进一步混合，反应而发泡，制造过程可以在工厂内进行，也可以在施工现场进行，可采用注入发泡法或者喷吹发泡法。例如：使用碳氟化合物作为发泡剂时，可采用两段发泡法，用喷射机喷出原液发泡，进行现场施工。软质泡沫塑料的制造方法有平板发泡法和模型发泡法。平板法是用大容量发泡机定量地把混合原液加到传送带的纸或者聚乙烯薄膜上发泡，然后在隧道加热器中定型；模型法则是把原液注入到金属模型中，定型后脱模，可以加热定型，也可以在室温下定型。

聚氨酯泡沫塑料的导热系数很小，影响其导热系数的因素有表观密度、温度、包含在气孔中气体的种类以及吸湿性等。包含在泡沫塑料中的气体种类对其导热系数有很大的影响。这是由于气体本身的导热系数有较大差别。气泡中所含气体的种类主要取决于制造方法和发泡剂。当聚氨酯泡沫塑料的表观密度为0.032g/cm³时，其导热系数为：

$$\lambda_t = 0.0300 \pm 0.000175t \tag{10-4}$$

若采用低沸点的挥发性物质氟利昂（CCl, F）为发泡剂，则包含在气孔中的气体为氟利昂，它的导热系数很低，不仅如此，以氟利昂为发泡剂时在泡沫塑料中产生大量的细气孔，所以，在表观密度相同的条件下，导热系数要小得多。以氧利昂为发泡剂，表观密度为0.033g/cm³时的导热系数为：

$$\lambda_t = 0.015 + 30.00012t \tag{10-5}$$

对于含有CO_2泡沫塑料来说，保持住封闭气孔内的大气体，以保证导热系数等性能的稳定是很重要的。据研究，泡沫塑料若刚刚制得时的导热系数为0.023kcal/（m·h·℃），大约在一个月后，会增至0.03kcal（m·h·℃）左右，然后基本上保持稳定，以氟利昂为发泡剂的泡沫料，导热系数增加较慢，大约在100d后基本保持稳定。硬质聚氨酯泡沫中的气孔绝大多数为封闭气孔（90%以上），因而吸水率特别低，吸潮对导热系数的影响也很小。

聚氨酯本身可以煅烧，在防火要求高的地方使用时，可采用含卤素或含磷的聚酯树脂为原料，或者加入一些有灭火能力的物质。聚氨酯泡沫具有较强的耐侵蚀能力，它能抵抗碱和稀酸的腐蚀，耐一般动植物油的侵蚀，但不能抵抗浓硫酸、浓盐酸和浓硝酸的侵蚀。聚酯泡沫塑料还具有很好的吸音、防震性能，因而除了作为保温隔热材料以外，还广泛用作为吸音、浮力、包装及衬垫材料。

2.聚苯乙烯泡沫塑料

聚苯乙烯泡沫塑料（简称 P.S.）是以聚苯乙烯树脂为原料加发泡剂发泡而成。聚苯乙烯泡沫塑料是由表皮层和中心层构成的蜂窝状结构，表皮层中不含气孔，而在中心层内含有大量封闭气孔。由于这种结构，聚苯乙烯具有容积密度小，导热系数低，吸水率小，隔音性好，机械强度和耐冲击性能高等优点。此外，由于在制造过程中是把发泡剂加入到液态树脂中，在模型内膨胀而发泡的，所以，成型品内残余应力小，尺寸精度高，但由于制造方法的不同，表面平整性有显著差异。

常见的聚苯乙烯泡沫塑料为具有柔和光泽的白色固体，表观密度为 $0.016 \sim 0.031 \mathrm{g/cm^3}$，导热系数为 $0.028 \sim 0.031 \mathrm{kcal/}$（$\mathrm{w/m \cdot k}$）（$0℃$）。由于聚苯乙烯本身无亲水基团，开口气孔很少，又有一无气孔的外表层，所以它的吸水率比聚氨酯的吸水率还低。聚苯乙烯硬质泡沫塑料有较高的机械强度，有较强的恢复变形的能力，是很好的耐冲击材料。聚苯乙烯泡沫塑料对水、海水、弱碱、弱酸、植物油、醇类都相当稳定。但石油系溶剂可侵蚀它，可溶于苯、酯、酮等溶剂中，因而不宜用于可能和这类溶剂相接触的部位上。

由于聚苯乙烯树脂为一种热塑性材料，在高温下容易软化变形，故聚苯乙烯泡沫塑料的安全使用温度为 $70℃$，最高使用温度为 $90℃$，最低使用温度为 $-150℃$。在 $-70℃$ 和 $-30℃$ 的温度范围内的膨胀系数为 $7 \times 10-3℃$，几乎和木材的膨胀系数相同。

由于聚苯乙烯泡沫塑料具有上述优异特性，它被广泛用于工业管道、建筑等方面作为保温材料，在保冷方面应用得更多。聚苯乙烯泡沫塑料包括硬质、软质及纸状等几种类型。在制造过程中可预先使聚苯乙烯发泡，制得多孔发泡颗粒，然后再在模型内进一步发泡，这种方法制得的制品表观密度极小（可小至 $0.015 \mathrm{g/cm^3}$），有优良的绝热性能，具有很好的柔性和弹性，是性能优良的绝热、缓冲材料，通常把它称为可发性聚苯乙烯泡沫塑料。硬质聚苯乙烯泡沫塑料的特点是强度大、硬度高，其强度要比可发性泡沫塑料高 10 倍以上。应该注意的是，聚苯乙烯泡沫塑料本身可以燃烧，因而在容易着火的地方使用时，须考虑在其表面进行防燃处理，或在原料中加入某些防燃材料。

3.太阳反射型绝热涂料

夏季，当天气晴朗时，到达地面水平方向的太阳辐射强度高达 $900 \mathrm{kcal/m \cdot h}$，由于屋面防水层一般呈黑色，吸收太阳辐射强烈，夏季屋面的表面温度可高达

70℃～80℃。太阳辐射热能主要在 0.3～3.0μm 的波段内。波长 0.3～0.4μm 为紫外线区，它占有热能约有 5%，波长 0.4～0.7μm 为可见光区，它占有热能约为 52%，波长 0.7～3.0μm 为红外线区，它占有热能约为 43%。所有的建筑材料装面都有反射太阳辐射热的能力。其能力的大小主要取决于材料的化学成分、表面的光滑状况和表面颜色，而表面颜色又是影响反射率的主要因素。表面颜色愈浅，反射太阳辐射热的能力就愈大。如白色表面的反射率可达到 0.8，而黑色表面的反射率只有 0.1。因此，在夏季强烈的太阳辐照下，白色涂料表面温度可比黑色表面低 30℃，其他反射率较大的浅色表面（如浅黄、浅绿）也具有良好的降温效果，一般也要比黑色表面低 20℃左右（如图 10-3 所示）。

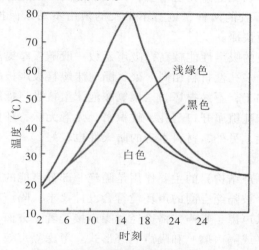

图10-3　不同颜色表面温度对比图

采用树脂成膜剂、金红石型钛白、玻璃粉骨料等可制成太阳热反射型绝热涂料。AAS 涂料的适用范围：钢筋混凝土、沥青表面、冷库屋顶、外墙、石油贮罐、液化石油气贮罐表面、普通铁皮卫生间、厨房天棚、汽车顶部、冷热管道表面等。

二、吸声隔声材料

声环境是重要的建筑物理环境之一，创造良好的或符合设计要求的建筑声环境是现代人类追求高的建筑环境质量的目标之一。建筑声环境问题一般是指建筑空间中的音质问题和建筑环境中振动及噪声的控制问题。这两方面的问题既与建筑设计和环境规划有关，又与所用建筑材料的性能有关。根据材料在声场中的性能和作用，可将其分为吸声材料、隔声材料和反射材料三大类。建筑工程中，研究、使用居多的为前两类材料，常统称其为建筑声学材料。

（一）吸声材料

吸声材料（含吸声结构）的主要作用有：控制反射声，消除回声；降低噪声；提高隔声结构的隔声量。吸声材料结构一般多孔，根据工程要求，除了在声学性能上要求在宽频带范围内有高的吸声系数和长期稳定可靠的吸声性能之外，还要求具有一系列其他的材料性能，如：一定的力学强度、较高的抗老化性、良好的防潮防湿防霉性、无腐蚀性和挥发性、易保养更换和表面装饰、不易燃、不易变形碎裂，或轻质有弹性等。

鉴于存在密度、强度、防潮、防火等方面的要求，在品种规格很多的泡沫塑料产品系列中，目前用于吸声的主要是阻燃型的聚氨酯泡沫塑料，以及三聚氰胺泡沫塑料，常用形状规格为板状，故称为泡沫塑料吸音板。泡沫塑料另有硬质和软质之分，用于吸声的多为软质的。软质泡沫塑料按表面状态又有平面型和波浪型的两种，其中平面型的还有表面覆膜与否之分，所谓覆膜即覆以一层对吸声影响甚小，却能防尘防水防油，以免泡沫孔道堵塞，又便于清洗的塑料薄膜。软质泡沫塑料还有背面刷不刷有不干胶的两种，刷不干胶的须用不黏纸保护，安装时揭去不黏纸，直接粘贴，方便快捷。

泡沫塑料吸声板的吸声性能较高，吸声系数一般随板厚提高，吸声效果与前述玻璃棉、岩棉等纤维多孔性材料相同。聚氨酯泡沫塑料吸声板的强度较高，柔韧性也较好，易于安装加工，不易损坏。三聚氰胺泡沫塑料吸声板的强度相对较低，也较易受损，但其泡沫孔隙属开口型孔，较稠密，无毒无味，环保安全，而且色白或灰，有很好的装饰性，另外，材料本身的防火性也较好。

（二）隔声材料

隔声材料（含隔声结构）的主要作用是隔绝一部分声能的透射，使一部分声波不产生穿透现象，令被隔绝空间的声环境符合设计要求。隔声材料在噪声控制中得到广泛的应用。在噪声源、噪声传播途径和噪声接受者三方面，隔声结构较多采用隔声罩、隔声屏障（或隔声墙）和隔声间等形式。考虑隔声效果，无论声能是被反射还是被吸收，都能提高隔声量。因而，吸声材料在隔声结构中也是很重要的组成部分。

用于建筑隔声的材料种类很多，无机和有机、金属和非金属、硬质和软质、密实和多孔，不一而足，原因就在于建筑环境中声波传播介质的多样性。由于声波在坚硬固体中的传播速度很快，衰减很小，同时，声波在坚硬固体表面的反射系数较高，穿透现象也较明显，因而形式、质地不同的建筑构件既是一类效果不一的隔声体，又是一类不可忽略的传声体。通过坚硬固体介质传播的固体声（如撞击声）和通过空气介质传播的空气声，必要时都须用隔声手段加以控制。这就使质地、成分、密度、形状、尺寸各异的很多材料，以结构复合的形式，发挥其针对性不同的隔声作用而成为可能。换言之，即众多材料是在适当的隔声结构中体现其隔声性能的。

■ 本章小结

合成高分子材料是现代工程材料中不可缺少的一类材料。由于有机合成高分子材料的原料（石油、煤等）来源广泛，化学结合效率高，产品具有多种建筑功能且具有质轻、强韧、耐化学腐蚀、多功能、易加工成型等优点，因此在建筑工程中的应用日益广泛，不仅可用作保温、装饰、吸声材料，还可用作结构材料以代替钢材、木材。制备与应用的技术涵盖了多个领域，涉及交叉学科的发展，具有广阔的应用前景。

本章习题

1.判断题

（1）环氧树脂地面涂料是一种单组分常温固化型涂料。（　　）

（2）胶黏剂中填料的加入不可以改善胶黏剂的强度、耐热等特性。（　　）

（3）吸声材料（含吸声结构）的主要作用有：控制反射声，消除回声；降低噪声；提高隔声结构的隔声量。（　　）

（4）隔声材料（含隔声结构）的主要作用是隔绝一部分声能的透射，使一部分声波不产生穿透现象，令被隔绝空间的声环境符合设计要求。（　　）

2.单项选择题

（1）组成建筑涂料的各原料成分不包括（　　）。

A.主要成膜物质　　B.次要成膜物质　　C.辅助成膜物质　　D.兼容成膜物质

（2）涂料施工时，基层的含水率不应超过（　　）。

A.8%　　　　　　B.9%　　　　　　C.10%　　　　　　D.11%

（3）聚苯乙烯泡沫塑料的安全使用温度为（　　）。

A.70℃　　　　　B.80℃　　　　　C.90℃　　　　　D.100℃

（4）喷涂聚脲防水涂料的主要特点不包括（　　）。

A.固化快，施工效率高　　　　　B.强度高

C.耐盐腐蚀性好　　　　　　　　D.含有溶剂

（5）聚氨酯密封胶不具有的优点是（　　）。

A.具有极佳的水密和气密性，良好的低温柔韧性，使用温度范围宽

B.可根据应用目的不同选择不同的模量，性能可调节范围广

C.撕裂强度大且裂痕的传播能力小

D.价格低廉

3.简答题

（1）常用外墙涂料有哪几类？其特点如何？

（2）常见防水材料有哪几种？各有什么实用意义？

（3）简述吸音材料和隔音材料相同点和不同点。

（4）胶黏剂的组成有哪几部分？各个部分有什么特点？

第十一章

沥青及沥青混合料

□ **本章重点**

石油沥青的组成、结构、技术性质和技术标准，沥青混合料配合比设计。

□ **学习目标**

掌握沥青的主要技术性质，理解沥青对混合料性能的影响；了解普通沥青混合料的设计方法，掌握沥青混凝土技术性质及其设计要点，包括目标配合比、生产配合比及生产配合比的验证过程。

【课程思政11-1】

沥青的历史回顾

早在公元前3800—公元前2500年，人类就已经开始使用沥青。大约在公元前1600年，古人在约旦河流域的上游开采沥青并一直沿用至今。我国也是最早发现并合理利用沥青的国家之一。公元前50年，人们将沥青溶解于橄榄油中，制造沥青油漆涂料。公元300年，沥青被用于农业，用沥青和油的混合物涂于树木受伤的地方，促进组织愈合，也有人在树干上涂刷沥青防治病虫害。

众所周知，沥青是高等级公路中最常用的材料之一。公元前600年，巴比伦出现了第一条沥青路，但这种技术不久便失传了。直至19世纪，人们才又采用沥青铺路。目前道路沥青已占沥青总消耗量的80%。

第一节　沥青材料

沥青是一种憎水性的有机胶凝材料，是高分子碳氢化合物及其非金属（主要为氧、氮、硫等）衍生物组成的极其复杂的混合物，在常温下呈黑色或黑褐色的固体、半固体或黏稠液体。

沥青材料是一种黑色或暗黑色固体、半固体或液体状的有机胶凝材料，由一些极其复杂的高分子碳氢化合物以及这些碳氢化合物的非金属（氧、硫、氮）衍生物所组成。沥青与矿质混合料有非常好的黏结能力，是道路工程重要的筑路材料。由于沥青具有良好的黏性、塑性、耐腐蚀性和憎水性，在土木工程的防水、防潮、防渗、防腐蚀及防锈工程中应用广泛。

沥青材料常可分为两大类，即地沥青和焦油沥青。

（一）地沥青

地沥青是天然存在的或由石油精炼加工得到的沥青材料，按其产源又可分为天然沥青和石油沥青。

1.天然沥青

天然沥青是石油在自然条件下，长时间经受地球物理因素作用而形成的天然产物，一般由湖沥青或含有沥青的砂岩、砂等中提炼而得。

2.石油沥青

石油沥青是指石油原油等经蒸馏提炼出各种轻质油及润滑油以后的残留物，或将残留物进一步加工得到的产物。

（二）焦油沥青

焦油沥青是利用各种有机物（煤、泥炭、木材等）干馏加工得到的焦油，经再加工而得到的产品。焦油沥青按其加工的有机物名称而命名，如由煤干馏所得的煤焦油，经再加工后得到的沥青，即称为煤沥青。

一、石油沥青

（一）石油沥青的生产工艺概述

石油沥青由石油炼制而成，是石油原油经蒸馏提炼出各种轻质油（如汽油、柴油等）及润滑油以后的残留物，或再经进一步加工而得到的产品。石油沥青生产流程示意图如图11-1所示。

原油经常压蒸馏后得到常压渣油；再经减压蒸馏后得到减压渣油。这些渣油都属于低标号的慢凝液体沥青。

为提高沥青的稠度，以慢凝液体沥青为原料，可以采用不同的工艺方法得到黏稠沥青。渣油经过再减蒸工艺，进一步深拔出各种重质油品，可得到不同稠度的直馏沥青；渣油经不同深度的氧化后，可以得到不同稠度的氧化沥青或半氧化沥青。除轻度氧化的沥青属于高标号慢凝沥青外，这些沥青都属于黏稠沥青。

有时为施工需要，要满足沥青在常温条件下有较大的施工流动性，在施工完成后短时间内又能凝固而具有高的黏结性，为此在黏稠沥青中掺加煤油或汽油等挥发速度较快的溶剂将沥青稀释，称为中凝液体沥青或快凝液体沥青。

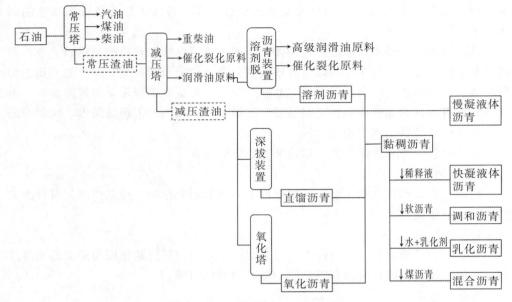

图11-1 石油沥青生产流程示意图

为得到不同稠度的沥青，也可以采用硬的沥青与软的沥青（黏稠沥青或慢凝液体沥青）以适当比例调配，称为调和沥青。按照比例不同所得成品可以是黏稠沥青，亦可以是慢凝液体沥青。

为节约溶剂和扩大使用范围，可将沥青分散于有乳化剂的水中而形成沥青乳液，这种乳液亦称为乳化沥青。

为更好地发挥石油沥青和煤沥青的优点，选择适当比例的煤沥青与石油沥青混合而成一种稳定的胶体，这种胶体称为混合沥青。

目前我国在炼油厂中生产沥青的主要工艺方法有：蒸馏法、氧化法、半氧化法、溶剂脱沥青法和调配法等。制造方法不同，沥青的性状有很大的差异。最终得到适当兼顾高温和低温两方面性能的沥青。

（二）石油沥青的组成与结构

1.石油沥青的元素组成

石油沥青是由多种碳氢化合物及其非金属（氧、硫、氮）的衍生物组成的混合物，它的组成元素主要是碳（80%～87%）、氢（10%～15%），其余是非烃元素，如氧、硫、氮等（＜5%）。此外，还含有一些微量的金属元素，如镍、钡、铁、锰、钙、镁、钠等，但含量都很少，为几个至几十个ppm（百万分之一）。由于沥青化学组成结构的复杂性，虽然多年来许多化学家致力于这方面的研究，可是目前仍不能直接得到沥青元素含量与工程性能之间的关系。

2.石油沥青的化学组分

石油沥青是由多种化合物组成的混合物，就目前的分析技术还很难将其分离为纯粹的化合物单体。实际上，在生产应用中，也没有这样的必要。因此，许多研究者就致力于沥青"化学组分"分析的研究。化学组分分析就是将沥青分离为化学性质相近，且与其工程性能有一定联系的几个化学成分组，这些组就称为"组分"。

在石油沥青的化学组分分析中，我国现行的《公路工程沥青及沥青混合料试验规程》（JTG E20—2011）中规定有三组分和四组分两种分析法。

（1）三组分分析法

石油沥青的三组分分析法是将石油沥青分离为油分（Oil）、树脂（Resin）和沥青质（Asphaltene）三个组分。因我国富产石蜡基或中间基沥青，在油分中往往含有蜡（Paraffin），故在分析时还应将油蜡分离。由于这种组分分析方法兼用了选择性溶解和选择性吸附的方法，所以又称为溶解－吸附法。其分析示意图如图11-2所示。

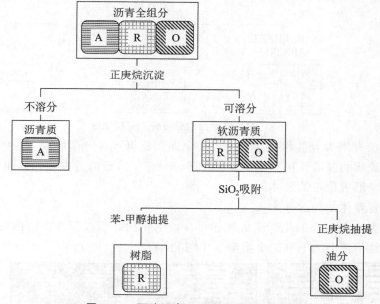

图11-2　石油沥青三组分分析法原理图解

溶解－吸附法的优点是组分分解明确，组分含量能在一定程度上说明沥青的路用性能，但是它的主要缺点是分析流程复杂，耗费时间较长。

（2）四组分分析法

石油沥青的四组分分析法是将石油沥青分离为饱和分（Saturate）、芳香分（Aromatic）、树脂（Resin）和沥青质（Asphaltene）四种成分，这一方法亦称SARA法。石油沥青四组分分析法如图11-3所示。

按照四组分分析法，饱和分含量增加，可使沥青稠度降低（针入度增大）；树脂含量增大，可使沥青的延性增加，在有饱和分存在的条件下，沥青质含量增加，可使沥青获得低的感温性；树脂和沥青质的含量增加，可使沥青的黏度提高。

3.石油沥青的胶体结构

（1）沥青胶体结构的形成

现代胶体理论研究认为，大多数沥青属于胶体体系，沥青的胶体结构是以固态

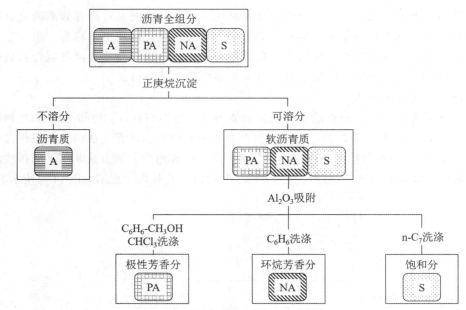

图11-3　石油沥青四组分分析法原理图解

超细微粒的沥青质为分散相，通常是若干个沥青质聚集在一起形成"胶团"，由于胶溶剂——胶质的胶溶作用，而使胶团胶溶、分散于液态的芳香分和饱和分组成的分散介质中，形成稳定的胶体。

（2）沥青胶体结构的分类

根据沥青中各组分的化学组成和相对含量的不同，可以形成不同的胶体结构。沥青的胶体结构可分为下列三个类型（如图11-4所示）：

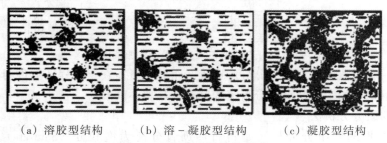

　　（a）溶胶型结构　　　（b）溶-凝胶型结构　　　（c）凝胶型结构

图11-4　沥青胶体结构类型

① 溶胶型结构。沥青中沥青质分子量较低，并且含量很少（例如在10%以下），同时有一定数量的芳香度较高的胶质，这样使胶团能够完全胶溶而分散在芳香分和饱和分的介质中。在此情况下，胶团相距较远，它们之间吸引力很小（甚至没有吸引力），胶团可以在分散介质黏度许可范围之内自由运动，这种胶体结构的沥青，称为溶胶型沥青（如图11-4（a）所示）。溶胶型沥青的特点是：流动性和塑性较好，开裂后自行愈合能力较强，但对温度的敏感性强，即对温度的稳定性较差，温度过高会流淌。通常，大部分直馏沥青都属于溶胶型沥青。

②溶－凝胶型结构。沥青中沥青质含量适当（例如为15%～25%），并有较多数量芳香度较高的胶质。这样形成的胶团数量增多，胶体中胶团的浓度增加，胶团相对靠近（如图11-4（b）所示），它们之间有一定的吸引力。这是一种介于溶胶与凝胶之间的结构，称为溶－凝胶型结构。这种结构的沥青，称为"溶－凝胶型沥青"。通常，环烷基稠油的直馏沥青或半氧化沥青，以及按要求组分重（新）组（配）的溶剂沥青等，往往能符合这类胶体结构。这类沥青在高温时具有较低的感温性，低温时又具有较好的形变能力。

③凝胶型结构。沥青中沥青质含量很高（＞30%），并有相当数量芳香度高的胶质形成胶团。这样，沥青中胶团浓度增加，它们之间相互吸引力增强，使胶团靠拢，形成空间网络结构。此时，液态的芳香分和饱和分在胶团的网络中成为"分散相"，连续的胶团成为"分散介质"。这种胶体结构的沥青，称为凝胶型沥青（如图11-4（c）所示）。这类沥青弹性和黏性较高，温度敏感性较小，开裂后自行愈合能力较差，流动性和塑性较低。

（3）胶体结构类型的判定

胶体的结构类型可根据流变学方法（如流变曲线测定法）以及物理化学（如容积度法、絮凝比-稀释度法）的方法确定。为工程使用方便，通常采用针入度指数法。针入度指数小于-2为溶胶型，大于+2为凝胶型，在-2与+2之间为溶－凝胶型。

（三）石油沥青的主要技术性质

1.物理常数

（1）密度

沥青密度是在规定温度条件下，单位体积的质量，单位为kg/m^3或g/cm^3。我国现行试验法（JTG E20—2011）规定温度为15℃。也可用相对密度表示，相对密度是指在规定温度下，沥青质量与同体积水质量之比。

沥青的密度与其化学组成有密切的关系，通过沥青的密度，可以概略地了解沥青的化学组成。通常黏稠沥青的密度波动在0.96～1.04范围。我国富产石蜡基沥青，其特征为含硫量低、含蜡量高、沥青质含量少，因此密度常在1.00以下。

（2）热胀系数

沥青在温度上升1℃时的长度或体积的变化，分别称为线胀系数和体胀系数，统称为热胀系数。沥青路面的开裂，与沥青混合料的热胀系数有关。沥青混合料的热胀系数，主要取决于沥青热力学性质。

（3）介电常数

沥青的介电常数与沥青使用的耐久性有关，另外沥青的介电常数与沥青路面抗滑性也有很好的相关性。沥青的介电常数定义为：沥青作为介质时电容器的电容与真空作为介质时电容器的电容之比。

2.黏滞性

石油沥青的黏滞性又称黏性，是反映沥青材料在外力作用下抵抗变形或阻滞塑性流动的能力，用黏度表示。黏滞性是沥青的重要性质之一。

沥青的黏度有绝对黏度和相对黏度之分，可用多种方法测定。工程上通常测定沥青的相对黏度（条件黏度），是反映沥青材料在温度条件下表现出的性质。

测定沥青相对黏度主要是用标准黏度计和针入度计。黏稠石油沥青的相对黏度通常用针入度计测定的针入度来表示，试验装置如图11-5所示。我国现行试验方法《公路工程沥青及沥青混合料试验规程》（JTG E20—2011）规定：通常针入度是在25℃条件下，以质量为100g的标准针，经历5s贯入试样中的深度，以1/10mm为单位，表示为$P_{25, 100g, s}$。针入度值越大，表明沥青愈软（稠度愈小）。

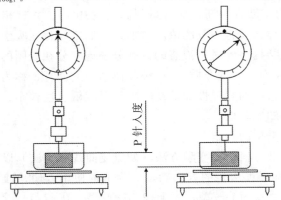

图11-5　沥青针入度计试验装置示意图

对于液体石油沥青或较稀的石油沥青或乳化沥青的相对黏度，可用标准黏度计测定的标准黏度表示。沥青标准黏度计如图11-6所示。标准黏度是在规定温度（20℃、25℃、30℃或60℃）、规定直径（3mm、5mm或10mm）的孔口流出50mL沥青所需的时间（单位：秒），常用"$C_{T, d}$"表示（T为试验温度，d为流孔直径）。

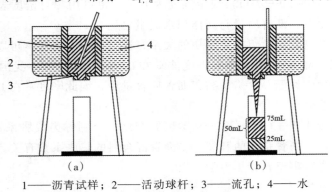

1——沥青试样；2——活动球杆；3——流孔；4——水

图11-6　沥青标准黏度计装置示意图

3.温度敏感性

温度敏感性是指石油沥青的黏滞性和塑性随温度升降而变化的性能。

（1）软化点

沥青软化点是反映沥青的温度敏感性的重要指标。沥青材料是一种非晶质高分子材料，它从液态凝结为固态，或由固态溶化为液态时有一定的温度间隔，没有固定的熔点。故规定其中某一状态作为从固态转到流态的起点，相应的温度称为沥青软化点。

我国现行的软化点试验方法是采用环球法测定。该法是将沥青注于内径为15.9mm的铜环中，环上置一重3.5g的钢球，在规定的加热速度（5℃/min）下进行加热，沥青试样逐渐软化，直至在钢球荷重作用下，使沥青下坠25.4mm时的温度称为软化点，记为$T_{R\&B}$。已有研究认为：沥青在软化点时的黏度相同，相当于针入度值800（单位为1/10mm），因此认为软化点是一种人为的"等黏温度"。沥青软化点仪如图11-7所示。

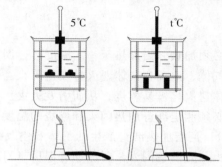

图11-7　沥青软化点试验仪

（2）脆点

沥青的脆点是涂于金属片的试样薄膜在特定条件下，因被冷却和弯曲而出现裂纹时的温度，单位为℃，是沥青材料由黏稠状态转变为固体状态达到条件脆裂时的温度，采用弗拉斯脆点试验仪测定。

4.塑性

塑性是指石油沥青在外力作用下产生变形而不破坏（裂缝或断开），除去外力后仍保持变形后的形状不变的性质，它反映的是沥青受力时，所能承受的塑性变形的能力，亦称为延展性，用延度表示。

在常温下，延展性较好的沥青在产生裂缝时，也可能由于特有的黏塑性而自行愈合。故延展性还反映了沥青开裂后的自愈能力。沥青能制造出性能良好的柔性防水材料，很大程度上取决于沥青的延展性。沥青的延展性对冲击振动荷载有一定吸收能力，并能减少摩擦时的噪声，故沥青是一种优良的道路路面材料。

延度试验方法是：将沥青试样制成8字形标准试样（最小断面的面积为1 cm²），在规定拉伸速度和规定温度下拉断时的长度（cm）称为延度，常用的试验温度有25℃和15℃。

针入度、软化点、延度是评价黏稠石油沥青路用性能最常用的经验指标，通常称之为"三大指标"。

5.黏附性

黏附性是指沥青与骨料的界面黏结性能和抗剥落性能，沥青与骨料的黏附性直接影响沥青路面的使用质量和耐久性，因此黏附性是评价道路沥青技术性能的一个重要指标。沥青裹附骨料后的抗水性（抗剥落性）不仅与沥青的性质有密切关系，而且亦与骨料性质有关，通常碱性骨料与沥青具有较好的黏附性。

沥青与骨料黏附性常用水煮法和水浸法评价。对于骨料粒径大于13.2mm者采用水煮法，小于或等于13.2mm者采用水浸法。

6.耐久性

耐久性是指石油沥青施工时受高温的作用，以及使用时在热、阳光、氧气和潮湿等因素的长期综合作用下抵抗老化的性能。

石油沥青的耐久性用沥青试样在加热蒸发前后的质量变化百分率、针入度比和老化后的延度来评定。

7.施工安全性

沥青材料在使用时必须加热，当加热至一定温度时，沥青材料中挥发的油量蒸气与周围空气组成混合气体，此混合气体遇火易发生闪火。若继续加热，油分蒸气的饱和度增加，混合气体遇火焰极易燃烧，从而引发火灾。因此，为保证沥青加热质量和生产施工安全，必须测定沥青加热闪火和燃烧的温度，即所谓闪点和燃点。

（1）闪点（闪火点），是指加热沥青产生的气体和空气的混合物，在规定条件下与火焰接触，初次闪火（有蓝色闪光）时的沥青温度（℃）。

（2）燃点（着火点），是指加热沥青产生的气体和空气的混合物，与火焰接触能持续燃烧5 s以上时，此时沥青的温度即为燃点（℃）。

燃点温度通常比闪点温度高约10℃。沥青质含量越多，闪点和燃点相差愈大，液体沥青由于轻质成分较多，闪点和燃点的温度相差较小。

（四）石油沥青的技术标准

根据石油沥青的性能不同，选择适当的技术标准，将沥青划分成不同的种类和标号（等级）以便于沥青材料的选用。目前石油沥青主要划分为三大类：道路石油沥青、建筑石油沥青和普通石油沥青。

1.道路石油沥青的分级

根据道路石油沥青的适用范围，可将沥青划分为A级、B级、C级三个等级，道路石油沥青的适用范围见表11-1。

表11-1　　　　　　　　　　道路石油沥青的适用范围

沥青等级	适用范围
A级沥青	各个等级的公路，适用于任何场合和层次
B级沥青	高速公路、一级公路沥青下面层及以下的层次，二级及二级以下公路的各个层；用作改性沥青、乳化沥青、改性乳化沥青、稀释沥青的基质沥青
C级沥青	三级及三级以下公路的各个层次

2.道路石油沥青的技术要求

道路石油沥青按针入度划分为160号、130号、110号、90号、70号、50号、30号七个标号，同时对各标号沥青的延度、软化点、闪点、含蜡量、薄膜加热试验等技术指标有相应要求。为适应高等级公路建设的需要，《公路沥青路面施工技术规范》（JTG F40—2004）对沥青的技术指标做了较大的改动。道路石油沥青技术要求见表11-2。

表11-2

道路石油沥青技术要求

指标	单位	等级	160号[4]	130号[4]	110号	90号	70号[3]	50号[3]	30号[4]	试验方法[6]
针入度 (25℃, 100g, 5s)	0.1mm		140~200	120~140	100~120	80~100	60~80	40~60	20~40	T 0604
适用的气候分区[6]					2-1	1-1 1-2 1-3 2-2 2-3 3-2	1-3 1-4 2-2 2-3 2-4	1-4	注[4]	
针入度指数PI[2]		A				-1.5~+1.0				T 0604
		B				-1.8~+1.0				
软化点 (TR&B) 不小于	℃	A	38	40	43	45	46	49	55	T 0606
		B	36	39	42	43	44	46	53	
		C	35	37	41	42	43	45	50	
60℃动力黏度[2] 不小于	Pa·s	A	—	60	120	160	180	200	260	T 0620
10℃延度[2] 不小于	cm	A	50	50	40	45 30 20 20 15	25 20 20 15 15	15	10	T 0605
		B	30	30	30	30 20 20 15 15	20 15 15 10 10	10	8	
15℃延度 不小于	cm	A、B				100		80	50	
		C	80	80	60	50	40	30	20	
蜡含量不大于	%	A				2.2				T 0615
		B				3.0				
		C				4.5				
闪点不小于	℃		230	230	230	245	260			T 0611

续表

指标	单位	等级	160号[4]	130号[4]	110号	90号	70号[3]	50号[3]	30号[4]	试验方法[6]
溶解度不小于	%		99.5							T0607
密度(15℃)	g/cm³		实测记录							T0603
TFOT或(RTFOT)后[5]										T0610或 T0609
质量变化不大于	%		±0.8							
残留针入度比(25℃)不小于	%	A	48	54	55	57	61	63	65	T0604
		B	45	50	52	54	58	60	62	
		C	40	45	48	50	54	58	60	
残留延度(10℃)不小于	cm	A	12	12	10	8	6	4	—	T0605
		B	10	10	8	6	4	2	—	
残留延度(15℃)不小于	cm	C	40	35	30	20	15	10	—	T0605

注：1. 试验方法按照现行《公路工程沥青及沥青混合料试验规程》(JTJ 052—2000) 规定的方法执行。用于仲裁试验求取粘附性时，10℃延度可作为选择性指标，也可不作为施工质量检验指标。

2. 经建设单位同意，表中PI值、60℃动力粘度、10℃延度可作为选择性指标，也可不作为施工质量检验指标。

3. 70号沥青可根据需要提供高温稳定要求的沥青根据要求范围为60~70或70~80的沥青，50号沥青可根据要求提供低温延度要求的针入度范围为40~50或50~60的沥青。

4. 30号沥青可适用于沥青稳定基层。130号和160号沥青除寒冷地区可直接在中低级公路上直接应用外，通常用作乳化沥青、稀释沥青、改性沥青的基质沥青。

5. 老化试验以TFOT为准，也可以RTFOT代替。

6. 气候分区见《公路沥青路面施工技术规范》(JTG F40—2004)。

二、煤沥青

煤沥青是由煤干馏的产品——煤焦油再加工而获得的。根据煤干馏的温度不同，分为硬煤沥青（270℃以上）和软煤沥青（270℃以下）两类。路用煤沥青主要是由炼焦或制造煤气得到的高温焦油加工而得（700℃以上）的，具有一定的温度稳定性。

（一）煤沥青的化学组成与结构

1.煤沥青的化学组成

煤沥青是由芳香族碳氢化合物及其氧、硫和氮的衍生物组成的，其化学成分极其复杂，与石油沥青一样，工程上主要研究其化学组分。

煤沥青的化学组分是采用选择性溶解等方法将其分为几个化学性质相近，且与路用性能有一定联系的组。我国将煤沥青分为游离碳、软树脂、硬树脂和油分。油分又分为中性油、酚、萘、蒽等。

2.煤沥青的结构

与石油沥青一样，煤沥青也是复杂的胶体分散系，游离碳和树脂是分散相，油分是分散介质，具有黏-塑性的树脂溶解于油分中并吸附于固体分散颗粒（游离碳）而赋予分散系稳定性。

（二）煤沥青的技术性质

煤沥青与石油沥青的化学组成不同，因此在技术性质上有下列差异：

（1）煤沥青的气候稳定性较差。由于煤沥青中含有较多的不饱和碳氢化合物，易老化变质，使用寿命较短。

（2）煤沥青与矿质骨料的黏附性较好。煤沥青组成中含有较多极性物质，使得煤沥青具有高的表面活性，因此与矿质集料有较好的黏附性。

（3）煤沥青的温度稳定性较差。由于煤沥青中含有较多的可溶性树脂，所以容易受热软化。

（4）煤沥青有毒性和臭味，但耐腐蚀性强。

（5）煤沥青的塑性较差。由于煤沥青中含有较多的游离碳，因此使用时易开裂；因为煤沥青的主要技术性质比石油沥青差，所以建筑工程上很少使用。但它抗腐性能好，故适用于建筑物防水层或作为防腐材料等。

（三）煤沥青的技术指标与技术标准

1.煤沥青的技术指标

（1）黏度

黏度是评价煤沥青质量最主要的指标，它表示煤沥青的黏性，其大小取决于煤沥青液相组分和固相组分在其组成中的比例。煤沥青中油分含量减少，固态树脂及游离碳含量增加时则黏度增加。黏度是确定煤沥青标号的主要技术指标，常用标准黏度计测定。

（2）蒸馏试验

煤沥青中含有不同沸点的油分，油分的蒸发影响着煤沥青的性能。通常煤沥青的蒸馏分为170℃以前的轻油、270℃以前的中油和300℃以前的重油三个馏程。而蒸馏后的残渣（300℃以后的馏分）是煤沥青中最有价值的油质部分。

（3）含水量

与石油沥青一样，水分的存在会使煤沥青施工加热时产生泡沫或爆沸现象，不易控制。另外水分还影响着沥青与骨料的黏附性，降低路面强度，因此必须限制煤沥青中水分的含量。

（4）甲苯不溶物含量

甲苯不溶物主要是游离碳，煤沥青中过多的游离碳会降低其黏性，必须加以限制。

（5）萘含量

低温时煤沥青中的萘会结晶析出，使煤沥青失去塑性，导致路面在冬季易发生裂缝；常温下萘易挥发、升华，使煤沥青加速老化；另外萘有毒，对人身体有害。因此必须限制煤沥青中萘的含量。

（6）酚含量

酚易溶于水，易导致路面强度降低；同时酚的水溶物有毒，因此也必须限制煤沥青中酚的含量。

2.煤沥青的技术标准

道路煤沥青的技术要求见表11-3。

表11-3 道路用煤沥青技术要求

试验项目		标号								
		T-1	T-2	T-3	T-4	T-5	T-6	T-7	T-8	T-9
黏度（s）	$C_{30,5}$	5~25	26~70							
	$C_{30,10}$			5~25	26~50	51~120	121~200			
	$C_{50,10}$							10~75	76~200	
	$C_{60,50}$									35~65
蒸馏试验，馏出量，不大于（%）	170℃前	3	3	3	2	1.5	1.5	1.0	1.0	1.0
	270℃前	20	20	20	15	15	15	10	10	10
	300℃前	15~35	15~35	30	30	25	25	20	20	15
300℃蒸馏残留物软化点，环球法（℃）		30~45	30~45	35~65	35~65	35~65	35~65	40~70	40~70	40~70
水分，不大于（%）		1.0	1.0	1.0	1.0	1.0	0.5	0.5	0.5	0.5
甲苯不溶物，不大于（%）		20	20	20	20	20	20	20	20	20
萘含量，不大于（%）		5	5	5	4	4	3.5	3	2	2
焦油酸含量，不大于（%）		4	4	3	3	2.5	2.5	1.5	1.5	1.5

第二节　改性石油沥青

改性石油沥青的应用已有悠久的历史，我国从20世纪80年代开始探索道路改性沥青。多年的研究与应用表明，改性沥青通常具有优良的高温稳定性、较好的低温抗裂和抗反射裂缝的能力，其黏结力及抗水损害能力增强，具有较长的使用寿命。

一、改性剂及其分类

按照《公路沥青路面施工技术规范》（JTG F40—2004）的定义：改性沥青是指"掺加橡胶、树脂、高分子聚合物、天然沥青、磨细的橡胶粉或其他填料等外掺剂（改性剂）制成的沥青结合料，从而使沥青或沥青混合料的性能得以改善"。其中"外掺剂"即改性剂，指在沥青或沥青混合料中加入的天然或人工的有机或无机的材料，可熔融、分散在沥青中，与沥青发生反应或裹附在骨料表面上，从而改善或提高沥青路面性能的材料。改性沥青的分类，国际上并没有统一的标准，目前主要按使用改性剂品种及性能分，主要有聚合物类、纤维类、固体颗粒类、硫磷类、黏附性耐老化改性剂等。

（一）聚合物类改性剂

1.橡胶类

常用的有天然橡胶（NR）、丁苯橡胶（SBR）、氯丁橡胶（CR）以及硅橡胶（SR）、氟橡胶（FR）等。

2.热塑性橡胶类

主要有苯乙烯-丁二烯嵌段共聚物（SBS）、苯乙烯-异戊二烯嵌段共聚物（SIS）等。

3.树脂类

分为热塑性树脂及热固性树脂，热塑性树脂如聚乙烯（PE）、乙烯-醋酸乙烯共聚物（EVA）、聚氯乙烯（PVC）、聚酰胺等；热固性树脂如环氧树脂（EP）等。

（二）纤维类改性剂

包括各种人工合成纤维（如聚乙烯纤维、聚酯纤维）和矿质石棉纤维、土工布等。

（三）固体颗粒改性剂

主要有废旧橡胶粉、炭黑、高钙粉煤灰、火山灰和页岩粉等，这些固体颗粒的级配、表面性质和孔隙状态等都影响着沥青混合料的高温流变特性和低温变形能力。

（四）硫、磷类改性剂

硫、磷等在沥青中的链桥作用，可提高沥青的高温稳定性，但应采用"预熔法"掺加，否则，即使改善了高温稳定性，低温抗裂性也会明显降低。

（五）黏附性改性剂

主要有：无机类，如水泥、石灰或电石渣等；有机酸类，如各类合成高分子有机酸；重金属皂类，常用的有皂脚铁、环烷酸铝皂等以及合成化学抗剥落剂，如醚胺类、醇胺类、烷基胺类、酰胺类等。

（六）耐老化改性剂

目前常用的是炭黑，还有受阻酚、受阻胺等耐老化改性剂。

早期，工程上主要用炭黑、玻璃纤维、木质素纤维等无机材料作为填料用来改善沥青材料的性质，这类材料能够改变沥青路面的抗永久变形能力，但无法改善其低温抗裂性能和疲劳性能。因此，聚合物改性沥青便迅速发展起来。

二、聚合物改性剂

目前在国内使用较多的主要有 SBS、SBR、EVA、PE 等几种，它们能够同时改变基质沥青的高温稳定性与低温柔韧性，因此近年来得到了较广泛的应用。

（一）几种改性沥青的特点

SBS 改性沥青的主要特点：温度高于 160℃后，改性沥青的黏度与基质沥青基本相近；温度低于 90℃后，改性沥青的黏度是基质沥青的数倍，高温稳定性好，因而改性沥青混合料路面的抗车辙能力大大提高；改性沥青的脆点较基质沥青有明显改善，因而改性沥青混合料路面的低温抗裂能力及疲劳寿命均明显提高。

SBR 改性沥青的主要特点：热稳定性、延展性以及黏附性均较基质沥青有所提高，并且抗热老化性能也有所提高。

EVA 改性沥青的主要特点：热稳定性有所提高，但耐久性改变不大。

PE 改性沥青的主要特点：高温稳定性、与矿料的黏附性、感温性、抗老化性能都有不同程度的改善，不过常温（25℃）时的延性有所降低。

（二）聚合物改性剂的选择

改性剂的选用应根据工程所在地的地理位置、气候条件、道路等级、路面结构等综合比较后确定。我国使用的聚合物改性剂主要是热塑性橡胶类（如 SBS）、橡胶类（如 SBR）、热塑性树脂类（如 EVA 及 PE）三类。

1.根据不同气候条件选择改性剂

（1） I 类。SBS 热塑性橡胶类聚合物改性沥青。I-A 型、I-B 型适用于寒冷地区，I-C 型适用于较热地区，I-D 型适用于炎热地区及重交通量路段。SBS 由苯乙烯和丁二烯组成，其互不相容并保持分离，苯乙烯段有强度，丁二烯段有弹性。

（2） II 类。SBR 橡胶类聚合物改性沥青。II-A 型适用于寒冷地区，II-B 型、II-C 型适用于较热地区。早期用废旧轮胎和天然橡胶等，废旧橡胶利用可以减少环境污染，天然橡胶则是因原料的成本较低。后来发现丁苯橡胶等生产的改性沥青性能更加优良，促使改性沥青进入一个新的发展阶段，其中使用最多是丁苯橡胶和氯丁橡胶。

（3）Ⅲ类。热塑性树脂类聚合物改性沥青。如乙烯–醋酸乙烯共聚物、聚乙烯改性沥青，适用于较热和炎热地区。通常要求软化点温度比最高月使用温度的最大日空气温度要高20℃左右。

2.根据沥青改性目的和要求选择改性剂

（1）为提高抗永久变形能力，宜使用热塑性橡胶类、热塑性树脂类改性剂。

（2）为提高抗低温开裂能力，宜使用热塑性橡胶类、橡胶类改性剂。

（3）为提高抗疲劳开裂能力，宜使用热塑性橡胶类、橡胶类、热塑性树脂类改性剂。

三、改性沥青的生产和技术标准

（一）改性沥青的生产方法

改性沥青的加工制作及使用方式，可以分为预混法和直接投入法两大类。实际上，直接投入法是制作改性沥青混合料的工艺，只有预混法才是名副其实的制作改性沥青的方法，不过现在通称为改性沥青，可细分为如图11-8所示的几种方式：

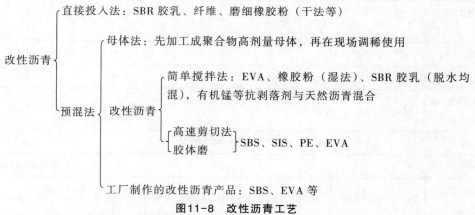

图11-8　改性沥青工艺

（二）改性沥青的技术标准

《公路沥青路面施工技术规范》（JTG F40—2004）中的聚合物改性沥青技术要求见表11-4。它是根据我国的具体情况，在改性沥青实践经验和试验研究的基础上并吸取了国外标准的长处而提出的。

聚合物改性沥青技术要求见表11-4。

表11-4　　　　　　　　　　　　　　聚合物改性沥青技术要求

指标	单位	SBS类（I类）				SBS类（II类）			EVA、PE类（III类）				试验方法
		I-A	I-B	I-C	I-D	II-A	II-B	II-C	III-A	III-B	III-C	III-D	
针入度（25℃，100g，5s）	0.1mm	>100	80~100	60~80	40~60	>100	80~100	60~80	>80	60~80	40~60	30~40	T 0604
针入度指数PI，不小于		-1.2	-0.8	-0.4	0	-1.0	-0.8	-0.6	-1.0	-0.8	-0.6	-0.4	T 0604
延度5℃，5cm/min，不小于	cm	50	40	30	20	60	50	40	—				T 0605
软化点TR&B，不小于	℃	45	50	55	60	45	48	50	48	52	56	60	T 0606
运动黏度135℃，不大于	Pa·s	3											T 0606　T 0619
闪点，不小于	℃	230				230			230				T 0611
溶解度，不小于	%	99				99			—				T 0607
弹性恢复25℃，不小于	%	55	60	65	75	—							T 0622
黏韧性，不小于	N·m	—				5							T 0624
韧性，不小于	N·m					2.5							T 0624
贮存稳定性离析，48h软化点差，不大于	℃	2.5				—			无改性剂明显析出、凝聚				T 0661
TFOT（或RTFOT）后残留物													
质量变化，不大于	%	±1.0											T 0610 或 T 0609
针入度比25℃，不小于	%	50	55	60	65	50	55	60	50	55	58	60	T 0604
延度5℃，不小于	cm	30	25	20	15	30	20	10	—				T 0605

第三节　沥青混合料

一、沥青混合料的分类

　　沥青混合料是沥青混凝土和沥青碎石混合料的总称。沥青混合料由粗骨料、细骨料、填料及适量的沥青组成，是一种黏弹塑性材料，以此修筑的路面平整无接缝、振动小、行车舒适，另外沥青路面方便施工、利于养护，因此沥青混合料在高等级公路中得到了广泛应用。沥青混合料并没有统一的分类标准，按照《公路沥青路面施工技术规范》（JTG F40—2004）的有关规定，一般按以下几种方式进行分类：

（一）按结合料分类

石油沥青混合料，以石油沥青为结合料，包括黏稠石油沥青、乳化石油沥青及液体石油沥青；煤沥青混合料，以煤沥青为结合料。

（二）按施工温度分类

按沥青混合料拌制和摊铺温度分为：热拌热铺沥青混合料，简称热拌沥青混合料，是指沥青与矿料在热态拌和、热态铺装的混合料；常温沥青混合料，是指以乳化沥青或稀释沥青与矿料在常温状态下拌制、铺筑的混合料。

（三）按矿料组成及空隙率大小分类

按混合料密实度可分为密级配沥青混合料，空隙率为3%～5%；半开级配沥青混合料，空隙率为6%～12%；开级配沥青混合料，空隙率大于18%。

（四）按矿质集料级配类型分类

按矿料级配，沥青混合料可分为连续级配沥青混合料、间断级配沥青混合料。连续级配沥青混合料是指沥青混合料中的矿料是按级配原则，从大到小各级粒径都有，按比例相互搭配组成的混合料；间断级配沥青混合料是连续级配沥青混合料的矿料中缺少一个或两个档次粒径的沥青混合料。

（五）按骨料最大粒径分类

按骨料的最大粒径，沥青混合料可分为特粗粒式、粗粒式、中粒式、细粒式、砂粒式沥青混合料。通常，粗粒式沥青混合料用于沥青面层的中层或下层，中粒式沥青混合料用于中层或上层，细粒式沥青混合料用于上层。

（六）按混合料的性能分类

按混合料的性能，沥青混合料可分为沥青混凝土混合料、沥青稳定碎石混合料、多孔排水沥青混合料（OGFC）、沥青马蹄脂碎石混合料（SMA）等。

二、沥青混合料的组成结构类型

通常沥青-集料混合料按其组成结构可分为三类，如图11-9所示。

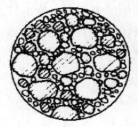 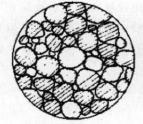 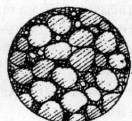

（a）悬浮-密实结构　　（b）骨架-空隙结构　　（c）密实骨架结构

图11-9　沥青混合料的组成结构

（一）悬浮-密实结构

当采用连续型密级配矿质混合料与沥青组成的沥青混合料时，为避免次级集料对前级集料密排的排挤，前级集料之间必须留出比次级集料粒径稍大的空隙，以供次级集料排布。按此组成的沥青混合料，经过多级密级虽然可以获得很大的密实度，但是各级集料均为次级集料所隔开，不能直接靠拢而形成骨架。有如悬浮于次级集料及沥青胶浆之间，这种结构的沥青混合料，具有较高的黏聚力，但摩阻力较低，因此高温稳定性较差。

（二）骨架-空隙结构

当采用连续型升级配矿质混合料与沥青组成的沥青混合料时，由于这种矿质混合料递减系数较大，粗集料所占比例较高，细集料则很小甚至没有，按此组成沥青混合料，粗集料可以互相靠拢形成骨架，但由于细料数量过少，不足以填满粗集料之间的空隙，因此形成骨架-空隙结构。这种结构的沥青混合料具有较高的内摩阻角，但黏结力较低。

（三）密实骨架结构

当采用间断型密级配矿质混合料与沥青组成的沥青混合料时，由于这种矿质混合料断去了中间尺寸粒径的集料，有较多数量的粗集料可形成空间骨架，同时又有相当数量的细集料可填密空隙，因此形成密实骨架结构。这种结构不仅有较高的黏聚力，同时具有较高的内摩擦力。

三、沥青混合料的强度理论

（一）沥青混合料强度形成原理

沥青混合料属于分散体系，是由粒料与沥青材料所构成的混合体。根据沥青混合料的颗粒性特征，可以认为沥青混合料的强度构成起源于两个方面，即由于沥青与骨料间产生的黏结力 c 和由于骨料与骨料间产生的内摩阻角 φ。根据摩尔-库仑理论，沥青混合料的抗剪强度可表示为：

$$r=c+\sigma\tan\varphi \tag{11-1}$$

式中：σ——作用在剪切面上的正应力。

目前，国内外研究者主要是通过三轴试验来确定沥青混合料的 c、φ 值。但是，由于三轴试验在仪器设备方面比较复杂，要求较高，试验所需人力、物力较多，在操作上难度大，因此，尽管三轴试验能够很好地模拟真实的应力-应变状态，但它的实际应用受到一定程度的限制，在工程上难以普及使用，因此常用简单拉压试验或直剪试验来确定。

（二）影响沥青混合料抗剪强度的因素

1.沥青黏度的影响

在其他因素不变的条件下，沥青混合料的黏聚力是随着沥青黏度的提高而增大的。因为沥青的黏度即沥青内部沥青胶团相互位移时，其分散介质抵抗剪切作用的抗力，所以沥青混合料受到剪切作用时，特别是受到短暂的瞬时荷载时，具有高黏度的沥青能赋予沥青混合料较大的黏滞阻力，因而具有较高抗剪强度。在相同的矿料性质和组成条件下，随着沥青黏度的提高，沥青混合料黏聚力有明显的提高，同时内摩阻角亦稍有提高。

2.沥青与矿料化学性质的影响

在沥青混合料中，如果矿料颗粒之间接触处是由结构沥青膜所联结的，这样促成沥青具有更高的黏度和更大的扩散溶化膜的接触面积，因而可以获得更大的黏聚力。反之，如果矿料颗粒之间接触处是由自由沥青所联结的，则具有较小的黏聚力。

沥青与矿料相互作用不仅与沥青的化学性质有关，而且还与矿粉的性质有关。在沥青混合料中，当采用碱性的石灰石矿粉时，具有较高的黏聚力。

3.矿料比表面的影响

沥青混合料中结构沥青的形成主要是由于矿料与沥青的交互作用，由此引起沥青化学组分在矿料表面的重分布。因此在相同的沥青用量条件下，与沥青产生交互作用的矿料表面积愈大，则形成的沥青膜愈薄，则在沥青中结构沥青所占的比率愈大，因而沥青混合料的黏聚力也愈高。

4.沥青用量的影响

在沥青用量很少时，沥青不足以形成结构沥青的薄膜来黏结矿料颗粒。随着沥青用量的增加，结构沥青逐渐形成，沥青更为圆满地包裹在矿料表面，使沥青与矿料间的黏附力随着沥青的用量增加而增加。当沥青用量足以形成薄膜并充分黏附于矿料颗粒表面时，沥青胶浆具有最优的黏聚力。随后，如沥青用量继续增加，则由于沥青用量过多，在颗粒间形成"自由沥青"，则沥青胶浆的黏聚力随着自由沥青的增加而降低。随着沥青用量的增加，沥青不仅起着胶黏剂的作用，而且起着润滑剂的作用，因而降低了沥青混合料的内摩阻角。

5.矿质骨料的级配类型、粒度、表面性质的影响

沥青混合料的强度与矿质骨料在沥青混合料中的分布情况有密切关系。如前所述，沥青混合料有密级配、开级配和间断级配等不同组成结构类型，因此矿料级配类型是影响沥青混合料强度的因素之一。

此外，沥青混合料中，矿质骨料的粗度、形状和表面粗糙度对沥青混合料的强度都具有极为明显的影响。因为颗粒形状及其粗糙度，在很大程度上将决定混合料压实后颗粒间相互位置的特性和颗粒接触有效面积的大小。通常具有显著的破裂面和棱角，各方向尺寸相差不大，近似正方体，以及具有明显细微凸出的粗糙表面的矿质骨料，在碾压后能相互嵌挤锁结而具有很大的内摩阻角。在其他条件相同的情况下，这种矿料所组成的沥青混合料较之圆形而表面平滑的颗粒具有较高的抗剪强度。

许多试验证明，要想获得具有较大内摩阻角的矿质混合料，必须采用粗大、均匀的颗粒。矿质骨料颗粒愈粗，所配制的沥青混合料愈具有较高的内摩阻角。相同粒径组成的骨料，卵石的内摩阻角较碎石低。

6.温度的影响

沥青混合料是一种黏弹塑性材料，它的抗剪强度随着温度的升高而降低。在材料参数中，黏聚力随温度升高而显著降低，但是内摩阻角受温度变化的影响较小。

7.变形速率的影响

沥青混合料是一种黏弹性材料，它的抗剪强度与变形速率有密切关系。在其他条件相同的情况下，速率对沥青混合料的内摩阻角影响较小，而对沥青混合料的黏聚力影响较为显著。实验资料表明，黏聚力随变形速率的减小而显著提高，而内摩阻角随变形速率的变化很小。

（三）提高沥青混合料强度的措施

提高沥青混合料的强度包括两个方面：一是提高矿质骨料之间的嵌挤力与摩阻力；二是提高沥青与矿料之间的黏结力。

为了提高沥青混合料的嵌挤力和摩阻力，要选用表面粗糙、形状方正、有棱角的矿料，并适当增加矿料的粗度。此外，合理地选择混合料的结构类型和级配组成，对提高沥青混合料的强度也具有重要的作用。

四、沥青混合料的技术性质

（一）沥青混合料的高温稳定性

由于沥青混合料的强度与刚度（模量）随温度升高而显著下降，为了保证沥青路面在夏季高温（通常为60℃）条件下，在行车荷载反复作用下，不致产生诸如波浪、推移、车辙、拥包等病害，沥青路面应具有良好的高温稳定性。

沥青混合料由于高温稳定性不足而常见的损坏形式主要有：

1.推移、拥包、搓板

该类损坏主要是由于沥青路面在水平荷载作用下抗剪强度不足所引起的，大量发生在表处、贯入、路绊等次高级沥青路面的交叉口和变坡路段。

2.车辙

随着交通量不断增长以及车辆行驶的渠化，沥青路面在行车荷载的反复作用下，会由于永久变形的累积以及混合料的侧向变形而导致路表面轮迹带处出现过大的竖向变形即车辙。车辙影响了路面的平整度，另外轮迹处沥青层厚度减薄，削弱了面层及路面结构的整体强度，从而易于诱发其他病害，严重影响路面的使用寿命和服务质量。

3.泛油

泛油是由于交通荷载作用使混合料内骨料不断挤紧、空隙率减小，最终将沥青挤压到道路表面的现象。如果沥青含量太高或者空隙率太小，这种情况会加剧。

车辙问题是沥青路面高温稳定性优劣的集中体现，《公路沥青路面设计规范》（JTG D50—2017）规定：对高速公路、一级公路的表面层和中面层的沥青混合料做配合比设计时，应进行行车辙试验，以检验沥青混合料的高温稳定性。

影响沥青混合料高温稳定性（车辙深度）的因素主要有骨料、矿粉、混合料类型、荷载、环境等。

（二）沥青混合料的低温抗裂性

沥青混合料不仅应具备高温稳定性，同时还要具备在低温下抵抗断裂破坏的能力，以保证路面在冬季低温时不产生裂缝。

随着温度的降低，沥青材料的劲度模量变得越来越大，材料变得越来越硬，并开始收缩。因为沥青路面在面层和基层之间存在着很好的约束，因而当温度大幅度降低时，沥青面层中会产生很大的收缩拉应力或者拉应变，一旦其超过材料的极限拉应力或极限拉应变，沥青面层就会开裂。因为一般道路沥青面层的宽度都不很大，收缩所受到的约束较小，所以低温开裂主要是横向的。另一种是温度疲劳裂缝。这种裂缝主要发生在太阳照射强烈、日温差大的地区。在这种地区，沥青面层白天和夜晚的温度差别很大，在沥青面层中会产生较大的温度应力。这种温度应力会日复一日地作用在沥青面层上，在这种循环应力的作用下，沥青面层会在低于极限拉应力的情况下产生疲劳开裂。温度疲劳开裂可能发生在冬季，也可能发生在别的季节，北方冰冻地区可能发生这种裂缝，南方非冰冻地区也可能发生这种裂缝。

（三）沥青混合料的耐久性

沥青混合料的耐久性是路面在施工、使用过程中其性质保持稳定的特性，它是影响沥青路面使用质量和寿命的主要因素。沥青的老化是沥青混合料在加热拌和过程中和使用过程中受自然因素、交通荷载作用时，沥青的技术性能向着不理想的方向发生不可逆的变化，使耐久性大大降低。受沥青老化的制约，沥青混合料的物理力学性能随着时间的推移逐年降低直至满足不了交通荷载的要求。

（四）沥青混合料的疲劳特性

随着公路交通量日益增长，汽车轴重不断增大，汽车对路面的破坏作用变得越来越明显。路面使用期间，经受车轮荷载的反复作用，长期处于应力、应变交替变化状态，致使路面结构强度逐渐下降。当荷载重复作用超过一定次数以后，在荷载作用下路面沥青混合料内产生的应力就会超过其结构抗力，使路面结构出现裂纹，产生疲劳破坏。沥青混合料的疲劳特性也是其耐久性之一。

影响沥青混合料疲劳寿命的因素有：荷载历史、加载速率、施加应力或应变波谱的形式、荷载间歇时间、混合料劲度、沥青用量、混合料的空隙率、骨料的表面性状、温度、湿度等。

（五）沥青混合料的表面抗滑性

抗滑性是保障公路交通安全的一个很重要因素，特别是行驶速度很高的高速公路，确保沥青路面的抗滑性要求显得尤为重要。

沥青路面的抗滑性主要取决于矿料自身或级配形成的表面构造深度、颗粒形状与尺寸、抗磨光性等方面。因此，用于沥青路面表层的粗骨料应选用表面粗糙、坚硬、耐磨、抗冲击性好、磨光值大的碎石或破碎的碎砾石骨料。同时，沥青用量对抗滑性也有非常大的影响，沥青用量超过最佳用量的0.5%，就会使沥青路面的抗滑性指标明显地降低，因此对沥青路面表层的沥青用量要严格控制。

（六）沥青路面的水稳定性

沥青路面的水损害与两种过程有关，首先水能浸入沥青中，使沥青黏附性减小，从而导致混合料的强度和劲度减小；其次水能进入沥青薄膜和骨料之间，阻断沥青与骨料表面的相互黏结，由于骨料表面对水的吸附比沥青强，从而使沥青与骨料表面的接触角减小，结果沥青从骨料表面剥落。剥落可导致路面产生坑洞、剥蚀，从而使路面结构遭到破坏。沥青混合料的水稳定性用浸水马歇尔试验和冻融劈裂试验评价。

（七）沥青混合料的施工和易性

沥青混合料应具备良好的施工和易性，要求在整个施工的各个工序中，尽可能使沥青混合料的骨料颗粒按设计级配要求的状态分布，骨料表面被沥青膜完整覆盖，并能被压实到规定的密度。

五、沥青混合料的技术标准

我国对沥青混合料的主要技术标准主要参考现行的《公路沥青路面施工技术规范》（JTG F40—2004）。

（一）密级配沥青混凝土混合料马歇尔试验技术标准

密级配沥青混凝土混合料马歇尔试验技术标准见表11-5。

表11-5　　　　　密级配沥青混凝土混合料马歇尔试验技术标准

（本表适用于公称最大粒径≤26.5mm的密级配沥青混凝土混合料）

试验指标		单位	高速公路、一级公路				其他等级公路	行人道路
			夏炎热区（1-1、1-2、1-3、1-4区）		夏热区及夏凉区（2-1、2-2、2-3、2-4、3-2区）			
			中轻交通	重载交通	中轻交通	重载交通		
击实次数（双面）		次	75				50	50
试件尺寸		mm	Φ101.6mm*63.5mm					
空隙率 VV	深约90mm以内	%	3～5	4～6	2～4	3～5	3～6	2～4
	深约90mm以下	%	3～6		2～4	3～6	3～6	—
稳定度 MS 不小于		kN	8				5	3
流值 FL		mm	2～4	1.5～4	2～4.5	2～4	2～4.5	2～5
矿料间隙率 VMA（%）不小于	设计空隙率（%）	相应于以下公称最大粒径（mm）的最小VMA及VFA技术要求（%）						
	2	26.5	19		16	13.2	9.5	4.75
	3	10	11		11.5	12	13	15
	4	11	12		12.5	13	14	16
	5	13	14		14.5	15	16	18
	6	14	15		15.5	16	17	19
沥青饱和度 VFA（%）			55～70		65～75		70～85	

注：1.对空隙率大于5%的夏炎热区重载交通路段，施工时应至少提高压实度1个百分点。

　　2.当设计的空隙率不是整数时，由内插确定要求的VMA最小值。

　　3.对改性沥青混合料，马歇尔试验的流值可适当放宽。

（二）沥青稳定碎石混合料马歇尔试验配合比设计技术标准

沥青稳定碎石混合料马歇尔试验配合比设计技术标准见表11-6。

表11-6　　　　　　沥青稳定碎石混合料马歇尔试验配合比设计技术标准

试验指标	单位	密级配基层（ATB）		半开级配面层（AM）	排水式开级配磨耗层（OGFC）	排水式开级配基层（ATPB）
公称最大粒径	mm	26.5mm	≥31.5mm	≤26.5mm	≤26.5mm	所有尺寸
马歇尔试件尺寸	mm	101.6mm×63.5mm	152.4mm×95.3mm	101.6mm×63.5mm	101.6mm×63.5mm	152.4mm×95.3mm
试件击实次数（双面）	次	75	112	50	50	75
空隙率VV	%	3～6		6～10	≥18	≥18
稳定度	kN	≥7.5	≥15	≥3.5	≥3.5	—
流值	mm	1.5～4	实测	—	—	—
沥青饱和度VFA	%	55～70		40～70		
密级配基层ATB的矿料间隙率VMA（%），不小于		设计空隙率（%）	ATB-40	ATB-30	ATB-25	
		4	11	11.5	12	
		5	12	12.5	13	
		6	13	13.5	14	

（三）SAM混合料马歇尔试验配合比设计技术要求

SMA混合料马歇尔试验配合比设计技术要求见表11-7。

表11-7　　　　　　SMA混合料马歇尔试验配合比设计技术要求

试验项目	单位	技术要求		试验方法
		不使用改性沥青	使用改性沥青	
马歇尔试件尺寸	mm	Φ101.6mm×63.5mm		T 0702
马歇尔试件击实次数[1]	—	两面击实50次		T 0702
空隙率VV[2]	%	3～4		T 0705
矿料间隙率VMAmix[3]	%	≥17.0		T 0705
粗骨料骨架间隙率VMAmix[4]	—	≤VCA_DRC		T 0705
沥青饱和度VFA	%	75～85		T 0705
稳定度[4]	kN	≥5.5	≥6.0	T 0709
流值	mm	2～5	—	T 0709
谢伦堡沥青析漏试验的结合料损失	%	≤0.2	≤0.1	T 0732
肯塔堡飞散试验的混合料损失或浸水飞散试验	%	≤20	≤15	T 0733

注：1. 对集料坚硬不易击碎，通行重载交通的路段，也可将击实次数增加为双面75次。

2. 对高温稳定性要求较高的重交通路段或炎热地区，设计空隙率允许放宽到4.5%，VMA允许放宽到16.5%（SMA-16）或16%（SMA-19），VFA允许放宽到70%。

3. 试验粗骨料骨架间隙VCA的关键性筛孔，对SMA-19、SMA-16是指4.75mm，对SMA-13、SMA-10是指2.36mm。

4. 稳定度难以达到要求时，允许放宽到5.0 kN（非改性）或5.5 kN（改性），但稳定度检验必须合格。

（四）沥青混合料高温稳定性车辙试验技术标准

沥青混合料高温稳定性车辙试验技术标准见表11-8。

表11-8 沥青混合料高温稳定性车辙试验技术标准

气候条件与技术指标		相应于下列气候分区所要求的稳定度（次/mm）								
7月平均最高气温（℃）及气候分区		> 30				20 ~ 30				< 20
		1.夏炎热区				2.夏热区				3.夏凉区
		1-1	1-2	1-3	1-4	2-1	2-2	2-3	2-4	3-2
普通沥青混合料不小于		800		1 000		600		800		600
改性沥青混合料不小于		2 400		2 800		2 000		2 400		1 800
SAM混合料	非改性不小于	1 500								
	改性不小于	3 000								
OGFC混合料		1 500（一般交通路段）、3 000（重交通量路段）								

（五）沥青混合料水稳定性检验技术要求

沥青混合料水稳定性检验技术要求见表11-9。

表11-9 沥青混合料水稳定性检验技术要求

气候条件与技术指标		相应于下列气候分区的技术要求（%）				试验方法
年降雨量（mm）及气候分区		> 1000	500 ~ 1000	250 ~ 500	< 250	
		1.潮湿区	2.湿润区	3.半干区	4.干旱区	
浸水马歇尔试验残留稳定度（%），不小于						
普通沥青混合料		80		75		
改性理性混合料		85		80		T 0709
SMA混合料	普通沥青	75				
	改性沥青	80				
冻融劈裂试验的残留强度比（%），不小于						
普通沥青混合料		75		70		
改性沥青混合料		80		75		T 0729
SMA混合料	普通沥青	75				
	改性沥青	80				

【工程实例分析11-1】

在河南中部某地小明家附近，每到冬天，沥青路面总会出现一些裂缝，裂缝大多是横向的，几乎为等距离间距，在冬天裂缝尤其明显。对此问题，运用所学的知识，综合分析如下：

（1）路基不结实的可能性可排除

此路段路基很结实，路面没有明显塌陷，而且这种原因一般只会引起纵向裂缝。因此，填土未压实，路基产生不均匀沉陷或冻胀作用的可能性可以排除。

（2）路面强度不足，负载过大的可能性可排除

马路在家附近，平时很少见有重型车辆、负载过大的车辆经过，而且路面没有

明显塌陷。如果因强度不足而引起的裂缝应大多是网裂和龟裂，而此裂缝大多横向，有少许龟裂。由此可知不是路面强度不足，负载过大所致。

（3）初步判断是因沥青材料老化及低温所致

从裂缝的形状来看，沥青老化及低温引起的裂缝大多为横向，裂缝几乎为等距离间距。这与该路面破损情况吻合。该路已修筑多年，沥青老化后变硬、变脆，延伸性下降，低温和定性变差，容易产生裂缝、变得松散。在冬天，气温下降，沥青混合料受基层的约束而不能收缩，产生了应力，应力超过沥青混合料的极限抗拉强度，路面便产生开裂。因而冬天裂缝尤为明显。

第四节　矿质混合料的组成设计

沥青混合料组成设计的内容就是确定粗集料、细集料、矿粉和沥青材料相互配合的最佳组成比例，使之既能满足沥青混合料的技术要求又符合经济性的原则。

矿质混合料配合组成设计的目的是选配一个具有足够密实度并且具有较大内摩阻力的矿质混合料，并根据级配理论，计算出需要的矿质混合料的级配范围。为了应用已有的研究成果和实践经验，通常是采用推荐的矿质混合料级配范围来确定，依下列步骤进行：

一、确定沥青混合料类型

沥青混合料类型，根据道路等级、路面类型、所处的结构层位，按表11-10选定。

表11-10　　　　　　　沥青路面各层适用的沥青混合料类型

结构层次	高速公路、一级公路、城市快速路、主干路		其他等级公路		一般城市道路及其他道路工程	
	三层式沥青混凝土路面	两层式沥青混凝土路面	沥青混凝土路面	沥青碎石土路面	沥青混凝土路面	沥青碎石土路面
上面层	AC-13	AC-13	AC-13	—	AC-5	—
	AC-16	AC-13	AM-16	—	AM-13	AM-5
	AC-20	—	—	AC-13	—	AM-10
中面层	AC-20					
	AC-25					
下面层	AC-25	AC-20	AC-20	AM-25	AC-20	AM-25
	AC-30	AC-25	AC-25	AM-30	AC-25	AM-30
	—	AC-30	AC-30	—	AM-30	AM-40
	—	—	AM-25			
	—	—	AM-30			

二、确定矿料的公称最大粒径

沥青路面结构层厚度（hi）和公称最大粒径（Dnormal）的比与路面的耐久性有一定的关系，随 hi/Dnormal 增大，耐疲劳性提高，但车辙量增大。相反，hi/Dnormal 减小，车辙量也减少，但耐久性降低。现有的研究表明，hi/Dnormal≥3 时，路面具有较好的耐久性和高温稳定性。例如公称最大粒径 26.5mm 的粗粒式沥青混凝土，其结构层厚度应大于 8cm；公称最大粒径 19mm 的中粒式沥青混凝土，其结构层厚度应大于 6cm；公称最大粒径 16mm 的中粒式沥青混凝土，其结构层厚度应大于 5cm；公称最大粒径 13.2mm 的细粒式沥青混凝土，其结构层厚度应大于 4cm。只有控制了结构层厚度与公称最大粒径之比，混合料才能拌和均匀，易于摊铺。特别是在压实时，易于达到要求的密实度和平整度，保证施工质量。

三、确定矿质混合料的级配范围

根据已确定的沥青混合料类型，查阅规范推荐的矿质混合料级配范围表，即可确定所需的级配范围。

四、矿质混合料配合比计算

采用图解法或数解法，计算符合要求级配范围的各组成材料用量比例。

（一）组成材料的原始数据测定

根据现场取样，对粗集料、细集料和矿粉进行筛分试验，按筛分结果分别绘出各组成材料的筛分曲线，同时测出各组成材料的相对密度，以供计算物理常数之用。

（二）计算组成材料的配合比

根据各组成材料的筛分试验资料，采用图解法或电算法，计算符合要求级配范围的各组成材料用量比例。

（三）调整配合比

计算的合成级配应根据下列要求作必要的配合调整：

通常情况下，合成级配曲线宜尽量接近设计级配中限，尤其应使 0.075mm、2.36mm 和 4.75mm 筛孔的通过量尽量接近设计级配范围中限。

对高速公路、一级公路、城市快速路和主干路等交通量大、车辆载重大的道路，宜偏向级配范围的下限（粗）；对一般道路、中小交通量和人行道路等宜偏向级配范围的上限（细）。

合成的级配曲线应接近连续或有合理的间断级配，不得有过多的犬牙交错。当经过再三调整，仍有两个以上的筛孔超过级配范围时，必须对原材料进行调整或更换原材料重新设计。

第五节　热拌沥青混合料的配合比设计

热拌沥青混合料（HMA）适用于各种等级公路的沥青路面。其种类可按集料公称最大粒径、矿料级配、空隙率进行分类，具体见表11-11。

表11-11　热拌沥青混合料种类

混合料类型	密级配			开级配		半开级配	公称最大粒径（mm）	最大粒径（mm）
	连续级配		间断级配	间断级配				
	沥青混凝土	沥青稳定碎石	沥青马蹄脂碎石	排水式沥青磨耗层	排水式沥青碎石基层	沥青碎石		
特粗式	—	ATB-40	—	—	ATPB-40	—	37.5	53.0
粗粒式	—	ATB-30	—	—	ATPB-30	—	31.5	37.5
	AC-25	ATB-25	—	—	ATPB-25	—	26.5	31.5
中粒式	AC-20	—	SMA-20	—	—	AM-20	19.0	26.5
	AC-16	—	SMA-16	OGFC-16	—	AM-16	16.0	19.0
细粒式	AC-13	—	SMA-13	OGFC-13	—	AM-13	13.2	16.0
	AC-10	—	SMA-10	OGFC-10	—	AM-10	9.5	13.2
砂砾式	AC-5	—	—	—	—	—	4.75	9.5
设计空隙率（%）	3 ~ 5	3 ~ 6	3 ~ 4	>18	>18	6 ~ 12	—	—

注：设计空隙率可按配合比设计要求适当调整；热拌沥青混合料的配合比设计主要包括试验室目标配合比设计、生产配合比设计和生产配合比验证等三个阶段。通过配合比设计，决定沥青混合料的材料品种、矿料级配及最佳沥青用量。

一、试验室目标配合比设计

试验室目标配合比设计可分为矿质混合料组成设计和沥青用量确定两部分。它是沥青混合料配合比设计的重点，密级配沥青混合料目标配合比设计流程见图11-10。一般按下列步骤进行：

（一）矿质混合料的配合比组成设计

（1）选择热拌沥青混合料种类。热拌沥青混合料适用于各种等级公路的沥青路面，其种类应考虑集料公称最大粒径、矿料级配、空隙率等因素选择。

各层沥青混合料应满足所在层位的功能性需求，便于施工，不易离析。各层应

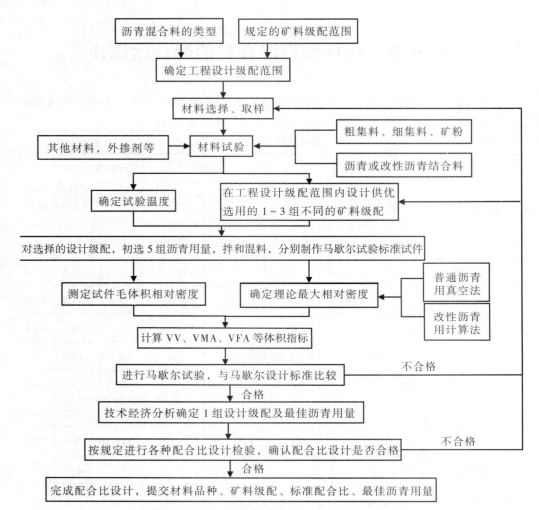

图11-10 密级配沥青混合料目标配合比设计流程图

连续施工并结合成为一个整体。当发现混合料结构组合及级配类型设计不合理时，应及时进行修改调整，以确保沥青路面的使用性能。

沥青面层粗集料最大粒径的确定宜遵照从上至下逐渐增大，并应与压实层厚度相匹配的原则。对热拌热铺密级配沥青混合料，沥青层一层的压实厚度不宜小于集料公称最大粒径的2.5～3倍，对SMA和OGFC等嵌挤型混合料不宜小于公称最大粒径的2～2.5倍，以减少离析，便于压实。

（2）确定矿料的最大公称粒径。根据沥青路面结构层厚度确定最大公称粒径。

（3）确定矿质混合料的级配范围。根据已确定的沥青混合料类型，查阅规范推荐的矿质混合料级配范围表确定设计级配范围。

（4）矿质混合料配合比计算。采用图解法或数解法，计算符合要求级配范围的各组成材料用量比例。

（二）确定沥青混合料最佳沥青用量

沥青混合料的最佳沥青用量可以通过各种理论计算的方法求得，但由于实际材料性质的差异，按理论公式计算得到的最佳沥青用量仍需通过实验方法修正。因此通常采用实验的方法确定沥青最佳用量，目前最常用的是马歇尔试验法。该法确定沥青最佳用量的步骤如下：

（1）制备试件。按确定的矿质混合料配合比及估计的（或推荐）沥青用量范围，以0.5%为间隔配制5组不同沥青含量的混合料，制作马歇尔试件。

（2）马歇尔试件。测定试件的密度，用马歇尔稳定度仪测定稳定度和流值，计算空隙率、饱和度及矿料间隙率。

（3）确定最佳沥青用量。绘制沥青用量与马歇尔试验各项指标的关系曲线。以沥青用量为横坐标，以密度、空隙率、饱和度、稳定度、流值为纵坐标，将试验结果绘制成沥青用量与各项指标的关系曲线，即可确定最佳沥青用量。具体方法参见《公路沥青路面施工技术规范》（JTG F40—2004）。

（三）性能检验

（1）高温稳定性。按最佳沥青用量制作车辙试验试件，在60℃条件下做车辙试验，测定动稳定度检验其抗车辙能力。

（2）水稳定性。按最佳沥青用量制作马歇尔试件进行浸水马歇尔试验（或真空饱水马歇尔试验），检验其残留稳定度是否合格。

（3）低温稳定性。按要求制作板式试件，切割成规定尺寸的小梁试件，做低温弯曲试验，检验其低温抗裂性。

（4）抗车辙能力检验。按最佳沥青用量制作车辙试验试件，按《公路工程沥青及沥青混合料试验规程》（JTG E20—2011），在60℃条件下用车辙试验检验其动稳定度。

以上检验如果不同时满足要求，应调整配合比，重复以上步骤，直到满足要求为止。

二、生产配合比设计

使用间歇式拌和机生产时，应将经过烘干、筛分后进入热料仓的各组材料重新取样进行二次筛分，按设计级配确定各热料仓的比例，供拌和机控制室使用。同时反复调整冷料仓的进料比例以达到热料仓供料均衡，使热料仓不等料、不溢料，并取目标配合比设计确定的最佳沥青用量及其加减0.3%三个沥青用量进行马歇尔试验，确定生产配合比的最佳沥青用量（方法同上），供试拌试铺使用。使用连续式拌和机生产时，目标配合比即为生产配合比。

三、生产配合比验证

此阶段即试拌试铺阶段。按生产配合比进行试拌试铺，并从拌和机中取样以及从试验段上钻取的芯样进行马歇尔试验，若各项指标均满足要求，该配合比即可确定为生产用的标准配合比。

■ 本章小结

　　本章通过对沥青及沥青混合材料基本理论知识的介绍，学习了沥青类防水、防腐材料的基本性质和技术标准，了解了沥青在土木建筑工程中的主要应用方法和要求；通过土木工程实践，得出了矿质混合料和热拌沥青混合料的级配原理及配比设计方法；根据沥青混合料的技术性质和技术要求等，可以将沥青及沥青混合材料正确应用在道路工程、防水工程和防腐工程中。

■ 本章习题

　　1.判断题

　　（1）通常，按照化学组分分析可将沥青分为饱和分、芳香分、树脂、沥青质和油分。　　　　　　　　　　　　　　　　　　　　　　　　　　　　　　　（　　）

　　（2）一般而言，当沥青中的树脂组分含量较高时，沥青的延度增大，黏性变大。　　　　　　　　　　　　　　　　　　　　　　　　　　　　　　　　（　　）

　　（3）对于石油沥青，当其针入度变大时，则意味着沥青的黏度增大，塑性和温度敏感性降低。　　　　　　　　　　　　　　　　　　　　　　　　　　　（　　）

　　（4）通常，对沥青混合料而言，其常见的疲劳破坏形式主要是龟裂、拥包和坑槽。　　　　　　　　　　　　　　　　　　　　　　　　　　　　　　　　（　　）

　　2.单项选择题

　　（1）石油沥青的针入度值越大，则（　　　）。

　　A.黏性越小，塑性越好　　　　　　　　　　B.黏性越大，塑性越差

　　C.软化点越高，塑性越差　　　　　　　　　D.软化点越高，黏性越大

　　（2）石油沥青的塑性用延度表示，沥青延度值越小，则（　　　）。

　　A.塑性越小　　　　　B.塑性不变　　　　　C.塑性越大　　　　　D.不确定

　　（3）沥青的大气稳定性好，则表明沥青的（　　　）。

　　A.软化点高　　　　　B.塑化好　　　　　C.抗老化能力好　　　D.抗老化能力差

　　（4）下列能反映沥青施工安全性的指标为（　　　）。

　　A.闪点　　　　　　　B.软化点　　　　　C.针入度　　　　　　D.延度

　　3.多项选择题

　　（1）按照化学组分分析可将沥青分为（　　　）。

　　A.油分　　　　　　　B.树脂　　　　　　C.沥青质　　　　　　D.饱和分

　　（2）沥青混合料的组成结构有（　　　）。

　　A.悬浮密实结构　　B.骨架空隙结构　　C.骨架密实结构　　D.骨架孔隙结构

　　4.简答题

　　（1）我国现行的石油沥青化学组分分析法有哪些？可将石油沥青分为哪几个组分？

（2）石油沥青的三大技术指标表征沥青的哪些性质？要求各技术指标的工程意义有哪些？

（3）描述石油沥青的几种胶体结构类型，并分析各类型的石油沥青有何特点。

（4）分析沥青混合料在路面结构中强度形成的原理及影响强度的因素。

（5）沥青混合料有哪些技术性质？

（6）简述热拌沥青混合料配合比设计的方法和步骤。

第十一章习题答案

主要参考文献

［1］王立久. 建筑材料学［M］. 3 版. 北京：中国电力出版社，2008.

［2］王立久，曹明莉. 建筑材料新技术［M］. 北京：中国建材工业出版社，2005.

［3］汪澜. 水泥混凝土组成、性能、应用［M］. 北京：中国建材工业出版社，2004.

［4］陈建奎. 混凝土外加剂原理与应用［M］. 北京：中国计划出版社，2004.

［5］王立久，李振荣. 建筑材料学［M］. 修订版. 北京：中国水利水电出版社，2000.

［6］腾素珍. 数理统计［M］. 2 版. 大连：大连理工大学出版社，1996.

［7］湖南大学，等. 建筑材料［M］. 3 版. 北京：中国建筑工业出版社，1989.

［8］宋少民，王林. 混凝土学［M］. 武汉：武汉理工大学出版社，2013.

［9］尤大晋，徐永红. 预拌砂浆实用技术［M］. 北京：化学工业出版社，2011.

［10］姚燕，王玲，田培. 高性能混凝土［M］. 北京：化学工业出版社，2006.

［11］克罗帕蒂. 混凝土新技术［M］. 刘数华，冷发光，李丽华，译. 北京：中国建材工业出版社，2008.

［12］内维尔. 混凝土的性能［M］. 刘数华，冷发光，李新宇，等译. 北京：中国建筑工业出版社，2011.

［13］梅塔，蒙特罗. 混凝土微观结构、性能和材料［M］覃维祖，王栋民，丁建彤，译. 北京：中国电力出版社，2008.

［14］牛伯羽，曹明莉. 土木工程材料［M］. 北京：中国质检出版社，2019.

［15］李秋义，全洪珠，秦原. 再生混凝土性能与应用技术［M］. 北京：中国建材工业出版社，2010.

［16］苏达根. 土木工程材料［M］. 4 版. 北京：高等教育出版社，2019.

［17］钱觉时. 建筑材料学［M］. 武汉：武汉理工大学出版社，2007.

［18］梁松，等. 土木工程材料［M］. 广州：华南理工大学出版社，2007.

［19］吴科如，张雄. 土木工程材料［M］. 上海：同济大学出版社，2008.

［20］严捍东. 土木工程材料［M］. 上海：同济大学出版社，2014.

［21］张亚梅. 土木工程材料［M］. 南京：东南大学出版社，2013.

［22］刘娟红，梁文泉. 土木工程材料［M］. 北京：机械工业出版社，2013.

［23］贾兴文，等. 土木工程材料［M］. 重庆：重庆大学出版社，2017.

［24］杨医博，等. 土木工程材料［M］. 2版. 广州：华南理工大学出版社，2016.

［25］倪修全，殷和平，陈德鹏，等. 土木工程材料［M］. 武汉：武汉大学出版社，2014.

［26］李辉，等. 土木工程材料［M］. 成都：西南交通大学出版社，2017.

［27］王璐，等. 土木工程材料［M］. 杭州：浙江大学出版社，2013.

［28］符芳，等. 土木工程材料［M］. 3版. 南京：东南大学出版社，2006.

［29］董晓英，王栋栋，等. 建筑材料［M］. 北京：北京理工大学出版社，2016.

［30］程玉龙，等. 建筑材料［M］. 重庆：重庆大学出版社，2016.

［31］陈斌，等，建筑材料［M］3版. 重庆：重庆大学出版社，2018.

［32］杜红秀，等. 土木工程材料［M］. 3版. 北京：机械工业出版社，2020.

［33］汪振双，等. 建筑材料［M］. 北京：中国建筑工业出版社，2021.

［34］陈正. 土木工程材料［M］. 北京：中国机械出版社，2020.

［35］施惠生，郭晓潞. 土木工程材料［M］. 重庆：重庆大学出版社，2011.

［36］苏卿，等. 土木工程材料［M］. 4版. 武汉：武汉理工大学出版社，2020.